Gernot Münster

Von der Quantenfeldtheorie zum Standardmodell

De Gruyter Studium

Weitere empfehlenswerte Titel

Quantenmechanik
Band 1
Claude Cohen-Tannoudji, Bernard Diu, Franck Laloë, 2019
ISBN 978-3-11-062600-1, e-ISBN (PDF) 978-3-11-063873-8,
e-ISBN (EPUB) 978-3-11-063930-8

Quantenmechanik
Band 2
Claude Cohen-Tannoudji, Bernard Diu, Franck Laloë, 2019
ISBN 978-3-11-062609-4, e-ISBN (PDF) 978-3-11-063876-9,
e-ISBN (EPUB) 978-3-11-063933-9

Quantenmechanik
Band 3
Claude Cohen-Tannoudji, Bernard Diu, Franck Laloë, 2020
ISBN 978-3-11-062064-1, e-ISBN (PDF) 978-3-11-064913-0,
e-ISBN (EPUB) 978-3-11-064921-5

Quantenelektrodynamik kompakt
Karl Schilcher, 2019
ISBN 978-3-11-048858-6, e-ISBN (PDF) 978-3-11-048859-3,
e-ISBN (EPUB) 978-3-11-048860-9

Quantentheorie
Gernot Münster, 2010
ISBN 978-3-11-021528-1, e-ISBN (PDF) 978-3-11-021529-8

Gernot Münster

Von der Quanten- feldtheorie zum Standardmodell

Eine Einführung in die Teilchenphysik

DE GRUYTER

Mathematics Subject Classification 2010
70S05, 70S10, 70S15, 81-01, 81Q30, 81R40, 81S40, 81T10, 81T13, 81T15, 81T18, 81U20, 81V05, 81V10, 81V15, 81V22, 81V25

Autor
Prof. Dr. Gernot Münster
Westfälische Wilhelms-Universität Münster
48149 Münster
munsteg@uni-muenster.de

ISBN 978-3-11-063853-0
e-ISBN (PDF) 978-3-11-063854-7
e-ISBN (EPUB) 978-3-11-063861-5

Library of Congress Control Number: 2019941261

Bibliografische Information der Deutschen Nationalbibliothek
Die Deutsche Nationalbibliothek verzeichnet diese Publikation in der Deutschen Nationalbibliografie; detaillierte bibliografische Daten sind im Internet über http://dnb.dnb.de abrufbar.

© 2019 Walter de Gruyter GmbH, Berlin/Boston
Umschlaggestaltung: Arscimed/Science Photo Library
Satz: le-tex publishing services GmbH, Leipzig
Druck und Bindung: CPI books GmbH, Leck

www.degruyter.com

Vorwort

Dieses Buch enthält den Stoff einer zweisemestrigen Vorlesung im Umfang von insgesamt acht Semester-Wochenstunden, in denen die Grundlagen der Quantenfeldtheorie und des Standardmodells der Elementarteilchenphysik vermittelt werden. Die Zielgruppe der Vorlesung sind Studierende im Masterstudium und Doktoranden, die sich auf Teilchenphysik spezialisieren. Es gibt bereits eine Reihe von Lehrbüchern über die hier behandelte Thematik, insbesondere in englischer Sprache. In den meisten Fällen steigen sie tief in die Materie ein und diskutieren ausführlich die zahlreichen interessanten Themen, die der fortgeschrittene Student oder Forscher kennen lernen möchte. Der Anspruch des vorliegenden Buches ist anders. Es soll sich um einen ersten Einstieg in das Gebiet handeln, der die Grundlagen verständlich vermittelt, und dem Leser, der mehr wissen möchte, die Basis für ein vertieftes Studium bereitet.

Gewöhnlich wird die Quantisierung von Feldern im Operator-Formalismus eingeführt. Ich halte das für sinnvoll und mache es ebenso. Im weiteren Verlauf jedoch führe ich baldmöglichst die Quantisierung mittels Funktionalintegralen ein, die für eine moderne Darstellung unverzichtbar ist, und leite die Störungstheorie und Feynman-Regeln in diesem Rahmen her. Dazu eignet sich besonders gut das skalare Feld. Aus diesem Grund ist dem skalaren Feld ein umfangreiches Kapitel gewidmet, welches viele Konzepte entwickelt, bevor diese nachfolgend auf andere Felder angewandt werden.

Voraussetzung für das Verständnis der Thematik dieses Buches ist die Kenntnis der Quantenmechanik. Speziell werden die in meinem Lehrbuch „Quantentheorie" (Münster, 2010) behandelten relativistischen Wellengleichungen und die Pfadintegral-Formulierung der Quantenmechanik vorausgesetzt. Verweise auf dieses Buch sind im hier vorliegenden Text mit „QT" gekennzeichnet.

Dem leider früh verstorbenen Dr. Burkhard Echtermeyer bin ich dankbar für die Erstellung von Vorlesungsskripten, welche den Ausgangspunkt für dieses Buch bildeten. Herrn Fabian Joswig danke ich für eine kritische Durchsicht des Manuskripts.

Münster, im März 2019   Gernot Münster

https://doi.org/10.1515/9783110638547-201

Inhalt

1 Einleitung

Gibt es fundamentale physikalische Gesetze? Gibt es eine eine umfassende Beschreibung der physischen Bausteine der Welt und der Wechselwirkungen zwischen ihnen, also eine Art von „Weltformel"? Wir wissen es nicht. Der Teilbereich der Physik, der sich mit den kleinsten Teilchen, den Elementarteilchen, beschäftigt, versucht Erkenntnisse zu gewinnen, die uns den obigen Fragen näher bringen.

In diesem Abschnitt soll ein erster grober Überblick über den Zoo der Teilchen und ihre Wechselwirkungen gegeben werden. Weitere Einzelheiten werden in späteren Kapiteln behandelt. Die Vielfalt von Phänomenen und experimentellen Erkenntnissen im Bereich der Elementarteilchenphysik ist nicht Gegenstand dieses Buches. Stattdessen soll es um die theoretischen Grundlagen ihrer Beschreibung im Rahmen des Standardmodells mit den Mitteln der Quantenfeldtheorie gehen.

Die heute bekannten fundamentalen Teilchen und deren Wechselwirkungen (bis auf die Gravitation) werden vom *Standardmodell* der Teilchenphysik auf hervorragende Weise beschrieben. Unzählige experimentelle Ergebnisse stimmen mit den theoretischen Aussagen des Standardmodells bestens überein. Grundlage des Standardmodells sind Eichtheorien. Diese beschreiben die Wechselwirkungen zwischen den Elementarteilchen auf der Grundlage eines Symmetrieprinzips, nämlich der lokalen Eichinvarianz, welche eine unendlich-dimensionale Symmetriegruppe beinhaltet.

Das theoretische Fundament des Standardmodells sind quantisierte Felder. Sowohl die fundamentalen Konstituenten der Materie als auch die Wechselwirkungen werden durch Felder beschrieben. Ihre quantentheoretische Behandlung erfolgt im Rahmen der Quantenfeldtheorie. Dort zeigt sich ihre Doppelnatur: die grundlegenden physikalischen Objekte lassen sich als Wellen und auch als Teilchen beschreiben.

Quantenfeldtheorie und Standardmodell sind Gegenstand dieses Buches. Diese Gebiete der theoretischen Physik sind sehr vielfältig und ihr vertieftes Studium führt in zahlreiche interessante und anspruchsvolle Themen, die in diesem Buch nicht berührt werden können. Hierin soll es um eine Einführung in die Grundlagen gehen. Weiterführende Betrachtungen müssen der Spezialliteratur, insbesondere der englischsprachigen, überlassen werden.

Das Standardmodell der Teilchenphysik stellt sicher nicht die endgültige Beschreibung der fundamentalen Physik dar. Zunächst einmal beinhaltet es nicht die Gravitation, die im Mikrokosmos keine wichtige Rolle spielt. Weiterhin gibt es eine Reihe offener Fragen von theoretisch-struktureller Natur. Insbesondere aber weisen experimentelle Entdeckungen auf eine Physik jenseits des Standardmodells. Es hat sich gezeigt, dass Neutrinos eine von null verschiedene Masse besitzen, während sie im Standardmodell als masselose Teilchen beschrieben werden. Und astrophysikalische Beobachtungen haben gezeigt, dass es im Universum eine noch unbekannte Form von Materie, die sogenannte *dunkle Materie* gibt, die keinen Platz im Standardmodell hat.

https://doi.org/10.1515/9783110638547-001

1.1 Teilchen

Seit Mitte des vorigen Jahrhunderts wurde in der Höhenstrahlung und in Beschleunigeranlagen eine immer größer werdende Zahl von Elementarteilchen entdeckt. Fast alle von ihnen sind instabil und zerfallen nach sehr kurzer Zeit. In die große Zahl der Teilchen kann eine Ordnung gebracht werden, indem sie hinsichtlich ihrer Eigenschaften klassifiziert werden. Dazu zählen

- Masse und Spin,
  (entsprechend den Darstellungen der inhomogenen Lorentz-Gruppe),
- Lebensdauer,
- weitere Quantenzahlen,
  die mit Erhaltungssätzen verknüpft sind,
- Teilnahme an Wechselwirkungen.

Daraus hat sich die Einteilung der Teilchen in Tabelle 1.1 ergeben.

Tab. 1.1: Klassifizierung der Elementarteilchen

Leptonen		
halbzahliger Spin, schwache und elektromagnetische Wechselwirkung		
	Teilchen	Quantenzahl
Elektron e^-	Elektron-Neutrino ν_e	Elektronenzahl
Myon μ^-	Myon-Neutrino ν_μ	Myonenzahl
Tau τ^-	Tau-Neutrino ν_τ	Tauonenzahl

Hadronen
starke, schwache und elektromagnetische Wechselwirkung

Mesonen
ganzzahliger Spin, Baryonenzahl $B = 0$

$\pi^+, \pi^-, \pi^0, K^+, K^-, K^0, \overline{K}^0, \eta, \eta', \rho^+, \rho^-, \rho^0, J/\psi$ etc.

Baryonen
halbzahliger Spin, Baryonenzahl $B = \pm 1$

n, p, $\Lambda^0, \Sigma^+, \Sigma^-, \Sigma^0, \Xi^0, \Xi^-, \Delta^{++}, \Delta^+, \Delta^0, \Delta^-, \Omega^-, Y$ etc.

Quark-Modell der Hadronen
Das Quark-Modell, das auf Gell-Mann und Zweig zurückgeht, betrachtet die Hadronen als zusammengesetzt aus jeweils zwei oder drei der sogenannten Quarks. Diese besitzen den Spin 1/2. Mesonen bestehen aus einem Quark und einem Antiquark, symbolisch gekennzeichnet als q $\overline{q}$, während Baryonen aus drei Quarks bestehen, symbolisch q q q. Man kennt sechs Sorten von Quarks und deren Antiteilchen. Diese Sorten

werden als **Flavours** (Geschmack) bezeichnet. Sie heißen up, down, charm, strange, top und bottom und werden abgekürzt als

u,   c,   t,
d,   s,   b.

Ein paar Beispiele für die Zusammensetzung von Hadronen aus u, d und s-Quarks sind in den Abbildungen 1.1 und 1.2 gegeben. Dabei handelt es sich um Multipletts, die zur Gruppe SU(3) gehören. Dies wird später noch erklärt werden.

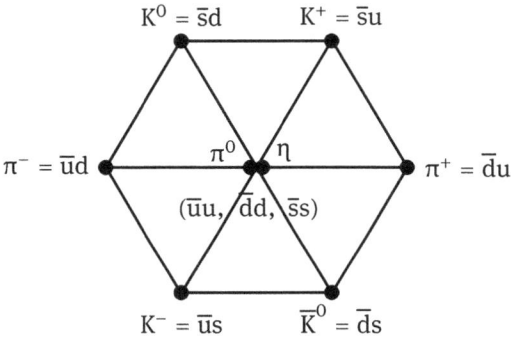

Abb. 1.1: Oktett der pseudoskalaren Mesonen

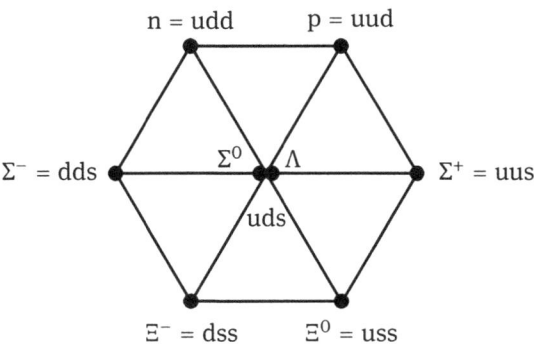

Abb. 1.2: Baryonen-Oktett

Quark-Confinement

Jedes der sechs Quarks und der sechs Antiquarks tritt noch in drei Varianten auf, die durch die Quantenzahl **Colour** (Farbe) gekennzeichnet sind und als r, g und b bezeichnet werden können. Diese Quantenzahl wurde ursprünglich in Zusammenhang mit dem Ω^--Baryon postuliert. Das Ω^- = sss besteht aus drei s-Quarks und besitzt Spin 3/2. Seine Wellenfunktion ist daher symmetrisch in den Spin-Koordinaten. Da es sich um den Grundzustand im Sektor mit seinen Quantenzahlen handelt, ist die Wellenfunktion ebenfalls symmetrisch in den Ortskoordinaten. Das Pauli-Prinzip kann nur erfüllt sein, wenn sich die drei strange-Quarks in einer weiteren Quantenzahl unterscheiden, die Colour genannt wurde. Auf die Rolle von Colour für die starken Wechselwirkungen der Quarks wird im Kapitel über die Quantenchromodynamik genauer eingegangen.

Quarks treten in der Natur offenbar nicht als einzelne, ungebundene Teilchen auf. Diese Beobachtung hat zur Hypothese des **Quark-Confinement** (Einschluss) geführt: Alle Hadronen sind farblose (colour-neutrale) Kombinationen von Quarks.

Drei Generationen von Konstituenten

Leptonen und Quarks stellen im Standardmodell die fundamentalen Konstituenten der Materie dar. Aufgrund ihrer deutlich unterschiedlichen Massen und der Quantenzahlen Ladung Q und Baryonenzahl B teilt man sie in drei Generationen ein, welche die gleiche Struktur aufweisen. Diese sind in der Tabelle 1.2 zusammengestellt. Der Grund, warum z. B. (v_e, e^-) und (u, d) zur gleichen Generation gehören, und nicht etwa (v_e, e^-) und (c, s), wird später im Kapitel über die schwache Wechselwirkung gegeben.

Tab. 1.2: Die drei Generationen von Leptonen und Quarks (die Massen der Quarks sind die sogenannten Stromquarkmassen)

	Masse [MeV]	Q	B
v_e	≈ 0	0	0
e^-	0,511	-1	0
u	≈ 2	2/3	1/3
d	≈ 5	$-1/3$	1/3
v_μ	≈ 0	0	0
μ^-	105,66	-1	0
c	≈ 1270	2/3	1/3
s	≈ 93	$-1/3$	1/3
v_τ	≈ 0	0	0
τ^-	1777,0	-1	0
t	$\approx 173\,100$	2/3	1/3
b	$\approx 4\,180$	$-1/3$	1/3

Eine charakteristische Eigenschaft der Generationen von Leptonen und Quarks besteht darin, dass die Summe der Ladungen null beträgt:

$$\sum Q_i = 0 \, ,$$

wie in Abb. 1.3 dargestellt ist. Dabei ist zu beachten, dass die Quark-Flavours jeweils noch in drei Colours auftreten.

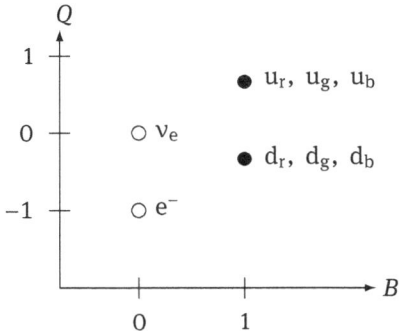

Abb. 1.3: Elektrische Ladungen und Baryonenzahlen in einer Generation

Fragen zum Nachdenken
Nukleonen sind zusammengesetzt aus Quarks und haben eine innere Struktur und Ausdehnung. Elektronen werden hingegen als punktförmig bezeichnet. Wie verträgt sich das mit der Heisenberg'schen Unschärferelation?

Übungen
1. Beschreiben Sie die Reaktion $\bar{p} + n \rightarrow \pi^- + \pi^0$ im Quark-Modell!
2. Was sind die Antiteilchen von π^0 und Ξ^0 ?

1.2 Wechselwirkungen

Eine wichtige Leitidee in der fundamentalen Physik ist die Vereinheitlichung. Dabei geht es darum, in der Fülle der physikalischen Erscheinungen gemeinsame Prinzipien und Ursachen aufzufinden. Insbesondere zieht sich das Bemühen, die verschiedenen Arten von Kräften auf gemeinsame Wurzeln zurückzuführen, wie ein roter Faden durch die Geschichte der Physik. Das Postulat Newtons, dass die Schwerkraft, die uns am Boden hält, und die Kraft, die den Mond auf seiner Bahn um die Erde hält, verschiedene Instanzen der gleichen Kraft sind, war ein wichtiger Schritt zur Vereinigung der grundlegenden Kräfte in der Natur. Ebenso war es die Vereinigung von Magnetismus und Elektrizität durch Faraday und Maxwell, die zu einem neuen Verständnis des Wesens von Licht führte, und ein Jahrhundert später die Vereinigung von Elektromagnetismus und schwachen Wechselwirkungen der Elementarteilchen.

Heute unterscheiden wir vier fundamentale Wechselwirkungen:

(a) **Elektromagnetische Wechselwirkungen.**
   Sie wirken auf elektrisch geladene Teilchen. Da die elektrostatische Kraft mit dem Abstand proportional zu $1/r^2$ abfällt, und nicht exponentiell, spricht man davon, dass die *Reichweite* der elektromagnetischen Wechselwirkungen unendlich ist. Ein weiteres Charakteristikum von Wechselwirkungen ist ihre *relative Stärke* im Vergleich zu anderen Wechselwirkungen. Beim Elektromagnetismus ist sie gegeben durch Sommerfelds **Feinstrukturkonstante** α.

$$\text{Reichweite} = \infty \tag{1.1}$$

$$\text{relative Stärke} = \alpha = \frac{e^2}{4\pi\varepsilon_0\hbar c} \approx \frac{1}{137} \tag{1.2}$$

(b) **Schwache Wechselwirkungen.**
   Sie sind verantwortlich für den β-Zerfall und andere Elementarteilchen-Prozesse.

$$\text{Reichweite} \approx 10^{-18}\,\text{m} \tag{1.3}$$

$$\text{relative Stärke} \approx 10^{-5} \tag{1.4}$$

(c) **Starke Wechselwirkungen.**
   Sie sind u. a. verantwortlich für die Bindung der Quarks zu Hadronen und für hadronische Wechselwirkungen. Die Kernkräfte sind indirekte Auswirkungen der starken Wechselwirkungen.

$$\text{Reichweite} \approx 10^{-15}\,\text{m} \tag{1.5}$$

$$\text{relative Stärke} \approx 1 \tag{1.6}$$

(d) **Gravitation.**
   Die Schwerkraft wirkt auf jegliche Art von Materie. Sie ist immer anziehend. Während es positive und negative elektrische Ladungen gibt, gibt es keine negativen Massen und folglich kann die Schwerkraft nicht abgeschirmt werden. Die Reichweite dieser Kraft ist unendlich wie diejenige des Elektromagnetismus. Wenn man die Schwerkraft zwischen Proton und Elektron im H-Atom mit deren elektrostatischer Anziehung vergleicht, findet man, dass die Schwerkraft außerordentlich schwach ist.

$$\text{Reichweite} = \infty \tag{1.7}$$

$$\text{relative Stärke} \approx 10^{-39} \tag{1.8}$$

Austauschteilchen

In QT, Kapitel 20, haben wir gesehen, dass das elektromagnetische Feld im Rahmen der Quantentheorie äquivalent zu einem System von masselosen Teilchen, den Photonen, ist. Die elektromagnetischen Wechselwirkungen können beschrieben werden als Vorgänge, bei denen Photonen zwischen Ladungsträgern ausgetauscht werden. Die Photonen werden daher als Austauschteilchen dieser Wechselwirkungen bezeichnet.

Dieses Konzept wurde von Yukawa 1935 auf die Kernkräfte zwischen Nukleonen angewandt. Als Austauschteilchen postulierte er massive Teilchen mit Spin 0. Es zeigt sich, dass die Reichweite der Wechselwirkung durch die Compton-Wellenlänge der Austauschteilchen gegeben ist,

$$\text{Reichweite} \quad R \approx \frac{\hbar}{m\,c}\,. \tag{1.9}$$

Zu den oben genannten fundamentalen Wechselwirkungen gehören ebenso jeweils Austauschteilchen. Sie haben ganzzahligen Spin und sind somit Bosonen. In der nachfolgenden Tabelle sind diese Bosonen zusammengestellt.

Tab. 1.3: Austauschteilchen der Wechselwirkungen

Wechselwirkung	Bosonen	Spin	Masse, Reichweite
elektromagnetisch	Photon γ	1	$m = 0$, $R = \infty$
schwach	W^+, W^-, Z^0	1	$m_W = 80{,}4\,\text{GeV}$, $m_Z = 91{,}2\,\text{GeV}$, $R \neq 0$
stark	Gluonen G	1	$m = 0$, $R \neq 0$
gravitativ	Graviton	2	$m = 0$, $R = \infty$

Im Fall der Gluonen gilt der Zusammenhang zwischen Reichweite und Masse nicht. Dies liegt daran, dass Gluonen ebenso wie Quarks dem Confinement unterliegen und nicht als freie Teilchen vorkommen. Daraus resultiert eine endliche Reichweite der starken Wechselwirkungen.

Dass die Austauschteilchen für die ersten drei Wechselwirkungen den Spin 1 besitzen, ist eine Konsequenz der Eichtheorien und wird später noch ausführlicher behandelt. Der Spin der Austauschteilchen hängt mit der Frage zusammen, ob die zugehörige Kraft nur anziehend oder sowohl anziehend als auch abstoßend sein kann. Für Spin 1 gibt es Anziehung und Abstoßung, während im Fall von Spin 0 oder 2 nur anziehende Kräfte auftreten.

Die Existenz des masselosen Gravitons ist eine theoretische Vorhersage, die möglicherweise nie experimentell bestätigt wird. Die Entdeckung von Gravitationswellen war eine außerordentlich schwierige technische Meisterleistung, aber der Nachweis der zugehörigen Quanten würde noch ungleich schwieriger sein.

Fragen zum Nachdenken
Das Pauli-Prinzip verbietet gleichartigen Fermionen den gleichen Zustand einzunehmen. Bedeutet das, dass außer den oben genannten Wechselwirkungen eine weitere abstoßende Kraft im Spiel ist?

Übungen
1. Wie groß ist das Verhältnis der Coulombkraft zur Gravitationskraft zwischen zwischen Proton und Elektron, wenn sie als klassische Punktteilchen betrachtet werden?
2. Welche Reichweite hat eine Kraft, die durch den Austausch von (a) Z-Bosonen, (b) Pionen vermittelt wird?

1.3 Theorien

Die Theorien zur Beschreibung der fundamentalen Wechselwirkungen werden in diesem Buch noch detailliert eingeführt. An dieser Stelle soll schon ein erster knapper Blick darauf geworfen werden.

Quantenelektrodynamik
Der Ursprung der Quantenelektrodynamik (QED) liegt im Jahr 1927, als Jordan in einem Anhang der Arbeit von Born, Heisenberg und Jordan über die Matrizenmechanik das freie elektromagnetische Feld nach den Regeln der Quantentheorie behandelte. Die Theorie wurde von Dirac, Jordan, Pauli, Heisenberg und anderen weiter entwickelt und gipfelte vor 1950 im Werk von Tomonaga, Schwinger, Feynman und Dyson. Die Berechnung der Lamb-Verschiebung und des genauen Wertes des gyromagnetischen Faktors g des Elektrons waren Glanzleistungen der QED.

In der QED wird die elektromagnetische Wechselwirkung durch den Austausch von virtuellen Photonen beschrieben. Graphisch kann das durch Feynman-Diagramme visualisiert werden, die Beiträge zur störungstheoretischen Entwicklung nach Potenzen der Feinstrukturkonstanten $\alpha \approx 1/137$ darstellen. Zum Beispiel sieht das führende Diagramm für die Streuung zweier Elektronen aneinander durch Austausch eines Photons so aus:

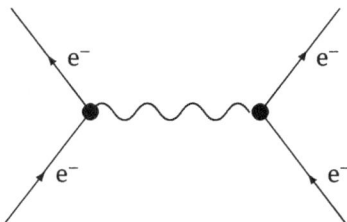

Jeder Vertex trägt einen Faktor e (elektrische Ladung) bei, so dass dieses Diagramm zu einem Beitrag proportional zu $e^2 \propto \alpha$ gehört.

Auch die Ausbreitung eines einzelnen Elektrons ist durch die Emission und Absorption virtueller Photonen beeinflusst, wie beispielsweise in diesem Diagramm gezeigt ist:

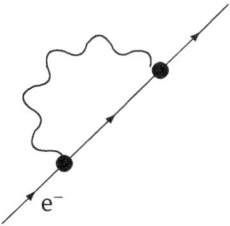

Schwache Wechselwirkung

Die Theorie der schwachen Wechselwirkungen nahm ihren Anfang 1932 in Fermis Theorie des β-Zerfalls. Das Feynman-Diagramm für den Zerfall eines Neutrons enthält eine 4-Fermionen-Kopplung:

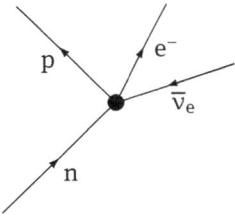

Verbesserungen der Theorie des β-Zerfalls von Kernen, welche die Paritäts-Verletzung berücksichtigen, wurden mit der V-A-Theorie gemacht, allerdings waren diese Ansätze mit schweren theoretischen Problemen behaftet. Während in der QED die störungstheoretische Entwicklung nach Potenzen von α hervorragende Resultate liefert, führt die Störungsrechnung in der Fermi-Theorie zu unendlichen Ausdrücken, die nicht mit dem Verfahren der Renormierung in endliche Ergebnisse überführt werden können.

Die Probleme der Fermi- und V-A-Theorie wurden in den Jahren 1961–1968 durch Glashow, Weinberg, Salam und anderen in der vereinigten Theorie der schwachen und elektromagnetischen Wechselwirkungen gelöst. Die Austauschteilchen in dieser

Theorie sind

$$\text{Vektorbosonen } W^{\pm}, Z^0 \text{ und Photon } \gamma.$$

Starke Wechselwirkung

Die starken Wechselwirkungen zwischen Quarks werden durch die Quantenchromodynamik (QCD) beschrieben, die 1973 von Fritzsch, Gell-Mann und Leutwyler formuliert wurde, und von 't Hooft, Gross, Wilczek, Politzer und anderen weiter entwickelt wurde. Ihr Name bezieht sich darauf, dass die Ladungen der starken Kräfte durch die Quantenzahl Colour gegeben sind. Die Austauschteilchen der starken Wechselwirkungen sind die Gluonen. Im Unterschied zu den elektrisch neutralen Photonen der QED tragen die Gluonen selbst Farbladung und wechselwirken untereinander. Aufgrund ihrer Selbstwechselwirkung sind sie in der Lage, sogenannte Gluebälle als gebundene Zustände zu bilden. Eine reine Gluonen-Theorie ohne Quarks ist bereits nichttrivial und stellt ein kompliziertes physikalisches System dar.

In den Feynman-Diagrammen der QCD treten drei Arten von Vertices auf, welche die fundamentalen Wechselwirkungen der Quarks mit den Gluonen und die Wechselwirkungen der Gluonen untereinander darstellen:

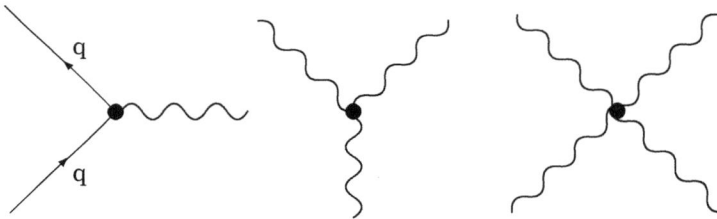

Gravitation

Die Gravitation wird in sehr guter Übereinstimmung mit den Erkenntnissen der Astrophysik und Kosmologie durch die Allgemeine Relativitätstheorie (ART) Einsteins beschrieben. Die ART ist eine nichtlineare Theorie; ihre Gleichungen können bis auf wenige Ausnahmen nur näherungsweise oder mit numerischen Methoden gelöst werden. Eine anerkannte Quantentheorie der Gravitation ist noch nicht bekannt. Mögliche Kandidaten dafür sind die Stringtheorie und die sogenannte Schleifen-Gravitation. Da die Gravitation im Bereich der Elementarteilchenphysik keine Rolle spielt, wird sie im Folgenden nicht weiter behandelt werden.

Das Standardmodell

Mit dem Standardmodell der Elementarteilchenphysik ist die vereinigte elektroschwache Theorie von Glashow, Weinberg und Salam (GWS-Theorie) plus die Quantenchromodynamik (QCD) gemeint. Die Lagrangefunktionen für die elektroschwachen und für die starken Wechselwirkungen mischen nicht miteinander, so dass wir nicht von einer Vereinigung dieser Wechselwirkungen sprechen. Das Standardmodell hat sich außerordentlich gut bewährt und steht in bester Übereinstimmung mit den experimentellen Ergebnissen, bis auf die bereits erwähnten Hinweise auf die Physik jenseits des Standardmodells.

Allen Teilen des Standardmodells ist gemeinsam, dass die Wechselwirkungen durch Austauschteilchen vermittelt werden, die zu Eichfeldern gehören. Die entsprechenden Eichtheorien weisen lokale Eichsymmetrien auf, die wir noch genauer betrachten werden. (Übrigens kann auch die Gravitation als auf einer lokalen Symmetrie basierend betrachtet werden.) Die Eichsymmetrien gehören zu bestimmten Gruppen, den Eichgruppen. Die Eichgruppe, die das Standardmodell kennzeichnet, ist das direkte Produkt von drei Eichgruppen, die zu den Wechselwirkungen gehören:

$$\underbrace{SU(3)}_{QCD} \otimes \underbrace{SU(2) \otimes U(1)}_{GWS} \ . \tag{1.10}$$

Die zentralen Prinzipien des Standardmodells sind
- lokale Eichsymmetrie,
- Higgs-Mechanismus.

Der Higgs-Mechanismus geht auf eine Reihe von Physikern zurück, nämlich Anderson, Englert, Brout, Higgs, Guralnik, Hagen und Kibble. Er ist hauptsächlich relevant für den elektroschwachen Sektor. Durch ihn erhalten die Austauschteilchen $W^\pm$, Z^0, aber auch die Quarks und Leptonen ihre Masse. Der Higgs-Mechanismus erfordert die Existenz des Higgs-Feldes. Das zugehörige Teilchen, das Higgs-Boson, wurde im Jahr 2012 am Teilchenbeschleuniger CERN experimentell nachgewiesen.

Während das Standardmodell ansonsten fermionische Materieteilchen und bosonische Austauschteilchen enthält, fügt sich das Higgs-Feld nicht recht in diese Struktur ein und ist darin so eine Art „hässliches Entlein", dessen Daseinszweck darin besteht, anderen Teilchen Masse zu geben. Einige Physiker spekulieren, dass das Higgs-Teilchen nicht elementar, sondern ein gebundener Zustand von noch unbekannten Fermionen ist.

Ausblick

Die Wechselwirkungen sind im Standardmodell nicht wirklich vereinigt, was sich darin widerspiegelt, dass die Eichgruppe ein direktes Produkt von einfachen[1] Lie-

---

[1] Eine Lie-Gruppe heißt einfach, wenn sie keinen nichttrivialen zusammenhängenden Normalteiler besitzt.

Gruppen ist. Eine Vereinigung der Wechselwirkungen wird in Ansätzen zu vereinigten Theorien, **Grand Unified Theories** (GUT), versucht. In ihnen wird die Gruppe $SU(3) \otimes SU(2) \otimes U(1)$ zu einer einfachen Lie-Gruppe erweitert, beispielsweise $SU(5)$, $SO(10)$ oder die Ausnahme-Lie-Gruppe E_6. Vereinigte Theorien der Wechselwirkungen sagen den Zerfall der Protonen mit einer sehr großen Halbwertszeit voraus, und weiterhin die Existenz mehrerer Higgs-Teilchen.

? **Fragen zum Nachdenken**

1. Die Gravitation ist extrem viel schwächer als die anderen Wechselwirkungen. Woran liegt es aber, dass wir im Alltag hauptsächlich die Schwerkraft spüren?
2. Wieso zerfällt das Neutron über die schwache Wechselwirkung, obwohl Neutron und eines seiner Zerfallsprodukte, das Proton, stark wechselwirken?

---

2 Feldtheorie

Bei nicht zu großen Energien wird das Verhalten von Teilchen im Rahmen der Quantenphysik sehr gut durch die nichtrelativistische Quantenmechanik beschrieben. Der Zustand eines einzelnen Teilchens wird repräsentiert durch die Wellenfunktion $\psi(\vec{r}, t)$, deren zeitliche Entwicklung durch die Schrödingergleichung bestimmt ist. Systeme mit mehreren Teilchen, z. B. mit einer *festen Teilchenzahl N* erfordern eine Wellenfunktion mit N Ortsvariablen

$$\psi(\vec{r}_1, \vec{r}_2, \ldots, \vec{r}_N, t) . \tag{2.1}$$

Systeme, die auf diese Weise gut beschrieben werden können, sind
- die Atomhülle,
- Moleküle,
- Festkörper (Phononen, Magnonen, Exzitonen),
- Atomkerne.

Es zeigen sich Grenzen für den Gültigkeitsbereich der nichtrelativistischen Quantenmechanik z. B. bei der Atomhülle, wie wir in QT gesehen haben: die Feinstruktur der Spektrallinien, die Spin-Bahn-Kopplung, der Darwin-Term und Energiekorrekturen $\sim p^4$ sind relativistische Effekte. In der relativistischen Quantenmechanik wird versucht diese Effekte zu berücksichtigen, indem die relativistische Energie-Impulsbeziehung, die für ein freies Teilchen

$$E^2 = m^2 c^4 + c^2 p^2 \tag{2.2}$$

lautet, zum Ausgangspunkt von Wellengleichungen herangezogen wird und zur Klein-Gordon-Gleichung und Diracgleichung führt. In QT wird beschrieben, dass in der relativistischen Quantenmechanik grundlegende Probleme auftauchen. Die Klein-Gordon-Gleichung lässt Lösungen mit negativen, nach unten unbeschränkten Energien zu, was die Existenz eines Grundzustandes verhindert. Als weiteres Problem führt die Klein-Gordon-Gleichung sogar zu negativen Wahrscheinlichkeiten. Überdies können in der relativistischen Quantenmechanik mit fester Teilchenzahl offenbar keine Teilchen-Erzeugungs- und -Vernichtungs-Prozesse behandelt werden, die jedoch in der Elementarteilchenphysik eine wichtige Rolle spielen. Im Fall der Diracgleichung konnte das Problem der negativen Energien zwar durch Diracs geniale Idee des vollbesetzten Sees der negativen Zustände gelöst werden, aber in gewissen Situationen treten ebenfalls negative Wahrscheinlichkeiten auf (Klein'sches Paradoxon).

Die genannten Probleme erfahren erst in der relativistischen Quantenfeldtheorie eine befriedigende Lösung. Wie wir sehen werden, gehören die negativen Frequenzen nicht zu negativen Energien, sondern zu Antiteilchen. Die Existenz der Antiteilchen hat zur Folge, dass die Teilchenzahl N als variabel zu betrachten ist.

Die wichtigsten Phänomene, die von der Quantenfeldtheorie beschrieben werden, sind

https://doi.org/10.1515/9783110638547-002

– die Existenz von Antiteilchen. (Allerdings kann ein Teilchen, das keine Ladungen trägt, auch sein eigenes Antiteilchen sein, z. B. das Photon oder hypothetische Majorana-Neutrinos.)
– variable Teilchenzahl N. In einer Theorie, die Wechselwirkungen beinhaltet, können Teilchen erzeugt und vernichtet werden. Die Möglichkeit variabler Teilchenzahlen löst auch das Problem negativer Wahrscheinlichkeiten und von Wahrscheinlichkeiten, die den Wert 1 übersteigen.
– Statistik. Die Bose-Einstein- und die Fermi-Dirac-Statistik werden begründet, ebenso der Spin-Statistik-Zusammenhang.

Das Teilchen-Feld-Konzept in der Quantenfeldtheorie

Die klassische Physik kennt als fundamentale physikalische Einheiten zwei grundsätzlich verschiedene Systeme: auf der einen Seite die Teilchen und auf der anderen Seite die Felder – insbesondere als elektromagnetisches Feld (Maxwellfeld). Während ein Teilchen durch die Angabe seines Ortes $\vec{r}(t)$ als Funktion der Zeit festgelegt ist, ist ein Feld ein kontinuierliches System mit einer unendliche Anzahl von Freiheitsgraden, welches mathematisch durch eine oder mehrere Funktionen $\phi_j(\vec{r}, t)$ beschrieben wird.

In der Quantenmechanik ist diese Zweiteilung nicht aufgehoben. Ein Teilchen wird durch eine Wellenfunktion $\psi(\vec{r}, t)$ beschrieben, die nicht als klassische Größe interpretiert wird, sondern die Wahrscheinlichkeiten für das Verhalten des Teilchens liefert. Felder hingegen treten als äußere Felder, z. B. als Maxwellfeld, auf und werden als klassische Größen interpretiert.

In der Quantenfeldtheorie werden die Regeln der Quantentheorie auf Felder angewandt. Das historisch erste Beispiel eines quantisierten Feldes war das Maxwellfeld. Die Quantisierung des Maxwellfeldes führt dazu, dass dieses System sich als äquivalent zu einer Gesamtheit von Teilchen, den Photonen, erweist. Es kann also sowohl als quantisiertes Feld als auch als quantisierte Theorie vieler Teilchen betrachtet werden. Auf diese Weise findet der Welle-Teilchen-Dualismus beim Licht seinen vollständigen Ausdruck.

In analoger Weise gelangt man durch die Quantisierung des klassischen Schrödinger-Materiefeldes zu einer Mehrteilchen-Quantentheorie mit beliebiger Teilchenzahl N, was eine nichtrelativistische Quantenfeldtheorie darstellt.

Die relativistische Quantenfeldtheorie schließlich kann Objekte der Hochenergiephysik, also Elementarteilchen und ihre Wechselwirkungen, in einheitlicher Weise beschreiben.

2.1 Relativistische Feldgleichungen

2.1.1 Grundelemente der speziellen Relativitätstheorie

Die wichtigsten Begriffe und Notationen der speziellen Relativitätstheorie, die in QT eingeführt wurden, sollen hier noch einmal zusammengefasst und ergänzt werden. Ereignisse in der Raumzeit werden durch Vektoren in einem Minkowski-Raum repräsentiert,

$$x = (x^0, x^1, x^2, x^3) = (x^\mu), \quad x^0 = ct.$$ (2.3)

Der metrische Fundamentaltensor ist

$$(g_{\mu\nu}) = \begin{pmatrix} 1 & 0 & 0 & 0 \\ 0 & -1 & 0 & 0 \\ 0 & 0 & -1 & 0 \\ 0 & 0 & 0 & -1 \end{pmatrix},$$ (2.4)

und das Minkowski-Skalarprodukt wird mit der Einstein'schen Summationskonvention geschrieben als

$$x \cdot y = g_{\mu\nu} x^\mu y^\nu = x^0 y^0 - \vec{x} \cdot \vec{y} = x_\mu y^\mu = x^\mu y_\mu.$$ (2.5)

Das Herunterziehen eines Index mittels

$$x_\mu = g_{\mu\nu} x^\nu$$ (2.6)

lässt die Zeitkomponente eines Vektors unverändert, während die räumlichen Komponenten ihr Vorzeichen umkehren,

$$(x_0, x_1, x_2, x_3) = (x^0, -x^1, -x^2, -x^3) = (ct, -\vec{x}).$$ (2.7)

Eine Lorentz-Transformation $\Lambda : x \to x'$ wird durch eine 4×4-Matrix beschrieben:

$$x'^\mu = \Lambda^\mu_{\ \nu} x^\nu.$$ (2.8)

Sie soll das Minkowski-Skalarprodukt unverändert lassen. Durch die Bedingung

$$g_{\mu\nu} \Lambda^\mu_{\ \rho} \Lambda^\nu_{\ \sigma} = g_{\rho\sigma},$$ (2.9)

oder in Matrixschreibweise $\Lambda^T g \Lambda = g$, wird dies garantiert:

$$x' \cdot y' = \Lambda^\mu_{\ \rho} x^\rho g_{\mu\nu} \Lambda^\nu_{\ \sigma} y^\sigma = x^\rho g_{\rho\sigma} y^\sigma = x \cdot y.$$ (2.10)

Die Menge der Lorentz-Transformationen Λ bildet die Lorentz-Gruppe $\mathcal{L}$, die sechs freie Parameter hat. Aufgrund von Gl. (2.9) gilt

$$|\det \Lambda| = 1 \ . \tag{2.11}$$

Für die Physik ist die Menge der eigentlichen, orthochronen Lorentz-Transformationen wichtig:

$$\mathcal{L}_+^\uparrow = \left\{ \Lambda \in \mathcal{L} \mid \Lambda^0_0 \ge 1, \det \Lambda = +1 \right\} \ . \tag{2.12}$$

Dabei bedeutet $\Lambda^0_0 \ge 1$, dass nur Lorentz-Transformationen, welche die Zeitrichtung nicht umkehren, betrachtet werden, und $\det \Lambda = +1$ lässt nur solche Lorentz-Transformationen zu, die stetig aus der Identität hervorgehen – räumliche Spiegelungen sind damit ausgeschlossen.

Ein bekanntes Beispiel für Lorentz-Transformationen sind die **Boosts**, die den Übergang von einem Bezugssystem zu einem dazu geradlinig gleichförmig bewegten anderen Bezugssystem bewerkstelligen. Ein Lorentz-Boost in x-Richtung lautet

$$x'^1 = \gamma(x^1 - \beta ct) , \quad x'^2 = x^2 , \quad x'^3 = x^3 , \quad ct' = \gamma(ct - \beta x^1) , \tag{2.13}$$

$$\text{mit} \quad \beta = \frac{v}{c} , \quad \gamma = \left(1 - \beta^2\right)^{-\frac{1}{2}} \ . \tag{2.14}$$

In der Matrixdarstellung lautet diese Transformation

$$\left(\Lambda^\mu_{\ \nu}\right) = \begin{pmatrix} \gamma & -\gamma\beta & 0 & 0 \\ -\gamma\beta & \gamma & 0 & 0 \\ 0 & 0 & 1 & 0 \\ 0 & 0 & 0 & 1 \end{pmatrix} \ . \tag{2.15}$$

Eine Untergruppe der Lorentz-Gruppe bilden die räumlichen Rotationen, die charakterisiert sind durch

$$t' = t , \quad \vec{r}' = R \cdot \vec{r} \tag{2.16}$$

mit einer 3×3 Rotationsmatrix R. Die entsprechende Matrix Λ ist

$$\left(\Lambda^\mu_{\ \nu}\right) = \left(\begin{array}{c|ccc} 1 & 0 & 0 & 0 \\ \hline 0 & & & \\ 0 & & R & \\ 0 & & & \end{array} \right) \ . \tag{2.17}$$

Eine infinitesimale Lorentz-Transformation notieren wir als

$$\Lambda^\mu_{\ \nu} = \delta^\mu_\nu + \epsilon\, \omega^\mu_{\ \nu} + O(\epsilon^2)$$
$$\Lambda = \mathbf{1} + \epsilon\, \omega + \dots \tag{2.18}$$

mit einem infinitesimalen Parameter ϵ. Aus der definierenden Gl. (2.9) der Lorentz-Transformationen folgt

$$g_{\mu\sigma}\omega^\mu_{\ \rho} + g_{\rho\nu}\omega^\nu_{\ \sigma} = 0 \ . \tag{2.19}$$

Durch Herunterziehen eines Index besagt dies, dass die Matrix $(\omega_{\sigma\rho})$ antisymmetrisch ist:

$$\omega_{\sigma\rho} = -\omega_{\rho\sigma} \,. \tag{2.20}$$

Das zeigt, dass ω – und damit die Lorentz-Transformationen – durch sechs reelle Parameter bestimmt ist. Die sechs Parameter entsprechen drei Freiheitsgraden für Lorentz-Boosts und drei Freiheitsgraden für die Rotation. Für eine infinitesimale Geschwindigkeit β ist die zugehörige ω-Matrix gegeben durch

$$\left(\omega^{\mu}{}_{\nu}\right) = \begin{pmatrix} 0 & -\beta & 0 & 0 \\ -\beta & 0 & 0 & 0 \\ 0 & 0 & 0 & 0 \\ 0 & 0 & 0 & 0 \end{pmatrix} \,. \tag{2.21}$$

Durch das Heraufziehen eines Index wird $(\omega^{\mu\nu})$ antisymmetrisch. Ein infinitesimaler Lorentz-Boost in einer beliebigen Richtung ist gegeben durch

$$\omega^{0j} = -\omega^{j0} \,, \quad j = 1, 2, 3 \,, \tag{2.22}$$

dabei sind $c\,\omega^{0j}$ die drei Komponenten der Geschwindigkeit.

Die infinitesimalen räumlichen Drehungen mit Drehwinkel ϵ sind

$$R = \mathbf{1}_{3\times 3} + \epsilon\,\widetilde{\omega} \,. \tag{2.23}$$

$\widetilde{\omega}$ ist eine antisymmetrische 3×3-Matrix, die als Parameter die drei Komponenten der Drehachse $\vec{n}$ enthält,

$$\widetilde{\omega} = \begin{pmatrix} 0 & -n_3 & n_2 \\ n_3 & 0 & -n_1 \\ -n_2 & n_1 & 0 \end{pmatrix} \,, \quad \widetilde{\omega}_{ij} = -\epsilon_{ijk}n_k \,. \tag{2.24}$$

Für die Ableitungen verwenden wir die Konventionen:

$$\partial_\mu = \frac{\partial}{\partial x^\mu} \,, \quad (\partial_0, \partial_1, \partial_2, \partial_3) = \left(\frac{1}{c}\frac{\partial}{\partial t}, \nabla\right) \,, \tag{2.25}$$

$$\partial^\mu = g^{\mu\nu}\partial_\nu = \frac{\partial}{\partial x_\mu} \,, \quad (\partial^\mu) = \left(\frac{1}{c}\frac{\partial}{\partial t}, -\nabla\right) \,, \tag{2.26}$$

$$\square = -\partial_\mu\partial^\mu = -\frac{1}{c^2}\frac{\partial^2}{\partial t^2} + \Delta \,. \tag{2.27}$$

Der Wellenoperator oder d'Alembert-Operator $\square$ ist ebenfalls Lorentz-invariant: $\partial'_\mu\partial'^\mu = \partial_\mu\partial^\mu$. Achtung: in einigen Büchern wird er mit dem entgegengesetzten Vorzeichen definiert.

Energie und Impuls eines Teilchens bilden die Komponenten des Vierer-Impulses oder Energie-Impuls-Vektors,

$$(p^\mu) = \left(\frac{E}{c}, \vec{p}\right) \,. \tag{2.28}$$

Die Länge des Vierer-Impulses ist Lorentz-invariant:

$$p^2 = p_\mu p^\mu = \frac{E^2}{c^2} - \vec{p}^{\,2} = m^2 c^2 \,. \tag{2.29}$$

Dies ist die relativistische Energie-Impuls-Beziehung.

In der Strömungsmechanik, der Elektrodynamik und der Quantenmechanik gibt es Kontinuitätsgleichungen von der Form

$$\frac{\partial \rho}{\partial t} + \nabla \cdot \vec{j} = 0 \,, \tag{2.30}$$

die lokale Erhaltungssätze formulieren. Mit Hilfe des Gauß'schen Satzes folgt die globale Erhaltung der Größe

$$Q = \int d^3r\, \rho(\vec{r}, t) = \text{konst}, \quad \frac{d}{dt}Q = 0 \,. \tag{2.31}$$

In der Maxwell-Theorie bedeuten $\rho(\vec{r}, t)$ die Ladungsdichte und $\vec{j}(\vec{r}, t)$ die Dichte des elektrischen Stromes, in der Quantenmechanik übernehmen Wahrscheinlichkeitsdichte und Wahrscheinlichkeitsstrom im Sinne der Born'schen statistischen Deutung diese Rollen.

Die relativistische Form der Kontinuitätsgleichungen erhält man mit

$$j^0 \doteq c\rho \,, \tag{2.32}$$

$$(j^\mu) \doteq (c\rho, \vec{j}) \,. \tag{2.33}$$

Damit ergibt sich die Kontinuitätsgleichung als Gleichung für Vierervektoren

$$\partial_\mu j^\mu = 0 \,. \tag{2.34}$$

Man beachte, dass die globale Ladung Q zu einem festen Zeitpunkt t_0

$$Q = \int\limits_{t_0\,\text{fest}} d^3x\, \rho(x) \tag{2.35}$$

nicht relativistisch kovariant geschrieben ist. Gleichwohl kann man mit Hilfe des Gauß'schen Satzes zeigen, dass die im transformierten Bezugssystem definierte Ladung

$$Q' = \int\limits_{t_0'\,\text{fest}} d^3x'\, \rho(x') \tag{2.36}$$

denselben Wert $Q' = Q$ besitzt, also invariant ist.

2.1.2 Feldgleichungen

Im Rahmen der relativistischen Quantenmechanik wurden in QT die Klein-Gordon-Gleichung und die Diracgleichung eingeführt und diskutiert. Wir wollen diese Gleichungen hier noch einmal ins Gedächtnis rufen. Ihre Interpretation im Rahmen der Quantenfeldtheorie ist jedoch eine andere: sie werden zunächst als klassische Feldgleichungen betrachtet, die sodann der Quantisierung unterworfen werden.

2.1.2.1 Klein-Gordon-Gleichung

Bekanntlich führen die Substitutionsregeln

$$E \longrightarrow i\hbar\frac{\partial}{\partial t}\,, \quad \vec{p} \longrightarrow \frac{\hbar}{i}\nabla \tag{2.37}$$

von der nichtrelativistischen Energie-Impuls-Beziehung für ein einzelnes Teilchen in einem Potenzial V, nämlich $E = \frac{p^2}{2m} + V$, zur Schrödingergleichung

$$i\hbar\frac{\partial}{\partial t}\psi(\vec{r}, t) = \left(-\frac{\hbar^2}{2m}\nabla^2 + V\right)\psi(\vec{r}, t)\,. \tag{2.38}$$

Die obigen Substitutionsregeln führen im relativistischen Fall in gleicher Weise von der Energie-Impuls-Beziehung für ein freies Teilchen

$$E^2 = \vec{p}^{\,2}c^2 + m^2c^4 \tag{2.39}$$

zur Wellengleichung

$$-\hbar^2\frac{\partial^2}{\partial t^2}\varphi(\vec{r}, t) = -\hbar^2c^2\Delta\varphi(\vec{r}, t) + m^2c^4\varphi(\vec{r}, t)\,. \tag{2.40}$$

In Lorentz-kovarianter Schreibweise liest sich das als

$$p^\mu \longrightarrow i\hbar\partial^\mu\,, \tag{2.41}$$

$$\boxed{(-\hbar^2\partial_\mu\partial^\mu - m^2c^2)\varphi(x) = 0.} \tag{2.42}$$

Dies ist die Klein-Gordon-Gleichung. Nun mögen Sie als Leser einwenden, dass diese Gleichung wohl nicht als Feldgleichung für ein klassisches Feld betrachtet werden könne, da in ihr die (reduzierte) Planck'sche Konstante $\hbar$ vorkommt. Dem ist aber nicht so. Wir könnten hier eine Konstante $\kappa = m/\hbar$ einführen und damit die Klein-Gordon-Gleichung ohne Verwendung von $\hbar$ sondern mit κ aufschreiben. Später würde sich dann herausstellen, dass die quantisierte Version der Gleichung mit Teilchen der Masse $m = \hbar\kappa$ zu tun hat. Dort erst würde $\hbar$ ins Spiel kommen. Aufgrund des historischen Ursprungs der Gleichung als quantenmechanische Wellengleichung ist es jedoch üblich, sie von Anfang an mit m und $\hbar$ zu formulieren.

Für ein elektrisch geladenes Teilchen mit Ladung q in den äußeren elektromagnetischen Potenzialen $\Phi(x)$ und $\vec{A}(x)$ sind in obigen Formeln Energie und Impuls folgendermaßen zu ersetzen:

$$E \longrightarrow E - q\Phi\,, \quad \vec{p} \longrightarrow \vec{p} - q\vec{A}\,, \tag{2.43}$$

bzw. in kovarianter Form

$$p^\mu \longrightarrow p^\mu - qA^\mu\,. \tag{2.44}$$

Die relativistische Energie-Impuls-Beziehung lautet damit

$$(E - q\Phi)^2 = (\vec{p} - q\vec{A})^2c^2 + m^2c^4\,. \tag{2.45}$$

In kovarianter Form ist das

$$(p - qA)^2 = m^2 c^2 \,.$$

(2.46)

Für die Wellengleichung müssen wir entsprechend

$$i\hbar\partial^\mu \longrightarrow i\hbar\partial^\mu - qA^\mu$$

(2.47)

setzen und erhalten so die Klein-Gordon-Gleichung für ein Elektron in einem äußeren elektromagnetischen Feld

$$(i\hbar\partial_\mu - qA_\mu)(i\hbar\partial^\mu - qA^\mu)\varphi = m^2 c^2 \varphi \,.$$

(2.48)

2.1.2.2 Diracgleichung

Dirac stellte 1928 eine relativistische Wellengleichung auf, die linear in den Ableitungen ∂_μ ist. In der Schreibweise, die analog zur Schrödingergleichung ist,

$$i\hbar\frac{\partial}{\partial t}\psi = H_D\psi \,,$$

(2.49)

lautet der Dirac'sche Hamiltonoperator

$$H_D = c\,\vec{\alpha}\cdot\vec{P} + \beta mc^2 = \frac{\hbar}{i}c\,\vec{\alpha}\cdot\nabla + \beta mc^2 \,.$$

(2.50)

Hierin sind α_k, $k = 1, 2, 3$, und β hermitesche Matrizen. Diese genügen den Beziehungen

$$\alpha_j\alpha_k + \alpha_k\alpha_j = 2\delta_{jk} \,,$$
$$\alpha_k\beta + \beta\alpha_k = 0 \,,$$
$$\beta^2 = \mathbf{1} \,,$$

(2.51)

um die Gültigkeit der relativistischen Energie-Impuls-Beziehung in der Form

$$H_D^2 = c^2\vec{P}^2 + m^2 c^4$$

(2.52)

zu gewährleisten. Die von Dirac gefundene Lösung durch 4×4-Matrizen kann in Blockform mit den Pauli-Matrizen σ_k geschrieben werden als

$$\alpha_k = \begin{pmatrix} 0 & \sigma_k \\ \sigma_k & 0 \end{pmatrix} \ (k = 1, 2, 3)\,, \quad \beta = \begin{pmatrix} \mathbf{1} & 0 \\ 0 & -\mathbf{1} \end{pmatrix} \,.$$

(2.53)

Die Wellenfunktionen haben entsprechend vier Komponenten

$$\psi(\vec{r}, t) = \begin{pmatrix} \psi_1(\vec{r}, t) \\ \psi_2(\vec{r}, t) \\ \psi_3(\vec{r}, t) \\ \psi_4(\vec{r}, t) \end{pmatrix} \,,$$

(2.54)

und die Diracgleichung ist ein System von vier linearen Gleichungen. Die sogenannte kovariante Schreibweise der Diracgleichung verwendet die γ-Matrizen

$$\gamma^0 \doteq \beta \,, \quad \gamma^k \doteq \beta\alpha_k \quad (k = 1, 2, 3) \tag{2.55}$$

und lautet

$$\boxed{(i\hbar\gamma^\mu\partial_\mu - mc)\,\psi = 0} \quad \text{bzw.} \quad \boxed{(\gamma^\mu P_\mu - mc)\,\psi = 0.} \tag{2.56}$$

Die γ-Matrizen erfüllen die Antikommutationsregeln

$$\gamma^\mu\gamma^\nu + \gamma^\nu\gamma^\mu = 2g^{\mu\nu}\mathbf{1} \,. \tag{2.57}$$

Diese Relationen definieren die Basis einer sogenannten **Clifford-Algebra**. In der Dirac'schen Darstellung haben wir explizit

$$\gamma^0 = \begin{pmatrix} \mathbf{1} & 0 \\ 0 & -\mathbf{1} \end{pmatrix} \,, \quad \gamma^k = \begin{pmatrix} 0 & \sigma_k \\ -\sigma_k & 0 \end{pmatrix} \,. \tag{2.58}$$

Der Viererstrom j^μ, der die Kontinuitätsgleichung $\partial_\mu j^\mu = 0$ erfüllt, kann mit den Definitionen

$$\psi^\dagger \doteq (\psi^*)^T = (\psi_1^*, \psi_2^*, \psi_3^*, \psi_4^*) \,, \tag{2.59}$$

$$\overline{\psi} \doteq \psi^\dagger\gamma^0 = (\psi_1^*, \psi_2^*, -\psi_3^*, -\psi_4^*) \tag{2.60}$$

geschrieben werden als

$$j^\mu = c\,\psi^\dagger\gamma^0\gamma^\mu\psi = c\,\overline{\psi}\gamma^\mu\psi \,. \tag{2.61}$$

In gleicher Weise wie bei der Klein-Gordon-Gleichung erfolgt die Ankopplung an ein äußeres elektromagnetisches Feld $A_\mu(x)$ durch die Ersetzungsvorschrift (2.47) und führt auf

$$(i\hbar\gamma^\mu\partial_\mu - q\gamma^\mu A_\mu - mc)\psi = 0 \,. \tag{2.62}$$

Wie bereits bei der Klein-Gordon-Gleichung betont, wollen wir $\psi(x)$ hier als klassisches Feld betrachten, in diesem Fall mit vier Komponenten.

2.1.2.3 Maxwell-Gleichungen

Ein weiteres wichtiges System von Feldgleichungen sind die Maxwell-Gleichungen für das elektromagnetische Feld. Bei Anwesenheit von Ladungen und Strömen lauten sie

$$\nabla \cdot \vec{E} = \frac{\rho}{\varepsilon_0} \,, \quad \nabla \times \vec{B} = \mu_0\vec{j} + \frac{1}{c^2}\frac{\partial \vec{E}}{\partial t} \,, \tag{2.63}$$

$$\nabla \cdot \vec{B} = 0 \,, \quad \nabla \times \vec{E} + \frac{\partial \vec{B}}{\partial t} = 0 \,, \tag{2.64}$$

wobei $\mu_0\varepsilon_0 = 1/c^2$ gilt. In der Elektrodynamik haben wir gelernt, dass die Feldstärken sich durch die Potenziale $\vec{A}$ und Φ mittels

$$\vec{B} = \nabla \times \vec{A} \,, \quad \vec{E} = -\nabla\Phi - \frac{\partial\vec{A}}{\partial t} \tag{2.65}$$

ausdrücken lassen. Die beiden homogenen Maxwell-Gleichungen sind dann automatisch erfüllt.

In der relativistischen Feldtheorie wird gerne das Heaviside-Lorentz-System verwendet, in dem die Konstanten μ_0 und ε_0 nicht vorkommen, und in dem Raum und Zeit in den Gleichungen explizit gleichberechtigt behandelt werden. Die Umrechnung geschieht mit

$$\vec{E}_\mathrm{H} = \sqrt{\varepsilon_0}\,\vec{E} \,, \quad \vec{B}_\mathrm{H} = \frac{1}{\mu_0}\vec{B} \,, \quad \Phi_\mathrm{H} = \sqrt{\varepsilon_0}\,\Phi \,, \quad \vec{A}_\mathrm{H} = \frac{1}{\sqrt{\mu_0}}\vec{A} \,, \tag{2.66}$$

$$\rho_\mathrm{H} = \frac{1}{\sqrt{\varepsilon_0}}\rho \,, \quad \vec{j}_\mathrm{H} = \frac{1}{\sqrt{\varepsilon_0}}\vec{j} \,. \tag{2.67}$$

Den Index H werden wir im Folgenden fortlassen. Die Maxwell-Gleichungen und der Zusammenhang mit den Potenzialen lauten in diesem System

$$\nabla \cdot \vec{E} = \rho \,, \qquad\qquad \nabla \times \vec{B} = \frac{1}{c}\vec{j} + \frac{1}{c}\frac{\partial\vec{E}}{\partial t} \tag{2.68}$$

$$\nabla \cdot \vec{B} = 0 \,, \qquad\qquad \nabla \times \vec{E} + \frac{1}{c}\frac{\partial\vec{B}}{\partial t} = 0 \tag{2.69}$$

$$\vec{B} = \nabla \times \vec{A} \,, \qquad\qquad \vec{E} = -\nabla\Phi - \frac{1}{c}\frac{\partial\vec{A}}{\partial t} \,. \tag{2.70}$$

Die relativistisch kovariante Formulierung der Potenziale und Feldstärken ist

$$(A^\mu) \doteq (\Phi, \vec{A}) \,, \tag{2.71}$$

$$F^{\mu\nu} \doteq \partial^\mu A^\nu - \partial^\nu A^\mu \,, \tag{2.72}$$

$$(F^{\mu\nu}) = \begin{pmatrix} 0 & -E_x & -E_y & -E_z \\ E_x & 0 & -B_z & B_y \\ E_y & B_z & 0 & -B_x \\ E_z & -B_y & B_x & 0 \end{pmatrix} \,. \tag{2.73}$$

bzw.

$$E_i = F^{i0} \,, \quad B_i = -\frac{1}{2}\epsilon_{ijk}F^{jk} \quad (i, j, k \in \{1, 2, 3\}) \,. \tag{2.74}$$

Die inhomogenen Maxwell-Gleichungen lauten kovariant

$$\partial_\mu F^{\mu\nu} = \frac{1}{c}j^\nu \,. \tag{2.75}$$

Die homogenen Maxwell-Gleichungen sind identisch erfüllt und nehmen die Form

$$\partial^\mu F^{\nu\rho} + \partial^\nu F^{\rho\mu} + \partial^\rho F^{\mu\nu} = 0 \tag{2.76}$$

an. Die Potenziale werden durch die Feldstärken nicht eindeutig festgelegt. Eichtransformationen der Potenziale von der Form

$$A'^{\mu}(x) = A^{\mu}(x) + \partial^{\mu}\Lambda(x) \tag{2.77}$$

lassen die Feldstärken unverändert:

$$F'^{\mu\nu}(x) = F^{\mu\nu}(x) \,. \tag{2.78}$$

Durch geeignete Eichtransformationen kann man erreichen, dass die Potenziale gewisse Bedingungen erfüllen. Häufig verwendete Eichungen sind

Lorenz-Eichung: $\quad \partial_{\mu}A^{\mu} = 0 \,,$

Coulomb-Eichung: $\quad \nabla \cdot \vec{A} = 0 \,,$

Strahlungseichung: $\quad \nabla \cdot \vec{A} = 0 \,, \quad \Phi = 0 \,, \quad$ für $j^{\mu} = 0 \,.$

Wenn wir eine Feldtheorie des elektromagnetischen Feldes studieren wollen, stellt sich die Frage, ob die Potenziale $A^{\mu}(x)$ oder die Feldstärken $F^{\mu\nu}(x)$ als grundlegende Felder betrachtet werden soll. Es hat sich als günstig erwiesen, die Potenziale $A^{\mu}(x)$ zu wählen. Wir bezeichnen dieses vierkomponentige Feld daher als Maxwellfeld. Zunächst gilt es allerdings festzustellen, dass die Zahl der Komponenten nicht der Zahl der Freiheitsgrade entspricht. Die sechs Feldstärken $F^{\mu\nu}$ erfüllen vier homogene Maxwell-Gleichungen, die identisch erfüllt sind. Daher werden durch sie nur zwei Freiheitsgrade beschrieben. Diese Freiheitsgrade entsprechen den beiden Polarisationen von elektromagnetischen Wellen. Folglich müssen in den Potenzialen, aus denen man die Felder durch Ableiten gewinnt, zwei unphysikalische Freiheitsgrade enthalten sein. Diese können durch Eichtransformationen fixiert werden. Betrachten wir das freie Maxwellfeld, d. h. bei Abwesenheit von Ladungen und Strömen. Die Freiheitsgrade lassen sich dann gut in der Strahlungseichung aufzeigen, da diese die unphysikalischen Freiheitsgrade völlig eliminiert. Das sehen wir auf folgende Weise. In der Strahlungseichung gilt

$$\nabla \cdot \vec{A} = 0 \,, \quad \Phi = 0 \,. \tag{2.79}$$

Die Feldgleichungen des Maxwellfeldes sind die inhomogenen Maxwell-Gleichungen

$$\partial_{\mu}(\partial^{\mu}A^{\nu} - \partial^{\nu}A^{\mu}) = 0 \,, \quad \text{bzw.} \quad \Box A^{\nu} + \partial^{\nu}\partial_{\mu}A^{\mu} = 0 \,. \tag{2.80}$$

In der Strahlungseichung, in der $\partial_{\mu}A^{\mu} = 0$ gilt, reduzieren sie sich auf die Wellengleichungen

$$\Box A_{\mu} = 0 \,, \quad (\mu = 0, \ldots, 3) \,. \tag{2.81}$$

Ihre Lösungen sind die ebenen Wellen

$$A_{\mu}(x) = \epsilon_{\mu}^{(\lambda)}(k)\,e^{-ik\cdot x} \,, \quad (\lambda = 0, \ldots, 3) \tag{2.82}$$

und deren Überlagerungen. Die Wellengleichung $\Box A_\mu = 0$ impliziert $k \cdot k = 0$; das bedeutet $k^0 = \pm|\vec{k}|$. Die Polarisationsvektoren $\epsilon^{(\lambda)}(k)$ sollen linear unabhängige Vektoren im Minkowski-Raum sein. In der Strahlungseichung gelten für sie gewisse Einschränkungen:

1. Wegen $A_0(x) = 0$ gilt $\epsilon_0^{(\lambda)}(k) = 0$; die Vektoren $\epsilon^{(\lambda)}(k)$ sind also rein räumlich. Es gibt 3 linear unabhängige $\vec{\epsilon}^{\,(\lambda)}(k)$, $\lambda = 1, 2, 3$.

2. Wegen $\nabla \cdot \vec{A} = 0$ ist $\vec{k} \cdot \vec{\epsilon}^{\,(\lambda)}(k) = 0$, d. h. $\vec{\epsilon}^{\,(\lambda)}(k)$ steht senkrecht auf $\vec{k}$. Somit haben wir es nur noch mit zwei linear unabhängigen Vektoren zu tun. Wir wählen $\vec{\epsilon}^{\,(1)}(k)$ und $\vec{\epsilon}^{\,(2)}(k)$ senkrecht zu $\vec{k}$, senkrecht aufeinander, und von Länge 1, so dass also gilt

$$\vec{\epsilon}^{\,(\lambda)} \cdot \vec{\epsilon}^{\,(\lambda')} = \delta_{\lambda,\lambda'}\,, \quad \lambda, \lambda' = 1, 2\,. \tag{2.83}$$

Die beiden Vektoren $\vec{\epsilon}^{\,(1)}(k)$ und $\vec{\epsilon}^{\,(2)}(k)$ bilden eine Orthonormalbasis in der Ebene senkrecht zu $\vec{k}$. Sie beschreiben die beiden physikalischen Freiheitsgrade der ebenen Welle. Mit Hilfe dieser Polarisationsvektoren schreiben wir die Entwicklung der allgemeinen, reellen Lösung der Wellengleichung nach ebenen Wellen in der Form

$$\vec{A}(x) = \int \frac{d^3k}{(2\pi)^3 2|\vec{k}|} \sum_{\lambda=1}^{2} \vec{\epsilon}^{\,(\lambda)}(k) \left\{ a^{(\lambda)}(k)\, e^{-ikx} + (a^{(\lambda)}(k))^* \, e^{ikx} \right\}\Big|_{k^0=|\vec{k}|}\,. \tag{2.84}$$

Der erste Term in der geschweiften Klammer enthält positive, der zweite negative Frequenzen. Die Koeffizienten sind komplex konjugiert zueinander, wodurch garantiert wird, dass das Feld reell ist.

Bisher haben wir Faktoren $\hbar$ und c (Lichtgeschwindigkeit) explizit mitgeschrieben. In der Teilchenphysik ist es üblich, physikalische Größen in Einheiten auszudrücken, in denen

$$\boxed{\hbar = 1, \quad c = 1} \tag{2.85}$$

gilt. Ab jetzt werden wir uns dieser Konvention anschließen. Zu den SI-Einheiten der Größen gelangt man, indem man so viele Faktoren $\hbar$ und c hinzufügt, dass die jeweilige Dimension stimmt.

? Fragen zum Nachdenken

Das Diracfeld hat vier komplexe Komponenten, also viermal so viele wie das komplexe Skalarfeld, das der Klein-Gordon-Gleichung genügt. Warum heißt es, das Diracfeld habe nur doppelt so viele Freiheitsgrade wie das komplexe Skalarfeld?

ℹ Übungen

1. Die freie Klein-Gordon-Gleichung ist eine Differenzialgleichung zweiter Ordnung für eine einzige Funktion $\varphi(\vec{r}, t)$.

(a) Zeigen Sie, dass sie äquivalent zu zwei gekoppelten Differenzialgleichungen ist, die von erster Ordnung in der Zeit sind, und als

$$i\,\hbar\frac{\partial}{\partial t}\begin{pmatrix}\varphi_1 \\ \varphi_2\end{pmatrix} = \widehat{H}\begin{pmatrix}\varphi_1 \\ \varphi_2\end{pmatrix}$$

geschrieben werden können, und schreiben Sie $\widehat{H}$ auf.

(b) Finden Sie zwei formale Eigenwerte h_1 und h_2 der $2{\times}2$-Matrix $\widehat{H}$ und schreiben Sie die Differenzialgleichungen in der entkoppelten Gestalt

$$i\,\hbar\frac{\partial}{\partial t}\widehat{\varphi}_a = h_a\widehat{\varphi}_a \quad (a = 1, 2)\,.$$

2. Es sei $\psi(x)$ eine Lösung der Diracgleichung in einem äußeren elektromagnetischen Feld. Zeigen Sie, dass $\psi(x)$ die Gleichung

$$\left[(\partial_\mu + i\,qA_\mu)(\partial^\mu + i\,qA^\mu) + \frac{q}{2}\sigma_{\mu\nu}F^{\mu\nu} + m^2\right]\psi(x) = 0$$

erfüllt, wobei q die Ladung des Teilchens und $\sigma_{\mu\nu} = \frac{i}{2}[\gamma_\mu, \gamma_\nu]$ ist. Die obige Gleichung ist eine verallgemeinerte Form der Klein-Gordon-Gleichung.

2.2 Lagrange-Formalismus für Felder

In der klassischen Mechanik erweist sich der Lagrange-Formalismus als ein mächtiges und vorteilhaftes Instrument bei der theoretischen Beschreibung von Systemen mit einer endlichen Zahl von Freiheitsgraden. Ein klassisches Feld, z. B. das elektromagnetische Feld, besitzt nun unendlich viele Freiheitsgrade. In diesem Abschnitt soll der Lagrange-Formalismus auf diese Situation erweitert werden. Außerdem werden wir im zugehörigen Hamilton-Formalismus die zu den Feldern kanonisch konjugierten Variablen kennenlernen. Diese sind für die kanonische Quantisierung erforderlich.

Die Verwendung des Lagrange-Formalismus für Felder besitzt mehrere Vorzüge:
(a) Feldtheorien werden durch eine einzige Funktion $\mathscr{L}$ an Stelle mehrerer Feldgleichungen charakterisiert.
(b) Bei der Verwendung nichtkartesischer Koordinaten ist der Formalismus einfacher.
(c) Symmetrien lassen sich direkter und einfacher beschreiben. Das Noether-Theorem führt zu Erhaltungssätzen.
(d) Die Quantisierung von Eichtheorien ist wesentlich einfacher.

Den Übergang von endlich vielen, diskreten Freiheitsgraden zu Feldern können wir gut demonstrieren anhand einer linearen Kette, in der Massenpunkte durch Federelemente verbunden in gerader Linie angeordnet sind. Die Massen können longitudinale Schwingungen ausführen. Der Übergang zum Feld geschieht anschließend, indem die Massenkette durch ein elastisches Gummiband ersetzt wird.

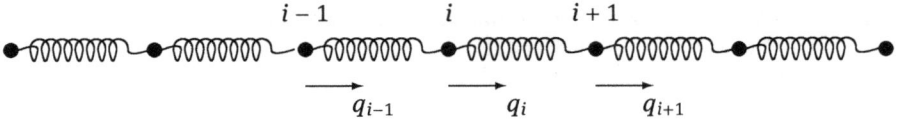

Wenn $q_i(t)$ die Auslenkung des i-ten Massenpunktes aus seiner Ruhelage bezeichnet, so ist die Wirkung S für die lineare Kette gegeben durch

$$S = \int dt\, L(q_i, \dot{q}_i) \tag{2.86}$$

mit der Lagrangefunktion

$$L = \frac{m}{2} \sum_i \dot{q}_i^2 - \frac{k}{2} \sum_i (q_{i+1} - q_i)^2 \,. \tag{2.87}$$

Das Hamiltonprinzip fordert, dass die Wirkung unter einer Variation

$$q_i(t) \longrightarrow q_i(t) + \delta q_i(t) \tag{2.88}$$

stationär ist, d. h. $\delta S = 0$. Dies führt auf die Euler-Lagrange-Bewegungsgleichungen

$$\frac{d}{dt} \frac{\partial L}{\partial \dot{q}_i} - \frac{\partial L}{\partial q_i} = 0 \,. \tag{2.89}$$

Für die Kette liefern diese Gleichungen die Newton'schen Bewegungsgleichungen

$$m\ddot{q}_i - k(q_{i+1} - q_i) + k(q_i - q_{i-1}) = 0 \tag{2.90}$$

mit den beiden Hooke'schen Federkräften, die von links und rechts auf die i-te Masse einwirken.

Die Hamiltonfunktion $H(p_i, q_i)$ mit den kanonisch konjugierten Impulsen

$$p_i = \frac{\partial L}{\partial \dot{q}_i} = m\dot{q}_i \tag{2.91}$$

ist gegeben durch

$$H(p_i, q_i) = \sum_i p_i \dot{q}_i - L \,, \tag{2.92}$$

wobei auf der rechten Seite die Variablen $\dot{q}_i$ durch die p_i und q_i auszudrücken sind. Im Beispiel der linearen Kette liefert dies

$$H = \sum_i \frac{m}{2} \dot{q}_i^2 + \frac{k}{2} \sum_i (q_{i+1} - q_i)^2 = \sum_i \frac{p_i^2}{2m} + \frac{k}{2} \sum_i (q_{i+1} - q_i)^2 \,. \tag{2.93}$$

Wir gehen jetzt zu einem kontinuierlichen Feld über. Die Nummer i des Massenpunktes wird zur Ortskoordinate x und die Auslenkung $q_i(t)$ des i-ten Massenpunktes wird zum Wert des Feldes $\varphi(x, t)$:

$$i \longrightarrow x \,, \tag{2.94}$$

$$q_i(t) \longrightarrow \varphi(x, t) \,. \tag{2.95}$$

In dem oben angesprochenen Bild eines Gummibandes bedeutet $\varphi(x, t)$ die Auslenkung eines kleinen Gummielements aus seiner Ruhelage x. Wenn a der Abstand der Ruhelagen in der Kette ist, geht die Differenz der benachbarten Auslenkungen über in

$$q_{i+1} - q_i \longrightarrow a \frac{\partial \varphi}{\partial x} . \tag{2.96}$$

Für die Lagrangefunktion bedeutet das

$$L = \sum_i a \left\{ \frac{m}{2a} \dot{q}_i{}^2 - \frac{ka}{2} \frac{(q_{i+1} - q_i)^2}{a^2} \right\} \longrightarrow \int dx \left\{ \frac{\mu}{2} \dot{\varphi}^2 - \frac{\kappa}{2} \left(\frac{\partial \varphi}{\partial x} \right)^2 \right\} . \tag{2.97}$$

Hier haben wir die Massenbelegung μ und die Konstante κ eingeführt durch

$$\mu \doteq \frac{m}{a} , \quad \kappa \doteq ka . \tag{2.98}$$

Die Lagrangefunktion des elastischen Gummibandes ist also eine Funktion der Feldgröße $\varphi(x, t)$ und ihrer Ableitungen:

$$L = \int dx \, \mathscr{L} \left(\varphi, \frac{\partial \varphi}{\partial x}, \frac{\partial \varphi}{\partial t} \right) = \int dx \left\{ \frac{\mu}{2} \dot{\varphi}^2 - \frac{\kappa}{2} \left(\frac{\partial \varphi}{\partial x} \right)^2 \right\} . \tag{2.99}$$

Die Wirkung ist dann

$$S = \int dt \, L \left(\varphi, \frac{\partial \varphi}{\partial x}, \frac{\partial \varphi}{\partial t} \right) = \int dt \int dx \, \mathscr{L} \left(\varphi, \frac{\partial \varphi}{\partial x}, \frac{\partial \varphi}{\partial t} \right) . \tag{2.100}$$

Der Integrand $\mathscr{L}$ heißt **Lagrangedichte**. In Verallgemeinerung auf mehrere Dimensionen schreiben wir entsprechend

$$S = \int dt \int d^3 x \, \mathscr{L} \left(\varphi, \nabla \varphi, \frac{\partial \varphi}{\partial t} \right)$$

$$= \int d^4 x \, \mathscr{L}(\varphi, \partial_\mu \varphi) . \tag{2.101}$$

Die Stationarität der Wirkung unter einer Variation von φ führt wie in der klassischen Mechanik auf Euler-Lagrange-Gleichungen, die in diesem Falle die Feldgleichungen sind. In der Mechanik gehört zur Variation die Vorschrift, dass die Endpunkte $x(t_1)$ und $x(t_2)$ der klassischen Bahn festzuhalten sind. In der Feldtheorie hat diese Vorschrift die folgende Entsprechung. Man betrachte ein zusammenhängendes Gebiet $G \subset \mathbf{R}^4$ mit seinem Rand ∂G. Der Rand muss nicht notwendig kompakt sein, sondern kann z. B. auch einen dreidimensionalen Raum zu fester Zeit t enthalten. Die zulässigen Variationen von φ auf dem Gebiet G sind dann

$$\varphi(x) \longrightarrow \varphi'(x) = \varphi(x) + \delta\varphi(x) \quad \text{mit } \delta\varphi = 0 \text{ auf } \partial G . \tag{2.102}$$

Ein Spezialfall ist bei einem gegebenen Koordinatensystem $x = (x^0, \vec{r})$ das scheibenförmige Gebiet

$$G = \{ x \in \mathbf{R}^4 | ct_1 \leq x^0 \leq ct_2 \} . \tag{2.103}$$

In diesem Fall betrachten wir Felder, die im Räumlich-Unendlichen verschwinden:

$$\varphi(x),\ \partial_\mu\varphi(x) \xrightarrow{|\vec{x}|\to\infty} 0\ . \tag{2.104}$$

Wie in der Mechanik wenden wir das Hamilton-Prinzip an:

$$\begin{aligned}
0 = \delta S &= \delta \int_G d^4x\, \mathscr{L}(\varphi,\partial_\mu\varphi)\\
&= \int_G d^4x \left\{ \frac{\partial\mathscr{L}}{\partial\varphi(x)}\delta\varphi(x) + \frac{\partial\mathscr{L}}{\partial(\partial_\mu\varphi(x))}\partial_\mu(\delta\varphi(x)) \right\}\\
&= \int_G d^4x \left\{ \frac{\partial\mathscr{L}}{\partial\varphi(x)}\delta\varphi(x) + \partial_\mu\left[\frac{\partial\mathscr{L}}{\partial(\partial_\mu\varphi(x))}\delta\varphi(x) \right]\right.\\
&\left. \quad -\left(\partial_\mu\frac{\partial\mathscr{L}}{\partial(\partial_\mu\varphi(x))} \right)\delta\varphi(x) \right\}\ .
\end{aligned} \tag{2.105}$$

Hier wurde die Leibniz'sche Produktregel angewendet. Nach dem Gauß'schen Satz können wir das zweite der vierdimensionalen Volumenintegrale in ein dreidimensionales Randintegral verwandeln, wobei df_μ das „Oberflächenelement" ist:

$$\int_G d^4x\, \partial_\mu\left[\frac{\partial\mathscr{L}}{\partial(\partial_\mu\varphi(x))}\delta\varphi(x) \right] = \int_{\partial G}\left[\frac{\partial\mathscr{L}}{\partial(\partial_\mu\varphi(x))}\delta\varphi(x) \right] df_\mu = 0\ . \tag{2.106}$$

Dieses Integral verschwindet, weil $\delta\varphi(x)$ auf dem Rand ∂G verschwindet. Für beliebige zulässige Variationen $\delta\varphi$ haben wir also

$$0 = \int_G d^4x \left\{ \frac{\partial\mathscr{L}}{\partial\varphi(x)} - \partial_\mu\frac{\partial\mathscr{L}}{\partial(\partial_\mu\varphi(x))} \right\}\delta\varphi(x)\ . \tag{2.107}$$

Daher muss im Gebiet G die Euler-Lagrange-Gleichung

$$\boxed{\partial_\mu\left(\frac{\partial\mathscr{L}}{\partial(\partial_\mu\varphi(x))} \right) - \frac{\partial\mathscr{L}}{\partial\varphi(x)} = 0} \tag{2.108}$$

als Feldgleichung für $\varphi(x)$ gelten. Hier gilt natürlich die Einstein'sche Summenkonvention für den Index μ.

Beispiel: Für die lineare Kette haben wir im kontinuierlichen Limes die Lagrangedichte

$$\mathscr{L} = \frac{\mu}{2}\dot{\varphi}^2 - \frac{\kappa}{2}\left(\frac{\partial\varphi}{\partial x} \right)^2 \tag{2.109}$$

erhalten. Hier verwenden wir wieder die Schreibweise $x^0 = t$, $x^1 = x$. Die in der Euler-Lagrange-Gleichung vorkommenden Ableitungen sind

$$\frac{\partial\mathscr{L}}{\partial\varphi(x,t)} = 0\ ,\quad \frac{\partial\mathscr{L}}{\partial(\dot\varphi(x,t))} = \mu\dot\varphi(x,t)\ ,\quad \frac{\partial\mathscr{L}}{\partial(\partial_1\varphi(x,t))} = -\kappa\frac{\partial\varphi}{\partial x}\ . \tag{2.110}$$

Die Euler-Lagrange-Gleichung lautet damit

$$\mu \ddot{\varphi}(x, t) - \kappa \frac{\partial^2 \varphi}{\partial x^2} \ . \tag{2.111}$$

Dies ist die Feldgleichung für die longitudinalen Schwingungen eines elastischen Gummibandes. Diese Feldgleichung ist linear, genügt dem Superpositionsprinzip und enthält somit keine Wechselwirkungsterme. Das Feld $\varphi(x)$ wird daher als ein **freies Feld** bezeichnet. Die zu einem freien Feld gehörige Lagrangedichte $\mathscr{L}$ ist quadratisch in ihren Variablen.

Für die kanonisch konjugierten Impulse der linearen Kette finden wir beim Übergang zum Kontinuum

$$\frac{1}{a} p_i = \frac{1}{a} m \dot{q}_i = \mu \dot{q}_i \quad \longrightarrow \quad \mu \dot{\varphi}(x, t) =: \pi(x, t) \ . \tag{2.112}$$

Der kanonisch konjugierte Feldimpuls $\frac{\partial L}{\partial \dot{\varphi}} = \mu \dot{\varphi}$ korrespondiert also zu einer **Impulsbelegung** der linearen Kette.

Allgemein definiert man den zum Feld konjugierten Impuls durch

$$\pi(x) = \pi(\vec{r}, t) = \frac{\partial \mathscr{L}}{\partial (\dot{\varphi}(x))} \ . \tag{2.113}$$

Dieser wird für den Hamilton-Formalismus und die Definition der Hamiltonfunktion benötigt. Der Hamilton-Formalismus bildet den Ausgangspunkt für die kanonische Quantisierung von Feldern. In ihm erhält die Zeit eine ausgezeichnete Rolle gegenüber den Ortsvariablen. Während die Lagrangefunktion Ort und Zeit gleichberechtigt behandelt, ist im Hamilton-Formalismus die manifeste Kovarianz gebrochen. In diesem stellt sich daher die – manchmal schwierige – Aufgabe, die Lorentz-Kovarianz der Ergebnisse nachzuweisen. In der Funktionalintegral-Formulierung der Quantenfeldtheorie, die wir später kennen lernen werden, kann dagegen alles manifest kovariant formuliert werden.

Die Hamiltonfunktion ist

$$H = \int d^3 r \, \pi(\vec{r}, t) \, \dot{\varphi}(\vec{r}, t) - L$$

$$= \int d^3 r \, \{ \pi(\vec{r}, t) \, \dot{\varphi}(\vec{r}, t) - \mathscr{L} \} \doteq \int d^3 r \, \mathscr{H} \ , \tag{2.114}$$

wobei H als Funktional des Feldes $\varphi(x)$ und des Impulses $\pi(x)$ auszudrücken ist. Insbesondere ist $\dot{\varphi}(x)$ durch $\pi(x)$ auszudrücken. $\mathscr{H}$ ist die Hamiltondichte. Es gelten die kanonischen Gleichungen

$$\dot{\varphi}(\vec{r}, t) = \frac{\delta H}{\delta \pi(\vec{r}, t)} = \frac{\partial \mathscr{H}}{\partial \pi(\vec{r}, t)} \ , \tag{2.115}$$

$$\dot{\pi}(\vec{r}, t) = -\frac{\delta H}{\delta \varphi(\vec{r}, t)} = -\frac{\partial \mathscr{H}}{\partial \varphi(\vec{r}, t)} \ . \tag{2.116}$$

Für den Fall, dass das betrachtete Feld mehrere Komponenten $\varphi_\alpha(x)$ besitzt, lauten die Verallgemeinerungen der Euler-Lagrange-Gleichungen und Hamiltonfunktion offenbar

$$\partial_\mu \left(\frac{\partial \mathscr{L}}{\partial(\partial_\mu \varphi_\alpha(x))} \right) - \frac{\partial \mathscr{L}}{\partial \varphi_\alpha(x)} = 0 \, , \tag{2.117}$$

$$\pi_\alpha(x) = \frac{\partial \mathscr{L}}{\partial \dot{\varphi}_\alpha(x)} \, , \tag{2.118}$$

$$H = \int d^3 r \left\{ \sum_\alpha \pi_\alpha(\vec{r}, t)\, \dot{\varphi}_\alpha(\vec{r}, t) - \mathscr{L} \right\} \, . \tag{2.119}$$

Nach diesem allgemeinen Formalismus schauen wir uns jetzt die Lagrangefunktionen für die freien relativistischen Feldgleichungen an.

2.2.1 Reelles Skalarfeld

Die Feldgleichung für das freie, reelle Skalarfeld ist die Klein-Gordon-Gleichung. Die passende Lagrangedichte ist

$$\mathscr{L} = \frac{1}{2} \left\{ (\partial_\mu \varphi)(\partial^\mu \varphi) - m^2 \varphi^2 \right\} \, . \tag{2.120}$$

Zunächst berechnen wir

$$\frac{\partial \mathscr{L}}{\partial(\partial_\mu \varphi(x))} = \partial^\mu \varphi(x) \, , \qquad \frac{\partial \mathscr{L}}{\partial \varphi(x)} = -m^2 \varphi(x) \, . \tag{2.121}$$

Damit wird die Euler-Lagrange-Gleichung zu

$$\partial_\mu \partial^\mu \varphi(x) + m^2 \varphi(x) = 0 \, , \tag{2.122}$$

was in der Tat die Klein-Gordon-Gleichung ist. Der kanonisch konjugierte Feldimpuls kommt als

$$\pi(x) = \frac{\partial \mathscr{L}}{\partial(\dot{\varphi}(x))} = \dot{\varphi}(x) \tag{2.123}$$

heraus, und die Hamiltonfunktion lautet

$$H = \int d^3 x \, \frac{1}{2} \left\{ \pi^2 + (\nabla \varphi)^2 + m^2 \varphi^2 \right\} \, . \tag{2.124}$$

2.2.2 Komplexes Skalarfeld

Beim komplexwertigen Feld $\varphi(x) \in \mathbf{C}$ gibt es grundsätzlich zwei Arten, die Variablen festzulegen. Wir können das Feld in Real- und Imaginärteil aufteilen gemäß

$$\varphi = \frac{1}{\sqrt{2}}(\varphi_1 + i\, \varphi_2) \, , \qquad \varphi^* = \frac{1}{\sqrt{2}}(\varphi_1 - i\, \varphi_2) \, , \tag{2.125}$$

und als zweikomponentiges reelles Feld φ_α, $\alpha = 1, 2$ ansehen. Es gibt dann zwei Euler-Lagrange-Gleichungen, die mit den komplexen Ableitungen

$$\frac{\partial}{\partial\varphi} = \frac{1}{\sqrt{2}}\left(\frac{\partial}{\partial\varphi_1} - i\frac{\partial}{\partial\varphi_2}\right), \quad \frac{\partial}{\partial\varphi^*} = \frac{1}{\sqrt{2}}\left(\frac{\partial}{\partial\varphi_1} + i\frac{\partial}{\partial\varphi_2}\right) \qquad (2.126)$$

wieder zu Gleichungen für $\varphi(x)$ und $\varphi^*(x)$ zusammen gefügt werden können.

Andererseits können wir $\varphi(x)$ und $\varphi^*(x)$ als zwei verschiedene Felder betrachten und die Wirkung S als Funktional von φ, φ^*, $\partial_\mu\varphi$ und $\partial_\mu\varphi^*$ schreiben. Verschwindet die Variation von S, wenn man φ und φ^* unabhängig voneinander variiert, ist das äquivalent dazu, mit unabhängigen φ_1 und φ_2 zu arbeiten. In der Praxis ist diese zweite Art, mit komplexen Feldern umzugehen, einfacher und wir werden diesem Weg folgen. Die Euler-Lagrange-Feldgleichungen für die Felder φ und φ^* lauten

$$\partial_\mu\left(\frac{\partial\mathscr{L}}{\partial(\partial_\mu\varphi(x))}\right) - \frac{\partial\mathscr{L}}{\partial\varphi(x)} = 0, \quad \partial_\mu\left(\frac{\partial\mathscr{L}}{\partial(\partial_\mu\varphi^*(x))}\right) - \frac{\partial\mathscr{L}}{\partial\varphi^*(x)} = 0. \qquad (2.127)$$

Mit der Lagrangedichte

$$\mathscr{L} = (\partial_\mu\varphi^*)(\partial^\mu\varphi) - m^2\varphi^*\varphi \qquad (2.128)$$

ergeben sich die Feldgleichungen

$$\partial_\mu\partial^\mu\varphi^* + m^2\varphi^* = 0, \quad \partial_\mu\partial^\mu\varphi + m^2\varphi = 0, \qquad (2.129)$$

also die Klein-Gordon-Gleichung und ihr konjugiert-komplexes Gegenstück. Die zu den Feldern φ und φ^* kanonisch konjugierten Impulse sind

$$\pi = \frac{\partial\mathscr{L}}{\partial\dot\varphi} = \dot\varphi^*(x), \quad \pi^* = \frac{\partial\mathscr{L}}{\partial\dot\varphi^*} = \dot\varphi(x) \qquad (2.130)$$

und man findet die Hamiltonfunktion

$$\begin{aligned} H &= \int d^3x\,\{\pi\dot\varphi + \pi^*\dot\varphi^* - \mathscr{L}\} \\ &= \int d^3x\,\{\pi^*\pi + \nabla\varphi^* \cdot \nabla\varphi + m^2\varphi^*\varphi\}\,. \end{aligned} \qquad (2.131)$$

2.2.3 Diracfeld

Eine Lagrangedichte für das Diracfeld ist

$$\mathscr{L} = \overline{\psi}(x)(i\gamma^\mu\partial_\mu - m)\psi(x)\,. \qquad (2.132)$$

Zur Herleitung der Feldgleichungen in Form der Euler-Lagrange-Gleichungen können wir unabhängige Variationen nach den Feldern ψ und $\overline{\psi}$ durchführen, analog zum

Vorgehen beim komplexen Skalarfeld, und erhalten

$$\partial_\mu \frac{\partial \mathscr{L}}{\partial(\partial_\mu \overline{\psi}(x))} - \frac{\partial \mathscr{L}}{\partial \overline{\psi}(x)} = 0 \quad \longrightarrow \quad (\mathrm{i}\gamma^\mu \partial_\mu - m)\psi(x) = 0 \,, \tag{2.133}$$

$$\partial_\mu \frac{\partial \mathscr{L}}{\partial(\partial_\mu \psi(x))} - \frac{\partial \mathscr{L}}{\partial \psi(x)} = 0 \quad \longrightarrow \quad \partial_\mu(\overline{\psi}(x)\mathrm{i}\gamma^\mu) + m\overline{\psi}(x) = 0 \,. \tag{2.134}$$

Die Gleichung (2.134) ist die Dirac-konjugierte Gleichung zu (2.133), wie man mit

$$\overline{\mathrm{i}\gamma^\mu \partial_\mu \psi} = (\mathrm{i}\gamma^\mu \partial_\mu \psi)^\dagger \gamma^0 = -\mathrm{i}\partial_\mu \psi^\dagger \gamma^{\mu\dagger} \gamma^0 = -\mathrm{i}\partial_\mu \psi^\dagger \gamma^0 \gamma^\mu = -\mathrm{i}\partial_\mu \overline{\psi}\gamma^\mu \tag{2.135}$$

leicht nachrechnet.

In der obigen Form von $\mathscr{L}$ wirken die Ableitungen nur auf ψ und nicht auf $\overline{\psi}$. Eine symmetrischere Alternative wäre

$$\mathscr{L} = \frac{1}{2}\left\{\overline{\psi}\left(\mathrm{i}\gamma^\mu \overrightarrow{\partial}_\mu - m\right)\psi + \overline{\psi}\left(-\mathrm{i}\gamma^\mu \overleftarrow{\partial}_\mu - m\right)\psi\right\} \,, \tag{2.136}$$

wobei der Pfeil anzeigt, ob die Ableitung nach rechts auf ψ oder nach links auf $\overline{\psi}$ wirkt. Die beiden Versionen für $\mathscr{L}$ unterscheiden sich um eine totale Ableitung $\frac{1}{2}\partial_\mu(\overline{\psi}\mathrm{i}\gamma^\mu\psi)$, wodurch die Feldgleichungen nicht geändert werden. In der Praxis verwendet man die erste Version, da es etwas leichter mit ihr zu arbeiten ist.

Die kanonisch konjugierten Impulse sind

$$\pi(x) = \frac{\partial \mathscr{L}}{\partial(\partial_0 \psi(x))} = \mathrm{i}\,\overline{\psi}(x)\gamma^0 = \mathrm{i}\psi^\dagger(x) \,, \tag{2.137}$$

$$\overline{\pi}(x) = \frac{\partial \mathscr{L}}{\partial(\partial_0 \overline{\psi}(x))} = 0 \,, \tag{2.138}$$

und damit findet man die Hamiltonfunktion

$$H = \int d^3x \left\{\pi(x)\partial_0 \psi(x) - \mathscr{L}\right\} = \int d^3x \left\{\mathrm{i}\overline{\psi}(x)\gamma^0 \partial_0 \psi(x) - \mathscr{L}\right\}$$

$$= \int d^3x \left\{\overline{\psi}(x)\left(-\mathrm{i}\vec{\gamma}\cdot\nabla + m\right)\psi(x)\right\} \,. \tag{2.139}$$

2.2.4 Maxwellfeld

Beginnen wir mit einer Lagrangefunktion für das Maxwellfeld in Anwesenheit äußerer Quellen j^μ, die erhalten sind, $\partial_\mu j^\mu = 0$. Die einfachste eichinvariante Wahl ist

$$\mathscr{L} = -\frac{1}{4}F_{\mu\nu}F^{\mu\nu} + j^\mu A_\mu$$

$$= -\frac{1}{4}(\partial_\mu A_\nu - \partial_\nu A_\mu)(\partial^\mu A^\nu - \partial^\nu A^\mu) - j^\mu A_\mu \,. \tag{2.140}$$

Die Euler-Lagrange-Gleichungen

$$\frac{\partial \mathscr{L}}{\partial A_\mu} - \partial_\nu \left(\frac{\partial \mathscr{L}}{\partial(\partial_\nu A_\mu)} \right) = 0 \tag{2.141}$$

liefern

$$\partial_\nu(\partial^\mu A^\nu - \partial^\nu A^\mu) + j^\mu = 0 \,. \tag{2.142}$$

Durch die Feldstärken ausgedrückt sind dies die inhomogenen Maxwell-Gleichungen

$$\partial_\nu F^{\mu\nu} + j^\mu = 0 \,, \tag{2.143}$$

was die Richtigkeit der Lagrangefunktion bestätigt.

Im Folgenden betrachten wir den Fall ohne äußere Quellen, also $j^\mu = 0$. Die kanonischen Impulse zu den vier Feldkomponenten sind

$$\Pi^k = \frac{\partial \mathscr{L}}{\partial \dot{A}_k} = \partial^k A^0 - \partial^0 A^k = E_k \qquad (k = 1, 2, 3) \,, \tag{2.144}$$

$$\Pi^0 = \frac{\partial \mathscr{L}}{\partial \dot{A}_0} = 0 \,. \tag{2.145}$$

Von diesen drei nichtverschwindenden kanonischen Impulsen ist noch einer zuviel, da wir nur zwei physikalische Freiheitsgrade haben. Die Zählung wird wieder stimmig in der Strahlungseichung, denn dort gilt $\nabla \cdot \vec{E} = 0$ als Identität, und dies verlangt $\partial_k \Pi^k = 0$, wodurch eine Abhängigkeit zwischen den kanonischen Impulsen entsteht.

Die Hamiltondichte wird zu

$$\mathcal{H} = \sum_{k=1}^{3} \Pi^k \dot{A}_k - \mathscr{L} = \frac{1}{2} \left(\vec{E}^2 + \vec{B}^2 \right) + \vec{E} \cdot \nabla \Phi \,, \tag{2.146}$$

dem aus der Elektrodynamik bekannten Ausdruck für die Energiedichte des elektromagnetischen Feldes.

2.2.5 Massives Vektorfeld

Die Lagrangedichte des Maxwellfeldes enthält keinen Massenterm. Das entspricht in der Quantentheorie der Tatsache, dass Photonen masselose Teilchen sind. Es gibt in der Natur aber auch massive Teilchen mit Spin 1, die durch Vektorfelder zu beschreiben sind. Für die zugehörige Lagrangedichte machen wir den Ansatz, die Lagrangedichte des Maxwellfeldes mit einem zusätzlichen Massenterm zu versehen. Bezeichnen wir das reelle Vektorfeld mit $B_\mu(x)$. In Analogie zum Feldstärke-Tensor des Maxwellfeldes definieren wir

$$G_{\mu\nu} \doteq \partial_\mu B_\nu - \partial_\nu B_\mu \tag{2.147}$$

und setzen

$$\mathscr{L} = -\frac{1}{4} G_{\mu\nu} G^{\mu\nu} + \frac{m^2}{2} B_\mu B^\mu \,. \tag{2.148}$$

Mit

$$\frac{\partial \mathscr{L}}{\partial(\partial_\mu B_\nu(x))} = G^{\nu\mu}(x) , \quad \frac{\partial \mathscr{L}}{\partial B_\nu(x)} = m^2 B^\nu(x) \tag{2.149}$$

erhalten wir die Feldgleichungen

$$\partial_\mu G^{\nu\mu} - m^2 B^\nu = 0 , \tag{2.150}$$

bzw. ausgeschrieben

$$\left(\partial_\mu \partial^\mu + m^2\right) B^\nu = \partial^\nu \partial_\mu B^\mu . \tag{2.151}$$

Dies ist die **Proca-Gleichung**, nach A. Proca, der sie als Erster untersuchte. Bilden wir auf beiden Seiten die Vierer-Divergenz,

$$\left(\partial_\mu \partial^\mu + m^2\right) \partial_\nu B^\nu = \partial_\nu \partial^\nu \partial_\mu B^\mu , \tag{2.152}$$

so folgt

$$m^2 \partial_\nu B^\nu = 0 \implies \partial_\nu B^\nu = 0 . \tag{2.153}$$

Im Unterschied zum Maxwellfeld, bei dem die Lorenz-Eichung $\partial_\mu A^\mu = 0$ eine wählbare Zusatzbedingung ist, folgt sie hier notwendig aus den Feldgleichungen. Die Feldgleichungen können also in äquivalenter Weise als vier Klein-Gordon-Gleichungen plus der Divergenz-Bedingung dargestellt werden:

$$\left(\partial_\mu \partial^\mu + m^2\right) B^\nu = 0 , \tag{2.154}$$

$$\partial_\mu B^\mu = 0 . \tag{2.155}$$

Massive Spin-1-Teilchen, wie z. B. die $\rho^{\pm,0}$ oder das ω-Meson können durch das massive Vektorfeld beschrieben werden.

Übungen

1. Berechnen Sie die Feldgleichungen und die Hamiltonfunktion aus der folgenden Lagrangedichte für ein elastisches Gummiband:

$$\mathscr{L} = \frac{\mu}{2}\dot\varphi^2 - \frac{\kappa}{2}\left(\frac{\partial\varphi}{\partial x}\right)^2 - \lambda\,\varphi^4 .$$

2. Es sei $\varphi(x)$ ein komplexes Skalarfeld mit Lagrangedichte

$$\mathscr{L} = (\partial_\mu\varphi^*)(\partial^\mu\varphi) - m^2|\varphi|^2 - \frac{g}{6}|\varphi|^4 .$$

   (a) Betrachten Sie φ und φ^* als zwei unabhängige Felder und leiten Sie die Feldgleichungen für sie her. Berechnen Sie die Hamiltonfunktion.

   (b) Zwei reelle Skalarfelder φ_1 und φ_2 seien definiert durch

$$\varphi = \frac{1}{\sqrt{2}}\left(\varphi_1 + i\,\varphi_2\right) .$$

   Drücken Sie $\mathscr{L}$ durch φ_1 und φ_2 aus. Leiten Sie die Feldgleichungen für φ_1 und φ_2 her und zeigen Sie, dass sie äquivalent zu denen in (a) sind.

3. Die übliche Lagrangedichte für das Diracfeld ist

$$\mathscr{L} = \overline{\psi}(x)(i\gamma^\mu \partial_\mu - m)\psi(x) \,.$$

(a) Zeigen Sie, dass die reelle Lagrangedichte

$$\mathscr{L}' = \frac{1}{2}(\mathscr{L} + \mathscr{L}^*)$$

gleich

$$\mathscr{L}' = \frac{1}{2}\left[\overline{\psi}\,i\gamma^\mu \partial_\mu \psi - (\partial_\mu \overline{\psi})\,i\gamma^\mu \psi - 2m\,\overline{\psi}\psi\right]$$

ist.

(b) Leiten Sie die Feldgleichungen aus $\mathscr{L}'$ her und vergleichen Sie mit der Diracgleichung und der konjugierten Diracgleichung.

(c) Berechnen Sie die aus $\mathscr{L}'$ resultierende Hamiltonfunktion

$$H = \int d^3x \left(\pi(x)\dot{\psi}(x) + \dot{\overline{\psi}}(x)\overline{\pi}(x) - \mathscr{L}' \right) \,.$$

(d) Zeigen Sie, dass

$$\mathscr{L}' = \mathscr{L} - \frac{i}{2}\partial_\mu j^\mu \,.$$

(e) Beweisen Sie allgemein, dass zwei Lagrangedichten $\mathscr{L}$ und $\mathscr{L}'$, die sich um eine Divergenz unterscheiden, $\mathscr{L}' - \mathscr{L} = \partial_\mu D^\mu$, zu den gleichen Feldgleichungen führen.
Hinweis: Versuchen Sie es mit dem Hamilton'schen Prinzip.

2.3 Quantisierung

Die Quantisierung von Feldern wird in den späteren Kapiteln noch ausführlich behandelt. An dieser Stelle bietet es sich jedoch an, allgemeine Züge der Quantisierungs-Regeln schon einmal vor dem Hintergrund des Lagrange- und Hamilton-Formalismus vorzustellen.

Beim Übergang von der Mechanik zur Quantenmechanik werden aus den Koordinaten und kanonisch konjugierten Impulsen Operatoren. Für sie werden die fundamentalen Vertauschungsregeln

$$[p_j(t), q_k(t)] = \frac{\hbar}{i}\,\delta_{j,k} \,, \tag{2.156}$$

hier im Heisenberg-Bild aufgeschrieben, gefordert (hier wieder mit explizitem $\hbar$). Sie stellen die Grundlage für die Quantisierung dar.

Die Vertauschungsregeln im Falle der Feldtheorie können wir, wie bei der linearen Kette, durch den Übergang von diskreten, abzählbaren Variablen zum Kontinuum finden. Wir beginnen also mit Variablen $q_i(t)$ auf einem d-dimensionalen räumlichen (hyper-)kubischen Gitter mit der Gitterkonstanten a, dessen Gitterpunkte durch den Index i nummeriert werden. Für diese und ihre kanonisch konjugierten Impulse gelten obige Vertauschungsrelationen. Nun gehen wir zum Kontinuum über, wobei die Gitterkonstante a gegen null geht. Was wird dabei aus dem Kronecker-δ? Wir schreiben dessen charakteristische Eigenschaft

$$\sum_{i'} \delta_{i,i'} f_{i'} = f_i \tag{2.157}$$

für beliebiges f_i in der Form

$$\sum_{i'} a^d \left(\frac{1}{a^d} \delta_{i,i'} \right) f_{i'} = f_i \tag{2.158}$$

und sehen, dass dies im Kontinuum der Gleichung

$$\int d^d r' \, \delta^{(d)}(\vec{r} - \vec{r}') f(\vec{r}') = f(\vec{r}) \tag{2.159}$$

entspricht. Das bedeutet, dass das Kronecker-δ beim Übergang in das Kontinuum nach der Regel

$$\frac{1}{a^d} \delta_{i,i'} \longrightarrow \delta^{(d)}(\vec{r} - \vec{r}') \tag{2.160}$$

zu ersetzen ist. Für das Feld in $d = 3$ räumlichen Dimensionen werden $\varphi(x)$ und der kanonisch konjugierte Impuls $\pi(x)$ zu Operatoren im Heisenberg-Bild, deren zeitgleiche Vertauschungsregeln also

$$[\pi(\vec{r}, t), \varphi(\vec{r}', t)] = \frac{\hbar}{i} \delta^{(3)}(\vec{r} - \vec{r}') \,,$$

$$[\varphi(\vec{r}, t), \varphi(\vec{r}', t)] = 0 \,, \tag{2.161}$$

$$[\pi(\vec{r}, t), \pi(\vec{r}', t)] = 0 \,.$$

lauten.

An dieser Stelle darf nicht verschwiegen werden, dass diese Vertauschungsregeln für Feldtheorien gelten, welche Bosonen beschreiben, wie wir noch sehen werden. Im Falle von Fermionen wird es sich zeigen, dass stattdessen Antikommutatoren zu fordern sind:

$$\left[\pi(\vec{r}, t) \,, \varphi(\vec{r}', t) \right]_+ = \frac{\hbar}{i} \delta^{(3)}(\vec{r} - \vec{r}') \,, \tag{2.162}$$

$$\left[\varphi(\vec{r}, t) \,, \varphi(\vec{r}', t) \right]_+ = 0 \,, \tag{2.163}$$

$$\left[\pi(\vec{r}, t) \,, \pi(\vec{r}', t) \right]_+ = 0 \,, \tag{2.164}$$

wobei $[A, B]_+ \doteq AB + BA$ definiert wird.

3 Symmetrien und Erhaltungssätze

Was ist eine Symmetrie? Hermann Weyl hat es folgendermaßen charakterisiert. Man benötigt dreierlei:
- ein Objekt, das hinsichtlich der Symmetrie untersucht wird,
- eine Aktion, die etwas mit dem Objekt macht,
- einen Beobachter, der das Objekt vor und nach der Aktion betrachtet.

Das Objekt ist dann symmetrisch, wenn der Beobachter keine Veränderung feststellen kann.

In der Physik versteht man unter einer Symmetrie eine Abbildungen, welche „die Physik unverändert lässt". Was darunter genau zu verstehen ist, muss natürlich spezifiziert werden. In unserem Kontext definieren wir Symmetrien als Abbildungen oder Transformationen in der Theorie, welche die physikalischen Gesetzmäßigkeiten, wie die Bewegungsgleichungen oder Feldgleichungen, unverändert lassen.

Symmetrien spielen eine große Rolle in der Physik. Beispielsweise ist die Berücksichtigung von Symmetrien sehr vorteilhaft für die Formulierung und das Lösen von Bewegungsgleichungen. In der Physik der Elementarteilchen hat sich gezeigt, dass die Eigenschaften von Teilchen und die Natur der Wechselwirkungen in hohem Maße durch Symmetrieprinzipien bestimmt sind.

Bei der Betrachtung von Symmetrien in der Physik ist die *Noether'sche Theorie* außerordentlich wichtig. Emmy Noether (1882–1935), zeitweise Assistentin von Hilbert, war eine Mathematikerin, die sich auch mit Physik beschäftigt hat. Im Rahmen der klassischen Mechanik und der klassischen Feldtheorie formulierte sie 1918 das

Noether-Theorem. *Zu jeder kontinuierlichen Symmetrie eines physikalischen Systems gehört eine Erhaltungsgröße.*

Die Noether'sche Theorie macht aber nicht nur eine Existenzaussage, sondern liefert darüber hinaus explizite Ausdrücke für die Erhaltungsgrößen, was für die Physiker sehr nützlich ist. Wir werden die Noether'sche Theorie zunächst im Rahmen der klassischen Feldtheorien diskutieren, sie findet aber auch im quantentheoretischen Kontext ihre Anwendung. Diskrete Symmetrien, wie Parität, Zeitumkehr und Ladungskonjugation, werden wir später betrachten.

Ein Beispiel: Wir betrachten ein System von zwei reellen, skalaren Feldern φ_1 und φ_2, dessen Lagrangefunktion

$$\begin{aligned}
\mathscr{L} &= \frac{1}{2}(\partial_\mu \varphi_1)(\partial^\mu \varphi_1) - \frac{m_1^2}{2}\varphi_1^2 - \lambda_1 \varphi_1^4 \\
&+ \frac{1}{2}(\partial_\mu \varphi_2)(\partial^\mu \varphi_2) - \frac{m_2^2}{2}\varphi_2^2 - \lambda_2 \varphi_1^4 \\
&- \lambda_3 \varphi_1^2 \varphi_2^2
\end{aligned} \tag{3.1}$$

https://doi.org/10.1515/9783110638547-003

lautet. Die φ^4-Terme beschreiben die Selbstwechselwirkung der Felder, der Term $\lambda_3\varphi_1^2\varphi_2^2$ die Kopplung der beiden Felder untereinander. Die zugehörigen Feldgleichungen sind

$$(\Box - m_1^2)\varphi_1 = 4\lambda_1\varphi_1^3 + 2\lambda_3\varphi_1\varphi_2^2\,,$$
$$(\Box - m_2^2)\varphi_2 = 4\lambda_2\varphi_2^3 + 2\lambda_3\varphi_1^2\varphi_2\,. \tag{3.2}$$

Wir werden nun eine Symmetrie der Lagrangefunktion untersuchen, um daran die Noether-Theorie beispielhaft zu illustrieren. Die beiden Felder φ_1 und φ_2 können als Komponenten in einem zweidimensionalen **inneren** Raum aufgefasst werden.

In diesem inneren Raum können wir Drehungen durch

$$\varphi_1'(x) = \varphi_1(x)\cos\alpha - \varphi_2(x)\sin\alpha$$
$$\varphi_2'(x) = \varphi_2(x)\cos\alpha + \varphi_1(x)\sin\alpha \tag{3.3}$$

definieren. Dabei soll der Drehwinkel α unabhängig vom Ort x sein.

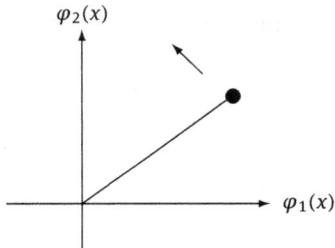

Abb. 3.1: Drehung im inneren Raum des zweikomponentigen Feldes

Unter diesen Drehungen sind folgende Ausdrücke invariant:

$$\varphi_1'^2 + \varphi_2'^2 = \varphi_1^2 + \varphi_2^2\,, \tag{3.4}$$
$$(\partial_\mu\varphi_1')(\partial^\mu\varphi_1') + (\partial_\mu\varphi_2')(\partial^\mu\varphi_2') = (\partial_\mu\varphi_1)(\partial^\mu\varphi_1) + (\partial_\mu\varphi_2)(\partial^\mu\varphi_2)\,. \tag{3.5}$$

Daraus sehen wir, dass die Lagrangedichte (3.1) invariant unter diesen Drehungen ist, wenn

$$m_1 = m_2 \doteq m \quad \text{und} \quad \lambda_1 = \lambda_2 = \frac{1}{2}\lambda_3 \doteq \lambda \tag{3.6}$$

ist. In diesem Fall vereinfacht sich die Lagrangedichte zu

$$\mathscr{L} = \frac{1}{2}(\partial_\mu\varphi_1)(\partial^\mu\varphi_1) + \frac{1}{2}(\partial_\mu\varphi_2)(\partial^\mu\varphi_2)$$
$$- \frac{m^2}{2}(\varphi_1^2 + \varphi_2^2) - \lambda(\varphi_1^2 + \varphi_2^2)^2\,. \tag{3.7}$$

Nach der Ankündigung zu Beginn dieses Abschnitts erwarten wir einen Erhaltungssatz zu der betrachteten kontinuierlichen Symmetrietransformation. Wir definieren

$$a^\mu = \varphi_1\partial^\mu\varphi_2 - \varphi_2\partial^\mu\varphi_1 \tag{3.8}$$

und bilden die Divergenz:

$$\partial_\mu a^\mu = (\partial_\mu \varphi_1)(\partial^\mu \varphi_2) + \varphi_1 \partial_\mu \partial^\mu \varphi_2 - (\partial_\mu \varphi_2)(\partial^\mu \varphi_1) - \varphi_2 \partial_\mu \partial^\mu \varphi_1 \ .$$

Zwei Terme heben sich direkt auf, für die übrigen setzen wir die Feldgleichungen (3.2) in der Form

$$-\partial_\mu \partial^\mu \varphi_1 = m_1^2 \varphi_1 + 4\lambda_1 \varphi_1^3 + 2\lambda_3 \varphi_1 \varphi_2^2$$
$$-\partial_\mu \partial^\mu \varphi_2 = m_2^2 \varphi_2 + 4\lambda_2 \varphi_2^3 + 2\lambda_3 \varphi_2 \varphi_1^2 \qquad (3.9)$$

ein und erhalten unter der Bedingung, dass $m_1 = m_2$ und $\lambda_1 = \lambda_2 = \frac{1}{2}\lambda_3$ ist,

$$\partial_\mu a^\mu = (m_1^2 - m_2^2)\varphi_1 \varphi_2 + (4\lambda_1 - 2\lambda_3)\varphi_1^3 \varphi_2 - (4\lambda_2 - 2\lambda_3)\varphi_1 \varphi_2^3 = 0 \ . \qquad (3.10)$$

Die Größe $a^\mu(x)$ stellt also einen Strom dar, der dann erhalten ist, wenn die Symmetrie der Lagrangedichte vorliegt. In diesem Fall ist

$$A = \int d^3x \, a^0 \qquad (3.11)$$

eine Erhaltungsgröße.

3.1 Symmetrie-Transformationen

Die Feldtheorie, die wir betrachten, wird im Allgemeinen eine Menge von Feldern $\varphi_\alpha(x)$, $\alpha = 1, \ldots, n$, enthalten. α kann einfach eine Nummerierung der Felder oder der Index eines Vektorfeldes, Tensorfeldes oder Spinors sein. Wir wollen nun kontinuierliche Transformationen des physikalischen Systems untersuchen. Darunter fallen zunächst raumzeitliche Transformationen

$$x^\mu \longrightarrow x'^\mu \ . \qquad (3.12)$$

Konkret werden das in den nachfolgenden Abschnitten inhomogene Lorentz-Transformationen

$$x'^\mu = \Lambda^\mu_{\ \nu} x^\nu + a^\mu \qquad (3.13)$$

sein. Im Falle einer infinitesimalen Transformation schreiben wir

$$x'^\mu = x^\mu + \delta x^\mu \ . \qquad (3.14)$$

Die Transformationen werden als aktive Transformationen aufgefasst, d. h. das physikalische System wird entsprechend bewegt.

Die Transformation der Felder

$$\varphi_\alpha(x) \longrightarrow \varphi'_\alpha(x) \qquad (3.15)$$

hat generell verschiedene Quellen. Einerseits transformieren sich die Felder unter den obigen raumzeitlichen Transformationen gemäß einem charakteristischen Transformationsgesetz, je nachdem, ob es sich um Skalare, Vektoren, Tensoren oder Spinoren handelt. Andererseits können noch weitere **innere Transformationen**, wie im obigen Beispiel, hinzukommen. Die infinitesimalen Transformationen der Felder schreiben wir als

$$\varphi'_\alpha(x) = \varphi_\alpha(x) + \delta\varphi_\alpha(x) \,. \tag{3.16}$$

Weil physikalische Gesetzmäßigkeiten sich aus der Stationarität der Wirkung ergeben, fragen wir, wie sich die Wirkung S unter der Transformation ändert. Es sei G ein Gebiet der Raumzeit und

$$S = \int_G d^4x \, \mathcal{L}(\varphi_\alpha, \partial_\mu\varphi_\alpha) \tag{3.17}$$

die zugehörige Wirkung. Unter einer aktiven Transformation wird G auf ein anderes Gebiet G' abgebildet und gleichzeitig ändern sich die Felder $\varphi_\alpha(x)$ zu $\varphi'_\alpha(x)$. Die Wirkung ändert sich dabei gemäß

$$S = \int_G d^4x \, \mathcal{L}(\varphi_\alpha, \partial_\mu\varphi_\alpha) \quad \longrightarrow \quad S' = \int_{G'} d^4x \, \mathcal{L}(\varphi'_\alpha, \partial_\mu\varphi'_\alpha) \,. \tag{3.18}$$

Für infinitesimale Transformationen schreiben wir $S' = S + \delta S$. Die betrachtete Transformation ist eine Symmetrie, wenn sich die Wirkung darunter nicht ändert. Das bedeutet

$$\delta S = 0 \quad \text{für} \quad \varphi_\alpha \longrightarrow \varphi_\alpha + \delta\varphi_\alpha \,. \tag{3.19}$$

Hierbei werden die Feldgleichungen nicht benutzt. Beim Vorliegen einer Symmetrie gilt folglich: wenn $\varphi_\alpha(x)$ eine Lösung der Feldgleichungen ist, so ist $\varphi'_\alpha(x)$ ebenfalls Lösung der Feldgleichungen.

Die infinitesimale Änderung der Wirkung ist die Summe von zwei Integralen, eines enthält die Änderung der Lagrangedichte und das zweite berücksichtigt, dass bei der Transformation des Gebietes ein Volumenstreifen dazukommt und ein anderer weggenommen wird.

$$\begin{aligned}
\delta S &= \int_G \delta\mathcal{L} \, d^4x + \int_{G'-G} \mathcal{L} \, d^4x \\
&= \int_G \delta\mathcal{L} \, d^4x + \int_{\partial G} \mathcal{L} \, \delta x^\mu \, d\sigma_\mu \,.
\end{aligned} \tag{3.20}$$

Hier ist $d\sigma_\mu$ das Flächenelement der Hyperfläche ∂G (siehe Abbildung).

Mit Benutzung des Gauß'schen Satzes wird daraus

$$\delta S = \int_G \{\delta\mathcal{L} + \partial_\mu(\mathcal{L}\delta x^\mu)\} \, d^4x \,. \tag{3.21}$$

Die Änderung von $\mathcal{L}$ setzt sich aus den partiellen Ableitungen zusammen.

$$\begin{aligned}
\delta\mathcal{L} &= \frac{\partial\mathcal{L}}{\partial\varphi_\alpha}\delta\varphi_\alpha + \frac{\partial\mathcal{L}}{\partial(\partial_\mu\varphi_\alpha)}\partial_\mu\delta\varphi_\alpha \\
&= \left\{\frac{\partial\mathcal{L}}{\partial\varphi_\alpha} - \partial_\mu\left(\frac{\partial\mathcal{L}}{\partial_\mu\varphi_\alpha}\right)\right\}\delta\varphi_\alpha + \partial_\mu\left(\frac{\partial\mathcal{L}}{\partial(\partial_\mu\varphi_\alpha)}\delta\varphi_\alpha\right) \,.
\end{aligned} \tag{3.22}$$

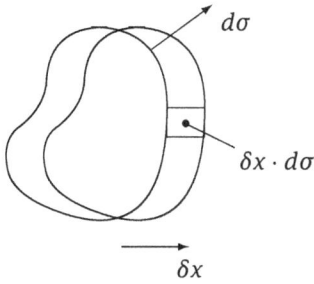

Abb. 3.2: Infinitesimale Transformation des Gebietes G

Die gesamte Änderung der Wirkung ist somit

$$\delta S = \int\limits_{G} \left\{ \frac{\partial \mathscr{L}}{\partial \varphi_\alpha} - \partial_\mu \left(\frac{\partial \mathscr{L}}{\partial_\mu \varphi_\alpha} \right) \right\} \delta \varphi_\alpha \, d^4 x + \int\limits_{G} \partial_\mu \left\{ \frac{\partial \mathscr{L}}{\partial (\partial_\mu \varphi_\alpha)} \delta \varphi_\alpha + \mathscr{L} \delta x^\mu \right\} d^4 x \,. \quad (3.23)$$

Nun nehmen wir folgende Voraussetzungen an:

1. Die Feldgleichungen seien erfüllt. Dann verschwindet der Integrand im ersten Integral.
2. Es liege eine Symmetrietransformation vor, d. h. die Wirkung bleibe unter der Transformation invariant, also $\delta S = 0$. (Die Lagrangedichte muss aber nicht notwendig invariant unter der Transformation sein.)

Dann ist

$$\delta S = \int\limits_{G} \partial_\mu \left\{ \frac{\partial \mathscr{L}}{\partial (\partial_\mu \varphi_\alpha)} \delta \varphi_\alpha + \mathscr{L} \delta x^\mu \right\} d^4 x = 0 \,. \quad (3.24)$$

Da das Gebiet G beliebig ist, muss der Integrand verschwinden:

$$\boxed{ \partial_\mu \left\{ \frac{\partial \mathscr{L}}{\partial (\partial_\mu \varphi_\alpha)} \delta \varphi_\alpha + \mathscr{L} \delta x^\mu \right\} = 0 \,. } \quad (3.25)$$

Dies ist die Master-Formel der Noether-Theorie, die uns die erhaltenen Ströme liefern wird. Im Folgenden werden wir sie auf mehrere Spezialfälle anwenden.

3.2 Raumzeit-Symmetrien

3.2.1 Translationen

Wir betrachten eine Translation

$$x^\mu \longrightarrow x'^\mu = x^\mu + a^\mu \,. \quad (3.26)$$

Im Falle einer infinitesimalen Translation schreiben wir $a^\mu = \delta x^\mu$. Unter Translationen transformieren sich Felder gemäß

$$\varphi'_\alpha(x') = \varphi_\alpha(x) \quad \text{bzw.} \quad \varphi'_\alpha(x) = \varphi_\alpha(x - a) \,. \quad (3.27)$$

Bei einer infinitesimalen Translation haben wir

$$\delta\varphi_\alpha(x) = \varphi'_\alpha(x) - \varphi_\alpha(x) = -\partial_\mu\varphi_\alpha(x)\,\delta x^\mu \;. \tag{3.28}$$

Dies setzen wir in unsere Master-Formel (3.25) ein und erhalten

$$\partial_\mu\left\{\frac{\partial\mathscr{L}}{\partial(\partial_\mu\varphi_\alpha)}\partial^\nu\varphi_\alpha - g^{\mu\nu}\mathscr{L}\right\}\delta x_\nu = 0 \;. \tag{3.29}$$

Der Ausdruck in der geschweiften Klammer

$$\Theta^{\mu\nu} \doteq \frac{\partial\mathscr{L}}{\partial(\partial_\mu\varphi_\alpha)}\partial^\nu\varphi_\alpha - g^{\mu\nu}\mathscr{L} \tag{3.30}$$

ist ein Tensor. Da δx_ν konstant ist, gilt für ihn

$$\partial_\mu\Theta^{\mu\nu} = 0 \;. \tag{3.31}$$

Für jeden Index ν liefert $\Theta^{\mu\nu}$ also einen erhaltenen Strom und die zugehörigen Integrale

$$P^\nu = \int\limits_{x^0\,\text{fest}} d^3x\,\Theta^{0\nu} \tag{3.32}$$

sind Erhaltungsgrößen:

$$\frac{d}{dt}P^\nu = 0 \;. \tag{3.33}$$

$\Theta^{\mu\nu}$ heißt **kanonischer Energie-Impuls-Tensor**. Er ist nicht notwendig symmetrisch, wie es der symmetrisierte Tensor $T^{\mu\nu}$ in der allgemeinen Relativitätstheorie ist. P^ν heißt **Energie-Impuls-Vektor** und $\Theta^{0\nu} \doteq \mathcal{P}^\nu$ nennt man **Energie-Impuls-Dichte**.

Beispiel: reelles Skalarfeld

Für das reelle Skalarfeld mit

$$\mathscr{L} = \frac{1}{2}(\partial_\mu\varphi)(\partial^\mu\varphi) - \frac{m^2}{2}\varphi^2 \tag{3.34}$$

ist

$$\Theta^{\mu\nu} = (\partial^\mu\varphi)(\partial^\nu\varphi) - \frac{1}{2}g^{\mu\nu}(\partial_\rho\varphi)(\partial^\rho\varphi) + \frac{1}{2}g^{\mu\nu}m^2\varphi^2 \;. \tag{3.35}$$

In diesem Fall ist $\Theta^{\mu\nu}$ symmetrisch. Prüfen wir Θ auf Divergenzfreiheit:

$$\partial_\mu\Theta^{\mu\nu} = (\partial_\mu\partial^\mu\varphi)(\partial^\nu\varphi) + (\partial^\mu\varphi)(\partial_\mu\partial^\nu\varphi) - (\partial^\nu\partial_\rho\varphi)(\partial^\rho\varphi) + \frac{1}{2}m^2\partial^\nu(\varphi^2)$$

$$= (\partial_\mu\partial^\mu\varphi + m^2\varphi)(\partial^\nu\varphi) + (\partial^\mu\varphi)(\partial_\mu\partial^\nu\varphi) - (\partial^\rho\varphi)(\partial^\nu\partial_\rho\varphi)$$

$$= 0 \;.$$

Weiter finden wir für die räumlichen Indizes $j = 1, 2, 3$

$$P^j = \int d^3x\,\Theta^{0j} = \int d^3x\,(\partial^0\varphi)(\partial^j\varphi) = -\int d^3x\,\pi\,\partial^j\varphi \;. \tag{3.36}$$

Also ist der räumliche Impuls (nicht zu verwechseln mit dem kanonisch konjugierten Feldimpuls $\pi(x)$) gegeben durch

$$\vec{P} = -\int d^3x\, \pi \nabla\varphi \,. \tag{3.37}$$

Die zeitliche Komponente des Energie-Impuls-Vektors ist

$$
\begin{aligned}
H = P^0 &= \int d^3x\, \Theta^{00} \\
&= \int d^3x \left\{ (\partial^0\varphi)(\partial^0\varphi) - \frac{1}{2}(\partial_\rho\varphi)(\partial^\rho\varphi) + \frac{1}{2}m^2\varphi^2 \right\} \\
&= \int d^3x \left\{ \pi\,\partial_0\varphi - \mathcal{L} \right\} \,.
\end{aligned}
\tag{3.38}
$$

Das stimmt mit der früheren Definition der Hamiltonfunktion überein.

3.2.2 Lorentz-Transformationen

Die infinitesimalen Transformationen zur Lorentz-Transformation

$$x^\mu \longrightarrow x'^\mu = \Lambda^\mu{}_\nu x^\nu \tag{3.39}$$

schreiben wir mit einem infinitesimal kleinen ϵ als

$$
\begin{aligned}
\Lambda^\mu{}_\nu &= \delta^\mu_\nu + \epsilon\,\omega^\mu{}_\nu \,, \\
\delta x^\mu &= \epsilon\,\omega^\mu{}_\nu x^\nu \,.
\end{aligned}
\tag{3.40}
$$

Die Matrix $\omega^\mu{}_\nu$ gibt die sechs Parameter der Lorentz-Transformation an, für die $\omega_{\mu\nu} = -\omega_{\nu\mu}$ gilt. Die Transformation ist jetzt nicht mehr unabhängig von x, wie es bei den Translationen war, und das Transformationsverhalten von Skalarfeldern, Vektorfeldern und Spinorfeldern unterscheidet sich. Für skalare Felder verlangt die Lorentz-Invarianz

$$
\begin{aligned}
\varphi'(x') &= \varphi(x) \quad \text{bzw.} \quad \varphi'(x) = \varphi(\Lambda^{-1}x) \,, \\
\delta\varphi &= -(\partial^\mu\varphi)\delta x_\mu = -\epsilon\,\omega_{\mu\nu}(\partial^\mu\varphi)x^\nu \,.
\end{aligned}
\tag{3.41}
$$

Vektorfelder transformieren sich wie

$$
\begin{aligned}
A'^\mu(x') &= \Lambda^\mu{}_\nu A^\nu(x) \quad \text{bzw.} \quad A'^\mu(x) = \Lambda^\mu{}_\nu A^\nu(\Lambda^{-1}x) \,, \\
\delta A^\rho &= -(\partial^\mu A^\rho)\delta x_\mu + \epsilon\,\omega^\rho{}_\nu A^\nu = -\epsilon\,\omega_{\mu\nu}\left[(\partial^\mu A^\rho)x^\nu - g^{\rho\mu}A^\nu\right] \,.
\end{aligned}
\tag{3.42}
$$

Die Verallgemeinerung auf beliebige Systeme von Feldern φ_α, die sich nach einer Darstellung $D(\Lambda)$ der Lorentz-Gruppe transformieren, schreiben wir in der Gestalt

$$
\begin{aligned}
\varphi'_\alpha(x') &= D(\Lambda)_{\alpha\beta}\varphi_\beta(x) \quad \text{bzw.} \quad \varphi'_\alpha(x) = D(\Lambda)_{\alpha\beta}\varphi_\beta(\Lambda^{-1}x) \,, \\
D(\Lambda)_{\alpha\beta} &= \delta_{\alpha\beta} + \epsilon\,\omega_{\mu\nu}\Sigma^{\mu\nu}_{\alpha\beta} + \cdots \\
\delta\varphi_\alpha &= -(\partial^\mu\varphi_\alpha)\delta x_\mu + \epsilon\,\omega_{\mu\nu}\Sigma^{\mu\nu}_{\alpha\beta}\varphi_\beta \\
&= -\epsilon\,\omega_{\mu\nu}\left\{ (\partial^\mu\varphi_\alpha)x^\nu - \Sigma^{\mu\nu}_{\alpha\beta}\varphi_\beta \right\} \,.
\end{aligned}
\tag{3.43}
$$

Der erste Summand in der Klammer beschreibt die Änderung einer Feldfunktion aufgrund der Transformation ihres Argumentes x, und der zweite Term liefert die Änderung der Feldkomponenten (φ_α) bei festgehaltenem x. Weil die Matrix ($\omega_{\mu\nu}$) antisymmetrisch ist, kann auch $\Sigma^{\mu\nu}_{\alpha\beta} = -\Sigma^{\nu\mu}_{\alpha\beta}$ gewählt werden. Für ein Vektorfeld z. B. erhalten wir aus (3.42) die Koeffizienten

$$\Sigma^{\mu\nu}_{\alpha\beta} = \frac{1}{2}(g^{\mu\alpha}\delta^\nu_\beta - g^{\nu\alpha}\delta^\mu_\beta) \,. \tag{3.44}$$

Setzt man $\delta\varphi_\alpha$ und $\delta x^\mu = \epsilon\,\omega^\mu_{\ \rho}x^\rho = \epsilon\,g^{\mu\nu}\omega_{\nu\rho}x^\rho$ in die Master-Formel (3.25) ein und benutzt die Definition des Energie-Impuls-Tensors, so erhält man

$$0 = \partial_\mu\left\{\frac{\partial\mathscr{L}}{\partial(\partial_\mu\varphi_\alpha)}\delta\varphi_\alpha + \mathscr{L}\delta x^\mu\right\}$$

$$= -\epsilon\,\omega_{\nu\rho}\partial_\mu\left\{\frac{\partial\mathscr{L}}{\partial(\partial_\mu\varphi_\alpha)}(\partial^\nu\varphi_\alpha)x^\rho - \frac{\partial\mathscr{L}}{\partial(\partial_\mu\varphi_\alpha)}\Sigma^{\nu\rho}_{\alpha\beta}\varphi_\beta - g^{\mu\nu}\mathscr{L}x^\rho\right\}$$

$$= -\epsilon\,\omega_{\nu\rho}\partial_\mu\left\{\Theta^{\mu\nu}x^\rho - \frac{\partial\mathscr{L}}{\partial(\partial_\mu\varphi_\alpha)}\Sigma^{\nu\rho}_{\alpha\beta}\varphi_\beta\right\}$$

und folglich

$$0 = \partial_\mu\left\{-\Theta^{\mu\nu}x^\rho + \frac{\partial\mathscr{L}}{\partial(\partial_\mu\varphi_\alpha)}\Sigma^{\nu\rho}_{\alpha\beta}\varphi_\beta\right\}\omega_{\nu\rho} \,. \tag{3.45}$$

Da $\omega_{\nu\rho}$ antisymmetrisch ist, können wir schließen, dass der in ν und ρ antisymmetrische Teil der geschweiften Klammer,

$$M^{\mu\nu\rho} \doteq -\Theta^{\mu\nu}x^\rho + \Theta^{\mu\rho}x^\nu + 2\frac{\partial\mathscr{L}}{\partial(\partial_\mu\varphi_\alpha)}\Sigma^{\nu\rho}_{\alpha\beta}\varphi_\beta \,, \tag{3.46}$$

eine verschwindende Divergenz besitzt:

$$\partial_\mu M^{\mu\nu\rho} = 0 \,. \tag{3.47}$$

$M^{\mu\nu\rho}$ ist ein in ($\nu\rho$) antisymmetrischer Tensor dritter Stufe und heißt **Drehimpulsdichte**. Die dazu gehörende Erhaltungsgröße ist der **Drehimpuls-Tensor**

$$J^{\nu\rho} = \int\limits_{x^0\text{ fest}} d^3x\, M^{0\nu\rho} = \text{const.} \tag{3.48}$$

Der Teil davon, der $\Sigma^{\nu\rho}_{\alpha\beta}$ enthält,

$$S^{\nu\rho} = \int d^3x\, 2\pi_\alpha\Sigma^{\nu\rho}_{\alpha\beta}\varphi_\beta \,, \tag{3.49}$$

ist der Spin-Anteil des Drehimpuls-Tensors.

Betrachten wir wieder den Spezialfall des Skalarfeldes. Dort ist $\Sigma = 0$ und der Drehimpuls-Tensor wird

$$J^{\nu\rho} = \int d^3x\left\{-\Theta^{0\nu}x^\rho + \Theta^{0\rho}x^\nu\right\} \,. \tag{3.50}$$

Der räumliche Anteil des Drehimpuls-Tensors J^{jk} für $j, k \in \{1, 2, 3\}$ gehört zu den räumlichen Drehungen. Der gewohnte Drehimpuls-Vektor $\vec{J}$ hängt mit ihm durch das Vektorprodukt

$$J_i = \frac{1}{2} \epsilon_{ijk} J^{jk} = \int d^3x \, (\vec{r} \times \vec{\mathcal{P}})_i \,, \quad i = 1, 2, 3 \tag{3.51}$$

zusammen, wobei wir die Impulsdichte $\vec{\mathcal{P}} = (\Theta^{01}, \Theta^{02}, \Theta^{03})$ schon im Abschnitt über die Translationsinvarianz kennengelernt haben. Für das Vektorfeld kommt dazu noch der Spin-Anteil

$$S_i = \frac{1}{2} \epsilon_{ijk} S^{jk} = \int d^3x \, (\vec{\pi} \times \vec{A})_i \tag{3.52}$$

hinzu.

Bemerkung:
Durch geeignete Umdefinitionen

$$\Theta^{\mu\nu} \longrightarrow T^{\mu\nu} \,, \quad M^{\mu\nu\rho} \longrightarrow \widetilde{M}^{\mu\nu\rho} \tag{3.53}$$

kann man vom Noether'schen Energie-Impuls-Tensor $\Theta^{\mu\nu}$ zu einem symmetrischen Energie-Impuls-Tensor $T^{\mu\nu} = T^{\nu\mu}$, und vom Tensor M zu einem modifizierten Tensor $\widetilde{M}$ übergehen, für den

$$\widetilde{M}^{\mu\nu\rho} = -T^{\mu\nu}x^\rho + T^{\mu\rho}x^\nu \tag{3.54}$$

gilt.

Übungen

1. Berechnen Sie den Energie-Impuls-Tensor für ein massives Vektorfeld und prüfen Sie, ob er symmetrisch ist.

2. Berechnen Sie den Energie-Impuls-Tensor $\Theta^{\mu\nu}$ für das Maxwellfeld.
   (a) Ist er eichinvariant?
   (b) Finden Sie einen Tensor $X^{\mu\nu\rho}$, so dass $T^{\mu\nu} \doteq \Theta^{\mu\nu} + \partial_\rho X^{\mu\nu\rho}$ ein symmetrischer und erhaltener Energie-Impuls-Tensor ist. Ist $T^{\mu\nu}$ eichinvariant?

3. Berechnen Sie den Energie-Impuls-Tensor für ein freies, komplexes Skalarfeld. Benutzen Sie ihn, um Hamiltonfunktion und Impuls, ausgedrückt durch das Feld und den kanonisch konjugierten Feldimpuls, zu berechnen.

4. Dilatationen sind Raumzeit-Transformationen, die durch

$$x' = \rho x \,, \quad \rho > 0 \,,$$
$$\varphi'(x) = \rho^{-1} \varphi(\rho^{-1}x)$$

   wirken, wobei $\varphi(x)$ ein Skalarfeld ist.
   (a) Welche der folgenden Terme einer Wirkung

$$\int d^4x \, (\partial_\mu \varphi)(\partial^\mu \varphi) \,, \quad \int d^4x \, m^2 \varphi^2 \,, \quad \int d^4x \, \frac{g}{24} \, \varphi^4$$

   sind invariant unter Dilatationen?
   (b) Finden Sie zu $\rho = e^\lambda$ die infinitesimalen ($\lambda \equiv \epsilon$) Transformationen δx^μ und $\delta \varphi(x)$.

(c) Zeigen Sie, dass für ein reelles Skalarfeld der Noether-Strom zu Dilatationen durch

$$j^\mu = \Theta^{\mu\nu} x_\nu + \varphi \, \frac{\partial \mathcal{L}}{\partial(\partial_\mu \varphi)}$$

gegeben ist.

(d) Berechnen Sie $\partial_\mu j^\mu$ für das wechselwirkende reelle Skalarfeld mit

$$\mathcal{L} = \frac{1}{2}(\partial_\mu \varphi)(\partial^\mu \varphi) - \frac{m^2}{2}\,\varphi^2 - \frac{g}{24}\,\varphi^4$$

unter Benutzung der Feldgleichungen. In welchem Fall sind Dilatationen Symmetrietransformationen?

3.3 Innere Symmetrien

Bisher haben wir Symmetrien unter Transformationen der Raumzeit-Koordinaten x^μ betrachtet. In diesem Abschnitt interessieren uns Transformationen der mehrkomponentigen Feldfunktion $\varphi_\alpha(x)$, bei denen man ihre Komponenten φ_α einer linearen Transformation unterwirft, die raumzeitlichen Koordinaten aber ungeändert lässt. Die zugehörigen Symmetrien heißen **innere Symmetrien**. Es soll also gelten

$$\delta x^\mu = 0 \,, \tag{3.55}$$

$$\varphi'_\alpha(x) = R_{\alpha\beta}\,\varphi_\beta(x) \,. \tag{3.56}$$

Dabei ist $R = (R_{\alpha\beta})$ Element einer kontinuierlichen Symmetriegruppe, in der Regel einer Lie-Gruppe mit Elementen $R(\omega_1, \ldots, \omega_k) = R(\omega_a)$, die durch die reellwertigen ω_a parametrisiert werden. Die infinitesimalen Transformationen der Symmetriegruppe sind

$$R = \mathbf{1} - \mathrm{i}\, T^a \delta\omega_a + \ldots \tag{3.57}$$

Die Matrizen T^a sind die Generatoren der Gruppe. Sie haben die Eigenschaft, dass ihre Kommutatoren wieder Linearkombinationen von Generatoren sind. Es gilt also

$$\left[T^a, T^b \right] = \mathrm{i} f_{abc} T^c \,. \tag{3.58}$$

Die Generatoren bilden die Basis eines linearen Raumes. Mit der durch den Kommutator definierten Verknüpfung nennt man ihn die zur Lie-Gruppe gehörige **Lie-Algebra**. Die dabei auftretenden Strukturkonstanten f_{abc} können im Allgemeinen reell oder komplex sein. In fast allen Fällen hat man es bei inneren Symmetrien mit kompakten Lie-Gruppen zu tun. Für diese lassen sich die f_{abc} reell und total antisymmetrisch wählen.

Die infinitesimalen Transformationen der Felder lauten also

$$\delta\varphi_\alpha(x) = -\mathrm{i}\, T^a_{\alpha\beta}\,\varphi_\beta(x)\delta\omega_a \,. \tag{3.59}$$

Die infinitesimalen Symmetrietransformationen sind für innere Symmetrien einfacher als für Symmetrien, die Raumzeit-Transformationen beinhalten, weil Terme mit δx^μ wegfallen. Die Master-Formel der Noether-Theorie Gl. (3.25), lautet jetzt

$$0 = \partial_\mu \left\{ \frac{\partial \mathscr{L}}{\partial(\partial_\mu \varphi_\alpha)} \delta\varphi_\alpha \right\} = -\mathrm{i}\,\partial_\mu \left\{ \frac{\partial \mathscr{L}}{\partial(\partial_\mu \varphi_\alpha)} T^a_{\alpha\beta}\,\varphi_\beta \delta\omega_a \right\} . \tag{3.60}$$

Definieren wir den Noether-Strom als

$$\boxed{j^{\mu,a} \doteq -\mathrm{i}\frac{\partial \mathscr{L}}{\partial(\partial_\mu \varphi_\alpha)} T^a_{\alpha\beta}\,\varphi_\beta,} \tag{3.61}$$

so erfüllt er die Kontinuitätsgleichung

$$\partial_\mu j^{\mu,a} = 0 . \tag{3.62}$$

Die zugehörige Erhaltungsgröße ist

$$Q^a = \int_{x^0=\text{fest}} d^3x\, j^{0,a}(x) . \tag{3.63}$$

Wir sehen, dass es zu jedem Generator T^a, $a = 1, \ldots, k$, der Lie-Gruppe eine erhaltene Ladung Q^a gibt.

Bemerkung:
Es gibt Theorien, deren Lagrangedichte unter einer Symmetrietransformation nicht invariant ist, sondern sich um eine Divergenz ändert. Wir betrachten hier den Fall einer inneren Symmetrie. Es soll also gelten

$$\delta\mathscr{L} = \partial_\mu k^{\mu,a}(x)\,\delta\omega_a . \tag{3.64}$$

Der Noether-Strom ist dann zu ergänzen gemäß

$$j^{\mu,a} \doteq -\mathrm{i}\frac{\partial \mathscr{L}}{\partial(\partial_\mu \varphi_\alpha)} T^a_{\alpha\beta}\,\varphi_\beta - k^{\mu,a} . \tag{3.65}$$

Versuchen Sie dies herzuleiten! (Aufgabe 11 am Ende dieses Kapitels)

Jetzt werden wir uns drei wichtige innere Symmetrien ansehen, die in der Teilchenphysik vorkommen.

3.3.1 U(1)-Symmetrie und elektrische Ladung

Wir wählen ein einkomponentiges komplexwertiges Feld $\varphi(x) \in \mathbf{C}$ und als Symmetrietransformation die Multiplikation mit einem Phasenfaktor $U = \mathrm{e}^{-\mathrm{i}\alpha}$.

$$\varphi'(x) = \mathrm{e}^{-\mathrm{i}\alpha}\varphi(x) . \tag{3.66}$$

Diese Phasenfaktoren bilden eine einparametrige Lie-Gruppe mit dem Parameter α. Ihre Elemente sind unitär ($U^+U = 1$) und die Gruppe wird daher als U(1) bezeichnet:

$$U(1) = \{U \in \mathbf{C} \mid U^*U = 1\} = \{U \in \mathbf{C} \mid U = e^{-i\alpha}, -\pi \le \alpha < \pi\}. \tag{3.67}$$

U(1) ist eine abelsche (kommutative) Gruppe. Für eine infinitesimale Transformation ist $e^{-i\delta\alpha} = 1 - i\,\delta\alpha + \cdots \equiv 1 - i\,T\delta\alpha + \ldots$, woraus wir den Generator T dieser einparametrigen Lie-Gruppe ablesen, nämlich $T = 1 \in \mathbf{R}$. Die infinitesimalen Transformationen des komplexen Skalarfeldes sind

$$\delta\varphi(x) = -i\,\varphi(x)\delta\alpha, \quad \delta\varphi^*(x) = i\,\varphi^*(x)\delta\alpha. \tag{3.68}$$

Die Lagrangedichte des komplexen Skalarfeldes (2.128) ist invariant unter den Phasentransformationen und so erwarten wir die Existenz eines erhaltenen Stromes. Mit den Variationen von φ und φ^* gemäß Gl. (3.68) finden wir

$$j^\mu(x) = \frac{\partial\mathscr{L}}{\partial(\partial_\mu\varphi)}(-i\,\varphi) + \frac{\partial\mathscr{L}}{\partial(\partial_\mu\varphi^*)}(i\,\varphi^*)$$

$$= i\,(\varphi^*\partial^\mu\varphi - \varphi\,\partial^\mu\varphi^*). \tag{3.69}$$

Wenn wir das komplexe Feld als $\varphi = \varphi_1 + i\varphi_2$ in Real- und Imaginärteil zerlegen, entspricht der gefundene Strom dem Noether-Strom (3.8) von zwei reellen Feldern aus dem einführenden Beispiel zu diesem Kapitel. Wenn man noch einen Faktor anfügt und

$$j^\mu(x) = \frac{i}{2m}\,(\varphi^*\partial^\mu\varphi - \varphi\,\partial^\mu\varphi^*) \tag{3.70}$$

definiert, so ist dies genau der Ausdruck für den erhaltenen Strom, den wir in QT für die Klein-Gordon-Gleichung hergeleitet haben. Die erhaltene Gesamtladung im Fall des komplexen Skalarfeldes ist

$$Q = \int d^3x\,j^0(x) = i\int d^3x\,(\varphi^*\dot\varphi - \varphi\,\dot\varphi^*). \tag{3.71}$$

Für das Diracfeld haben wir eine analoge U(1)-Symmetrie. Die Lagrangedichte $\mathscr{L} = \overline\psi(i\gamma^\mu\partial_\mu - m)\psi$ ist invariant unter

$$\psi'(x) = e^{-i\alpha}\psi(x), \tag{3.72}$$

$$\overline\psi'(x) = e^{i\alpha}\overline\psi(x). \tag{3.73}$$

Für den Noether-Strom und die erhaltene Ladung finden wir

$$j^\mu = \frac{\partial\mathscr{L}}{\partial(\partial_\mu\psi_\alpha(x))}(-i\psi_\alpha(x)) = \overline\psi(x)\gamma^\mu\psi(x), \tag{3.74}$$

$$Q = \int d^3x\,\overline\psi\gamma^0\psi = \int d^3x\,\psi^\dagger\psi. \tag{3.75}$$

Diese Ausdrücke sind uns aus dem Kapitel über die Diracgleichung in QT bekannt.

Wenn die betrachteten Felder mittels der bekannten minimalen Kopplung $\partial^\mu \to \partial^\mu + iqA^\mu$ an das Maxwellfeld gekoppelt werden, findet man, dass die zur U(1) gehörigen Noether-Ströme bis auf einen Vorfaktor identisch mit den elektrischen Strömen sind, die in die Maxwell-Gleichungen eingehen, und Q die elektrische Ladung ist.

3.3.2 SU(2)-Symmetrie und Isospin

Die Kernkräfte sind unabhängig von der elektrischen Ladung und unterscheiden nicht zwischen Protonen und Neutronen. Die Idee von Heisenberg war, diesen Sachverhalt durch eine Symmetrie zu beschreiben. Eine analoge Situation liegt bei den beiden Spin-Zuständen eines Elektrons

$$| \uparrow \rangle = \begin{pmatrix} 1 \\ 0 \end{pmatrix}, \quad | \downarrow \rangle = \begin{pmatrix} 0 \\ 1 \end{pmatrix} \tag{3.76}$$

vor, die eine Basis eines zweidimensionalen Hilbertraumes bilden, dem **Spin-Raum**, dessen Elemente die Pauli-Spinoren

$$\psi(x) = \begin{pmatrix} \psi_+(x) \\ \psi_-(x) \end{pmatrix} \tag{3.77}$$

sind. Bei Abwesenheit eines magnetischen Feldes haben beide Zustände die gleiche Energie. Dem liegt zugrunde, dass der Hamiltonoperator invariant unter Rotationen im Spin-Raum ist. Diese Symmetrie-Transformationen schreiben wir als

$$\psi \longrightarrow U(\vec{\alpha})\,\psi \tag{3.78}$$

mit drei Parametern $\vec{\alpha} = (\alpha_1, \alpha_2, \alpha_3)$ für die Rotationen.

In Analogie zum Spin betrachtete Heisenberg Proton und Neutron als zwei verschiedene Zustände des Nukleons und führte den **Isotopen-Spin** (manchmal zutreffender Isobaren-Spin genannt) ein. Heutzutage wird er durchweg **Isospin** genannt. Das Nukleon wird beschrieben durch

$$N = \begin{pmatrix} p(x) \\ n(x) \end{pmatrix}, \tag{3.79}$$

wobei p und n Dirac-Spinoren

$$p_\alpha(x), \quad n_\alpha(x), \quad \alpha = 1, \dots, 4 \tag{3.80}$$

sind. Ein reiner Proton- oder Neutron-Zustand ist gegeben durch

$$\hat{p}(x) = \begin{pmatrix} p(x) \\ 0 \end{pmatrix}, \qquad \hat{n}(x) = \begin{pmatrix} 0 \\ n(x) \end{pmatrix}. \tag{3.81}$$

Der Isospin wird in völliger Analogie zum Spin definiert durch

$$\vec{I} = \frac{1}{2}\,\vec{\tau}, \quad \text{d.h.} \quad I_k = \frac{1}{2}\tau_k, \quad k = 1, 2, 3. \tag{3.82}$$

Hierbei sind die τ_k identisch mit den drei Pauli-Matrizen

$$\tau_1 = \begin{pmatrix} 0 & 1 \\ 1 & 0 \end{pmatrix}, \quad \tau_2 = \begin{pmatrix} 0 & -i \\ i & 0 \end{pmatrix}, \quad \tau_3 = \begin{pmatrix} 1 & 0 \\ 0 & -1 \end{pmatrix}, \tag{3.83}$$

werden aber mit τ gekennzeichnet, um sie von den Pauli-Matrizen für den Spin zu unterscheiden. Die dritte Komponente des Isospins hat für Proton und Neutron also den Wert $+1/2$ bzw. $-1/2$ wegen

$$I_3\,\hat{p}(x) = +\frac{1}{2}\,\hat{p}(x)\,, \quad I_3\,\hat{n}(x) = -\frac{1}{2}\,\hat{n}(x)\,, \tag{3.84}$$

und der Isospin des Nukleons beträgt also $I = 1/2$.

3.3.2.1 Symmetriegruppe SU(2)
In der Natur können Symmetrien evtl. nur approximativ realisiert sein, wir setzen in diesem Abschnitt jedoch voraus, dass die Hamiltonfunktion invariant unter Rotationen im zweidimensionalen Isospin-Raum ist. Wegen der üblichen Gestalt der Hamiltonfunktion für freie Felder muss die Symmetrietransformation in diesem Raum unitär sein:

$$N \longrightarrow N' = UN\,, \quad \text{mit} \quad U^\dagger U = \mathbf{1}\,. \tag{3.85}$$

Die unitären 2×2-Matrizen bilden die Gruppe U(2). Aus

$$\det(U^\dagger U) = \det(U^\dagger)\det(U) = |\det(U)|^2 = 1 \tag{3.86}$$

folgt

$$|\det(U)| = 1\,. \tag{3.87}$$

Die Untergruppe, deren Elemente $\det U = +1$ erfüllen, heißt SU(2):

$$\text{SU(2)} = \{U \in \text{GL}_2(\mathbf{C}) \mid U^\dagger U = 1,\ \det U = +1\}\,. \tag{3.88}$$

Betrachten wir ihre Elemente genauer. Wir schreiben sie als

$$U = \begin{pmatrix} a & b \\ c & d \end{pmatrix}\,. \tag{3.89}$$

Aus der Unitarität

$$U^\dagger U = \begin{pmatrix} a^*a + c^*c & a^*b + c^*d \\ (a^*b + c^*d)^* & b^*b + d^*d \end{pmatrix} = \begin{pmatrix} 1 & 0 \\ 0 & 1 \end{pmatrix}\,. \tag{3.90}$$

lässt sich $a^*a = d^*d$ und $b^*b = c^*c$ folgern. Zusammen mit der Determinante

$$\det U = ad - bc = 1 \tag{3.91}$$

führt das auf die allgemeine Form

$$U = \begin{pmatrix} a & b \\ -b^* & a^* \end{pmatrix} \quad \text{mit} \quad a^*a + b^*b = 1\,. \tag{3.92}$$

Mit vier reellen Zahlen a_k liest sich das als

$$U = \begin{pmatrix} a_0 - \mathrm{i}a_3 & -a_2 - \mathrm{i}a_1 \\ a_2 - \mathrm{i}a_1 & a_0 + \mathrm{i}a_3 \end{pmatrix} = a_0\mathbf{1} - \mathrm{i}a_1\tau_1 - \mathrm{i}a_2\tau_2 - \mathrm{i}a_3\tau_3 \tag{3.93}$$

mit der Bedingung

$$\sum_{k=0}^{3} a_k^2 = 1 \,. \tag{3.94}$$

Die a_k parametrisieren wir in der Form

$$a_0 = \cos \frac{\alpha}{2} \,, \quad (a_1, a_2, a_3) = \left(\sin \frac{\alpha}{2} \right) \vec{n} \,, \quad 0 \le \alpha < 2\pi \,, \quad |\vec{n}| = 1 \,, \tag{3.95}$$

so dass

$$U = \left(\cos \frac{\alpha}{2} \right) \mathbf{1} - \mathrm{i} \left(\sin \frac{\alpha}{2} \right) \vec{n} \cdot \vec{\tau} = \exp \left(-\mathrm{i} \frac{\alpha}{2} \, \vec{n} \cdot \vec{\tau} \right) \,. \tag{3.96}$$

Die letzte Gleichheit bestätigt man mittels der Taylorreihen und der Identität $(\vec{n} \cdot \vec{\tau})^2 = \mathbf{1}$. Mit

$$\vec{\alpha} \doteq \alpha \, \vec{n} \tag{3.97}$$

finden wir zu guter Letzt

$$U(\vec{\alpha}) = \exp \left(-\mathrm{i} \frac{1}{2} \vec{\alpha} \cdot \vec{\tau} \right) = \exp(-\mathrm{i} \, \vec{\alpha} \cdot \vec{I}) \,. \tag{3.98}$$

Die Elemente der SU(2) können also durch die drei reellen Parameter $\vec{\alpha} = (\alpha_1, \alpha_2, \alpha_3)$ parametrisiert werden. Die Formel ist nicht neu: in QT wurde für den Spin gezeigt, dass $U(\vec{\alpha})$ die Drehung eines Pauli-Spinors um den Winkel α mit Drehachse $\vec{n}$ beschreibt.

3.3.2.2 Lie-Algebra

Für infinitesimale Parameter $\delta \vec{\alpha} = \delta \alpha \, \vec{n}$ erhalten wir eine infinitesimale Transformation

$$U(\delta \vec{\alpha}) = \mathbf{1} - \mathrm{i} \, \delta \vec{\alpha} \cdot \vec{I} \,, \tag{3.99}$$

woraus wir ablesen, dass die Isospin-Matrizen (I_1, I_2, I_3) die Generatoren der Lie-Gruppe SU(2) sind. Diese sind hermitesch, $I_k^\dagger = I_k$, wie man bei den Pauli-Matrizen ablesen kann. Das muss auch so sein, denn es folgt aus der Unitarität von U:

$$U(\vec{\alpha}) \, U(\vec{\alpha})^\dagger = \exp(-\mathrm{i} \, \vec{\alpha} \cdot \vec{I}) \exp(\mathrm{i} \, \vec{\alpha} \cdot \vec{I}^\dagger) = \exp(-\mathrm{i} \, \alpha_k (I_k - I_k^\dagger)) = \mathbf{1} \,. \tag{3.100}$$

Außerdem sind die Generatoren spurlos, $\mathrm{Sp}(I_k) = 0$. Dies ist durch die Determinanten-Bedingung gefordert:

$$\ln \det U = \mathrm{Sp} \ln U = -\mathrm{i} \, \alpha_k \, \mathrm{Sp}(I_k) = 0 \,. \tag{3.101}$$

Die Kommutatoren sind die selben wie diejenigen der gewöhnlichen Spin-Komponenten:

$$[I_k, I_l] = \mathrm{i} \, \epsilon_{klm} I_m \,. \tag{3.102}$$

Die Strukturkonstanten der Lie-Algebra von SU(2) sind also die total antisymmetrischen ϵ_{klm}.

3.3.2.3 Isospinsymmetrie

Eine Lagrangedichte für Nukleonen, die isospinsymmetrisch ist, kann aus invarianten Ausdrücken zusammengesetzt werden. Dazu gehört zum Beispiel

$$N^\dagger N = p^\dagger p + n^\dagger n \quad \text{wegen} \quad (UN)^\dagger UN = N^\dagger U^\dagger UN = N^\dagger N \;. \tag{3.103}$$

Weitere invariante Ausdrücke sind $\overline{N}N$ und $\overline{N}\gamma^\mu N = \overline{p}\gamma^\mu p + \overline{n}\gamma^\mu n$. Daraus können wir eine invariante Lagrangedichte für freie Nukleonen basteln:

$$\mathscr{L}_N = \overline{N}(x)(i\gamma^\mu \partial_\mu - m)N(x)$$
$$= \overline{p}(x)(i\gamma^\mu \partial_\mu - m)p(x) + \overline{n}(x)(i\gamma^\mu \partial_\mu - m)n(x) \;. \tag{3.104}$$

Wir erkennen, dass exakte Isospinsymmetrie implizieren würde, dass $m_p = m_n = m$, also Proton und Neutron gleich schwer wären. Die experimentellen Werte $m_p = 938{,}272\,\text{MeV}$, $m_n = 939{,}565\,\text{MeV}$ zeigen, dass die Isospinsymmetrie in der Natur nicht exakt, aber fast perfekt realisiert ist. Sie ist durch die elektromagnetische Wechselwirkung und durch die Differenz zwischen den Massen von up- und down-Quarks gebrochen.

Zusammenfassend haben wir für Nukleonen die in Tabelle 3.1 aufgeführten Quantenzahlen.

Tab. 3.1: Quantenzahlen der Nukleonen

	p	n
I	1/2	1/2
I_3	1/2	−1/2
Q	1	0

Zwischen der elektrischen Ladung Q (in Einheiten der Elementarladung) der Nukleonen und ihrem Isospin besteht die Beziehung

$$Q = I_3 + \frac{1}{2} \;. \tag{3.105}$$

3.3.2.4 Andere Darstellungen der SU(2)

In der obigen Diskussion werden die Elemente der Gruppe SU(2) durch 2×2-Matrizen dargestellt. Analog zu höheren Werten des Spins, die durch höherdimensionale Matrizen beschrieben werden, gibt es andere Darstellungen des Isospins. Die Symmetriegruppe SU(2) wird darin durch Matrizen höherer Dimension dargestellt. Die Bestimmung der möglichen Werte für die Drehimpuls-Quantenzahl I auf Grundlage der

Kommutatoren, die wir in QT angestellt haben, ist hier genauso gültig. Die entsprechende Isospin-Quantenzahl kann die Werte $I = 0, 1/2, 1, 3/2, \ldots$ annehmen, und die Dimension der Matrizen beträgt $2I + 1$.

Betrachten wir den Fall $I = 1, I_3 = 1, 0, -1$. Dazu gehört ein Isospin-Triplett, z. B. das Triplett der Pionen

$$\pi = \begin{pmatrix} \pi^+ \\ \pi^0 \\ \pi^- \end{pmatrix} . \tag{3.106}$$

Hier stimmen elektrische Ladung und dritte Isospin-Komponente überein:

$$Q = I_3 . \tag{3.107}$$

Die Generatoren in dieser Darstellung haben die Form

$$I_1^{(1)} = \frac{1}{\sqrt{2}} \begin{pmatrix} 0 & 1 & 0 \\ 1 & 0 & 1 \\ 0 & 1 & 0 \end{pmatrix}, \quad I_2^{(1)} = \frac{1}{\sqrt{2}} \begin{pmatrix} 0 & -i & 0 \\ i & 0 & -i \\ 0 & i & 0 \end{pmatrix}, \quad I_3^{(1)} = \begin{pmatrix} 1 & 0 & 0 \\ 0 & 0 & 0 \\ 0 & 0 & -1 \end{pmatrix} . \tag{3.108}$$

Eine invariante Lagrangedichte für freie Pionen ist

$$\begin{aligned} \mathscr{L}_\pi &= \frac{1}{2} (\partial_\mu \pi^\dagger)(\partial^\mu \pi) + \frac{m^2}{2} \pi^\dagger \pi \\ &= (\partial_\mu \pi^-)(\partial^\mu \pi^+) + \frac{1}{2}(\partial_\mu \pi^0)(\partial^\mu \pi^0) + m^2 \pi^- \pi^+ + \frac{m^2}{2}(\pi^0)^2 , \end{aligned} \tag{3.109}$$

wobei $(\pi^-)^\dagger = \pi^+$. Ein Beispiel für einen invarianten Ausdruck für die Wechselwirkung zwischen Nukleonen und Pionen ist

$$\begin{aligned} \mathscr{L}_{\pi N} &= \overline{N} \left(\frac{1}{\sqrt{2}} (I_+ \pi^+ + I_- \pi^-) + I_3 \pi^0 \right) \gamma_5 N \\ &= \frac{1}{2}(\overline{p}\gamma_5 p - \overline{n}\gamma_5 n)\pi^0 + \frac{1}{\sqrt{2}} \overline{p}\gamma_5 n\, \pi^+ + \frac{1}{\sqrt{2}} \overline{n}\gamma_5 p\, \pi^- \end{aligned} \tag{3.110}$$

mit $I_+ = I_1 + iI_2$, $I_- = I_1 - iI_2$. Solche Kopplungen zwischen jeweils zwei Fermionen und einem Boson nennt man **Yukawa-Kopplungen**. Die Dirac-Matrix γ_5 wurde eingefügt, um der pseudoskalaren Natur der Pionen Rechnung zu tragen. Dieser Wechselwirkungsterm wird tatsächlich zur Beschreibung der Pion-Nukleon-Wechselwirkung im Rahmen einer effektiven Theorie verwendet.

3.3.2.5 Quarks

Aus der Zusammensetzung der Nukleonen und der Pionen lässt sich auf den Isospin der Quarks schließen, wobei vorausgesetzt wird, dass sich die Quantenzahlen additiv verhalten. Aus $\pi^+ = u\overline{d}$, $\pi^0 = (u\overline{u} - d\overline{d})/\sqrt{2}$, $\pi^- = d\overline{u}$, $p = uud$, $n = udd$ folgern wir für die Quarks

$$I = \frac{1}{2}, \quad I_3 u = \frac{1}{2}u, \quad I_3 d = -\frac{1}{2}d . \tag{3.111}$$

Die up- und down-Quarks bilden somit ein Isospin-Dublett und ihre elektrischen Ladungen erfüllen

$$Q = I_3 + \frac{1}{6} \,. \tag{3.112}$$

Allgemein definiert man die **Hyperladung** Y durch

$$Q = I_3 + \frac{1}{2} Y \,. \tag{3.113}$$

Für die oben betrachteten Teilchen finden wir die in der Tabelle 3.2 aufgeführten Quantenzahlen. Wie man sieht, ist für diese Teilchen Y gleich der Baryonenzahl B.

Tab. 3.2: Quantenzahlen von Nukleonen und Pionen

	Q	I	I_3	Y
u	2/3	1/2	1/2	1/3
d	−1/3	1/2	−1/2	1/3
p	1	1/2	1/2	1
n	0	1/2	−1/2	1
π^+	1	1	1	0
π^0	0	1	0	0
π^-	−1	1	−1	0

3.3.2.6 Noether-Ströme

Für das Nukleonfeld lauten die infinitesimalen Isospin-Transformationen

$$N' = (\mathbf{1} - \mathrm{i}\,\delta\vec{\alpha} \cdot \vec{I})N \,, \quad \delta N = -\mathrm{i}\,\delta\vec{\alpha} \cdot \vec{I}\,N \,. \tag{3.114}$$

Allgemeiner betrachten wir ein mehrkomponentiges Feld $\phi = (\phi_a)$ in einer Darstellung der SU(2). Für die oben diskutierten Felder wäre das

$$(\phi_a) = \begin{pmatrix} u \\ d \end{pmatrix} \quad \text{oder} \quad \begin{pmatrix} p \\ n \end{pmatrix} \quad \text{oder} \quad \begin{pmatrix} \pi^+ \\ \pi^0 \\ \pi^- \end{pmatrix} \,. \tag{3.115}$$

Die infinitesimalen Transformationen sind

$$\delta\phi = -\mathrm{i}\,\delta\vec{\alpha} \cdot \vec{I}^{(I)} \phi \,, \quad \delta\phi_a = -\mathrm{i}\,\delta\alpha_k (I_k^{(I)})_{ab}\,\phi_b \,, \tag{3.116}$$

wobei der hochgestellte Index (I) für die Isospin-Quantenzahl steht. Die Noether-Theorie liefert die dazugehörigen Ströme gemäß Gl. (3.61). Für die drei Isospin-Komponenten gibt es jeweils einen erhaltenen Strom

$$j_k^\mu(x) = -\mathrm{i}\frac{\partial \mathscr{L}}{\partial(\partial_\mu\phi_a)(x)}(I_k^{(I)})_{ab}\,\phi_b(x) \qquad (k = 1, 2, 3) \,. \tag{3.117}$$

Für das Isospin-Dublett der Quarks $q = \left(\begin{smallmatrix} u \\ d \end{smallmatrix}\right)$ mit der Lagrangedichte $\mathcal{L} = \overline{q}(x)(\mathrm{i}\gamma^\mu \partial_\mu - m)q(x)$ erhalten wir zum Beispiel $j_k^\mu(x) = \overline{q}(x)\gamma^\mu I_k\, q(x)$; im Einzelnen

$$j_1^\mu = \frac{1}{2}\left(\overline{u}\gamma^\mu d + \overline{d}\gamma^\mu u\right), \quad j_2^\mu = -\frac{\mathrm{i}}{2}\left(\overline{u}\gamma^\mu d - \overline{d}\gamma^\mu u\right), \tag{3.118}$$

$$j_3^\mu = \frac{1}{2}\left(\overline{u}\gamma^\mu u - \overline{d}\gamma^\mu d\right). \tag{3.119}$$

Die zur dritten Komponente gehörige erhaltene Ladung ist

$$\widehat{I}_3 = \int d^3x\, j_3^0(x) = \frac{1}{2}\int d^3x\,(\overline{u}\gamma^0 u - \overline{d}\gamma^0 d). \tag{3.120}$$

Diesem Ausdruck lesen wir direkt die beiden Beiträge mit $I_3 = +1/2$ und $I_3 = -1/2$ ab.

3.3.3 SU(3)-Flavoursymmetrie

Die Eigenschaften der experimentell gefundenen Hadronen motivierten die Erweiterung der approximativen Isospinsymmetrie auf eine approximative SU(3)-Symmetrie. Da sie mit den Quark-Flavours up, down und strange verknüpft ist, heißt sie **Flavoursymmetrie**. Wie beim Isospin handelt es sich um eine globale Symmetrie, im Unterschied zur SU(3)$_{\mathrm{colour}}$-Symmetrie, welche eine lokale Eichsymmetrie ist, auf die wir später näher eingehen werden.

In der Natur ist die SU(3)-Flavoursymmetrie nicht exakt realisiert, sondern ist durch elektromagnetische Wechselwirkungen und die Massendifferenzen zwischen den drei genannten Quarks gebrochen. Die daraus resultierenden Massenunterschiede in den SU(3)-Multipletts sind schon deutlich größer als beim Isospin. Noch erheblicher kommt dies bei den schwereren charm-, top- und bottom-Quarks zum Tragen, so dass man dort nicht mehr von approximativer SU(N)-Flavoursymmetrie für $N \geq 4$ spricht.

Wir erweitern das Isospin-Dublett der up- und down-Quarks zu einem SU(3)-Triplett

$$q = \begin{pmatrix} u \\ d \\ s \end{pmatrix}. \tag{3.121}$$

Die Flavour-Transformationen $q \to q' = Uq$ werden nun durch unitäre 3×3-Matrizen mit Determinante 1 vermittelt. Sie bilden die Gruppe

$$\mathrm{SU}(3) = \{U \in \mathrm{GL}_3(\mathbf{C}) \mid U^+ U = 1,\ \det U = 1\}. \tag{3.122}$$

Ihre Elemente können durch acht reelle Zahlen α_k parametrisiert werden, die wir zum Vektor $\vec{\alpha}$ zusammenfassen. Es ist

$$U(\vec{\alpha}) = \exp\left(-\mathrm{i}\sum_{k=1}^{8} \alpha_k T_k\right) \tag{3.123}$$

mit Generatoren T_k, und die infinitesimalen Transformationen sind

$$U(\delta\vec{a}) = \mathbf{1} - \mathrm{i} \sum_{k=1}^{8} \delta\alpha_k T_k \, . \tag{3.124}$$

Wiederum gilt $T_k^\dagger = T_k$, $\mathrm{Sp}(T_k) = 0$, und die Generatoren werden üblicherweise normiert durch

$$\mathrm{Sp}(T_k T_l) = \frac{1}{2}\delta_{kl} \, . \tag{3.125}$$

Die Strukturkonstanten der Lie-Algebra bezeichnet man mit f_{klm}, so dass

$$[T_k, \, T_l] = f_{klm} T_m \, . \tag{3.126}$$

Analog zu den Pauli-Matrizen bei SU(2) definiert man 8 Gell-Mann-Matrizen λ_k durch $T_k = \frac{1}{2}\lambda_k$.

Die Isospin-Gruppe SU(2) ist eine Untergruppe der SU(3). Üblicherweise bettet man ihre Elemente U' in SU(3) in der Gestalt

$$U = \left(\begin{array}{c|c} U' & \begin{array}{c} 0 \\ 0 \end{array} \\ \hline 0 \quad 0 & 1 \end{array}\right) \tag{3.127}$$

ein. Die zugehörigen Generatoren sind dann

$$T_1 = \left(\begin{array}{c|c} I_1' & \begin{array}{c} 0 \\ 0 \end{array} \\ \hline 0 \quad 0 & 1 \end{array}\right) , \quad T_2 = \left(\begin{array}{c|c} I_2' & \begin{array}{c} 0 \\ 0 \end{array} \\ \hline 0 \quad 0 & 1 \end{array}\right) , \quad T_3 = \left(\begin{array}{c|c} I_3' & \begin{array}{c} 0 \\ 0 \end{array} \\ \hline 0 \quad 0 & 1 \end{array}\right) , \tag{3.128}$$

wobei wir die SU(2)-Generatoren mit einem oberen Strich kennzeichnen. Wir identifizieren also $T_1 = I_1$, $T_2 = I_2$, $T_3 = I_3$.

In der Lie-Algebra von SU(3) kann es höchstens zwei linear unabhängige diagonale spurlose Generatoren geben. Diese kommutieren miteinander und spannen eine maximale abelsche Unteralgebra auf, die Cartan'sche Unteralgebra genannt wird. Die übliche Wahl fällt auf

$$T_3 = \frac{1}{2}\begin{pmatrix} 1 & 0 & 0 \\ 0 & -1 & 0 \\ 0 & 0 & 0 \end{pmatrix} , \quad T_8 = \frac{1}{2}\frac{1}{\sqrt{3}}\begin{pmatrix} 1 & 0 & 0 \\ 0 & 1 & 0 \\ 0 & 0 & -2 \end{pmatrix} . \tag{3.129}$$

T_3 ist offenbar die dritte Komponente des Isospins, während T_8 mit einer weiteren Quantenzahl, der Hyperladung Y, verbunden ist, die durch

$$T_8 = \frac{\sqrt{3}}{2} Y \, , \quad Y = \begin{pmatrix} 1/3 & 0 & 0 \\ 0 & 1/3 & 0 \\ 0 & 0 & -2/3 \end{pmatrix} \tag{3.130}$$

definiert ist. Für up- und down-Quark ist $Y = 1/3$, was mit dem im vorigen Abschnitt gegebenen Wert übereinstimmt. Für das strange-Quark lesen wir $I_3 = 0$ und $Y = -2/3$ ab.

Die verbleibenden Generatoren der SU(3) werden üblicherweise gewählt als

$$T_4 = \frac{1}{2}\begin{pmatrix} 0 & 0 & 1 \\ 0 & 0 & 0 \\ 1 & 0 & 0 \end{pmatrix}, \qquad T_5 = \frac{1}{2}\begin{pmatrix} 0 & 0 & -i \\ 0 & 0 & 0 \\ i & 0 & 0 \end{pmatrix}, \tag{3.131}$$

$$T_6 = \frac{1}{2}\begin{pmatrix} 0 & 0 & 0 \\ 0 & 0 & 1 \\ 0 & 1 & 0 \end{pmatrix}, \qquad T_7 = \frac{1}{2}\begin{pmatrix} 0 & 0 & 1 \\ 0 & 0 & -i \\ 0 & i & 0 \end{pmatrix}. \tag{3.132}$$

Die Quantenzahl **Strangeness** S wird definiert als $S = 0$ für up- und down-Quarks und $S = -1$ für strange-Quarks. Die Quantenzahlen der leichten Quarks sind in der Tabelle 3.3 aufgeführt.

Tab. 3.3: Quantenzahlen der leichten Quarks

	Q	I	I_3	Y	S	B
u	2/3	1/2	1/2	1/3	0	1/3
d	−1/3	1/2	−1/2	1/3	0	1/3
s	−1/3	0	0	−2/3	−1	1/3

Folgende Beziehungen können wir ablesen:

$$Q = I_3 + \frac{1}{2}Y, \quad Y = B + S. \tag{3.133}$$

Wenn charm-Quarks ins Spiel kommen, ist allgemeiner $Y = B + S - \frac{1}{3}C$, wobei C die Quantenzahl **charm** ist.

Wenn eine Symmetrie durch eine Wechselwirkung gebrochen wird, so wird auch der zugehörige Erhaltungssatz von dieser Wechselwirkung verletzt. Die entsprechenden Quantenzahlen sind bei solchen Wechselwirkungen nicht erhalten. Die Tabelle 3.4 gibt eine Übersicht über die Brechung einiger Erhaltungssätze.

Tab. 3.4: Quantenzahlen und Wechselwirkungen

Quantenzahl	erhalten durch Wechselwirkungen	gebrochen durch Wechselwirkungen
B, Q	alle	keine
I	starke	el.-mag., schwache
S	starke, el.-mag.	schwache

Die Teilchen-Multipletts kann man in zweidimensionalen Diagrammen nach den Quantenzahlen I_3 und Y darstellen. Für die drei leichten Quarks haben wir das Triplett in Abb. 3.3.

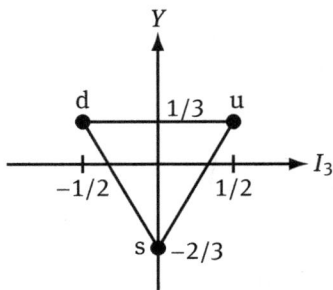

Abb. 3.3: Quark-Triplett

So wie es beim Isospin außer den fundamentalen Dubletts noch höhere Multipletts gibt, gibt es für die Flavour-SU(3) außer dem fundamentalen Quark-Triplett höhere Multipletts. Die Oktetts der pseudoskalaren Mesonen und der Baryonen waren bereits in den Abbildungen 1.1 und 1.2 zu sehen. Das Mesonen-Oktett ist in Abb. 3.4 noch einmal im I_3-Y-Diagramm gezeigt. Ein weiteres Beispiel ist das Baryonen-Dekuplett in Abb. 3.5.

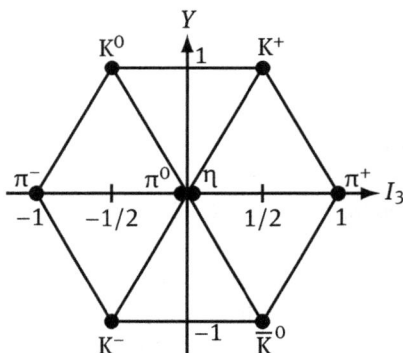

Abb. 3.4: Oktett der pseudoskalaren Mesonen

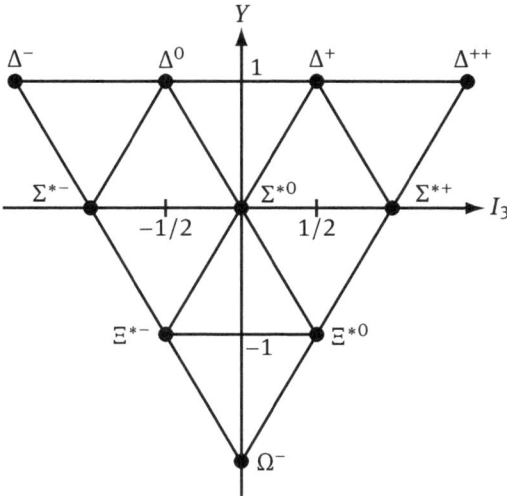

Abb. 3.5: Baryonen-Dekuplett

Übungen

1. Zeigen Sie, dass

$$j_\mu = \frac{i}{2}\left(\varphi^* \partial_\mu \varphi - \varphi\, \partial_\mu \varphi^*\right) - qA_\mu \varphi^* \varphi$$

die Kontinuitätsgleichung erfüllt, wenn φ eine Lösung der Klein-Gordon-Gleichung in einem äußeren elektromagnetischen Potenzial A_μ und q die Ladung des Teilchens ist.

2. Betrachten Sie die Lagrangedichte

$$\mathscr{L} = (\partial_\mu \phi^\dagger)(\partial^\mu \phi) - m^2 \phi^\dagger \phi - \frac{g}{6}(\phi^\dagger \phi)^2$$

für ein komplexes Dublett $\phi = \left(\begin{smallmatrix}\phi_1\\\phi_2\end{smallmatrix}\right)$. Zeigen Sie, dass diese Lagrangedichte eine SU(2)-Symmetrie besitzt und finden Sie die zugehörigen Noether-Ströme und -Ladungen.

3. Die Lagrangedichte eines 3-komponentigen Skalarfeldes $\phi = \left(\begin{smallmatrix}\phi_1\\\phi_2\\\phi_3\end{smallmatrix}\right)$ sei gegeben durch

$$\mathscr{L} = \frac{1}{2}(\partial_\mu \phi^T)(\partial^\mu \phi) - \frac{m^2}{2}\phi^T \phi - \frac{g}{24}(\phi^T \phi)^2 .$$

Zeigen Sie, dass sie SO(3)-invariant ist und berechnen Sie die Noether-Ladungen.

4. Die Feldtheorie eines Feldes φ habe die Lagrangedichte $\mathscr{L} = \mathscr{L}_0 + \mathscr{L}_1$, wobei $\mathscr{L}_0$ eine gewisse Symmetrie aufweist, jedoch $\mathscr{L}_1$ nicht. Bei Abwesenheit von $\mathscr{L}_1$ besäße das System einen erhaltenen Noether-Strom j^μ. Zeigen Sie, dass bei Anwesenheit von $\mathscr{L}_1$ die Divergenz des Stroms j^μ durch $\delta\mathscr{L}_1$ gegeben ist.

5. Welchen Quark-Inhalt hat das D^0-Meson ($Q = B = S = 0$, $C = 1$)?

6. (a) Zeigen Sie

$$\frac{1}{\sqrt{2}}(I_+\pi^+ + I_-\pi^-) + I_3\pi^0 = I_1\pi_1 + I_2\pi_2 + I_3\pi_3$$

mit

$$\pi^+ = \frac{1}{\sqrt{2}}(\pi_1 - i\,\pi_2)\,, \quad \pi^- = \frac{1}{\sqrt{2}}(\pi_1 + i\,\pi_2)\,, \quad \pi^0 = \pi_3\,.$$

(b) Zeigen Sie, dass die Wechselwirkungs-Lagrangedichte

$$\mathscr{L}_{\pi N} = \overline{N}\left(\frac{1}{\sqrt{2}}(I_+\pi^+ + I_-\pi^-) + I_3\pi^0\right)\gamma_5 N$$

invariant unter SU(2)-Transformationen ist.

7. Die Lagrangedichte für freie Nukleonen ist

$$\mathscr{L} = \overline{N}(i\gamma^\mu\,\partial_\mu - m)N\,.$$

(a) Sie ist invariant unter U(2)-Transformationen. Diese Gruppe kann zerlegt werden als U(2) $\cong$ SU(2) $\otimes$ U(1). Betrachten Sie die Untergruppe U(1), die durch die Transformationen

$$N(x) \longrightarrow N'(x) = e^{-i\theta}N(x)$$

gegeben ist. Berechnen Sie den zugehörigen Noether-Strom und die Ladung. Wie interpretieren Sie diese Ladung physikalisch?

(b) Zeigen Sie, dass die Lagrangedichte eine weitere U(1)-Symmetrie besitzt, die durch die Transformationen

$$N(x) = \begin{pmatrix} p(x) \\ n(x) \end{pmatrix} \longrightarrow N'(x) = \begin{pmatrix} e^{-i\alpha}p(x) \\ n(x) \end{pmatrix}$$

gegeben ist. Wie lauten der zugehörige Noether-Strom und die Ladung? Welche physikalische Bedeutung hat diese Ladung?

8. (a) Berechnen Sie die SU(3)-Strukturkonstanten $f_{123}, f_{126}, f_{147}, f_{246}, f_{257}, f_{367}, f_{456}, f_{678}$ in der Standard-Matrixdarstellung der Generatoren.

(b) Überprüfen Sie die Orthogonalitätsbedingung $\mathrm{Sp}(T_a T_b) = \lambda_F\,\delta_{ab}$ für vier Fälle $a \neq b$ und bestimmen Sie die Konstante λ_F für diese Darstellung.

(c) Zeigen Sie, dass f_{abc} total antisymmetrisch ist.
Hinweis: Beweisen Sie zunächst $f_{abc} = -2\,i\,\mathrm{Sp}([T_a, T_b]T_c)$ und nutzen Sie dann die zyklische Eigenschaft der Spur geschickt aus.

9. Die d-Koeffizienten der SU(3) sind definiert durch $[T_a, T_b]_+ = \frac{1}{3}\delta_{ab}\mathbf{1} + d_{abc}T_c$.

(a) Berechnen Sie $d_{123}, d_{146}, d_{366}$ und d_{888}.

(b) Zeigen Sie $d_{abc} = 2\,\mathrm{Sp}([T_a, T_b]_+ T_c)$.

(c) Zeigen Sie, dass die d_{abc} vollständig symmetrisch sind.

10. Das Quark-Triplett q transformiert sich unter SU(3)-Flavour-Transformationen als $q \to q' = Uq$, $U \in$ SU(3). Es sei $\overline{q}$ ein anderes Triplett, das sich wie $\overline{q} \to \overline{q}' = U^*\,\overline{q}$ transformiert.

(a) Die Generatoren $\overline{T}_a$ dieser Darstellung sind definiert durch $U^* = \exp(-i\,\alpha_a\overline{T}_a)$, wobei $U = \exp(-i\,\alpha_a T_a)$, $\alpha_a \in \mathbf{R}$. Zeigen Sie $\overline{T}_a = -T_a^*$ und prüfen Sie, dass die $\overline{T}_a$ die Lie-Algebra der SU(3) erfüllen.

(b) Zeigen Sie, dass $\overline{q}$ Antiquarks darstellt, d. h. dass ihre Quantenzahlen entgegengesetzt zu denen der Quarks sind.

(c) Im Fall der Gruppe SU(2) sind die Darstellung mit den Generatoren T_a, $a = 1, 2, 3$, und diejenige mit den Generatoren $\overline{T}_a = -T_a^*$ äquivalent, d. h. es gibt eine unitäre Matrix S mit $\overline{T}_a = S T_a S^{-1}$. Finden Sie S.

11. (a) Zeigen Sie, dass zwei Lagrangedichten, die sich um eine Divergenz unterscheiden, die gleichen Feldgleichungen liefern.

(b) Leiten Sie die Form des ergänzten Noether-Stroms (3.65) her.

4 Quantisiertes Skalarfeld

Nachdem wir uns in den vorigen Kapiteln hauptsächlich mit klassischen Feldern befasst haben, wenden wir uns jetzt der Quantisierung von Feldern zu. Quantisierte relativistische Felder bilden die Grundlage für die theoretische Beschreibung von Elementarteilchen und ihren Wechselwirkungen. In der quantisierten relativistischen Feldtheorie treten neue Aspekte auf, z. B. die Existenz von Antiteilchen.

Zur Quantisierung von Feldern gibt es zwei verschiedene Zugänge. Der erste beinhaltet die sogenannte kanonische Quantisierung. Das Grundprinzip wurde schon im Abschnitt 2.3 vorgestellt. Die Felder werden zu Operatoren (mathematisch genauer zu operatorwertigen Distributionen) und werden den kanonischen Vertauschungsregeln (2.161) unterworfen. Die Operatoren wirken in einem Hilbertraum, der die physikalischen Zustände enthält.

Der zweite Zugang basiert auf dem Feynman'schen Pfadintegral. Im Rahmen der Quantenmechanik wurde es in QT eingeführt. Der Pfadintegral-Formalismus kann auf Felder ausgedehnt werden und wird dann auch als **Funktionalintegral-Formalismus** bezeichnet. Man kann ihn als den modernen Weg zur Quantenfeldtheorie betrachten. Im Mittelpunkt stehen nicht Operatoren und Vektoren im Hilbertraum, sondern unendlich-dimensionale Integrale über klassische Feldkonfigurationen. Es zeigt sich, dass dieser Zugang einen eingängigeren und eleganteren Weg zur Herleitung der störungstheoretischen Feynman-Regeln bietet. Dies ist insbesondere bei der Quantisierung nichtabelscher Eichtheorien der Fall. Darüber hinaus bildet der Funktionalintegral-Formalismus die wichtigste Grundlage für nichtstörungstheoretische Methoden.

In diesem Buch wird die Quantisierung von Feldern mit Funktionalintegralen eingeführt und es werden die Feynman-Diagramme und -Regeln mit ihnen abgeleitet. Zuvor jedoch wird die kanonische Feldquantisierung eingeführt, die nötig ist, um die neuartigen Aspekte der Teilchenzustände zu diskutieren und insbesondere um den wichtigen Zusammenhang zwischen Green'schen Funktionen und Streumatrix-Elementen (Reduktionsformeln) herzustellen.

Die Grundbegriffe und Konzepte der relativistischen Quantenfeldtheorie lassen sich am besten anhand des skalaren Feldes erläutern. Bevor wir uns anderen Feldtheorien zuwenden, die für das Standardmodell wichtig sind, werden wir deshalb die kanonische Quantisierung und die Quantisierung mit Funktionalintegralen detailliert am Fall des skalaren Feldes behandeln.

https://doi.org/10.1515/9783110638547-004

4.1 Reelles Skalarfeld

4.1.1 Kanonische Quantisierung

Zu einem reellwertigen Feld $\varphi(x) \in \mathbf{R}$, das der Klein-Gordon-Gleichung

$$(\Box - m^2)\varphi(x) = 0 \tag{4.1}$$

genügt, gehört die Lagrangedichte

$$\mathscr{L} = \frac{1}{2}(\partial_\mu \varphi)(\partial^\mu \varphi) - m^2 \varphi^2 \,. \tag{4.2}$$

Da die Klein-Gordon-Gleichung linear ist, ist ihre allgemeine Lösung eine Superposition von ebenen Wellen. Die ebene Welle

$$\varphi(\vec{r}, t) = A\, e^{i(\vec{k}\cdot\vec{r} - \omega t)} = A\, e^{-ik\cdot x} \tag{4.3}$$

ist eine Lösung, wenn $k = (\omega, \vec{k})$ die Beziehung

$$k^2 = \omega^2 - \vec{k}^2 = m^2 \tag{4.4}$$

erfüllt. Für jedes $\vec{k}$ gibt es zwei mögliche Werte für ω, nämlich

$$\omega = \pm\sqrt{\vec{k}^2 + m^2} \doteq \pm\omega_k \,. \tag{4.5}$$

Damit lässt sich die allgemeine Lösung in der Form

$$\varphi(x) = \int \frac{d^3k}{(2\pi)^3} \left\{ A(\vec{k})\, e^{-ik\cdot x} + B^*(\vec{k})\, e^{ik\cdot x} \right\}\Big|_{k_0 = \omega_k} \tag{4.6}$$

schreiben. Da $\varphi(x)$ reell sein soll, muss $B(\vec{k}) = A(\vec{k})$ gelten, und somit

$$\varphi(x) = \int \frac{d^3k}{(2\pi)^3} \left\{ A(\vec{k})\, e^{-ik\cdot x} + A(\vec{k})^*\, e^{ik\cdot x} \right\}\Big|_{k_0 = \omega_k} \tag{4.7}$$

Allerdings ist das Integrationsmaß d^3k nicht Lorentz-invariant. Wir wollen ein solches Integrationsmaß entwickeln. Dazu nehmen wir eine beliebige Funktion $f(k)$ als Integrand zu Hilfe. Folgendes Vierer-Integral ist Lorentz-invariant unter $k \to k' = \Lambda k$:

$$\int d^4k\, f(k) = \int d^4k'\, f(k') = \int d^4k\, \underbrace{\det \Lambda}_{=1}\, f(\Lambda k) = \int d^4k\, f(\Lambda k) \,. \tag{4.8}$$

Das Integral über die dreidimensionale Submannigfaltigkeit

$$\int d^4k\, \delta(k^2 - m^2)\, f(k) \tag{4.9}$$

zerfällt in zwei ebenfalls Lorentz-invariante Anteile. Der Anteil mit positiver Frequenz k_0 ist

$$\int d^4k\, \delta(k^2 - m^2)\theta(k^0)f(k)$$

$$= \int d^4k\, \delta\big((k^0)^2 - \omega_k^2\big)\,\theta(k^0)f(k^0, \vec{k})$$

$$= \int d^4k\, \frac{1}{2\omega_k}\big(\delta(k^0 - \omega_k) + \delta(k^0 + \omega_k)\big)\,\theta(k^0)f(k^0, \vec{k})$$

$$= \int dk^0 \int d^3k\, \frac{1}{2\omega_k}\delta(k^0 - \omega_k)f(k^0, \vec{k})$$

$$= \int d^3k\, \frac{1}{2\omega_k}f(\omega_k, \vec{k})\,, \tag{4.10}$$

wobei die Relation

$$\delta(x^2 - a^2) = \frac{1}{2a}(\delta(x - a) + \delta(x + a)) \tag{4.11}$$

benutzt wurde. Da das Integral Lorentz-invariant ist, ist

$$\frac{d^3k}{2\omega_k} \tag{4.12}$$

ein Lorentz-invariantes Maß auf der dreidimensionalen Hyperfläche $k^0 = \omega_k$ positiver Frequenz, der in Abb. 4.1 gezeigten **oberen Massenschale**.

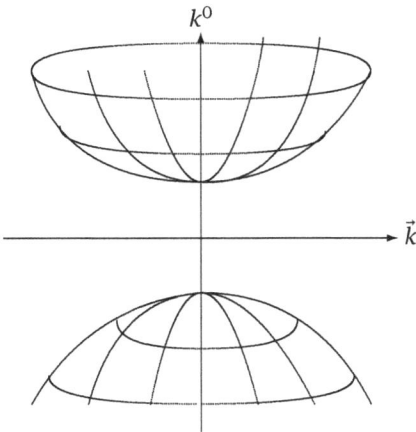

Abb. 4.1: Die „Massenschalen" $k^2 = m^2$

Nach Umbenennung der Koeffizienten schreiben wir nun

$$\varphi(x) = \int \frac{d^3k}{(2\pi)^3\, 2\omega_k}\left\{a(k)\,e^{-ik\cdot x} + a^*(k)\,e^{ik\cdot x}\right\}\Big|_{k_0=\omega_k}\,. \tag{4.13}$$

In diesem Abschnitt wird die Einschränkung auf Wellenfunktionen mit $k_0 = \omega_k$ stets beibehalten, so dass diese Bedingung ab jetzt nicht mehr explizit angegeben wird. Außerdem wird zur Vereinfachung der Schreibweise nur $a(k)$ anstatt $a(\vec{k})$ geschrieben.

Nun schreiten wir zur Quantisierung des Skalarfeldes. Das Feld wird dadurch zu einem Operator. Die Realität des klassischen Feldes, $\varphi^*(x) = \varphi(x)$, geht über in

$$\varphi^\dagger(x) = \varphi(x) \,, \tag{4.14}$$

das Feld ist also hermitesch. In der Entwicklung

$$\varphi(x) = \int \frac{d^3k}{(2\pi)^3 2\omega_k} \left\{ a(k)\, e^{-ik\cdot x} + a^\dagger(k)\, e^{ik\cdot x} \right\} \tag{4.15}$$

sind nun konsequenterweise die Koeffizienten $a(k)$ und $a^\dagger(k)$ ebenfalls Operatoren. Der kanonisch konjugierte Impuls, der beim klassischen Feld gemäß Gl. (2.123) durch $\pi(x) = \dot\varphi(x)$ gegeben ist, lautet als Operator

$$\pi(x) = \dot\varphi(x) \,. \tag{4.16}$$

Grundlegend für die Quantisierung sind die kanonischen Vertauschungsrelationen für gleiche Zeiten, die schon in Gl. (2.161) vorgestellt wurden. Es wird also postuliert

$$\left[\pi(\vec{r}, t), \varphi(\vec{r}\,', t)\right] = -i\delta^{(3)}(\vec{r} - \vec{r}\,') \,, \tag{4.17}$$

$$\left[\varphi(\vec{r}, t), \varphi(\vec{r}\,', t)\right] = 0 \,, \tag{4.18}$$

$$\left[\pi(\vec{r}, t), \pi(\vec{r}\,', t)\right] = 0 \,. \tag{4.19}$$

Aus diesen Vertauschungsrelationen folgen Kommutatoren für die Operatoren $a(k)$ und $a^\dagger(k)$, die für die Interpretation der quantisierten Feldtheorie von sehr großer Bedeutung sind. Diese Kommutatoren leiten wir nun her. Dazu müssen wir zunächst Gl. (4.15) nach diesen Operatoren auflösen. Dazu verwenden wir die Hilfsformel

$$\int d^3x\, e^{ik\cdot x}\, e^{-ik'\cdot x} = (2\pi)^3 \delta^{(3)}(\vec{k} - \vec{k}') \,. \tag{4.20}$$

Auch hier gilt, wie vereinbart, stets $k_0 = \omega_k$, ohne dass dies explizit vermerkt wird. Dadurch heben sich die Exponenten $k_0 x^0$ und $k_0' x^0$ auf und es verbleibt die übliche Relation für Fourier-Integrale. Mit der Hilfsformel folgt

$$\int d^3x\, e^{ik\cdot x}\varphi(x) = \frac{1}{2\omega_k}\left[a(k) + a^\dagger(-k)e^{2i\omega_k t}\right] \,, \tag{4.21}$$

$$\int d^3x\, e^{ik\cdot x}\dot\varphi(x) = \frac{1}{2i}\left[a(k) - a^\dagger(-k)e^{2i\omega_k t}\right] \,. \tag{4.22}$$

Daraus erhalten wir den gewünschten Ausdruck für den Operator

$$
\begin{aligned}
a(k) &= \int d^3x \, e^{ik\cdot x} \left\{ \omega_k \varphi(x) + i\,\dot\varphi(x) \right\} \\
&= i \int d^3x \left\{ e^{ik\cdot x}\dot\varphi(x) - (\partial_0 e^{ik\cdot x})\varphi(x) \right\} \\
&= i \int d^3x \left\{ e^{ik\cdot x}\overleftrightarrow{\partial_0}\varphi(x) \right\} .
\end{aligned}
\tag{4.23}
$$

Das Symbol $\overleftrightarrow{\partial_0}$ ist definiert durch $f\overleftrightarrow{\partial_0}g \doteq f\partial_0 g - (\partial_0 f)g$. Der Ausdruck für $a(k)$ ist unabhängig von der Zeit t, wie es sein sollte. Jetzt rechnen wir die Kommutatoren der $a(k)$, $a^\dagger(k)$ aus:

$$
\begin{aligned}
\left[a(k), a^\dagger(k')\right] &= \int d^3x\, d^3x' \left[e^{ik\cdot x}\overleftrightarrow{\partial_0}\varphi(x),\, e^{-ik'\cdot x'}\overleftrightarrow{\partial_0}\varphi(x') \right]_{t=t'} \\
&= \int d^3x\, d^3x' \left\{ -e^{ik\cdot x}(\partial_0 e^{-ik'\cdot x'})\left[\dot\varphi(\vec r, t), \varphi(\vec r\,', t)\right] \right.\\
&\qquad \left. -(\partial_0 e^{ik\cdot x})e^{-ik'\cdot x'}\left[\varphi(\vec r, t), \dot\varphi(\vec r\,', t)\right] \right\} \\
&= i \int d^3x \, e^{ik\cdot x}\overleftrightarrow{\partial_0}e^{-ik'\cdot x}\Big|_{t=t'} \\
&= (2\pi)^3 2\omega_k \delta^{(3)}(\vec k - \vec k') .
\end{aligned}
\tag{4.24}
$$

Hierbei wurde benutzt, dass nur Kommutatoren der Form $[\varphi, \pi] = [\varphi, \dot\varphi]$ nicht verschwinden. Alle übrigen Kommutatoren sind null.

4.1.2 Fock-Raum

Die oben gefundenen Kommutatoren

$$
\boxed{\left[a(k), a^\dagger(k')\right] = (2\pi)^3 2\omega_k \delta^{(3)}(\vec k - \vec k')}
\tag{4.25}
$$

erinnern an die Kommutatoren

$$
\left[a_i, a_j^\dagger\right] = \delta_{ij}
\tag{4.26}
$$

für die Ab- und Aufsteige-Operatoren eines mehrdimensionalen harmonischen Oszillators. Diese vernichten bzw. erzeugen jeweils ein Energiequant und führen von einem Energie-Eigenzustand zum benachbarten. Was erzeugen und vernichten die Operatoren $a^\dagger(k)$ und $a(k)$? Um dieser Frage nachzugehen, postulieren wir zunächst, analog zum harmonischen Oszillator, die Existenz eines Grundzustandes $|0\rangle$, der von den Operatoren $a(k)$ vernichtet wird:

$$
a(k)|0\rangle = 0 .
\tag{4.27}
$$

Welche Eigenschaften hat der Zustand $a^\dagger(k)|0\rangle$? Um seine Energie zu ermitteln, benötigen wir den Hamiltonoperator. Wir übernehmen den Ausdruck der klassischen Hamiltonfunktion und setzen für das quantisierte Feld zunächst an

$$H' = \int d^3x \frac{1}{2} \left\{ \pi^2 + (\nabla\varphi)^2 + m^2\varphi^2 \right\} . \tag{4.28}$$

Wir ersetzen gemäß Gl. (4.15)

$$\pi = \dot{\varphi} = i \int \frac{d^3k}{(2\pi)^3 2\omega_k} \omega_k \left\{ -a(k)e^{-ik\cdot x} + a^\dagger(k)e^{ik\cdot x} \right\}$$
$$\nabla\varphi = i \int \frac{d^3k}{(2\pi)^3 2\omega_k} \vec{k} \left\{ a(k)e^{-ik\cdot x} - a^\dagger(k)e^{ik\cdot x} \right\} . \tag{4.29}$$

Benutzen wir wieder die Hilfsformel (4.20), so erhalten wir nach etwas Algebra

$$H' = \frac{1}{2} \int \frac{d^3k}{(2\pi)^3 2\omega_k} \omega_k \left\{ a^\dagger(k)a(k) + a(k)a^\dagger(k) \right\} . \tag{4.30}$$

Hier verbirgt sich ein Problem. Wenn wir den Term, in dem $a^\dagger(k)$ rechts von $a(k)$ steht, durch

$$a(k)a^\dagger(k) = a^\dagger(k)a(k) + [a(k), a^\dagger(k)] \tag{4.31}$$

ersetzen und sodann H' auf den Grundzustand wirken lassen, erhalten wir

$$H'|0\rangle = \frac{1}{2} \int \frac{d^3k}{(2\pi)^3 2\omega_k} \omega_k [a(k), a^\dagger(k)] |0\rangle$$
$$= \frac{1}{2} \int d^3k \, \omega_k \, \delta^{(3)}(0) |0\rangle = \infty . \tag{4.32}$$

Dieser Ausdruck divergiert zweifach, $\delta^{(3)}(0) = \infty$ und $\int d^3k \, \omega_k = \infty$. Der auf diese Weise aus der Hamiltonfunktion bei der Quantisierung gewonnene Hamiltonoperator ist also unbrauchbar. Daher schreiben wir die Hamiltonfunktion von vornherein so auf, dass nach dem Quantisierungsprozess – der Ersetzung der Feldfunktionen durch Operatoren – die $a(k)$ rechts von den $a^\dagger(k)$ stehen. Diese Anordnung nennt man **normalgeordnet**. Für einen Operator A ist die Normalordnung von A, mit $:A:$ bezeichnet, dadurch definiert, dass alle $a(k)$ rechts von allen $a^\dagger(k)$ stehen. Seien die positiven und die negativen Frequenzanteile von φ

$$\varphi^{(+)} = \int \frac{d^3k}{(2\pi)^3 2\omega_k} a(k)e^{-ik\cdot x} ,$$
$$\varphi^{(-)} = \int \frac{d^3k}{(2\pi)^3 2\omega_k} a^\dagger(k)e^{ik\cdot x} , \tag{4.33}$$

so dass

$$\varphi(x) = \varphi^{(+)}(x) + \varphi^{(-)}(x) . \tag{4.34}$$

Dann ist beispielsweise

$$
\begin{aligned}
: \varphi(x)\varphi(y): \; &= \; : \big(\varphi^{(+)}(x) + \varphi^{(-)}(x)\big)\big(\varphi^{(+)}(y) + \varphi^{(-)}(y)\big): \\
&= \varphi^{(+)}(x)\varphi^{(+)}(y) + \varphi^{(-)}(x)\varphi^{(-)}(y) \\
&\quad + \varphi^{(-)}(y)\varphi^{(+)}(x) + \varphi^{(-)}(x)\varphi^{(+)}(y) \,.
\end{aligned}
\tag{4.35}
$$

Der Hamiltonoperator wird in normalgeordneter Form zu

$$
\begin{aligned}
H &= \frac{1}{2}\int d^3x \; :\big\{\pi^2 + (\nabla\varphi)^2 + m^2\varphi^2\big\}: \\
&= \int \frac{d^3k}{(2\pi)^3\,2\omega_k}\,\omega_k\,a^\dagger(k)a(k)\,.
\end{aligned}
\tag{4.36}
$$

Hieraus folgt sofort

$$
H|0\rangle = 0
\tag{4.37}
$$

und das obige Problem mit der unendlichen Energie tritt nicht auf.

Nun können wir uns daran machen, die Energie des Zustandes $a^\dagger(k)|0\rangle$ zu ermitteln. Dazu berechnen wir zunächst

$$
\begin{aligned}
\big[H, a^\dagger(k)\big] &= \int \frac{d^3k'}{(2\pi)^3\,2\omega_{k'}}\,\omega_{k'}\,\big[a^\dagger(k')a(k'), a^\dagger(k)\big] \\
&= \int \frac{d^3k'}{(2\pi)^3\,2\omega_{k'}}\,\omega_{k'}\,a^\dagger(k')\,\underbrace{\big[a(k'), a^\dagger(k)\big]}_{(2\pi)^3\,2\omega_k\delta^{(3)}(\vec{k}'-\vec{k})} \\
&= \omega_k\,a^\dagger(k)\,.
\end{aligned}
\tag{4.38}
$$

Damit ergibt sich

$$
Ha^\dagger(k)|0\rangle = \big[H, a^\dagger(k)\big]|0\rangle = \omega_k\,a^\dagger(k)|0\rangle\,.
\tag{4.39}
$$

Der Zustand $a^\dagger(k)|0\rangle$ besitzt somit die relativistische Energie $\omega_k = \sqrt{\vec{k}^2 + m^2}$ eines Teilchen mit Impuls $\vec{k}$. Wie groß ist sein Impuls? Nach Gl. (3.37) ist der räumliche Impuls

$$
\vec{P} = -\int d^3x\,\pi\,\nabla\varphi\,.
\tag{4.40}
$$

Einsetzen der Gleichungen (4.29) liefert den Impulsoperator

$$
\vec{P} = \int \frac{d^3k}{(2\pi)^3\,2\omega_k}\,\vec{k}\,a^\dagger(k)a(k)\,,
\tag{4.41}
$$

wie es auch angesichts des Ausdrucks für den Hamiltonoperator aufgrund der Kovarianz zu erwarten ist. Analog zur obigen Rechnung finden wir

$$
\big[\vec{P}, a^\dagger(k)\big] = \vec{k}\,a^\dagger(k)
\tag{4.42}
$$

und

$$
\vec{P}\,a^\dagger(k)|0\rangle = \big[\vec{P}, a^\dagger(k)\big]|0\rangle = \vec{k}\,a^\dagger(k)|0\rangle\,.
\tag{4.43}
$$

Der Zustand $a^\dagger(k)|0\rangle$ trägt somit den Impuls $\vec{k}$. Wir stellen also fest, dass es sich um einen Ein-Teilchen-Zustand mit Vierer-Impuls k handelt.

Eine Rechnung, die ganz ähnlich verläuft und deshalb hier nicht vorgeführt werden braucht, zeigt, dass

$$H a^\dagger(k) a^\dagger(k')|0\rangle = (\omega_k + \omega_{k'})\, a^\dagger(k) a^\dagger(k')|0\rangle$$
$$\vec{P}\, a^\dagger(k) a^\dagger(k')|0\rangle = (\vec{k} + \vec{k}')\, a^\dagger(k) a^\dagger(k')|0\rangle\,,$$

(4.44)

und wir erkennen, dass $a^\dagger(k) a^\dagger(k')|0\rangle$ ein Zwei-Teilchen-Zustand ist, bei dem die Teilchen die Vierer-Impulse k und k' tragen. Entsprechend werden höhere N-Teilchen-Zustände gebildet.

Halten wir fest:
- $a^\dagger(k)$ ist Erzeugungsoperator für ein Teilchen mit Impuls k.
- $|0\rangle$ ist der Vakuumzustand, in dem sich kein Teilchen befindet.
- Alle Zustände besitzen positive Energien.

Das Problem der negativen Energien, das sich bei der quantenmechanischen Interpretation der Klein-Gordon-Gleichung zeigte, ist somit durch die Feldquantisierung gelöst. Diese Tatsache wurde erstmals von Pauli und Weisskopf 1934 festgestellt.

Der Hilbertraum von Zuständen, der aus dem Vakuum $|0\rangle$ und allen Zuständen aufgespannt wird, die sich durch vielfache Anwendung von Erzeugungsoperatoren $a^\dagger(k)$ auf das Vakuum ergeben, heißt **Fock-Raum**. In gleicher Weise wie beim harmonischen Oszillator lässt sich feststellen, dass die Operatoren $a(k)$ als Vernichtungsoperatoren wirken.

Die Normierung der Zustände enthält δ-Funktionen, wie wir es von den Impuls-Eigenzuständen in der Quantenmechanik kennen:

$$\langle 0|a(k) a^\dagger(k')|0\rangle = \langle 0|\,[a(k), a^\dagger(k')]\,|0\rangle$$
$$= (2\pi)^3 2\omega_k \delta^{(3)}(\vec{k} - \vec{k}')\,.$$

(4.45)

Betrachten wir noch einmal die Zerlegung von $\varphi(x)$:

$$\varphi(x) = \varphi^{(+)}(x) + \varphi^{(-)}(x)\,.$$

φ enthält einen Anteil $\varphi^{(-)}(x)$ mit negativen Frequenzen. In der relativistischen Quantenmechanik wurde dieser den negativen Energien zugeordnet. In der quantisierten Feldtheorie ist seine Bedeutung nun anders:
- $\varphi^{(+)}(x)$ ist der Operator für den positiven Frequenzanteil von $\varphi(x)$. Er enthält die Vernichtungsoperatoren $a(k)$.
  $(\varphi^{(+)}(x))^\dagger$ erzeugt im Fock-Raum Teilchen mit positiver Energie.
- $\varphi^{(-)}(x)$ ist der Operator für den negativen Frequenzanteil von $\varphi(x)$. Er enthält die Erzeugungsoperatoren $a^\dagger(k)$.
  $(\varphi^{(-)}(x))^\dagger$ erzeugt im Fock-Raum aber *nicht* Teilchen mit negativer Energie, sondern vernichtet Teilchen mit positiver Energie.

Fragen zum Nachdenken
Warum sind in der Entwicklung des quantisierten Feldes nach ebenen Wellen die negativen Frequenzen nicht mehr als negative Energien zu interpretieren?

Übungen
Prüfen Sie durch Variablentransformation explizit nach, dass das Integrationsmaß $d^3k/2\omega_k$ invariant unter Lorentz-Boosts in x-Richtung ist.

4.2 Komplexes Skalarfeld

4.2.1 Kanonische Quantisierung

Beim komplexen Skalarfeld werden wir sehen, dass Einiges analog zum reellen Skalarfeld ist, wir werden aber auch neue Gesichtspunkte feststellen. Zu einem komplexwertigen Skalarfeld $\varphi(x) \in \mathbf{C}$, das der Klein-Gordon-Gleichung

$$(\Box - m^2)\varphi(x) = 0 \tag{4.46}$$

genügt, gehört die Lagrangedichte

$$\mathscr{L} = (\partial_\mu \varphi^*)(\partial^\mu \varphi) - m^2 \varphi^* \varphi . \tag{4.47}$$

Wie wir schon gesehen haben, liefern die Euler-Lagrange-Gleichungen für die unabhängig variierten Feldkomponenten φ und φ^* die Klein-Gordon-Gleichung und ihre komplex Konjugierte.

Die allgemeine Lösung ist wiederum eine Linearkombination von ebenen Wellen, allerdings entfällt die Realitätsbedingung $b(k) = a(k)$ und wir schreiben nun

$$\varphi(x) = \int \frac{d^3k}{(2\pi)^3 2\omega_k} \left\{ a(k)\,e^{-ik\cdot x} + b^*(k)\,e^{ik\cdot x} \right\} , \tag{4.48}$$

wobei nach wie vor stillschweigend stets $k_0 = \omega_k$ gilt.

Die Quantisierung befördert das Feld $\varphi(x)$ zu einem Operator und das komplexkonjugierte Feld wird zum hermitesch-konjugierten Operatorfeld, $\varphi^*(x) \longrightarrow \varphi^\dagger(x)$. In der Entwicklung

$$\boxed{\varphi(x) = \int \frac{d^3k}{(2\pi)^3 2\omega_k} \left\{ a(k)\,e^{-ik\cdot x} + b^\dagger(k)\,e^{ik\cdot x} \right\}} \tag{4.49}$$

treten die Operatoren $a(k)$ und $b^\dagger(k)$ auf. Der hermitesch-konjugierte Feldoperator ist

$$\varphi^\dagger(x) = \int \frac{d^3k}{(2\pi)^3 2\omega_k} \left\{ b(k)\,e^{-ik\cdot x} + a^\dagger(k)\,e^{ik\cdot x} \right\} . \tag{4.50}$$

Die kanonisch konjugierten Impulse, die beim klassischen Feld gemäß Gl. (2.130) durch $\pi(x) = \dot\varphi^*(x)$, $\pi^*(x) = \dot\varphi(x)$ gegeben sind, lauten als Operatoren

$$\pi(x) = \dot\varphi^\dagger(x) \,, \quad \pi^\dagger(x) = \dot\varphi(x) \,. \tag{4.51}$$

Die kanonischen Vertauschungsrelationen für gleiche Zeiten sind

$$\begin{aligned}
\left[\pi(\vec{r}, t), \varphi(\vec{r}\,', t)\right] &= -\mathrm{i}\delta^{(3)}(\vec{r} - \vec{r}\,') \,, \\
\left[\pi^\dagger(\vec{r}, t), \varphi^\dagger(\vec{r}\,', t)\right] &= -\mathrm{i}\delta^{(3)}(\vec{r} - \vec{r}\,') \,.
\end{aligned} \tag{4.52}$$

Alle anderen Kommutatoren der Operatoren φ, $\varphi^\dagger$, π, $\pi^\dagger$ verschwinden. Aus den Vertauschungsrelationen folgen wie beim reellen Skalarfeld Kommutatoren für die Operatoren $a(k)$, $a^\dagger(k)$, $b(k)$ und $b^\dagger(k)$. Dazu werden hier Gl. (4.49), (4.50) nach diesen Operatoren aufgelöst mit dem Ergebnis

$$\begin{aligned}
a(k) &= \mathrm{i} \int d^3x \left\{ \mathrm{e}^{\mathrm{i}k \cdot x} \overleftrightarrow{\partial_0} \varphi(x) \right\} \,, \\
b(k) &= \mathrm{i} \int d^3x \left\{ \mathrm{e}^{\mathrm{i}k \cdot x} \overleftrightarrow{\partial_0} \varphi^\dagger(x) \right\} \,.
\end{aligned} \tag{4.53}$$

Damit berechnet man die Kommutatoren zu

$$\left[a(k), a^\dagger(k')\right] = \left[b(k), b^\dagger(k')\right] = (2\pi)^3 \, 2\omega_k \delta^{(3)}(\vec{k} - \vec{k}') \,. \tag{4.54}$$

Alle übrigen Kommutatoren verschwinden.

4.2.2 Fock-Raum

Im Unterschied zum reellen Skalarfeld haben wir nun zwei Sätze von Erzeugungs- und Vernichtungsoperatoren. Entsprechend gibt es zwei Sorten von Teilchen im Fock-Raum. Der Vakuumzustand $|0\rangle$ wird von den Operatoren $a(k)$, $b(k)$ vernichtet:

$$a(k)|0\rangle = b(k)|0\rangle = 0 \,. \tag{4.55}$$

Durch mehrfache Anwendung von $a^\dagger(k)$ und $b^\dagger(k)$ werden die Mehrteilchen-Zustände erzeugt. Ein-Teilchen-Zustände sind

$$a^\dagger(k)|0\rangle \,, \quad b^\dagger(k)|0\rangle \tag{4.56}$$

und Zwei-Teilchen-Zustände sind

$$\begin{aligned}
a^\dagger(k_1)a^\dagger(k_2)|0\rangle \,, \quad &b^\dagger(k_1)b^\dagger(k_2)|0\rangle \,, \\
a^\dagger(k_1)b^\dagger(k_2)|0\rangle \,, \quad &b^\dagger(k_1)a^\dagger(k_2)|0\rangle \,.
\end{aligned} \tag{4.57}$$

Die letzten beiden Zustände sind verschieden. Zwar kommutieren $a^\dagger$ und $b^\dagger$, aber $\vec{k}_1$ und $\vec{k}_2$ sind i. Allg. verschieden.

Wie steht es um den Hamiltonoperator? Die Hamiltonfunktion des klassischen komplexen Skalarfeldes ist

$$H = \int d^3x \left\{ \pi^* \pi + \nabla\varphi^* \cdot \nabla\varphi + m^2 \varphi^* \varphi \right\} . \tag{4.58}$$

Der Hamiltonoperator muss in normalgeordneter Form definiert werden, damit das Vakuum die Energie null besitzt. Eine Rechnung wie im Falle des reellen Skalarfeldes ergibt

$$H = \int d^3r : \left\{ \pi^\dagger \pi + \nabla\varphi^\dagger \cdot \nabla\varphi + m^2 \varphi^\dagger \varphi \right\} :$$

$$= \int \frac{d^3k}{(2\pi)^3 2\omega_k} \, \omega_k \left\{ a^\dagger(k)a(k) + b^\dagger(k)b(k) \right\} . \tag{4.59}$$

Angewandt auf die Ein-Teilchen-Zustände ermitteln wir deren Energien

$$\begin{aligned} Ha^\dagger(k)|0\rangle &= \omega_k \, a^\dagger(k)|0\rangle , \\ Hb^\dagger(k)|0\rangle &= \omega_k \, b^\dagger(k)|0\rangle . \end{aligned} \tag{4.60}$$

Wir stellen fest, dass beide Sorten von Teilchen die gleiche Masse besitzen, da für sie der relativistische Ausdruck für die Energie mit der selben Masse m gilt. Entsprechendes gilt für die Impulse.

Das zweite Problem in der relativistischen Quantenmechanik mit der Klein-Gordon-Gleichung betraf die Wahrscheinlichkeitsdichte $\rho(x) = i(\varphi^*(x)\dot\varphi(x) - \varphi(x)\dot\varphi^*(x))$, die negativ werden konnte. Welche Bedeutung hat jetzt für das quantisierte Feld die Dichte

$$\rho(x) = i(\varphi^\dagger(x)\dot\varphi(x) - \varphi(x)\dot\varphi^\dagger(x)) \, ? \tag{4.61}$$

Eine explizite Normalordnung ist übrigens nicht nötig, da die darin enthaltenen Operatoren bereits normalgeordnet sind.

Betrachten wir das gesamte zur Dichte gehörige Integral

$$Q \doteq \int d^3r \, \rho(\vec{r}, t) . \tag{4.62}$$

Analog zu den Rechnungen zum Hamiltonoperator, Gl. (4.59), erhalten wir

$$Q = \int \frac{d^3k}{(2\pi)^3 2\omega_k} \left\{ a^\dagger(k)a(k) - b^\dagger(k)b(k) \right\} \doteq N_+ - N_- . \tag{4.63}$$

Schauen wir einmal, welche Bedeutung die Operatoren N_+ und N_- haben. Es gilt

$$\left[N_+, a^\dagger(k) \right] = a^\dagger(k) , \quad \left[N_+, b^\dagger(k) \right] = 0 , \tag{4.64}$$

$$\left[N_-, b^\dagger(k) \right] = b^\dagger(k) , \quad \left[N_-, a^\dagger(k) \right] = 0 . \tag{4.65}$$

Daraus folgt

$$N_+|0\rangle = 0 \,,$$
$$N_+ a^\dagger(k)|0\rangle = 1\, a^\dagger(k)|0\rangle \,,$$
$$N_+ a^\dagger(k_1) a^\dagger(k_2)|0\rangle = 2\, a^\dagger(k_1) a^\dagger(k_2)|0\rangle$$
$$N_+ a^\dagger(k_1) a^\dagger(k_2) a^\dagger(k_3)|0\rangle = 3\, a^\dagger(k_1) a^\dagger(k_2) a^\dagger(k_3)|0\rangle$$

$$\text{etc.} \qquad\qquad (4.66)$$

und entsprechendes für N_-. Wir stellen fest: N_+ ist der Teilchenzahloperator für die Teilchensorte a und N_- ist der Teilchenzahloperator für die Teilchensorte b. Beispielsweise gilt

$$N_+ a^\dagger(k_1) b^\dagger(k_2) a^\dagger(k_3) b^\dagger(k_4) b^\dagger(k_5)|0\rangle = 2\, a^\dagger(k_1) b^\dagger(k_2) a^\dagger(k_3) b^\dagger(k_4) b^\dagger(k_5)|0\rangle. \quad (4.67)$$

Die Eigenwerte von N_+ und N_- sind die natürlichen Zahlen $0, 1, 2, \dots$.

Wir können $Q = N_+ - N_-$ als Ladungsoperator interpretieren, indem wir den Teilchen der Sorte a die Ladung $+1$ und den Teilchen der Sorte b die Ladung -1 zuordnen. Da Q mit H vertauscht, $[Q, H] = 0$, ist Q eine Erhaltungsgröße, d. h. $\dot{Q} = 0$. Eine Rechtfertigung der Interpretation von Q als Ladung besteht darin, dass die Kopplung an das elektromagnetische Feld über den zugehörigen Strom $j^\mu(x)$ erfolgt. Wir werden dies hier nicht ausführen, aber beim Diracfeld darauf zurückkommen.

Die Ladung Q hängt mit der Symmetriegruppe U(1) zusammen. Die Lagrangedichte des komplexen Skalarfeldes ist invariant unter komplexen Phasentransformationen

$$\varphi'(x) = \mathrm{e}^{-i\alpha}\varphi(x) \,. \qquad\qquad (4.68)$$

In Abschnitt 3.3.1 wurde gezeigt, dass das Noether-Theorem einen zugehörigen erhaltenen Strom $j^\mu(x)$ liefert, dessen Dichte $j^0(x) = \rho(x)$ genau die oben betrachtete Dichte ist.

Das quantisierte komplexe Skalarfeld beschreibt also zwei Arten von Teilchen mit gleicher Masse, aber entgegengesetzter Ladung. Man kann die Teilchen mit Ladung $Q = 1$ als **Teilchen** bezeichnen, und diejenigen mit Ladung $Q = -1$ als **Antiteilchen**. Teilchen und Antiteilchen werden in symmetrischer Weise beschrieben. Ein Beispiel für solche skalaren (spinlosen) Teilchen sind die beiden geladenen Pionen π^+ und π^-.

Wie verhält es sich mit dem neutralen Pion π^0? Da es kein Antiteilchen besitzt, kann es nicht durch das komplexe, sondern stattdessen durch das reelle Skalarfeld $\varphi = \varphi^\dagger$ beschrieben werden. Seine Lagrangedichte weist keine U(1)-Symmetrie auf. Versuchen wir die Ladung Q zu berechnen, finden wir

$$Q = i \int d^3x\, (\varphi\dot{\varphi} - \varphi\dot{\varphi}) = 0 \,, \qquad\qquad (4.69)$$

wie zu erwarten war.

Übungen

1. Betrachten Sie die quantisierte Theorie des komplexen Skalarfeldes.

    (a) Der Vernichtungsoperator $a(k)$ ist gegeben durch

    $$a(k) = \int d^3x \, e^{ik \cdot x} \left\{ \omega_k \varphi(x) + i \, \dot{\varphi}(x) \right\} \big|_{k^0 = \omega_k} \, .$$

    Verifizieren Sie, dass $a(k)$ zeitunabhängig ist, wenn φ die Klein-Gordon-Gleichung erfüllt.

    (b) Zeigen Sie, dass $[a(k), b(k')] = 0$.

    (c) Zeigen Sie die folgenden Beziehungen:

    $$\left[H, a^\dagger(k) \right] = \omega_k \, a^\dagger(k) \, ,$$
    $$\left[H, a(k) \right] = -\omega_k \, a(k) \, ,$$
    $$\left[H, b^\dagger(k) \right] = \omega_k \, b^\dagger(k) \, ,$$
    $$\left[P^j, a^\dagger(k) \right] = k^j \, a^\dagger(k) \, ,$$
    $$\left[P^j, b^\dagger(k) \right] = k^j \, b^\dagger(k) \, ,$$
    $$\left[Q, a^\dagger(k) \right] = a^\dagger(k) \, ,$$
    $$\left[Q, b^\dagger(k) \right] = -b^\dagger(k) \, .$$

    (d) Berechnen Sie

    $$H a^\dagger(k_1) a^\dagger(k_2) |0\rangle \, ,$$
    $$H a^\dagger(k_1) b^\dagger(k_2) |0\rangle \, ,$$
    $$Q a^\dagger(k_1) a^\dagger(k_2) b^\dagger(k_3) |0\rangle \, .$$

    (e) Berechnen Sie das innere Produkt der beiden Zwei-Teilchen-Zustände $a^\dagger(k_1) a^\dagger(k_2) |0\rangle$ und $a^\dagger(k_1') a^\dagger(k_2') |0\rangle$.

2. Der Ladungsoperator für das komplexe Skalarfeld ist

    $$Q = i \int d^3x \, (\varphi^\dagger(x) \dot{\varphi}(x) - \varphi(x) \dot{\varphi}^\dagger(x)) \, .$$

    Zeigen Sie, dass

    $$Q = \int \frac{d^3k}{(2\pi)^3 2\omega_k} \left\{ a^\dagger(k) a(k) - b^\dagger(k) b(k) \right\} \, .$$

4.3 Kommutator und Propagator

In der weiteren Betrachtung des quantisierten Skalarfeldes werden wir uns der Einfachheit halber auf das reelle Skalarfeld beschränken.

Das reelle Skalarfeld mit $\varphi(x) = \varphi^\dagger(x)$ ist hermitesch und observabel. (Genauer gesagt, sind „ausgeschmierte Felder" der Art $\int d^4x \, f(x)\varphi(x)$, wobei f kompakten Träger besitzt, observabel.) Wir stellen uns die Frage, wann $\varphi(x)$ und $\varphi(y)$ simultan messbar (kommensurabel) sind. Diese Frage betrifft den kausalen Zusammenhang zwischen dem Feld an verschiedenen Orten. Nach der speziellen Relativitätstheorie sind Orte, die raumartig zueinander liegen, nicht kausal verbunden. Dort stattfindende Messungen können sich nicht gegenseitig beeinflussen. Die zugehörigen Operatoren sollten miteinander kommutieren. Für das Skalarfeld bedeutet es, dass in dieser Situation der Kommutator $[\varphi(x), \varphi(y)]$ verschwinden muss. Berechnen wir also diesen Kommutator.

$$
\begin{aligned}
[\varphi(x), \varphi(y)] &= \int \frac{d^3k}{(2\pi)^3 2\omega_k} \frac{d^3k'}{(2\pi)^3 2\omega_{k'}} \\
&\quad \left\{ \left[a(k), a^\dagger(k') \right] e^{-ik\cdot x + ik'\cdot y} + \left[a^\dagger(k), a(k') \right] e^{ik\cdot x - ik'\cdot y} \right\} \\
&= \int \frac{d^3k}{(2\pi)^3 2\omega_k} \left\{ e^{-ik\cdot(x-y)} - e^{ik\cdot(x-y)} \right\} \\
&= \int \frac{d^4k}{(2\pi)^3} \, \delta(k^2 - m^2) \theta(k^0) \left\{ e^{-ik\cdot(x-y)} - e^{ik\cdot(x-y)} \right\} \\
&= \int \frac{d^4k}{(2\pi)^3} \, \delta(k^2 - m^2) \, \text{sign}(k^0) \, e^{-ik\cdot(x-y)} \\
&\doteq i\Delta(x - y) \, .
\end{aligned}
\tag{4.70}
$$

Diese Funktion $\Delta(x)$ heißt **Kommutatorfunktion** oder Pauli-Jordan-Funktion. Es gilt

$$
\Delta(x^0 = 0, \vec{x}) = 0 \, ,
\tag{4.71}
$$

weil $[\varphi(0, \vec{x}), \varphi(0, \vec{y})]$ aufgrund der zeitgleichen Vertauschungsrelationen verschwindet. $\Delta(x)$ ist Lorentz-invariant gemäß der Darstellung (4.70). Es folgt, dass für alle raumartigen x

$$
\Delta(x) = 0 \, , \quad \text{für } x^2 < 0
\tag{4.72}
$$

ist, da jedes raumartige x durch eine Lorentz-Transformation zu $(x^0 = 0, \vec{x})$ transformiert werden kann. Wir halten also fest:

$$
[\varphi(x), \varphi(y)] = 0 \, , \quad \text{wenn } x \text{ und } y \text{ raumartig zueinander liegen.}
\tag{4.73}
$$

Diese Tatsache entspricht der geforderten kausalen Unabhängigkeit raumartiger Bereiche in der speziellen Relativitätstheorie und wird **Mikrokausalität** genannt.

Vakuumfluktuationen

Der Erwartungswert des Feldes im Vakuum verschwindet,

$$
\langle 0 | \varphi(x) | 0 \rangle = 0 \, .
\tag{4.74}
$$

Das Feld verschwindet aber nicht identisch. Untersuchen wir dazu die Varianz des Feldes. Zunächst betrachten wir die Korrelationsfunktion

$$
\Delta_+(x - y) \doteq \langle 0 | \varphi(x) \varphi(y) | 0 \rangle \, .
\tag{4.75}
$$

Man erhält mit der Normierung der Ein-Teilchen-Zustände, Gl. (4.45),

$$
\begin{aligned}
\Delta_+(x-y) &= \int \frac{d^3k}{(2\pi)^3 2\omega_k} \frac{d^3k'}{(2\pi)^3 2\omega_{k'}} \langle 0|a(k)\,a^\dagger(k')|0\rangle \, e^{-ik\cdot x + ik'\cdot y} \\
&= \int \frac{d^3k}{(2\pi)^3 2\omega_k} \, e^{-ik\cdot(x-y)} \\
&= \int \frac{d^4k}{(2\pi)^3} \delta(k^2-m^2)\theta(k^0)\, e^{-ik\cdot(x-y)} \neq 0 \,.
\end{aligned}
\tag{4.76}
$$

Dieser Ausdruck wird für $x = y$ singulär. Deshalb betrachten wir stattdessen das über ein Gebiet ausgeschmierte Feld

$$
F \doteq \int d^4x\, f(x)\varphi(x) \,,
\tag{4.77}
$$

wobei die reelle Funktion $f(x)$ in dem betrachteten Gebiet von null verschieden ist und außerhalb verschwindet. Für die Varianz von F findet man

$$
\langle 0|F^2|0\rangle > 0 \,.
\tag{4.78}
$$

Dass die Varianz nicht verschwindet, zeigt an, dass das Feld selbst nicht verschwindet. Diese Tatsache ist analog zu derjenigen beim Ortsoperator des quantenmechanischen harmonischen Oszillators. Sein Erwartungswert im Grundzustand ist null, aber nicht seine Varianz, welche die Breite der Wellenfunktion angibt. In der Feldtheorie wird dieser Sachverhalt mit dem Begriff **Vakuumfluktuationen** bezeichnet.

Feynman-Propagator

In störungstheoretischen Rechnungen, zu denen wir später kommen werden, benötigt man eine Funktion, die als **Feynman-Propagator** Δ_F bezeichnet wird. Sie ist ähnlich zur obigen Korrelationsfunktion, enthält aber eine Zeitordnung. Sie wird auch **zeitgeordnete Zwei-Punkt-Funktion** genannt und ist definiert durch

$$
\begin{aligned}
i\Delta_F(x-y) &\doteq \langle 0|T\varphi(x)\varphi(y)|0\rangle \\
&= \begin{cases} \langle 0|\varphi(x)\varphi(y)|0\rangle \,, & \text{wenn } x^0 > y^0 \,, \\ \langle 0|\varphi(y)\varphi(x)|0\rangle \,, & \text{wenn } y^0 > x^0 \,. \end{cases}
\end{aligned}
\tag{4.79}
$$

Wir formen um

$$
\begin{aligned}
& i\Delta_F(x-y) \\
&= \theta(x^0-y^0)\langle 0|\varphi(x)\varphi(y)|0\rangle + \theta(y^0-x^0)\langle 0|\varphi(y)\varphi(x)|0\rangle \\
&= \theta(x^0-y^0)\Delta_+(x-y) + \theta(y^0-x^0)\Delta_+(y-x) \\
&= \int \frac{d^3k}{(2\pi)^3 2\omega_k} \left\{ \theta(x^0-y^0)\, e^{-ik\cdot(x-y)} + \theta(y^0-x^0)\, e^{-ik\cdot(y-x)} \right\} \\
&= \int \frac{d^3k}{(2\pi)^3} e^{i\vec{k}\cdot(\vec{x}-\vec{y})} \frac{1}{2\omega_k} \left\{ \theta(x^0-y^0)\, e^{-i\omega_k(x^0-y^0)} + \theta(y^0-x^0)\, e^{i\omega_k(x^0-y^0)} \right\} \,.
\end{aligned}
\tag{4.80}
$$

Wir betrachten jetzt das Integral

$$I = \frac{1}{2\pi i} \int dk^0 \; \frac{e^{-ik^0 x^0}}{k^2 - m^2 + i\epsilon} = \frac{1}{2\pi i} \int dk^0 \; \frac{e^{-ik^0 x^0}}{(k^0)^2 - (\omega_k^2 - i\epsilon)} \qquad (4.81)$$

mit einem winzigen positiven ϵ, und planen eine Auswertung dieses Integrals mit dem Residuensatz.

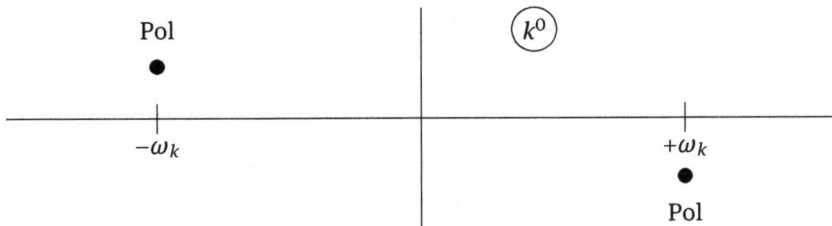

Abb. 4.2: Pole des Integranden im Integral I

Die Polstellen liegen bei $k^0 \approx \pm(\omega_k - i\epsilon/2\omega_k)$. Falls $x_0 > 0$ ist, kann man den Integrationsweg für k^0 im Unendlichen so schließen, dass der Realteil von ik^0 gleich $+\infty$ wird, das heißt, dass k^0 in der unteren komplexen Halbebene liegen muss. Für $x^0 < 0$ schließt man den Integrationsweg in der oberen Halbebene.

Für $x^0 < 0$ liefert der Residuensatz im Grenzwert $\epsilon \to 0$

$$\text{Res}_{-\omega} \left\{ \frac{e^{-ik^0 x^0}}{(k^0 - \omega)(k^0 + \omega)} \right\} = \frac{e^{i\omega x^0}}{-2\omega} \;. \qquad (4.82)$$

Für $x^0 > 0$ wird das Kontourintegral in der unteren Halbebene im Uhrzeigersinn durchlaufen, darum hat das Integral den Wert

$$- \text{Res}_{+\omega} \left\{ \frac{e^{-ik^0 x^0}}{(k^0 - \omega)(k^0 + \omega)} \right\} = -\frac{e^{-i\omega x^0}}{2\omega} \;. \qquad (4.83)$$

Zusammengefasst hat man

$$I = -\theta(x^0) \frac{e^{-i\omega_k x^0}}{2\omega_k} - \theta(-x^0) \frac{e^{i\omega_k x^0}}{2\omega_k} \;. \qquad (4.84)$$

Dieser Ausdruck taucht genau im Integral (4.80) für den Feynman-Propagator auf. Dort setzen wir das Integral (4.81) ein und erhalten

$$\boxed{\; \Delta_F(x) = \int \frac{d^4 k}{(2\pi)^4} \; \frac{e^{-ik \cdot x}}{k^2 - m^2 + i\epsilon} \;.\;} \qquad (4.85)$$

Implizit ist dabei vorgeschrieben, nach der Integration den Limes $\epsilon \to 0$ zu bilden.

Wegen $\square \exp(-\mathrm{i}k \cdot x) = -\partial_\mu \partial^\mu \exp(-\mathrm{i}k \cdot x) = k^2 \exp(-\mathrm{i}k \cdot x)$ folgt für Δ_F

$$(\square - m^2)\Delta_\mathrm{F}(x) = \int \frac{d^4 k}{(2\pi)^4}\, \mathrm{e}^{-\mathrm{i}k\cdot x} = \delta^{(4)}(x)\,. \tag{4.86}$$

Damit ist $\Delta_\mathrm{F}(x)$ eine Green'sche Funktion zum Klein-Gordon-Operator $(\square - m^2)$. Anders ausgedrückt ist Δ_F der Operatorkern von $(\square - m^2)^{-1}$.

Übungen

1. Zeigen Sie, dass

$$\Delta_\mathrm{R}(x - y) = -\mathrm{i} \int \frac{d^3 k}{(2\pi)^3\, 2\omega_k}\, \mathrm{e}^{\mathrm{i}\vec{k}\cdot(\vec{x}-\vec{y})} \left(\mathrm{e}^{-\mathrm{i}\omega_k(x^0-y^0)} - \mathrm{e}^{\mathrm{i}\omega_k(x^0-y^0)} \right) \theta(x^0 - y^0)$$

eine Green'sche Funktion zum Klein-Gordon-Operator ist. Sie heißt retardierte Green'sche Funktion. Warum heißt sie so?

2. Beweisen Sie die Gültigkeit der Gl. (4.86) indem Sie nur die Definition der zeitgeordneten Zwei-Punkt-Funktion, die Vertauschungsrelationen für gleiche Zeiten und die Feldgleichung für das Feld $\varphi(x)$ benutzen.

3. Zeigen Sie, dass der Propagator in $(1 + 1)$ Dimensionen,

$$\Delta_\mathrm{F}(x) = \int \frac{d^2 k}{(2\pi)^2} \frac{\mathrm{e}^{-\mathrm{i}k\cdot x}}{k^2 - m^2 + \mathrm{i}\epsilon}$$

für raumartige x (setzen Sie $x^0 = 0$) durch

$$\Delta_\mathrm{F}(x) = -\frac{\mathrm{i}}{2\pi} K_0(m|x|)$$

gegeben ist, wobei $K_n(y)$ die modifizierte Besselfunktion zweiter Art ist. Wie verhält sich der Propagator für große x?

4. Zeigen Sie, dass $\Delta_+(x - y)$ sich in der Nähe des Lichtkegels, d. h. für $(x - y)^2 \to 0$, sich wie

$$\Delta_+(x - y) = -\frac{1}{2\pi^2(x - y)^2} + R(x - y) \tag{4.87}$$

verhält, wobei für den vernachlässigten Term $(x - y)^2 R(x - y) \to 0$ für $(x - y)^2 \to 0$ gilt.

4.4 Yukawa-Potenzial

Die Yukawa-Theorie ist eine effektive Theorie, welche die Wechselwirkung zwischen Nukleonen näherungsweise gut beschreibt. Sie wurde von Hideki Yukawa 1935 formuliert. In der Yukawa-Theorie fungieren Mesonen als Austauschteilchen, analog zu den Photonen in der Quantenelektrodynamik. Im Unterschied zur QED mit ihren masselosen Photonen tritt hier die Masse m der Mesonen auf. Die Mesonen waren damals noch nicht bekannt; ihre Existenz wurde von Yukawa postuliert.

Das zur Kernkraft zwischen zwei Nukleonen gehörige Potenzial können wir ausrechnen, indem wir die Nukleonen als zwei statische Quellen für das Mesonenfeld einführen. Die Mesonen sind spinlos und werden durch ein skalares Feld beschrieben. Der Einfachheit halber betrachten wir neutrale Pionen, zu denen das reelle Skalarfeld gehört.

Während in der Elektrodynamik die Wellengleichung für das Vierer-Potenzial $\Box A_\mu = -j_\mu$ lautet, gehen wir beim Skalarfeld von einer Wellengleichung

$$(\Box - m^2)\varphi(x) = -j(x) \tag{4.88}$$

mit einer skalaren Quelle $j(x)$ aus. Die Lagrangedichte zu dieser Feldgleichung ist

$$\mathscr{L} = \frac{1}{2}\left((\partial_\mu\varphi(x))(\partial^\mu\varphi(x)) - m^2\varphi(x)^2\right) + j(x)\varphi(x) \,, \tag{4.89}$$

und ist bis auf eine totale Ableitung äquivalent zu

$$\mathscr{L} = \frac{1}{2}\varphi(x)\left(\Box - m^2\right)\varphi(x) + j(x)\varphi(x) \,. \tag{4.90}$$

Mit dem kanonischen Impuls $\pi = \dot{\varphi}$ gelangt man zum Hamiltonoperator

$$H = \int d^3r \, :\left(\frac{1}{2}(\pi^2 + (\nabla\varphi)^2 + m^2\varphi^2) - j\varphi\right): \tag{4.91}$$

Die allgemeine Lösung der inhomogenen Feldgleichung (4.88) setzt sich zusammen aus der allgemeinen Lösung φ_0 der homogenen Gleichung plus einer partikulären Lösung φ_c der inhomogenen Gleichung:

$$\varphi(x) = \varphi_0(x) + \varphi_c(x) \,. \tag{4.92}$$

Die homogene Gleichung (Klein-Gordon-Gleichung) führt auf die Felder der freien (quantisierten) Theorie

$$\varphi_0(x) = \int \frac{d^3k}{(2\pi)^3 2\omega_k}\left(a(k)e^{-ik\cdot x} + a^\dagger(k)e^{ik\cdot x}\right) \,. \tag{4.93}$$

Die Quelle $j(x)$ sei statisch, d. h. $\partial_0 j(x) = 0$. Die partikuläre Lösung φ_c hängt dann ebenfalls nicht von der Zeit ab und genügt der Helmholtz-Gleichung

$$(\Delta - m^2)\varphi_c(\vec{r}) = -j(\vec{r}) \,. \tag{4.94}$$

Ihre Lösung kann geschrieben werden als

$$\varphi_c(\vec{r}) = \int d^3r' \, G(\vec{r} - \vec{r}')j(\vec{r}') \tag{4.95}$$

mit der Green'schen Funktion $G(\vec{r})$, die Lösung von

$$\left(\Delta - m^2\right)G(\vec{r}) = -\delta^{(3)}(\vec{r}) \tag{4.96}$$

ist. Diese Green'sche Funktion ist bekannt:

$$G(\vec{r}) = \int \frac{d^3k}{(2\pi)^3}\frac{e^{i\vec{k}\cdot\vec{r}}}{\vec{k}^2 + m^2} = \frac{e^{-mr}}{4\pi r} \,. \tag{4.97}$$

Berechnen wir nun die Energie des betrachteten Zustandes. Wir teilen den Hamilton-operator (4.91) auf in den Beitrag des freien Feldes φ_0 und den Rest:

$$
\begin{aligned}
H = \int d^3r \; &: \left(\frac{1}{2}\pi^2 - \frac{1}{2}\varphi(\Delta - m^2)\varphi - j\varphi \right): \\
= \int d^3r \; &: \left(\frac{1}{2}\pi^2 - \frac{1}{2}\varphi_0(\Delta - m^2)\varphi_0 - j\varphi_0 \right. \\
&\quad - \frac{1}{2}\varphi_c(\Delta - m^2)\varphi_0 - \frac{1}{2}\varphi_0(\Delta - m^2)\varphi_c \\
&\quad \left. - \frac{1}{2}\varphi_c(\Delta - m^2)\varphi_c - j\varphi_c \right): \; .
\end{aligned}
\tag{4.98}
$$

Zur Energie $\langle 0|H|0\rangle$ liefern die Terme, die das freie Feld φ_0 enthalten, keinen Beitrag, da die vorkommenden Operatoren $a(k)$ und $a^\dagger(k)$ neben dem Vakuumzustand stehen und null ergeben. Es verbleibt

$$
\begin{aligned}
E = \langle 0|H|0\rangle &= - \int d^3r \left(\frac{1}{2}\varphi_c(\Delta - m^2)\varphi_c + j\varphi_c \right) \\
&= -\frac{1}{2} \int d^3r \, j(\vec{r}) \, \varphi_c(\vec{r}) \\
&= -\frac{1}{2} \int d^3r \, d^3r' \, j(\vec{r}) \, G(\vec{r} - \vec{r}') j(\vec{r}') \, .
\end{aligned}
\tag{4.99}
$$

Hier wurden Gl. (4.96) und (4.95) benutzt. Wählt man jetzt $j(\vec{r})$ speziell für zwei Quellen $j_1(\vec{r})$ und $j_2(\vec{r})$, die nur in kleinen Umgebungen der Punkte $\vec{r}_1$ bzw. $\vec{r}_2$ von null verschieden sind, als

$$
j(\vec{r}) = j_1(\vec{r}) + j_2(\vec{r}) \, ,
\tag{4.100}
$$

so erhält man für die Energie

$$
\begin{aligned}
E = &-\frac{1}{2} \int d^3r \, d^3r' \, j_1(\vec{r}) \, G(\vec{r} - \vec{r}') j_1(\vec{r}') \\
&-\frac{1}{2} \int d^3r \, d^3r' \, j_2(\vec{r}) \, G(\vec{r} - \vec{r}') j_2(\vec{r}') \\
&-\int d^3r \, d^3r' \, j_1(\vec{r}) \, G(\vec{r} - \vec{r}') j_2(\vec{r}') \, .
\end{aligned}
\tag{4.101}
$$

Die ersten beiden Zeilen enthalten die Selbstenergien der Quellen. Für punktförmige Quellen würden sie divergieren, können aber ignoriert werden, da wir uns nur für die Wechselwirkung zwischen den beiden Quellen interessieren. Der dritte Beitrag liefert das Potenzial $V(\vec{r})$ zwischen den beiden Quellen. Hierzu setzen wir die Quellen als punktförmig an,

$$
j_1(\vec{r}) = q_1 \delta^{(3)}(\vec{r} - \vec{r}_1) \, , \quad j_2(\vec{r}) = q_2 \delta^{(3)}(\vec{r} - \vec{r}_2) \, ,
\tag{4.102}
$$

und erhalten

$$
V(\vec{r}_1 - \vec{r}_2) = -q_1 q_2 G(\vec{r}_1 - \vec{r}_2) \, .
\tag{4.103}
$$

Mit der Green'schen Funktion, Gl. (4.97), ergibt sich das Yukawa-Potenzial

$$V(\vec{r}) = -\frac{q_1 q_2}{4\pi} \frac{e^{-mr}}{r} \,. \tag{4.104}$$

Sein Verlauf ist in Abb. 4.3 dargestellt. Das negative Vorzeichen bedeutet, dass das Potenzial anziehend wirkt. Die Masse m der Mesonen bestimmt die Reichweite $r_0 = 1/m$ der Yukawa-Kraft. Aus dieser Beziehung konnte Yukawa die Masse der Mesonen vorhersagen.

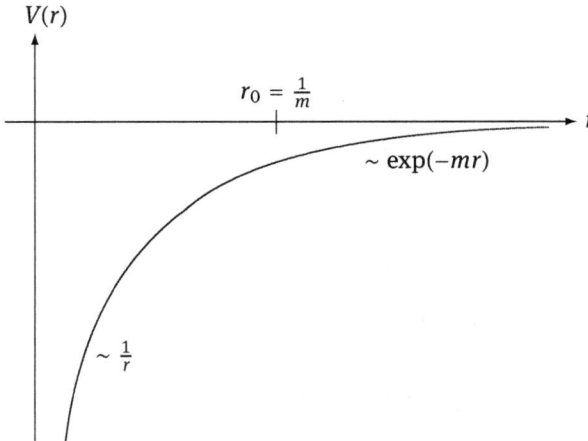

Abb. 4.3: Yukawa-Potenzial

Übungen
Lösen Sie die Gleichung

$$\left(\Delta - m^2\right) G(\vec{r}) = -\delta^{(3)}(\vec{r})$$

mittels Fourier-Transformation.

4.5 Das Quanten-Noether-Theorem

4.5.1 Darstellung von Symmetrien in der Quantentheorie

Das Noether-Theorem der klassischen Feldtheorie, das wir in Kap. 3 behandelt haben, stellt eine Beziehung zwischen kontinuierlichen Symmetrien und Erhaltungsgrößen her. Zu den Generatoren der Symmetriegruppe gehört jeweils eine erhaltene Ladung, für die es eine explizite Formel gibt. Bemerkenswerterweise ist der Zusammenhang zwischen Symmetrie-Generatoren und Erhaltungsgrößen viel einfacher und direkter in der Quantentheorie. Wir wollen das zuerst am Beispiel des Impulses illustrieren.

Der räumliche Impuls des reellen Skalarfeldes war

$$\vec{P} = -\int d^3x\, \pi\, \nabla\varphi \,. \tag{4.105}$$

In der quantisierten Feldtheorie sind die Komponenten von $\vec{P}$ Operatoren. Ausgedrückt durch die Erzeugungs- und Vernichtungsoperatoren lautet der Impuls

$$\vec{P} = \int \frac{d^3k}{(2\pi)^3\, 2\omega_k}\, \vec{k}\, a^\dagger(k)a(k) \,. \tag{4.106}$$

Diese Ausdruck ist bereits normalgeordnet. Genauso ist die zeitliche Komponente des Energie-Impuls-Vektors

$$P^0 = H = \int \frac{d^3k}{(2\pi)^3\, 2\omega_k}\, \omega_k\, a^\dagger(k)a(k) \tag{4.107}$$

jetzt ein Operator auf dem Fock-Raum. Auch in der Quantentheorie sind H und $\vec{P}$ Erhaltungsgrößen,

$$\frac{d}{dt}\vec{P} = 0 \,, \quad \frac{d}{dt}H = 0 \,, \tag{4.108}$$

wie man aus der Zeitunabhängigkeit der obigen Ausdrücke sofort ablesen kann.

In der Quantentheorie tritt ein neuer interessanter Aspekt der Erhaltungsgrößen zutage, wenn man ihre Kommutatoren mit den Feldern untersucht. Beginnen wir mit dem Hamiltonoperator H. Aus den uns schon bekannten Beziehungen

$$\left[H, a^\dagger(k)\right] = \omega_k\, a^\dagger(k) \,, \quad [H, a(k)] = -\omega_k\, a(k) \tag{4.109}$$

und der Zerlegung (4.15) von φ nach Erzeugern und Vernichtern folgt

$$[H, \varphi(x)] = -\mathrm{i}\,\dot{\varphi}(x) \,. \tag{4.110}$$

Übrigens lässt sich das auch direkt im Ortsraum aus

$$H = \frac{1}{2}\int d^3x : \left(\pi^2 + (\nabla\varphi)^2 + m^2\varphi^2\right): \tag{4.111}$$

und den kanonischen Vertauschungsregeln herleiten:

$$[H, \varphi(x)] = -\mathrm{i}\pi(x) = -\mathrm{i}\,\dot{\varphi}(x) \,. \tag{4.112}$$

Die Vertauschungsrelationen sind also konsistent mit den Heisenberg'schen Bewegungsgleichungen. Entsprechend findet man für den Impuls aus

$$\left[\vec{P}, a^\dagger(k)\right] = \vec{k}\, a^\dagger(k) \,, \quad \left[\vec{P}, a(k)\right] = -\vec{k}\, a(k) \tag{4.113}$$

die Beziehung

$$\left[\vec{P}, \varphi(x)\right] = \mathrm{i}\,\nabla\varphi(x) \,. \tag{4.114}$$

Zusammengefasst hat man somit

$$[P^\mu, \varphi(x)] = -\mathrm{i}\,\partial^\mu \varphi(x)\,. \tag{4.115}$$

Erinnern wir uns an die zugehörigen Symmetrie-Transformationen, nämlich die raumzeitlichen Translationen

$$x^\mu \longrightarrow x'^\mu = x^\mu + a^\mu\,. \tag{4.116}$$

Diese treten auf zweierlei Weise in Erscheinung. Einerseits wird das Skalarfeld gemäß

$$\varphi'(x) = \varphi(x - a)\,. \tag{4.117}$$

transformiert. Andererseits werden die Translationen im Hilbertraum durch unitäre Transformationen $U(a)$ dargestellt, wie bereits aus der Quantenmechanik bekannt ist. Zustände im Hilbertraum werden gemäß

$$|\psi'\rangle = U(a)|\psi\rangle \tag{4.118}$$

transformiert. Für Observablen A folgt aus der Bedingung

$$A'|\psi'\rangle = UA|\psi\rangle \tag{4.119}$$

die Transformationsregel

$$A \longrightarrow A' = UA\,U^{-1}\,. \tag{4.120}$$

Das Feld $\varphi(x)$, das in der Quantenfeldtheorie ein Operator ist, transformiert sich genauso:

$$\varphi'(x) = \varphi(x - a) = U(a)\varphi(x)U(a)^{-1}\,. \tag{4.121}$$

Die Behauptung ist nun, dass die Operatoren P^μ die Generatoren der Translationen auf dem Hilbertraum sind, d. h.

$$U(a) = \exp(-\mathrm{i}P^\mu a_\mu)\,. \tag{4.122}$$

Für infinitesimale Translationen, $a_\mu = \delta x_\mu$, ist dann einerseits

$$\delta\varphi(x) = -\partial^\mu \varphi(x)\,\delta x_\mu\,. \tag{4.123}$$

Andererseits gilt mit der infinitesimalen Version von $U(\delta x)$

$$\varphi'(x) = (\mathbf{1} - \mathrm{i}P^\mu \delta x_\mu)\,\varphi(x)\,(\mathbf{1} + \mathrm{i}P^\mu \delta x_\mu) = \varphi(x) - \mathrm{i}\left[P^\mu \delta x_\mu, \varphi(x)\right]\,, \tag{4.124}$$

so dass

$$\delta\varphi(x) = -\mathrm{i}\left[P^\mu \delta x_\mu, \varphi(x)\right]\,. \tag{4.125}$$

Die Gleichheit dieser beiden Ausdrücke,

$$-\partial^\mu \varphi(x)\,\delta x_\mu = -\mathrm{i}\left[P^\mu \delta x_\mu, \varphi(x)\right]\,, \tag{4.126}$$

folgt in der Tat aus der oben hergeleiteten Beziehung (4.115), womit die Behauptung bestätigt wäre: Translationen werden in der Quantentheorie durch die Operatoren P^μ erzeugt.

Diese Beziehung gilt generell und wir notieren das

Quanten-Noether-Theorem. *Die Generatoren von Symmetrietransformationen in der Quantentheorie sind die zugehörigen Erhaltungsgrößen.*

Als weiteres Beispiel betrachten wir die Ladung Q beim komplexen Skalarfeld. Wir hatten die Ausdrücke

$$Q = \mathrm{i} \int d^3 r \, (\varphi^\dagger \dot\varphi - \varphi \, \dot\varphi^\dagger) = \int \frac{d^3 k}{(2\pi)^3 2\omega_k} \left(a^\dagger(k)a(k) - b^\dagger(k)b(k) \right) \qquad (4.127)$$

gefunden. Mit jedem der beiden Ausdrücke für die Ladung Q findet man, wenn man die kanonischen Vertauschungsregeln bzw. die Vertauschungsrelationen für Erzeugungs- und Vernichtungsoperatoren benutzt,

$$[Q, \varphi(x)] = -\varphi(x) \,, \qquad (4.128)$$

$$\left[Q, \varphi^\dagger(x)\right] = \varphi^\dagger(x) \,. \qquad (4.129)$$

Entsprechend der Diskussion des Impulses erkennen wir, dass Q Generator einer Symmetriegruppe ist, wobei die Transformationen

$$\varphi'(x) = \mathrm{e}^{-\mathrm{i}\alpha} \varphi(x) = \mathrm{e}^{\mathrm{i}\alpha Q} \varphi(x) \, \mathrm{e}^{-\mathrm{i}\alpha Q} \,, \qquad (4.130)$$

$$\varphi^{\dagger\prime}(x) = \mathrm{e}^{\mathrm{i}\alpha} \varphi^\dagger(x) = \mathrm{e}^{\mathrm{i}\alpha Q} \varphi^\dagger(x) \, \mathrm{e}^{-\mathrm{i}\alpha Q} \qquad (4.131)$$

lauten, und infinitesimal

$$\delta\varphi(x) = -\mathrm{i}\, \delta\alpha \, \varphi(x) = \mathrm{i} \left[\delta\alpha \, Q, \varphi(x)\right] \,, \qquad (4.132)$$

$$\delta\varphi^\dagger(x) = \mathrm{i}\, \delta\alpha \, \varphi^\dagger(x) = \mathrm{i} \left[\delta\alpha \, Q, \varphi^\dagger(x)\right] \,. \qquad (4.133)$$

Der Operator Q ist also Generator der Gruppe U(1) der Phasentransformationen.

Bemerkung:
In speziellen Fällen kann es vorkommen, dass die klassische Theorie eine Symmetrie und einen zugehörigen erhaltenen Strom aufweist, dass jedoch Stromerhaltung $\partial_\mu j^\mu = 0$ und die Tatsache, dass die Ladung Generator einer Symmetriegruppe ist, in der Quantentheorie nicht mehr gegeben ist. In diesem Fall spricht man von einer **Anomalie**. Dies kann in einer Theorie wechselwirkender Feldern auftreten. Es betrifft z. B. axiale Ströme im Standardmodell. Der Zerfall der neutralen pseudoskalaren Mesonen π^0, η und η' in zwei Photonen und die Masse des η' sind mit der axialen Anomalie verknüpft.

4.5.2 Diskrete Transformationen

Es gibt Symmetrietransformationen, die nicht eine kontinuierliche sondern eine diskrete Gruppe bilden. Ein bekanntes Beispiel ist die Raumspiegelung $\vec{x} \rightarrow -\vec{x}$, die gemeinsam mit der Identität die Gruppe $Z_2 \sim \{+1, -1\}$ bildet. Weitere Beispiele sind Ladungskonjugation und Bewegungsumkehr (Zeitumkehr). Auch diese Symmetrietransformationen werden im Hilbertraum durch unitäre Transformationen U dargestellt. Felder transformieren sich gemäß

$$\varphi \longrightarrow \varphi' = U\varphi U^{-1} \,. \tag{4.134}$$

Wir werden in diesem Abschnitt die zuvor genannten diskreten Symmetrien beim Skalarfeld diskutieren.

4.5.2.1 Parität
Unter einer Raumspiegelung wird das reelle Skalarfeld gemäß

$$\varphi(x^0, \vec{x}) \longrightarrow \varphi'(x^0, \vec{x}) = \pm\varphi(x^0, -\vec{x}) \tag{4.135}$$

transformiert. Das Vorzeichen $\pm$ auf der rechten Seite heißt **innere Parität**. Im Falle des positiven Vorzeichens spricht man vom skalaren Feld, im Falle des negativen Vorzeichens vom pseudoskalaren Feld.

Die Raumspiegelung lässt die Lagrangefunktion invariant und stellt eine Symmetrie dar. Den zugehörigen unitären Operator bezeichnen wir mit $\mathcal{P}$:

$$\mathcal{P}\varphi(x^0, \vec{x})\mathcal{P}^{-1} = \pm\varphi(x^0, -\vec{x}) \,. \tag{4.136}$$

Stellen wir jetzt φ im Fock-Raum gemäß Gl. (4.15) dar, so folgt

$$\mathcal{P}a^\dagger(\vec{k})\mathcal{P}^{-1} = \pm a^\dagger(-\vec{k}) \,. \tag{4.137}$$

Hier haben wir in den Argumenten die Vektorpfeile wieder explizit geschrieben, um deutlich zu machen, dass nur die räumlichen Komponenten $\vec{k}$ ihr Vorzeichen wechseln. Die Raumspiegelung kehrt also die Impulse um, was intuitiv zu erwarten ist. Diese Gleichungen legen zusammen mit der Bedingung $\mathcal{P}|0\rangle = |0\rangle$ den Paritätsoperators im Fock-Raum eindeutig fest. z. B. ist

$$\mathcal{P}a^\dagger(\vec{k})|0\rangle = \pm a^\dagger(-\vec{k})|0\rangle \,. \tag{4.138}$$

4.5.2.2 Ladungskonjugation
Die Ladungskonjugation ist eine Transformation, die Teilchen und Antiteilchen miteinander vertauscht. Dabei wechselt auch das Vorzeichen des Stroms, $j^\mu(x) \rightarrow -j^\mu(x)$.

Beim reellen Skalarfeld sind Teilchen und Antiteilchen identisch, so dass die Ladungskonjugation trivial wirkt: $\varphi' = \varphi$. Daher betrachten wir jetzt lieber das komplexe Skalarfeld. Wir haben schon festgestellt, dass das Feld φ Teilchen vernichtet und Antiteilchen erzeugt, während $\varphi^\dagger$ Antiteilchen vernichtet und Teilchen erzeugt, Gesucht ist daher eine Transformation, die φ und $\varphi^\dagger$ vertauscht (bis auf eine mögliche Phase), und dabei $j^\mu(x)$ auf $-j^\mu(x)$ abbildet. Den Operator der Ladungskonjugation nennen wir $\mathcal{C}$:

$$\mathcal{C}\varphi(x)\mathcal{C}^{-1} = \varphi^\dagger(x) , \quad \mathcal{C}\varphi(x)^\dagger \mathcal{C}^{-1} = \varphi(x) . \tag{4.139}$$

Für die Erzeuger bedeutet das

$$\mathcal{C}a^\dagger(k)\mathcal{C}^{-1} = b^\dagger(k) , \quad \mathcal{C}b^\dagger(k)\mathcal{C}^{-1} = a^\dagger(k) . \tag{4.140}$$

Gemeinsam mit $\mathcal{C}|0\rangle = |0\rangle$ ist $\mathcal{C}$ dadurch eindeutig festgelegt. Die Forderung, dass

$$\mathcal{C}j^\mu(x)\mathcal{C}^{-1} = -j^\mu(x) \tag{4.141}$$

gilt, ist auch erfüllt. Bei der Beschreibung der geladenen Mesonen durch ein komplexes Skalarfeld vertauscht die Ladungskonjugation natürlich π^+ und π^-.

4.5.2.3 Zeitumkehr

Die Bezeichnung **Zeitumkehr** ist etwas irreführend. Naiv würde man sich eine Transformation $(x^0, \vec{x}) \to (-x^0, \vec{x})$ vorstellen, bei welcher die Zeitkoordinate ihr Vorzeichen wechselt. So etwas kommt in der Natur aber nicht vor. Die Zeit schreitet immer voran, was konventionell durch eine zunehmende Koordinate x^0 charakterisiert wird. Besser gesagt handelt es sich bei der Transformation, die gemeint ist, um eine Bewegungsumkehr, bei der die Richtung aller Bewegungen sich umkehrt. Betrachten wir zunächst ein beliebiges System mit Hamiltonoperator H. Wenn die zeitliche Entwicklung eines Zustandes durch

$$|\chi(0)\rangle \xrightarrow{\text{Zeitentwicklung}} |\chi(t)\rangle = e^{-iHt}|\chi(0)\rangle \tag{4.142}$$

gegeben ist, so ist die Bewegungsumkehr eine Transformation

$$|\chi\rangle \longrightarrow |\chi'\rangle = \mathcal{T}|\chi\rangle , \tag{4.143}$$

die so beschaffen ist, dass die Zeitentwicklung den Zustand $|\chi'(t)\rangle$ wieder zum ursprünglichen $|\chi'(0)\rangle$ zurück führt:

$$|\chi'(t)\rangle \xrightarrow{\text{Zeitentwicklung}} |\chi'(0)\rangle , \tag{4.144}$$

das heißt

$$|\chi'(0)\rangle = e^{-iHt}|\chi'(t)\rangle . \tag{4.145}$$

Ausgeschrieben lautet dies

$$\mathcal{T}|\chi(0)\rangle = e^{-iHt}\mathcal{T}|\chi(t)\rangle = e^{-iHt}\mathcal{T}e^{-iHt}|\chi(0)\rangle . \tag{4.146}$$

Da der Anfangszustand beliebig ist, gilt

$$\mathcal{T} e^{iHt} \mathcal{T}^{-1} = e^{-iHt} \, . \tag{4.147}$$

Dies impliziert

$$\mathcal{T} (iH) \mathcal{T}^{-1} = -iH \, . \tag{4.148}$$

Gibt es eine solche Transformation $\mathcal{T}$, die *unitär* ist? In diesem Fall wäre

$$\mathcal{T} H \mathcal{T}^{-1} = -H \, . \tag{4.149}$$

Unitäre Transformationen ändern das Spektrum der Eigenwerte nicht; daher müsste es nach Gl. (4.149) zu jedem positiven Energiewert einen zugehörigen negativen Energiewert geben. Das kann aber nicht sein, denn das Spektrum des Hamiltonoperators eines physikalischen Systems ist nach unten beschränkt, aber i. Allg. nach oben unbeschränkt. Also kann $\mathcal{T}$ nicht unitär sein. Um der Natur dieser Transformation auf die Spur zu kommen, gehen wir zur Quantenmechanik zurück und sehen uns die Sachlage beim harmonischen Oszillator an. Eine beliebige zeitabhängige Wellenfunktion ist von der Form

$$\psi(\vec{r}, t) = \sum_{n=0}^{\infty} c_n \, e^{-i\omega_n t} \varphi_n(\vec{r}) \tag{4.150}$$

mit den reellen Energie-Eigenfunktionen $\varphi_n(\vec{r})$. Der Zustand mit umgekehrter Zeitabhängigkeit kann offenbar durch Komplex-Konjugation gewonnen werden:

$$\mathcal{T}_{HO} \, \psi(\vec{r}, t) = \psi(\vec{r}, t)^* = \sum_{n=0}^{\infty} c_n^* \, e^{+i\omega_n t} \varphi_n(\vec{r}) \, . \tag{4.151}$$

In diesem Falle kann also $\mathcal{T}$ als Komplex-Konjugation gewählt werden. Dieser Operator ist aber nicht linear, sondern antilinear. Ein Operator $\mathcal{T}$ heißt **antilinear**, wenn gilt

$$\mathcal{T} (\alpha|\chi_1\rangle + \beta|\chi_2\rangle) = \alpha^* \, \mathcal{T}|\chi_1\rangle + \beta^* \, \mathcal{T}|\chi_2\rangle \qquad \text{mit} \quad \alpha, \beta \in \mathbf{C} \, . \tag{4.152}$$

Beispiel: auf $\mathbf{C}^n$ mit einer Basis $\{|k\rangle\}$ sei

$$\mathcal{T} \left(\sum_{k=1}^{n} c_k |k\rangle \right) = \sum_{k=1}^{n} c_k^* |k\rangle \, . \tag{4.153}$$

Dieser Operator $\mathcal{T}$ ist antilinear. Seine Definition ist in diesem Beispiel basisabhängig.

Um die der Unitarität entsprechende Eigenschaft festzulegen, definieren wir den zu einem antilinearen Operator $\mathcal{T}$ adjungierten Operator $\mathcal{T}^\dagger$ durch

$$\langle \chi_1 | \mathcal{T}^\dagger | \chi_2 \rangle = \langle \chi_2 | \mathcal{T} | \chi_1 \rangle \tag{4.154}$$

für alle geeigneten Vektoren $|\chi_1\rangle, |\chi_2\rangle$. Zum Vergleich sei an $\langle \chi_1 | A^\dagger | \chi_2 \rangle = \langle \chi_2 | A | \chi_1 \rangle^*$ bei einem linearen Operator A erinnert. Mit $\mathcal{T}$ ist auch $\mathcal{T}^\dagger$ antilinear.

Ein antilinearer Operator $\mathcal{T}$ heißt **antiunitär**, wenn gilt

$$\mathcal{T}^\dagger \mathcal{T} = \mathcal{T}\mathcal{T}^\dagger = \mathbf{1} \, . \tag{4.155}$$

Für einen antiunitären Operator $\mathcal{T}$ gilt

$$\langle \mathcal{T}\chi_1 | \mathcal{T}\chi_2 \rangle = \langle \chi_1 | \chi_2 \rangle^* \, . \tag{4.156}$$

Für beliebige lineare Operatoren A gilt

$$\mathcal{T}(\alpha A)\mathcal{T}^{-1} = \alpha^* \, \mathcal{T}A\mathcal{T}^{-1} \qquad (\alpha \in \mathbf{C}) \, ; \tag{4.157}$$

insbesondere ist

$$\mathcal{T}(\mathrm{i}\,\mathbf{1})\mathcal{T}^{-1} = -\mathrm{i}\,\mathbf{1} \, . \tag{4.158}$$

Wigner hat bewiesen, dass Symmetrietransformationen in der Quantentheorie entweder durch unitäre oder durch antiunitäre Operatoren dargestellt werden. In diesem Fall bleibt also nur die Möglichkeit, dass $\mathcal{T}$ ein antiunitärer Operator ist. Dieser erfüllt nach oben gesagtem

$$\mathcal{T}H\mathcal{T}^{-1} = H \quad \text{und} \quad \mathcal{T}|0\rangle = |0\rangle \, . \tag{4.159}$$

Die Operatoren der Quantenfeldtheorie transformieren sich unter Zeitumkehr gemäß

$$A \longrightarrow \mathcal{T}A\mathcal{T}^{-1} \, . \tag{4.160}$$

Beim Skalarfeld soll die Zeitumkehr-Transformation vom Feld $\varphi(\vec{r}, t)$ zu $\varphi(\vec{r}, -t)$ führen. Für das transformierte Feld soll wieder die Feldgleichung gelten. Das ist garantiert, wenn unter der Transformation die Lagrangedichte $\mathscr{L}$ invariant bleibt. Gesucht ist somit $\mathcal{T}$ mit

$$\mathcal{T}\varphi(\vec{r}, t)\mathcal{T}^{-1} = \varphi(\vec{r}, -t) \, , \quad \mathcal{T}\mathscr{L}(\vec{r}, t)\mathcal{T}^{-1} = \mathscr{L}(\vec{r}, -t) \, . \tag{4.161}$$

Einsetzen der Entwicklung (4.49) des komplexen Skalarfeldes führt auf

$$\begin{aligned} \mathcal{T}a^\dagger(\vec{k})\,\mathcal{T}^{-1} &= a^\dagger(-\vec{k}) \, , \quad \mathcal{T}a(\vec{k})\,\mathcal{T}^{-1} = a(-\vec{k}) \, , \\ \mathcal{T}b^\dagger(\vec{k})\,\mathcal{T}^{-1} &= b^\dagger(-\vec{k}) \, , \quad \mathcal{T}b(\vec{k})\,\mathcal{T}^{-1} = b(-\vec{k}) \, . \end{aligned} \tag{4.162}$$

Wir sehen, dass die Impulsumkehr erfüllt ist. Durch diese Abbildung und $\mathcal{T}|0\rangle = |0\rangle$ ist die Bewegungsumkehr auf dem Fock-Raum eindeutig festgelegt.

Für die Komponenten des Stroms gilt unter Zeitumkehr

$$\begin{aligned} \mathcal{T}j^0(\vec{r}, t)\mathcal{T}^{-1} &= j^0(\vec{r}, -t) \, , \\ \mathcal{T}j^k(\vec{r}, t)\mathcal{T}^{-1} &= -j^k(\vec{r}, -t) \, , \quad k = 1, 2, 3 \, . \end{aligned} \tag{4.163}$$

Bemerkung:
Im Unterschied zur relativistischen Quantenfeldtheorie ist die Zeitumkehr bzw. Bewegungsumkehr in der relativistischen Quantenmechanik anders dargestellt. Die zeitgespiegelte skalare Wellenfunktion ist dort gegeben durch $\varphi'(\vec{r}, t) = \varphi^*(\vec{r}, -t)$. Sie erfüllt wiederum die Klein-Gordon-Gleichung.

4.5.3 PCT-Theorem

Die diskreten Transformationen $\mathcal{P}$, $\mathcal{C}$ und $\mathcal{T}$ lassen sich miteinander verknüpfen. Einige diskrete Symmetrien sind in der Natur verletzt, etwa Parität $\mathcal{P}$ und die Kombination $\mathcal{CP}$ in der schwachen Wechselwirkung, was sich z. B. beim Kaonen-Zerfall zeigt.

Für das Produkt der drei diskreten Transformationen gilt jedoch unter sehr allgemeinen Voraussetzungen in der relativistischen Quantenfeldtheorie das

PCT-Theorem. $\mathcal{PCT}$ *ist eine Symmetrie.*

Es wurde in unterschiedlichen Varianten bewiesen von Pauli, Lüders, Zumino und Schwinger. Einen Beweis unter sehr allgemeinen Voraussetzungen findet man in dem Buch von Streater und Wightman (siehe Literatur).

Übungen
1. Leiten Sie die Beziehung $[P^\mu, \varphi(x)] = -i\,\partial^\mu \varphi(x)$ mit Hilfe der kanonischen Vertauschungsrelationen her.
2. Betrachten Sie das SU(2)-Dublett $\phi = \begin{pmatrix} \phi_1 \\ \phi_2 \end{pmatrix}$ mit der Lagrangedichte

$$\mathscr{L} = (\partial_\mu \phi^\dagger)(\partial^\mu \phi) - m^2 \phi^\dagger \phi\,.$$

   Zeigen Sie, dass die zur SU(2)-Symmetrie gehörigen Noether-Ladungen Q^a die Lie-Algebra der SU(2) erfüllen.
3. Die Operatoren der Raumspiegelung $\mathcal{P}$, Ladungskonjugation $\mathcal{C}$ und Bewegungsumkehr $\mathcal{T}$ wirken auf das freie komplexe Skalarfeld gemäß

$$\mathcal{P}\varphi(x^0, \vec{x})\mathcal{P}^{-1} = \varphi(x^0, -\vec{x})\,,$$
$$\mathcal{C}\varphi(x)\mathcal{C}^{-1} = \varphi^\dagger(x)\,,$$
$$\mathcal{T}\varphi(\vec{r}, t)\mathcal{T}^{-1} = \varphi(\vec{r}, -t)\,.$$

   Zeigen Sie, dass

$$\mathcal{P}a^\dagger(\vec{k})\mathcal{P}^{-1} = a^\dagger(-\vec{k})\,,$$
$$\mathcal{P}b^\dagger(\vec{k})\mathcal{P}^{-1} = b^\dagger(-\vec{k})\,,$$
$$\mathcal{C}a^\dagger(k)\mathcal{C}^{-1} = b^\dagger(k)\,,$$
$$\mathcal{C}b^\dagger(k)\mathcal{C}^{-1} = a^\dagger(k)\,,$$
$$\mathcal{T}a^\dagger(\vec{k})\mathcal{T}^{-1} = a^\dagger(-\vec{k})\,,$$
$$\mathcal{T}b^\dagger(\vec{k})\mathcal{T}^{-1} = b^\dagger(-\vec{k})\,.$$

   Diese Gleichungen sehen so aus, als ob $\mathcal{P}$ und $\mathcal{T}$ in gleicher Weise auf dem Fock-Raum wirken. Warum ist das nicht so?

4.6 Wechselwirkungen

Bisher haben wir freie Felder betrachtet. Bei freien Feldern ist die Lagrangedichte quadratisch in den Feldern und die Feldgleichungen sind lineare Differenzialgleichungen. Ihre Lösungen sind Superpositionen von Wellen, deren Zeitentwicklung trivial ist, nämlich $\sim \exp(\pm i\omega t)$. Die quantisierten freien Feldtheorien sind exakt lösbar, sie haben uns die Lösung von fundamentalen Problemen der relativistischen Quantentheorie aufgezeigt, sie haben uns interessante Einblicke in die Dualität von Welle und Teilchen und die Struktur des physikalischen Zustandsraumes gegeben, aber sie beschreiben keine interessanten physikalischen Vorgänge, bei denen Teilchen miteinander wechselwirken.

Wechselwirkungen bedeuten, dass die Feldgleichungen einen *nichtlinearen* Kopplungsterm aufweisen, der verschiedene Felder miteinander verknüpft oder die Linearität der Feldgleichung eines einzelnen Feldes stört.

Die Gleichungen von Feldtheorien mit Wechselwirkungen lassen sich i. A. nicht exakt lösen und man ist auf Näherungsverfahren angewiesen. Neben einer störungstheoretischen Behandlung der Kopplung gibt es auch nichtstörungstheoretische Methoden, z. B. auf Grundlage einer Diskretisierung der Feldgleichungen auf einem Gitter oder Sattelpunktsmethoden beim Pfadintegralformalismus.

Im Falle des reellen Skalarfeldes kann ein Wechselwirkungsterm in der Lagrangedichte in einer höheren Potenz $\varphi(x)^n$ ($n \geq 3$) des Feldes bestehen. Der einfachste Fall,

$$\mathscr{L} = \frac{1}{2}(\partial_\mu \varphi)(\partial^\mu \varphi) - \frac{m^2}{2}\varphi^2 - \lambda\varphi^3 \, , \tag{4.164}$$

ist allerdings physikalisch nicht akzeptabel. Das Potenzial $V(\varphi) = (m^2/2)\varphi^2 + \lambda\varphi^3$ ist nach unten unbeschränkt, was dazu führt, das die Theorie keinen stabilen Grundzustand aufweisen würde. Eine Theorie mit $V(\varphi) = (m^2/2)\varphi^2 + \lambda\varphi^3 + \kappa\varphi^4$ ist für positives κ geeignet. Bei der in Abschnitt 4.9 entwickelten Störungstheorie werden wir uns aber der Einfachheit halber auf eine Theorie mit quartischem Wechselwirkungsterm $\sim \varphi^4$ beschränken.

Höhere Potenzen φ^5, φ^6, ... sind grundsätzlich möglich, jedoch treten bei der störungstheoretischen Behandlung solcher Theorien in vier Raumzeit-Dimensionen unendliche Ausdrücke auf, die sich als problematisch herausstellen. Theorien mit solchen Wechselwirkungstermen finden im Rahmen sogenannter effektiver Feldtheorien Verwendung; diese Thematik sprengt aber den Rahmen dieser Einführung.

Die φ^4-Theorie beinhaltet ein selbstwechselwirkendes, skalares, reelles Feld mit der Lagrangedichte

$$\mathscr{L} = \frac{1}{2}(\partial_\mu \varphi)(\partial^\mu \varphi) - \frac{m^2}{2}\varphi^2 - \frac{g}{4!}\varphi^4 \, . \tag{4.165}$$

Die Feldgleichung lautet

$$(\Box - m^2)\varphi(x) = \frac{g}{6}\varphi(x)^3 \, . \tag{4.166}$$

$\mathscr{L}$ und somit auch die Wirkung S sind invariant unter der inneren Symmetrie-Transformation $\varphi(x) \longrightarrow -\varphi(x)$.

Wir betrachten die φ^4-Theorie in diesem Kapitel als einfaches Modellsystem, an dem sich zahlreiche Begriffsbildungen und Zusammenhänge der Quantenfeldtheorie gut einführen lassen. Wir werden sie benutzen, um an ihr die Reduktionsformeln, die Quantisierung mit Funktionalintegralen und die Feynman-Diagramme zu demonstrieren. Die Theorie beschreibt aber auch z. B. neutrale Spin-0-Teilchen und in der dreidimensionalen Version ist sie äquivalent zur Landau-Ginzburg-Theorie der Phasenübergänge in der Statistischen Physik.

4.7 Green'sche Funktionen und S-Matrix

4.7.1 Green'sche Funktionen

In der Feldtheorie spielen die sogenannten **Green'schen Funktionen** eine zentrale Rolle. Sie enthalten alle physikalischen Informationen, zum Beispiel lassen sich die Massen von Teilchen und Streuquerschnitte aus den Green'schen Funktionen gewinnen.

Die Bezeichnung **Green'sche Funktion** in der Feldtheorie ist nicht identisch mit derjenigen in der Theorie der Differenzialgleichungen, sondern stellt eine Verallgemeinerung dar. Im Abschnitt 4.3 haben wir den Feynman-Propagator in Gl. (4.79) als Erwartungswert eines zeitgeordneten Produktes von zwei skalaren Feldern kennengelernt, und in Gl. (4.86) gesehen, dass er Lösung einer linearen Differenzialgleichung mit einer Delta-Funktion als Inhomogenität ist, und somit eine Green'sche Funktion zum Klein-Gordon-Operator darstellt.

In der Quantenfeldtheorie wird der Begriff verallgemeinert auf die n-Punkt-Green'schen Funktionen

$$G^{(n)}(x_1, \ldots, x_n) \doteq \langle 0|T\varphi(x_1)\varphi(x_2) \cdots \varphi(x_n)|0\rangle \ . \tag{4.167}$$

Weiterhin führt man **zusammenhängende Green'sche Funktionen** (engl. connected Green's functions) $G_c^{(n)}(x_1, \ldots, x_n)$ ein. Diese sind rekursiv definiert durch

$$G^{(n)}(x_1, \ldots, x_n) =$$
$$\sum_{\text{Part.}} G_c^{(k_1)}(x_1, \ldots, x_{k_1}) \, G_c^{(k_2)}(x_{k_1+1}, \ldots, x_{k_1+k_2}) \cdots G_c^{(k_m)}(\ldots, x_n) \ . \tag{4.168}$$

Die Summe erstreckt sich über alle möglichen Zerlegungen (Partitionen) der Menge $\{x_1, \ldots, x_n\}$. Es ist sehr nützlich, die Green'schen Funktionen graphisch zu symbolisieren. Zum Beispiel stellt man für $n = 4$ die beiden Typen der Green'schen Funktionen so dar:

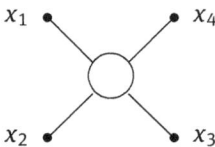

$$G^{(4)}(x_1, \ldots, x_4)$$

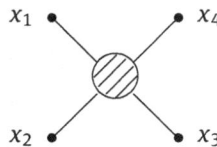

$$G_c^{(4)}(x_1, \ldots, x_4)$$

Lassen Sie uns die rekursive Definition der zusammenhängenden Green'schen Funktionen verdeutlichen. Für $n = 1$ stimmen beide Typen überein,

$$G_c^{(1)}(x) = G^{(1)}(x) = \langle 0|\varphi(x)|0\rangle \ . \tag{4.169}$$

Für $n = 2$ gilt

$$G^{(2)}(x_1, x_2) = G_c^{(2)}(x_1, x_2) + G_c^{(1)}(x_1)\, G_c^{(1)}(x_2)$$
$$\implies \quad G_c^{(2)}(x_1, x_2) = G^{(2)}(x_1, x_2) - G^{(1)}(x_1)\, G^{(1)}(x_2) \ . \tag{4.170}$$

Betrachten wir den Fall, dass der Erwartungswert des Feldes im Vakuum verschwindet, $G^{(1)}(x) = 0$. Bei der φ^4-Theorie ist dies durch die Symmetrie $\varphi \longrightarrow -\varphi$ garantiert. Dann haben wir symbolisch für $n = 2$ und $n = 4$ die in Abb. 4.4 und Abb. 4.5 dargestellten Beziehungen zwischen vollen und den zusammenhängenden Green'schen Funktionen.

Abb. 4.4: Volle und zusammenhängende Zwei-Punkt-Funktion

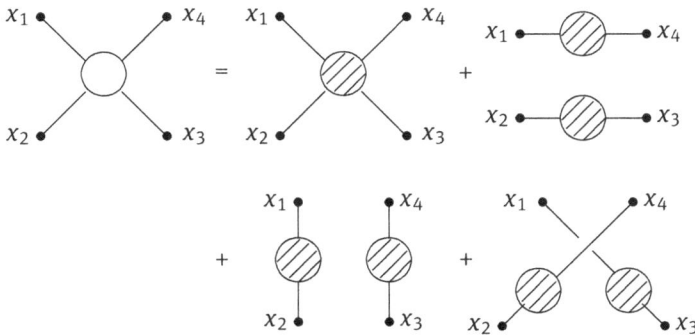

Abb. 4.5: Volle und zusammenhängende Vier-Punkt-Funktionen

Generell lassen sich die $G_c^{(n)}$ rekursiv durch die $G^{(m)}$ mit $m \le n$ ausdrücken.

Für freie Felder gilt, dass für alle $n > 2$ die zusammenhängenden Green'schen Funktionen verschwinden:

$$G_c^{(n)}(x_1, \ldots, x_n) = 0 \qquad (n > 2) \ . \tag{4.171}$$

Diese Aussage werden wir später begründen. Der Sachverhalt bedeutet, dass die $G_c^{(n)}$ für $n > 2$ die Effekte der Wechselwirkung beschreiben.

In praktischen Rechnungen spielen die Fourier-Transformierten der Green'schen Funktionen oft eine wichtige Rolle. Wir setzen voraus, dass die Green'schen Funktionen translationsinvariant sind,

$$G_c^{(n)}(x_1 + a, \ldots, x_n + a) = G_c^{(n)}(x_1, \ldots, x_n) \,. \tag{4.172}$$

Dies trifft in der Regel zu, wenn keine weiteren äußeren Felder oder Randbedingungen vorhanden sind. Aus der Translationsinvarianz folgt, dass die Fourier-Transformierte eine Delta-Funktion $\delta^{(4)}(k_1 + \ldots + k_n)$ als Faktor enthält. Das sieht man folgendermaßen:

$$\int d^4x_1 \cdots d^4x_n \; e^{i(k_1 \cdot x_1 + \cdots + k_n \cdot x_n)} G_c^{(n)}(x_1, \ldots, x_n)$$

$$= \int d^4x_1 \cdots d^4x_n \; e^{i(k_1 \cdot x_1 + \cdots + k_n \cdot x_n)} G_c^{(n)}(x_1 - x_n, \ldots, x_{n-1} - x_n, 0) \,. \tag{4.173}$$

Mit der Substitution $y_i = x_i - x_n$, $(i = 1, \ldots, n - 1)$ wird dies zu

$$\int d^4x_n \; e^{i(k_1 + \cdots + k_n) \cdot x_n} \int d^4y_1 \cdots d^4y_{n-1} \; e^{i(k_1 \cdot y_1 + \cdots + k_{n-1} \cdot y_{n-1})} G_c^{(n)}(y_1, \ldots, y_{n-1}, 0)$$

$$= (2\pi)^4 \delta^{(4)}(k_1 + \cdots + k_n) \int d^4y_1 \cdots d^4y_{n-1} \; e^{i(k_1 \cdot y_1 + \cdots + k_{n-1} \cdot y_{n-1})} G_c^{(n)}(y_1, \ldots, y_{n-1}, 0)$$

$$\doteq (2\pi)^4 \delta^{(4)}(k_1 + \cdots + k_n) \; \widetilde{G}_c^{(n)}(k_1, \ldots, k_{n-1}, -(k_1 + \cdots + k_{n-1})) \,. \tag{4.174}$$

Für die Rücktransformation gilt

$$G_c^{(n)}(x_1, \ldots, x_n)$$

$$= \int \frac{d^4k_1}{(2\pi)^4} \cdots \frac{d^4k_n}{(2\pi)^4} \; e^{-i(k_1 \cdot x_1 + \cdots + k_n \cdot x_n)} (2\pi)^4 \delta^{(4)}(k_1 + \cdots + k_n) \; \widetilde{G}_c^{(n)}(k_1, \ldots, k_n) \,. \tag{4.175}$$

Im Spezialfall $n = 2$ nennt man

$$\widetilde{G}_c^{(2)}(k) \doteq \widetilde{G}_c^{(2)}(k, -k) = \int d^4x \, e^{ik \cdot x} G_c^{(2)}(x, 0) \tag{4.176}$$

den **Propagator im Impulsraum.**

Im Abschnitt 4.3, Gl. (4.85), haben wir für ein freies Skalarfeld den Propagator $G_c^{(2)}(x, 0) = i\Delta_F(x)$ kennengelernt. Dort ist

$$\widetilde{G}_c^{(2)}(k) = \frac{i}{k^2 - m^2} \,. \tag{4.177}$$

Massen

Zu Beginn dieses Abschnittes wurde behauptet, dass die Green'schen Funktionen alle physikalischen Informationen enthalten. Das kann in völliger Allgemeinheit nicht in diesem Buch demonstriert werden. Aber wir werden es exemplarisch anhand von Teilchenmassen und Streumatrix-Elementen diskutieren.

Die freie skalare Feldtheorie beschreibt Teilchen mit Masse m. Der Wert der Masse kann direkt dem Propagator $\widetilde{G}_c^{(2)}(p)$ im Impulsraum abgelesen werden. Er besitzt nämlich nach Gl. (4.177) einen Pol bei $p^2 = m^2$.

Die Behauptung ist nun, dass auch in der Feldtheorie mit Wechselwirkungen für die Masse m eines stabilen Teilchens, das durch das Feld $\varphi(x)$ beschrieben wird, unter gewissen Voraussetzungen gilt:

$$\widetilde{G}_c^{(2)}(p) \text{ hat einen Pol bei } p^2 = m^2 . \tag{4.178}$$

Anders ausgedrückt heißt das

$$\lim_{p^2 \to m^2} (p^2 - m^2)\widetilde{G}_c^{(2)}(p) = \mathrm{i}Z_\varphi \tag{4.179}$$

mit einer Konstanten Z_φ (gelegentlich auch mit Z_3 bezeichnet). Z_φ heißt **Wellenfunktions-Renormierung** oder **Feld-Renormierung**.

Diese Beziehung soll nun hergeleitet werden. Die Voraussetzungen, die wir dabei machen sind die Folgenden. Es gebe in der Theorie ein leichtestes Teilchen mit Masse $m \neq 0$. Seine Impulseigenzustände zum Impuls $k = (\omega_k, \vec{k})$ bezeichnen wir mit $|k\rangle$. Zwischen der Energie $E = 0$ des Vakuums $|0\rangle$ (nicht zu verwechseln mit einem Ein-Teilchen-Zustand) und der Ruheenergie m des Teilchens sei eine Lücke, d. h. in diesem Bereich gebe es keine weiteren Eigenwerte des Hamiltonoperators. Und das Matrixelement $\langle 0|\varphi(x)|k\rangle$ sei nicht null. Außerdem betrachten wir der Einfachheit halber den Fall, dass $\langle 0|\varphi(x)|0\rangle = 0$, so dass $G_c^{(2)}(p) = G^{(2)}(p)$ ist. Es ist

$$\widetilde{G}^{(2)}(p) = \int d^4x \, \mathrm{e}^{\mathrm{i}p \cdot x} \langle 0|T\varphi(x)\varphi(0)|0\rangle$$

$$= \int d^4x \, \mathrm{e}^{\mathrm{i}p \cdot x} \left\{ \theta(x^0)\langle 0|\varphi(x)\varphi(0)|0\rangle + \theta(-x^0)\langle 0|\varphi(0)\varphi(x)|0\rangle \right\} \tag{4.180}$$

Betrachten wir den ersten Teil der Summe, in dem wir die Green'sche Funktion mit einer Vollständigkeitsrelation aufspalten. Wir bezeichnen mit $|k, \alpha\rangle$ ein vollständiges System von Impulseigenzuständen,

$$P^\mu|k, \alpha\rangle = k^\mu|k, \alpha\rangle . \tag{4.181}$$

Es enthält die oben genannten Ein-Teilchen-Zustände $|k\rangle$ und alle anderen Impulseigenzustände. Wir zerlegen

$$\langle 0|\varphi(x)\varphi(0)|0\rangle = \sum_\alpha \int \frac{d^3k}{(2\pi)^3 2\omega_k} \langle 0|\varphi(x)|k, \alpha\rangle \langle k, \alpha|\varphi(0)|0\rangle . \tag{4.182}$$

Den Beitrag der verschiedenen α schreiben wir vereinfacht als Summe, auch wenn er in Wahrheit Integrale enthält. Jetzt benutzen wir

$$\langle 0|\varphi(x)|k, \alpha\rangle = \langle 0|\mathrm{e}^{\mathrm{i}P \cdot x}\varphi(0)\mathrm{e}^{-\mathrm{i}P \cdot x}|k, \alpha\rangle = \langle 0|\varphi(0)|k, \alpha\rangle \mathrm{e}^{-\mathrm{i}k \cdot x} . \tag{4.183}$$

Das Integral im ersten Teil von Gl. (4.180) lautet damit

$$\int d^4x\, e^{ip\cdot x}\, \theta(x^0)e^{-ik\cdot x}$$

$$= \int d^3x\, e^{-i(\vec{p}-\vec{k})\cdot\vec{x}} \int dx^0\, e^{i(p^0-k^0)x^0}\theta(x^0)$$

$$= (2\pi)^3\delta^{(3)}(\vec{p}-\vec{k}) \int_0^\infty dx^0\, e^{i(p^0-k^0)x^0}$$

$$= i(2\pi)^3\delta^{(3)}(\vec{p}-\vec{k})\, \frac{1}{p^0-k^0}$$

$$= i(2\pi)^3\delta^{(3)}(\vec{p}-\vec{k})\, \frac{p^0+k^0}{(p^0)^2-(k^0)^2}$$

$$= i(2\pi)^3\delta^{(3)}(\vec{p}-\vec{k})\, \frac{p^0+k^0}{p^2-k^2} \qquad (\text{wegen } (\vec{p})^2 = (\vec{k})^2)$$

$$= i(2\pi)^3\delta^{(3)}(\vec{p}-\vec{k})\, \frac{p^0+\omega_k}{p^2-k^2}\ . \tag{4.184}$$

Im Integral über x^0 ist der Grenzwert bei $x^0 \to \infty$ gleich null im Distributions-Sinne. Man kann auch einen dämpfenden Faktor $\exp(-\epsilon x^0)$ einsetzen und am Ende $\epsilon \to 0$ gehen lassen. Für das Integral im zweiten Teil ergibt sich in gleicher Weise

$$-i(2\pi)^3\delta^{(3)}(\vec{p}+\vec{k})\, \frac{p^0-\omega_k}{p^2-k^2}\ . \tag{4.185}$$

Der Beitrag der Ein-Teilchen-Zustände $|k\rangle$ mit $k^2 = m^2$ beträgt nach Integration über den Impuls $\vec{k}$

$$\frac{i}{2\omega_p}\, \frac{1}{p^2-m^2}\{(p^0+\omega_p)-(p^0-\omega_p)\}\, |\langle 0|\varphi(0)|p\rangle|^2 = \frac{iZ_\varphi}{p^2-m^2}\ , \tag{4.186}$$

wobei

$$Z_\varphi \doteq |\langle 0|\varphi(0)|p\rangle|^2 \tag{4.187}$$

definiert wurde. Wie angekündigt sehen wir, dass die Ein-Teilchen-Zustände $|k\rangle$ mit $k^2 = m^2$ einen Pol bei $p^2 = m^2$ produzieren. Damit ist der Zusammenhang der Green'schen Funktionen mit der Teilchenmasse gezeigt. Wir wenden uns jetzt dem Zusammenhang mit der S-Matrix zu.

4.7.2 S-Matrix

Die Streumatrix (S-Matrix) liefert Streuquerschnitte, z. B. für die Streuung zweier Teilchen aneinander. Die zugrunde liegende Vorstellung ist die Folgende. In der fernen Vergangenheit vor dem Streuvorgang ($t \to -\infty$) sind die Abstände zwischen den Teilchen groß und die Wechselwirkungen zwischen ihnen vernachlässigbar gering. Sie verhalten sich approximativ wie freie Teilchen. Wenn die Teilchen einander nahe kommen, treten sie in Wechselwirkung miteinander und streuen aneinander. Sie laufen danach auseinander und in der fernen Zukunft ($t \rightarrow \infty$) verhalten sie sich wieder wie freie Teilchen. Die entsprechenden Anfangs- bzw. End-Zustände werden durch die Impulse der beiden Teilchen charakterisiert und mit $|p_1, p_2, \text{in}\rangle$, $|p_3, p_4, \text{out}\rangle$ bezeichnet, wobei $p_i^2 = m^2$. Die Streuamplitude ist das Übergangsmatrixelement $\langle p_3, p_4, \text{out}|p_1, p_2, \text{in}\rangle$.

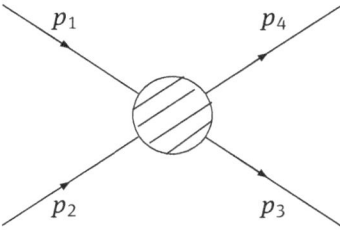

Abb. 4.6: Symbolische Darstellung einer Zwei-Teilchen-Streuung

Wie können die asymptotischen Zustände $|p_1, p_2, \text{in}\rangle$, $|p_3, p_4, \text{out}\rangle$ definiert werden? Betrachten wir im Folgenden die Theorie eines skalaren Feldes mit Selbstwechselwirkung. Für das wechselwirkende Feld $\varphi(x)$ gibt es im Allgemeinen keine geschlossenen Lösungen. Aufgrund der Nichtlinearität der Feldgleichung lässt sich $\varphi(x)$ nicht als Superposition ebener Wellen schreiben. Somit sind insbesondere die Erzeugungs- und Vernichtungsoperatoren $a^\dagger(k)$ und $a(k)$ nicht definiert und stehen uns nicht wie beim freien Feld für die Definition der asymptotischen Zustände zur Verfügung.

Es existiert ein mathematisch sauberes Konzept für die asymptotischen Zustände und die Definition der S-Matrix, das von Lehmann, Symanzik und Zimmermann 1955 formuliert wurde. Es ist raffiniert und erfordert eine subtile Diskussion der zeitlichen Asymptotik, die den Rahmen dieser Einführung sprengt. Der interessierte Leser findet gute Darstellungen beispielsweise in den Lehrbüchern von Bjorken-Drell, Weinberg, Itzykson-Zuber oder Muta (siehe Literatur).

Stattdessen werden wir hier die Diskussion mit Hilfe des Wechselwirkungsbildes der zeitlichen Entwicklung führen, das in QT eingeführt wurde. Dazu sei allerdings angemerkt, dass die Verwendung des Wechselwirkungsbildes in der Quantenfeldtheorie mathematisch nicht sauber ist. Das ist Inhalt von Haag's Theorem, welches aussagt, dass das Wechselwirkungsbild in der Quantenfeldtheorie mit Wechselwirkung nicht existiert. Wenn das Wechselwirkungsbild in der Feldtheorie existiert, kann man zeigen, dass $Z_\varphi = 1$ und $\varphi(x)$ ein freies Feld ist. Für eine mathematisch korrekte Behandlung der Streutheorie sei auf die oben genannten Bücher verwiesen.

Das Wechselwirkungsbild

Die Idee, die der Definition der asymptotischen Zustände zugrunde liegt, ist die Folgende. Im Wechselwirkungsbild besitzt das Feld $\varphi_W(x)$ die Zeitentwicklung eines freien Feldes und genügt der freien Feldgleichung. Es kann nach ebenen Wellen entwickelt werden und wird benutzt, um die Erzeugungs- und Vernichtungsoperatoren und den Fock-Raum der asymptotischen Zustände zu konstruieren.

Die Lagrangedichte für das wechselwirkende Feld ist die Summe aus der Lagrangedichte $\mathscr{L}_0$ eines freien Feldes und der Lagrangedichte $\mathscr{L}_I$ für die Wechselwirkung,

$$\mathscr{L} = \mathscr{L}_0 + \mathscr{L}_I . \tag{4.188}$$

Entsprechendes gilt für den Hamiltonoperator

$$H = H_0 + H_I(t) , \quad \text{mit} \quad H_I = - \int d^3x \mathscr{L}_I . \tag{4.189}$$

Im Schrödingerbild ist die Zeitentwicklung eines Zustandes durch die unitäre Transformation mit dem Zeitentwicklungsoperator $U(t, t_0)$ gegeben,

$$|\chi(t)\rangle = U(t, t_0)|\chi(t_0)\rangle . \tag{4.190}$$

Für einen zeitunabhängigen Hamiltonoperator ist

$$U(t, t_0) = e^{-iH(t-t_0)} . \tag{4.191}$$

Der Zeitentwicklungsoperator zum „ungestörten" System ist

$$U_0(t, t_0) = e^{-iH_0(t-t_0)} . \tag{4.192}$$

Zustände und Operatoren im Wechselwirkungsbild (Dirac-Bild) definiert man durch

$$|\chi_W(t)\rangle \doteq U_0^{-1}(t, t_0)|\chi(t)\rangle = W(t, t_0)|\chi(t_0)\rangle , \tag{4.193}$$

$$A_W(t) \doteq U_0^{-1}(t, t_0)A(t_0)U_0(t, t_0) \tag{4.194}$$

mit

$$W(t, t_0) \doteq U_0^{-1}(t, t_0)U(t, t_0) . \tag{4.195}$$

Im Wechselwirkungsbild wird dadurch die Zeitentwicklung auf Operatoren und Zustände aufgeteilt:

Zustände entwickeln sich gemäß $\quad W(t, t_0)$,

Operatoren entwickeln sich gemäß $\quad U_0(t, t_0)$.

Für Operatoren im Wechselwirkungsbild folgt die Heisenberg'sche Bewegungsgleichung

$$i\frac{d}{dt}A_W(t) = [A_W(t), H_0] . \tag{4.196}$$

Die Operatoren entwickeln sich also wie in einem Heisenberg-Bild mit dem ungestörten (freien) Hamiltonoperator H_0. Dies gilt auch für die Felder im Wechselwirkungsbild

$$\varphi_W(t, \vec{r}) = e^{iH_0(t-t_0)} \varphi(t_0, \vec{r}) \, e^{-iH_0(t-t_0)} . \tag{4.197}$$

$\varphi_W(x)$ ist also ein freies Feld, das in unserem Beispiel die Klein-Gordon-Gleichung $(\square + m^2)\varphi_W(x)) = 0$ erfüllt. Als freies Feld lässt es eine Entwicklung nach ebenen Wellen zu,

$$\varphi_W(x) = \int \frac{d^3k}{(2\pi)^3 2\omega_k} \left\{ a(k)e^{-ik\cdot x} + a^\dagger(k)e^{ik\cdot x} \right\}\Big|_{k^0=\omega_k} , \tag{4.198}$$

und mittels der Operatoren $a(k)$ und $a^\dagger(k)$ kann ein Fock-Raum konstruiert werden. Wir definieren durch

$$|p_1, \ldots, p_n, \text{in}\rangle = \frac{1}{\sqrt{n!}} a^\dagger(p_1) \cdots a^\dagger(p_n)|0\rangle \equiv |p_1, \ldots, p_n\rangle \tag{4.199}$$

den einlaufenden Zustand eines Streuvorgangs, z. B.

$$\lim_{t \to -\infty} |\chi_W(t)\rangle = |p_1, p_2\rangle = \frac{1}{\sqrt{2}} a^\dagger(p_1)a^\dagger(p_2)|0\rangle . \tag{4.200}$$

Der auslaufende Zustand ist dann durch die Zeitentwicklung mit dem Operator $W(t, t_0)$ gegeben:

$$\lim_{t \to +\infty} |\chi_W(t)\rangle = W(+\infty, -\infty)|\chi_W(-\infty)\rangle \doteq S|\chi_W(-\infty)\rangle . \tag{4.201}$$

Der Operator

$$\boxed{S = \lim_{\substack{t_2 \to +\infty \\ t_1 \to -\infty}} W(t_2, t_1)} \tag{4.202}$$

(oder auch seine Matrixelemente) wird **S-Matrix** genannt. Die Matrixelemente von S sind die Streuamplituden

$$\langle p_3, p_4 | \chi_W(\infty)\rangle = \langle p_3, p_4 | S | p_1, p_2 \rangle . \tag{4.203}$$

Allgemein notiert man die S-Matrixelemente als

$$S_{fi} = \langle f | S | i \rangle \qquad (i \sim \text{initial}, \; f \sim \text{final}) . \tag{4.204}$$

Der Zeitentwicklungsoperator im Wechselwirkungsbild $W(t, t_0)$ genügt der Differenzialgleichung und Anfangsbedingung

$$i\frac{\partial}{\partial t} W(t, t_0) = H_I^{(W)}(t) W(t, t_0) , \qquad (t > t_0) ,$$
$$W(t_0, t_0) = \mathbf{1} . \tag{4.205}$$

Die Lösung dieser Differenzialgleichung lässt sich in Gestalt der Dyson-Formel

$$W(t, t_0) = T \exp\left\{ -i \int_{t_0}^{t} dt' \, H_I^{(W)}(t') \right\} \tag{4.206}$$

darstellen (siehe QT). $H_I^{(W)}(t) = U_0^{-1}(t, t_0) H_I(t) U_0(t, t_0)$ hat die gleiche Gestalt wie $H_I(t)$, wobei für das Feld $\varphi_W(x)$ einzusetzen ist. Z. B. hat man in der φ^4-Theorie

$$H_I(t) = \frac{g}{4!} \int d^3r \, \varphi^4(x) \, ,$$

$$H_I^{(W)}(t) = \frac{g}{4!} \int d^3r \, \varphi_W^4(x) \, . \tag{4.207}$$

Halten wir fest: man arbeitet mit freien Feldern $\varphi_W(x)$ und die S-Matrix ist

$$S = T \exp\left\{ -i \int_{-\infty}^{+\infty} dt \, H_I^{(W)}(t) \right\} \, . \tag{4.208}$$

Im obigen Beispiel wurde die Streuung zweier Teilchen betrachtet. Im Allgemeinen kann es Streuprozesse mit n einlaufenden und m auslaufenden Teilchen geben. Wir wollen annehmen, dass kein äußeres Potenzial vorhanden ist. Einlaufende und auslaufende Zustände werden bezeichnet mit

$$|i\rangle = |p_1, a_1; \ldots; p_n, a_n\rangle \, ,$$

$$|f\rangle = |p_1', b_1; \ldots; p_m', b_m\rangle \, , \tag{4.209}$$

wobei die a_i und b_j für Spin, Polarisation oder andere Eigenschaften der Teilchen stehen.

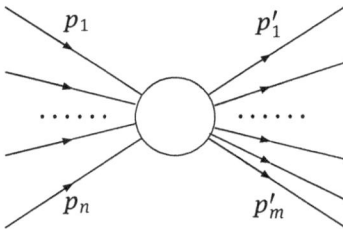

Abb. 4.7: Symbolische Darstellung einer Vielteilchen-Streuung

Die gesamten Impulse der einlaufenden bzw. auslaufenden Teilchen seien

$$P_i = \sum_{k=1}^{n} p_k \, , \quad P_f = \sum_{k=1}^{m} p_k' \, . \tag{4.210}$$

Ähnlich wie bei der Born'schen Näherung der quantenmechanischen Streuamplitude lässt sich die S-Matrix aufteilen in die Identität, welche den Beitrag ohne Streuung enthält, und eine **T-Matrix**, welche die Beiträge der Streuung enthält:

$$S_{fi} = \langle f|S|i\rangle = \langle f|i\rangle + i(2\pi)^4 \delta^{(4)}(P_f - P_i) T_{fi} \, . \tag{4.211}$$

Dabei wird die aus der Erhaltung des Gesamtimpulses resultierende δ-Funktion herausgezogen. Die T-Matrix repräsentiert die Streuamplitude. Der Streuquerschnitt ist proportional zu $|T_{fi}|^2$. Der physikalisch wichtigste Fall ist natürlich derjenige mit $n = 2$, für den der Streuquerschnitt

$$d\sigma = \frac{1}{|\vec{v}_1 - \vec{v}_2|} \frac{1}{2\omega_{p_1}} \frac{1}{2\omega_{p_2}} (2\pi)^4 \delta^{(4)}(P_f - P_i) |T_{fi}|^2 \frac{d^3 p_1'}{(2\pi)^3 2\omega_{p_1'}} \cdots \frac{d^3 p_m'}{(2\pi)^3 2\omega_{p_m'}} \quad (4.212)$$

lautet. Für den Fall $m = 2$ erhält man daraus einen Ausdruck in Form des Rutherford'schen Streuquerschnittes, indem man in das Schwerpunktsystem geht und die Differenziale $d^3 p'$ durch Winkel und Raumwinkel ausdrückt.

4.7.3 Reduktionsformeln

Die Reduktionsformeln von Harry Lehmann, Kurt Symanzik und Wolfhart Zimmermann stellen eine sehr wichtige Nahtstelle zwischen Quantenfeldtheorie und ihrer Anwendung auf Streuvorgänge dar. Sie wurden in der oben erwähnten Arbeit aus dem Jahr 1955 im Rahmen des sogenannten **LSZ-Formalismus** hergeleitet und stellen den Zusammenhang zwischen der Streumatrix und den Green'schen Funktionen her. Ausgangspunkt ist die oben diskutierte Tatsache, dass

$$\widetilde{G}_{\text{c}}^{(n)}(p_1, \ldots, p_n) \quad \text{Pole besitzt von der Form} \quad \sim \frac{1}{p_j^2 - m^2} \, . \quad (4.213)$$

Die S-Matrix-Elemente sind durch die Residuen der Pole gegeben. Für den Fall $n = m = 2$ lautet die Reduktionsformel

$$\langle p_3, p_4 | S | p_1, p_2 \rangle = \langle p_3, p_4 | p_1, p_2 \rangle$$
$$+ \, \mathrm{i}^4 \frac{1}{2} Z_\varphi^{-2} \lim_{p_j^2 \to m^2} (p_1^2 - m^2)(p_2^2 - m^2)(p_3^2 - m^2)(p_4^2 - m^2)$$
$$\times \widetilde{G}_{\text{c}}^{(4)}(-p_1, -p_2, p_3, p_4)(2\pi)^4 \delta^{(4)}(p_1 + p_2 - p_3 - p_4) \, . \quad (4.214)$$

Im Ortsraum lautet sie

$$\langle p_3, p_4 | S | p_1, p_2 \rangle = \langle p_3, p_4 | p_1, p_2 \rangle$$
$$+ \, \mathrm{i}^4 \frac{1}{2} Z_\varphi^{-2} \int d^4 x_1 \cdots d^4 x_4 E^{\mathrm{i}(-p_1 x_1 - p_2 x_2 + p_3 x_3 + p_4 x_4)}$$
$$\times (\Box_{x_1} - m^2)(\Box_{x_2} - m^2)(\Box_{x_3} - m^2)(\Box_{x_4} - m^2) G_{\text{c}}^{(4)}(x_1, \ldots x_4) \, . \quad (4.215)$$

Die Reduktion besteht darin, dass Matrixelemente zwischen ein- und auslaufenden Zuständen durch Vakuum-Erwartungswerte ersetzt werden. Die Multiplikation mit den Faktoren $p_j^2 - m^2$ ist gleichbedeutend mit einer Division durch die entsprechenden Propagatoren. Dies bezeichnet man als eine **Amputation der äußeren Beine**. Analoge Formeln gelten für allgemeine Streuprozesse (n Teilchen $\to$ m Teilchen).

Ich erinnere mich gerne daran, wie mein „Diplomvater" Harry Lehmann in der Vorlesung über Quantenfeldtheorie beim entsprechenden Kapitel eine Handvoll vergilbter Zettel hervorzog und murmelte „Ich hab das mal gerechnet", bevor er die Herleitung an der Tafel entwickelte.

Eine Herleitung der LSZ-Reduktionsformeln im kanonischen Formalismus findet man beispielsweise bei Bjorken-Drell, Weinberg, Itzykson-Zuber oder Muta (siehe Anhang). In diesem Abschnitt möchte ich lediglich eine partielle Beweisskizze vorführen.

Beschränken wir uns auf den Fall, dass keine zwei Impulse gleich sind. Dann ist $\widetilde{G}_c^{(4)} = \widetilde{G}^{(4)}$. Definitionsgemäß gilt

$$\widetilde{G}^{(4)}(p_1, \ldots, p_4)\,(2\pi)^4 \delta^{(4)}(p_1 + \cdots + p_4)$$
$$= \int d^4 x_1 \cdots d^4 x_4 \, e^{i(p_1 x_1 + \cdots + p_4 x_4)} \langle 0|T\varphi(x_1) \cdots \varphi(x_4)|0\rangle \,. \tag{4.216}$$

Sei $t = \max\{x_1^0, x_2^0, x_3^0\}$. Es ist

$$\langle 0|T\varphi(x_1) \cdots \varphi(x_4)|0\rangle = \theta(x_4^0 - t)\langle 0|\varphi(x_4)T\varphi(x_1) \cdots \varphi(x_3)|0\rangle$$
$$+ \text{ weitere Terme mit } x_4^0 < t \,. \tag{4.217}$$

Betrachten wir den ersten Term, für den $x_4^0 \geq t$ ist, und fügen einen vollständigen Satz von Impuls-Eigenzuständen ein, erhalten wir

$$\int d^4 x_1 \cdots d^4 x_4 \, e^{i(p_1 x_1 + \cdots + p_4 x_4)}\theta(x_4^0 - t)$$
$$\times \sum_\alpha \int \frac{d^3 k}{(2\pi)^3 2\omega_k} \langle 0|\varphi(x_4)|k, \alpha\rangle\langle k, \alpha|T\varphi(x_1) \cdots \varphi(x_3)|0\rangle \,. \tag{4.218}$$

Analog zur Rechnung beim Propagator in Gl. (4.182) benutzen wir

$$\langle 0|\varphi(x_4)|k, \alpha\rangle = e^{-ikx_4}\langle 0|\varphi(0)|k, \alpha\rangle \tag{4.219}$$

und finden für das Integral über x_4

$$\int d^4 x_4 \, e^{i(p_4 - k)\cdot x_4}\,\theta(x_4^0 - t)$$
$$= (2\pi)^3 \delta^{(3)}(\vec{p}_4 - \vec{k}) \int\limits_t^\infty dx_4^0 \, e^{i(p_4^0 - k^0)x_4^0}$$
$$= i(2\pi)^3 \delta^{(3)}(\vec{p}_4 - \vec{k}) \frac{e^{i(p_4^0 - k^0)t}}{p_4^0 - k^0}$$
$$= i(2\pi)^3 \delta^{(3)}(\vec{p}_4 - \vec{k}) \frac{p_4^0 + k^0}{(p_4)^2 - k^2} \, e^{i(p_4^0 - k^0)t} \,. \tag{4.220}$$

Wiederum sehen wir, dass die Ein-Teilchen-Zustände $|k\rangle$ mit $k^2 = m^2$ einen Pol bei $p_4^2 = m^2$ produzieren. Der Pol entsteht durch die Integration über x_4^0 bis ∞. Die anderen Terme mit anderen Zeitordnungen erstrecken sich nicht bis ∞ und können keinen solchen Pol liefern. Nun benutzen wir

$$\langle 0|\varphi(0)|k\rangle = \sqrt{Z_\varphi}\,, \tag{4.221}$$

und erhalten nach der Integration über k

$$\lim_{p_4^2 \to m^2} (p_4^2 - m^2)\widetilde{G}^{(4)}(p_1,\ldots,p_4)(2\pi)^4\,\delta^{(4)}\left(\sum p_i\right)$$

$$= \mathrm{i}\sqrt{Z_\varphi}\int d^4x_1\,d^4x_2\,d^4x_3\,\mathrm{e}^{\mathrm{i}(p_1x_1+p_2x_2+p_3x_3)}\langle p_4|T\varphi(x_1)\varphi(x_2)\varphi(x_3)|0\rangle\,. \tag{4.222}$$

Damit wurde x_4 eliminiert und der erste Schritt zur Reduktionsformel ist getan. Eine ähnliche Prozedur muss noch dreimal auf $\varphi(x_1)$, $\varphi(x_2)$ und $\varphi(x_3)$ angewandt werden und liefert letztendlich die oben angeführte Reduktionsformel. Der Faktor $1/2$ kommt aus der Normierung (4.200) der Zwei-Teilchen-Zustände.

4.7.4 Erzeugende Funktionale

Wenn eine Funktion $f(x)$ einer Variablen x eine Taylorreihe

$$f(x) = a_0 + a_1 x + \frac{1}{2!}a_2 x^2 + +\frac{1}{3!}a_3 x^3 \cdots = \sum_{n=0}^{\infty}\frac{1}{n!}a_n x^n \tag{4.223}$$

besitzt, kann $f(x)$ als **erzeugende Funktion** der Folge a_n in dem Sinne betrachtet werden, dass sich die Zahlen a_n aus der Funktion durch die Ableitungen

$$a_n = \left.\frac{d^n f(x)}{dx^n}\right|_{x=0} \tag{4.224}$$

gewinnen lassen.

In analoger Weise kann man für eine Folge von Funktionen ein **erzeugendes Funktional** definieren. Das soll anhand der Green'schen Funktionen betrachtet werden. Für eine beliebige Funktion $J(x) \in \mathbf{R}$, genannt **Quelle**, führen wir die Abkürzung

$$(J, \varphi) \doteq \int d^4x\, J(x)\varphi(x) \tag{4.225}$$

ein und definieren das Funktional

$$Z[J] \doteq \langle 0|T\mathrm{e}^{\mathrm{i}(J,\varphi)}|0\rangle = \sum_{n=0}^{\infty}\frac{\mathrm{i}^n}{n!}\langle 0|T\,(J,\varphi)^n|0\rangle$$

$$= \sum_{n=0}^{\infty}\frac{\mathrm{i}^n}{n!}\int d^4x_1\cdots d^4x_n\,\langle 0|T\varphi(x_1)J(x_1)\cdots\varphi(x_n)J(x_n)|0\rangle$$

$$= \sum_{n=0}^{\infty}\frac{\mathrm{i}^n}{n!}\int d^4x_1\cdots d^4x_n\,G^{(n)}(x_1,\ldots,x_n)J(x_1)\cdots J(x_n)\,. \tag{4.226}$$

Nach den Regeln der Funktionalableitung (siehe QT) gilt dann

$$G^{(n)}(x_1, \ldots, x_n) = (-i)^n \left. \frac{\delta^n Z[J]}{\delta J(x_1) \cdots \delta J(x_n)} \right|_{J=0}. \tag{4.227}$$

Die Kenntnis des Funktionals $Z[J]$ ist also gleichbedeutend mit der Kenntnis aller Green'schen Funktionen. Diese werden in $Z[J]$ kompakt und nützlich zusammengefasst.

In gleicher Weise ist das erzeugende Funktional

$$W[J] = \sum_{n=1}^{\infty} \frac{i^n}{n!} \int d^4x_1 \cdots d^4x_n \, G_c^{(n)}(x_1, \ldots, x_n) J(x_1) \cdots J(x_n) \tag{4.228}$$

der zusammenhängenden Green'schen Funktionen definiert. Man beachte, dass diesmal die Summe bei $n = 1$ beginnt. Zwischen diesen beiden Funktionalen gibt es einen bemerkenswerten Zusammenhang:

$$\boxed{W[J] = \ln Z[J]} \quad \text{bzw.} \quad \boxed{Z[J] = \exp W[J].} \tag{4.229}$$

Lassen Sie uns das bis zum quadratischen Term prüfen. Mit

$$W[J] = i \int d^4x \, G_c^{(1)}(x) J(x) - \frac{1}{2} \int d^4x_1 d^4x_2 \, G_c^{(2)}(x_1, x_2) J(x_1) J(x_2) + \cdots \tag{4.230}$$

ist

$$
\begin{aligned}
\exp W[J] &= 1 + i \int d^4x \, G_c^{(1)}(x) J(x) - \frac{1}{2} \int d^4x_1 d^4x_2 \, G_c^{(2)}(x_1, x_2) J(x_1) J(x_2) \\
&\quad - \frac{1}{2} \left[\int d^4x \, G_c^{(1)}(x) J(x) \right]^2 + \cdots \\
&= 1 + i \int d^4x \, G_c^{(1)}(x) J(x) \\
&\quad - \frac{1}{2} \int d^4x_1 d^4x_2 \left\{ G_c^{(2)}(x_1, x_2) + G_c^{(1)}(x_1) G_c^{(1)}(x_2) \right\} J(x_1) J(x_2) + \cdots \\
&= 1 + i \int d^4x \, G^{(1)}(x) J(x) - \frac{1}{2} \int d^4x_1 d^4x_2 \, G^{(2)}(x_1, x_2) J(x_1) J(x_2) + \cdots \\
&= Z[J] .
\end{aligned} \tag{4.231}
$$

Ein vollständiger Beweis für die obigen Formeln (4.229) enthält eine Menge langweiliger Buchhaltung, die ich Ihnen erspare. Stattdessen hier nur eine Skizze. In

$$\exp W[J] = \sum_{k=0}^{\infty} \frac{1}{k!} W[J]^k \tag{4.232}$$

enthält jeder Term $W[J]^k$ alle Produkte von k Green'schen Funktionen der Art $G_c^{(n_1)} G_c^{(n_2)} \cdots G_c^{(n_k)}$, wobei die n_i alle natürlichen Zahlen durchlaufen. Man betrachte auf der rechten Seite alle solche Beiträge, bei denen die Summe $n_1 + n_2 + \cdots$ gleich einer festen Zahl n ist. Das bedeutet, dass dazu alle Partitionen der Zahl $n = n_1 + n_2 + \cdots$ beitragen. Mit Berücksichtigung der korrekten kombinatorischen Faktoren (dies ist der buchhalterische Teil) ergibt das

$$\sum_{k=0}^{\infty} \frac{1}{k!} W[J]^k$$

$$= \sum_{n=0}^{\infty} \frac{i^n}{n!} \int d^4x_1 \cdots d^4x_n\, J(x_1) \cdots J(x_n) \sum_{\text{Part.}} G_c^{(n_1)}(\dots) \cdots G_c^{(n_k)}(\dots)\,. \qquad (4.233)$$

Nach Gl. (4.168) ist das aber

$$\sum_{n=0}^{\infty} \frac{i^n}{n!} \int d^4x_1 \cdots d^4x_n\, J(x_1) \cdots J(x_n)\, G^{(n)}(x_1, \dots, x_n) = Z[J]\,, \qquad (4.234)$$

was zu zeigen war.

Übungen

Drücken Sie die Green'schen Funktionen $G_c^{(3)}(x_1, x_2, x_3)$ und $G_c^{(4)}(x_1, x_2, x_3, x_4)$ durch die $G^{(k)}$ (einschließlich der Ein-Punkt-Funktion $G^{(1)}$) aus und stellen Sie die Ergebnisse graphisch dar.

4.8 Funktionalintegral-Quantisierung

Bisher haben wir die quantisierten Felder im sogenannten kanonischen Formalismus behandelt. In ihm arbeitet man mit einem Hilbertraum der Zustände und mit Operatoren, die auf ihm wirken. Die operatorwertigen Felder genügen den kanonischen Vertauschungsrelationen.

Von Richard Feynman wurde in den 40er Jahren des vorigen Jahrhunderts eine alternative Formulierung der Quantentheorie gefunden, in der die Erwartungswerte von Observablen durch unendlich-dimensionale Integrale ausgedrückt werden. Die Integranden enthalten Größen der klassischen (nicht quantisierten) Theorie, und man kann ohne Operatoren und Zustandsvektoren auskommen.

Für die Quantenmechanik ist dies der Pfadintegral-Formalismus. Er wurde im Detail in QT eingeführt und ich möchte den Leser auf die dortige Darstellung verweisen. Die für unsere jetzigen Zwecke wichtigsten Resultate seien hier zusammengefasst.

Die Bahn eines klassischen Teilchens ist beschrieben durch den zeitabhängigen Ort $\vec{x}(t)$. Zu jeder Bahn gehört eine Wirkung $S[\vec{x}(t)] = \int dt\, L(\vec{x}(t), \dot{\vec{x}}(t))$ mit der Lagrangefunktion L. Um Erwartungswerte von quantenmechanischen Observablen im Grundzustand $|0\rangle$ zu berechnen, wurde zunächst ein Übergang zu imaginären Zeiten $t = -i\tau$, $\tau \in \mathbf{R}$, vollzogen. Aus der Wirkung S wird dabei die euklidische Wirkung $S_E = -iS|_{t=-i\tau}$, z. B.

$$S_E = \int d\tau \left\{ \frac{m}{2} \left(\frac{d\vec{x}}{d\tau} \right)^2 + V(\vec{x}(\tau)) \right\}\,. \qquad (4.235)$$

Speziell für die zeitgeordneten Produkte von Ortsoperatoren $\vec{Q}(\tau)$ im Heisenberg-Bild gilt dann

$$\langle 0|T\, Q_i(\tau_1)\, Q_j(\tau_2)|0\rangle = \frac{1}{Z} \int \mathcal{D}x\; x_i(\tau_1)\, x_j(\tau_2)\, e^{-S_E[x]} \qquad (4.236)$$

mit dem Normierungsfaktor

$$Z = \int \mathcal{D}x\, e^{-S_E[x]} . \qquad (4.237)$$

Das Besondere ist die Integration, die durch $\mathcal{D}x$ symbolisiert wird. Sie beinhaltet alle unendlich vielen klassischen Pfade $\vec{x}(\tau)$, die nicht Lösung der Bewegungsgleichung sein müssen. Formal kann man schreiben

$$\mathcal{D}x = \prod_\tau \prod_i dx_i(\tau) , \qquad (4.238)$$

wobei die Bedeutung dieser Integration durch eine Grenzwertbildung definiert werden muss. Der Integrand enthält rein klassische Größen.

Die Erwartungswerte bei reellen Zeiten t sind durch analytische Fortsetzung zurück auf die reelle Achse mit der umgekehrten Wick-Rotation

$$t = e^{-i\alpha} \tau , \quad \alpha \to 0 \qquad (4.239)$$

zu gewinnen. Im Folgenden werde ich die Formeln direkt bei reellen Zeiten aufschreiben, wobei zu beachten ist, dass immer ein Grenzwert im Sinne von Gl. (4.239) impliziert ist. Dann gilt

$$\langle 0|T\, Q_{i_1}(t_1) \cdots Q_{i_n}(t_n)|0\rangle = \frac{1}{Z} \int \mathcal{D}x\; x_{i_1}(t_1) \cdots x_{i_n}(t_n)\, e^{iS[x]} , \qquad (4.240)$$

$$Z = \int \mathcal{D}x\, e^{iS[x]} . \qquad (4.241)$$

Die Idee der quantenmechanischen Pfadintegrale lässt sich auf die Feldtheorie verallgemeinern. Man spricht dann meistens von Funktionalintegralen. Unser Ziel wird es jetzt sein, an Stelle der obigen zeitgeordneten Erwartungswerte die Green'schen Funktionen

$$\langle 0|T\varphi(\vec{x}_1, t_1) \cdots \varphi(\vec{x}_n, t_n)|0\rangle \qquad (4.242)$$

in Form von Funktionalintegralen zu schreiben. An die Stelle der Orte treten die Felder

$$x_i(t) \quad \longrightarrow \quad \varphi(\vec{x}, t)$$

und wir haben die Entsprechungen

$$i \quad \longrightarrow \quad \vec{x} \in \mathbf{R}^3$$

$$\mathcal{D}x \quad \longrightarrow \quad \mathcal{D}\varphi = \prod_t \prod_{\vec{x}} d\varphi(\vec{x}, t) = \prod_x d\varphi(x) ,$$

so dass postuliert wird

$$\boxed{ \langle 0|T\varphi(x_1) \cdots \varphi(x_n)|0\rangle = \frac{1}{Z} \int \mathcal{D}\varphi\; \varphi(x_1) \cdots \varphi(x_n)\, e^{iS[\varphi(x)]} , } \qquad (4.243)$$

$$Z = \int \mathcal{D}\varphi\, e^{iS[\varphi(x)]} . \qquad (4.244)$$

Hierbei stehen auf der linken Seite quantisierte, operatorwertige Felder und auf der rechten Seite klassische Felder. Das Funktionalintegral geht über alle klassischen Feldkonfigurationen $\varphi(x)$.

Die Formulierung von quantisierten Feldtheorien durch Funktionalintegrale hat sich als außerordentlich wichtiges Werkzeug erwiesen. Sie erlaubt eine durchsichtigere Herleitung der Störungstheorie und die Anwendung nichtstörungstheoretischer Methoden. Die Quantisierung nichtabelscher Eichtheorien durch Funktionalintegrale, die in einem späteren Kapitel behandelt wird, ist wesentlich einfacher als im Operatorformalismus.

Wir haben die Funktionalintegrale für die Feldtheorie durch Verallgemeinerung der quantenmechanischen Pfadintegrale gewonnen. Eine solide Herleitung würde eine schlüssige Definition der Integration $\mathcal{D}\varphi$ verlangen. Dies ist möglich im Rahmen der Störungstheorie. Für eine nichtstörungstheoretische Definition ist zunächst eine Diskretisierung erforderlich, so wie sie bei der Herleitung des Pfadintegrals mittels Diskretisierung der Zeit vorgenommen wurde. Raum und Zeit können durch Einführung eines endlichen Gitters mit kleinster Gitterlänge a diskretisiert werden. Das Funktionalintegral ist dann endlich-dimensional und wohldefiniert. Der Übergang zum unendlichen Volumen ist in der Regel gut kontrollierbar, aber das harte Problem ist der Übergang zum Kontinuumslimes $a \to 0$. Dafür gibt es bislang kaum mathematisch rigorose Ergebnisse in vier Raumzeit-Dimensionen und man ist auf Resultate von numerischen Approximationen angewiesen. Diese höchst aktuelle Thematik ist nicht Gegenstand dieses einführenden Buches und wir werden uns auf die quantenfeldtheoretischen Funktionalintegrale im Rahmen der Störungstheorie beschränken.

4.8.1 Funktionalintegral für erzeugende Funktionale

Setzen wir das Funktionalintegral für die Green'schen Funktionen

$$G^{(n)}(x_1, \ldots, x_n) = \frac{1}{Z} \int \mathcal{D}\varphi \; \varphi(x_1) \cdots \varphi(x_n) \, \mathrm{e}^{\mathrm{i}S[\varphi(x)]} , \qquad (4.245)$$

in die Definition des erzeugenden Funktionals $Z[J]$ ein, erhalten wir

$$Z[J] = \sum_{n=0}^{\infty} \frac{\mathrm{i}^n}{n!} \int d^4x_1 \cdots d^4x_n \frac{1}{Z} \int \mathcal{D}\varphi \, \mathrm{e}^{\mathrm{i}S} \varphi(x_1) \cdots \varphi(x_n) J(x_1) \cdots J(x_n)$$

$$= \frac{1}{Z} \int \mathcal{D}\varphi \, \mathrm{e}^{\mathrm{i}S + \mathrm{i}(J,\varphi)} \qquad (4.246)$$

in Übereinstimmung mit dem Ausdruck

$$Z[J] = \langle 0| T \mathrm{e}^{\mathrm{i}(J,\varphi)} |0 \rangle . \qquad (4.247)$$

4.8.2 Funktionalintegral für das freie Feld

Die Wirkung für das freie reelle Skalarfeld

$$S_0 = \int d^4x \left\{ \frac{1}{2}(\partial_\mu \varphi(x))(\partial^\mu \varphi(x)) - \frac{m^2}{2}\varphi(x)^2 \right\}$$

$$= \int d^4x \frac{1}{2}\varphi(x)(\Box - m^2)\varphi(x)$$

$$= \frac{1}{2}\left(\varphi, (\Box - m^2)\varphi \right) \tag{4.248}$$

ist quadratisch im Feld. Die Funktionalintegrale

$$Z_0[J] = \frac{1}{Z_0} \int \mathcal{D}\varphi \; e^{i\frac{1}{2}(\varphi,(\Box - m^2)\varphi) + i(J,\varphi)} \tag{4.249}$$

$$Z_0 = \int \mathcal{D}\varphi \; e^{i\frac{1}{2}(\varphi,(\Box - m^2)\varphi)} \tag{4.250}$$

sind daher Gauß'sche Integrale. Gauß'sche Integrale sind nahezu die einzigen hochdimensionalen Integrale, die sich analytisch berechnen lassen. Zur Erinnerung: für $\phi = (\phi_1, \ldots, \phi_k) \in \mathbf{R}^k$ und eine diagonalisierbare $k \times k$-Matrix A, deren Eigenwerte positive Realteile besitzen, ist

$$\int \prod_k d\phi_k \; e^{-\frac{1}{2}(\phi, A\phi)} = (2\pi)^{k/2} (\det A)^{-1/2} \,. \tag{4.251}$$

Damit in Z_0 der Integrand $\exp iS_0$ für große φ entsprechend gaussisch abfällt, setzen wir

$$S_0 = \int d^4x \frac{1}{2}\varphi(x)(\Box - m^2 + i\epsilon)\varphi(x) \tag{4.252}$$

und lassen am Ende $\epsilon \to 0$ gehen. Um das Gauß'sche Integral in $Z_0[J]$ zu berechnen, machen wir im Exponenten

$$\frac{1}{2}\left(\varphi, (\Box - m^2 + i\epsilon)\varphi \right) + (J, \varphi) \tag{4.253}$$

eine quadratische Ergänzung. Sei $\chi(x)$ definiert durch

$$(\Box - m^2 + i\epsilon)\chi = -J \,. \tag{4.254}$$

Mit $\varphi = \chi + \varphi'$ gilt dann

$$\frac{1}{2}\left(\varphi, (\Box - m^2 + i\epsilon)\varphi \right) + (J, \varphi) = \frac{1}{2}\left(\varphi', (\Box - m^2 + i\epsilon)\varphi' \right) + \frac{1}{2}(\chi, J) \tag{4.255}$$

und $\mathcal{D}\varphi = \mathcal{D}\varphi'$. Mit der Variablentransformation von φ nach φ' finden wir

$$\int \mathcal{D}\varphi \; e^{iS_0 + i(J,\varphi)} = e^{i\frac{1}{2}(\chi, J)} \int \mathcal{D}\varphi \; e^{iS_0} \,. \tag{4.256}$$

Das hier verbleibende Funktionalintegral kürzt sich in $Z_0[J]$ heraus und es verbleibt

$$Z_0[J] = e^{i\frac{1}{2}(\chi, J)} .$$
(4.257)

Nun gilt es noch, χ durch die Quelle J auszudrücken. Die Lösung von Gl. (4.254) lautet formal

$$\chi = -(\Box - m^2 + i\epsilon)^{-1} J .$$
(4.258)

Um das Inverse des Klein-Gordon-Operators zu bestimmen, bedenken wir, dass der Kern von $(\Box - m^2 + i\epsilon)^{-1}$ die zugehörige Green'sche Funktion ist, welche durch

$$(\Box - m^2 + i\epsilon)\Delta_F(x - y) = \delta^{(4)}(x - y)$$
(4.259)

definiert ist. Ihre Lösung kennen wir schon aus dem Abschnitt 4.3, nämlich den Feynman-Propagator

$$\Delta_F(x) = \int \frac{d^4 k}{(2\pi)^4} \frac{e^{-ik \cdot x}}{k^2 - m^2 + i\epsilon} .$$
(4.260)

Damit haben wir gefunden, dass

$$\chi(x) = -\int d^4 y \, \Delta_F(x - y) J(y) ,$$
(4.261)

oder in Operatorschreibweise

$$\chi = -\Delta_F J .$$
(4.262)

Eingesetzt in den Ausdruck für $Z_0[J]$ lautet das Endergebnis

$$\boxed{\begin{aligned} Z_0[J] &= e^{-\frac{i}{2}(J, \Delta_F J)} \\ &= e^{-\frac{i}{2}\int d^4 x \, d^4 y J(x)\Delta_F(x-y)J(y)} . \end{aligned}}$$
(4.263)

Für dieses Resultat brauchten wir das Funktionalintegral $\int \mathcal{D}\varphi \, e^{iS_0}$ nicht zu berechnen, da es sich in dem Ausdruck für das erzeugende Funktional heraus kürzte.

Weiterhin ist zu bemerken, dass die $i\epsilon$-Vorschrift in der Definition des Propagators hier aus der Forderung resultiert, dass das Funktionalintegral für große Werte des Feldes konvergiert. Alternativ hätten wir die Funktionalintegrale zunächst im Euklidischen, d. h. bei imaginären Zeiten, berechnen können, wo die Konvergenz gewährleistet ist. Die analytische Fortsetzung zu reellen Zeiten hätte wiederum die $i\epsilon$-Vorschrift geliefert.

Das erzeugende Funktional für die zusammenhängenden Green'schen Funktionen, das wir aus $Z_0[J]$ durch Logarithmieren gewinnen, ist für die freie Feldtheorie sehr einfach:

$$W_0[J] = -\frac{i}{2} \int d^4 x \, d^4 y J(x)\Delta_F(x - y)J(y) .$$
(4.264)

Aus ihm lesen wir sofort ab

$$G_c^{(2)}(x, y) = i\Delta_F(x - y) ,$$
(4.265)

in völliger Übereinstimmung mit dem Ergebnis aus dem Abschnitt 4.3. Darüber hinaus zeigt sich aber noch mehr: In der freien Feldtheorie ist

$$G_c^{(n)}(x_1, \ldots, x_n) = 0 \quad \text{für } n > 2 \,. \tag{4.266}$$

4.8.3 Wick'sches Theorem

Die Tatsache, dass die höheren zusammenhängenden Green'schen Funktionen des freien Feldes verschwinden, hat eine besondere Gestalt der vollen Green'schen Funktionen zur Folge. Es gilt ja allgemein

$$G^{(n)}(x_1, \ldots, x_n) = \sum_{\text{Part.}} G_c^{(k_1)}(x_1, \ldots) \cdots G_c^{(k_m)}(\ldots, x_n) \tag{4.267}$$

mit $n = k_1 + k_2 + \ldots k_m$. Für das freie Feld ist aber nur $G_c^{(2)}$ von null verschieden. Daraus folgt unmittelbar, dass

$$G^{(n)}(x_1, \ldots, x_n) = 0 \quad \text{für } n \text{ ungerade} \,. \tag{4.268}$$

Weiterhin folgt für die geraden n

$$G^{(n)}(x_1, \ldots, x_n) = \sum_{\text{Paarungen}} G_c^{(2)}(x_{p_1}, x_{p_2}) \cdots G_c^{(2)}(x_{p_{n-1}}, x_{p_n}) \,. \tag{4.269}$$

Die Summe erstreckt sich über alle Paarungen der Menge $\{x_1, \ldots, x_n\}$. Eine Paarung ist eine Aufteilung dieser Menge in $n/2$ Teilmengen (Paare), die jeweils aus 2 Elementen (x_{p_i}, x_{p_j}) bestehen. Die auf der rechten Seite der Gleichung auftretenden Propagatoren $G_c^{(2)}(x_{p_i}, x_{p_j})$ zwischen zwei Punkten eines Paares nennt man **Kontraktionen**.

Der Ausdruck für die geraden Green'schen Funktionen ist eine Version des Wick'schen Theorems. Im Rahmen des Operatorformalismus gibt es andere Varianten, die sehr verwandt mit dieser sind, darunter die ursprüngliche Fassung von Gian-Carlo Wick (1909–1992). Das Wick'sche Theorem ist wichtig für die Grundlegung der Störungstheorie, wie wir noch sehen werden. Die Abb. 4.8 zeigt das Wick'sche Theorem für $n = 4$ und $n = 6$ diagrammatisch.

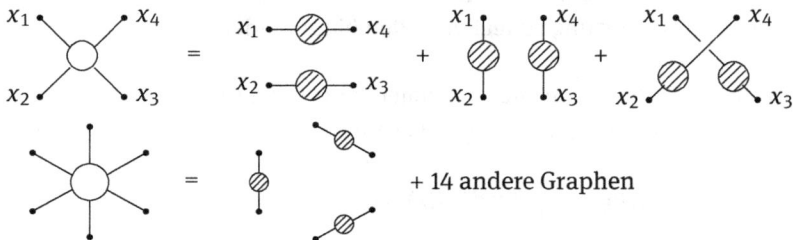

Abb. 4.8: Wick'sches Theorem für $n = 4$ und $n = 6$

Fragen zum Nachdenken

1. Was müssten Sie unternehmen, um das Funktionalintegral mathematisch sauber zu definieren?
2. Im Operatorformalismus gilt für das operatorwertige Feld $\varphi(x)$ die Feldgleichung. Andererseits wird im Funktionalintegral über klassische Feldkonfigurationen integriert, die nicht die Feldgleichungen erfüllen. In welchem Sinne gilt auch hier die Feldgleichung?

Übungen

Es sei A eine reelle symmetrische $n \times n$-Matrix, die positiv definit ist (alle Eigenwerte sind größer als null).

1. Zeigen Sie

$$\int d^n x \, e^{-\frac{1}{2}(x,Ax)+(y,x)} = \left[\det\left(\frac{A}{2\pi}\right)\right]^{-\frac{1}{2}} e^{\frac{1}{2}(y,A^{-1}y)} \,,$$

wobei $(x, Ax) = \sum_{i,j} x_i A_{ij} x_j$ und $(y, x) = \sum_i y_i x_i$.

2. Benutzen Sie das Ergebnis aus (1), um zu zeigen, dass

$$\frac{1}{Z} \int d^n x \, x_i x_j \, e^{-\frac{1}{2}(x,Ax)} = (A^{-1})_{ij} \,,$$

mit $Z = \int d^n x \, e^{-\frac{1}{2}(x,Ax)}$.

3. Berechnen Sie

$$\frac{1}{Z} \int d^n x \, x_i x_j x_k x_l \, e^{-\frac{1}{2}(x,Ax)} \,.$$

4.9 Störungstheorie

4.9.1 Entwicklung der Green'schen Funktionen

Die Green'schen Funktionen der freien Theorie lassen sich exakt berechnen, wie wir gesehen haben. Für Quantenfeldtheorien in vier Raumzeit-Dimensionen mit Wechselwirkungen ist das nicht möglich und man ist auf Näherungsverfahren angewiesen. Eine Methode zur approximativen Berechnung der Green'schen Funktionen ist die Störungstheorie. Die Idee dabei ist, die interessierenden Größen nach Potenzen der Kopplungskonstanten zu entwickeln. Der Entwicklungspunkt ist die freie Theorie, die vollständig bekannt ist. Mit dem Funktionalintegral-Formalismus und dem Wick'schen Theorem stehen jetzt die Mittel bereit, um die Terme in der Störungstheorie zu beliebigen Ordnungen systematisch zu erzeugen und in Form von Feynman-Diagrammen graphisch zu symbolisieren. Anhand der φ^4-Theorie soll exemplarisch das grundsätzliche Vorgehen bei der Berechnung der Störungsreihe für ein wechselwirkendes Feld vorgeführt werden.

In der φ^4-Theorie setzt sich die Wirkung zusammen aus derjenigen der freien Theorie und dem Wechselwirkungsterm:

$$S = S_0 + S_I \,, \quad S_I = -\frac{g}{4!} \int d^4 x \, \varphi^4(x) \,. \tag{4.270}$$

Der Wechselwirkungsterm enthält als Vorfaktor die Kopplungskonstante g, so dass eine Entwicklung nach Potenzen von g gleichbedeutend mit einer Entwicklung nach Potenzen von S_I ist. Entwickeln wir im Funktionalintegral den Integranden gemäß der Taylorreihe

$$\mathrm{e}^{\mathrm{i}S_\mathrm{I}} = \sum_{k=0}^{\infty} \frac{1}{k!} \left[-\mathrm{i}\frac{g}{4!} \int d^4x\, \varphi^4(x) \right]^k , \tag{4.271}$$

so lautet das Funktionalintegral für die Green'schen Funktionen

$$G^{(n)}(x_1, \ldots, x_n) = \frac{1}{Z} \int \mathcal{D}\varphi\, \mathrm{e}^{\mathrm{i}S_0}\, \mathrm{e}^{\mathrm{i}S_\mathrm{I}}\, \varphi(x_1) \cdots \varphi(x_n)$$

$$= \sum_{k=0}^{\infty} \frac{1}{k!} \frac{1}{Z} \int \mathcal{D}\varphi\, \mathrm{e}^{\mathrm{i}S_0} \varphi(x_1) \cdots \varphi(x_n) \left[-\mathrm{i}\frac{g}{4!} \int d^4x\, \varphi^4(x) \right]^k . \tag{4.272}$$

Die Funktionalintegrale enthalten im Exponenten die freie Wirkung S_0, so es sich um Integrale der freien Feldtheorie handelt. Beachten wir noch, dass in den Erwartungswerten der freien Theorie im Vorfaktor nicht der Ausdruck

$$Z = \int \mathcal{D}\varphi\, \mathrm{e}^{\mathrm{i}S_0}\, \mathrm{e}^{\mathrm{i}S_\mathrm{I}} , \tag{4.273}$$

sondern

$$Z_0 = \int \mathcal{D}\varphi\, \mathrm{e}^{\mathrm{i}S_0} \tag{4.274}$$

steht, so schreiben wir

$$G^{(n)}(x_1, \ldots, x_n)$$

$$= \sum_{k=0}^{\infty} \frac{1}{k!} \frac{Z_0}{Z} \left\{ \frac{1}{Z_0} \int \mathcal{D}\varphi\, \mathrm{e}^{\mathrm{i}S_0} \varphi(x_1) \cdots \varphi(x_n) \left[-\mathrm{i}\frac{g}{4!} \int d^4x\, \varphi^4(x) \right]^k \right\} . \tag{4.275}$$

In der geschweiften Klammer stehen nun Erwartungswerte der freien Feldtheorie, welche Green'sche Funktionen der Art $G_0^{(n+4k)}(x_1, \ldots, x_n, \ldots)$ mit $n + 4k$ Feldern enthalten.

Am Beispiel des vollen Propagators $G^{(2)}(x_1, x_2)$ soll die weitere Vorgehensweise illustriert werden. Die Berücksichtigung des Vorfaktors Z_0/Z verschieben wir auf später und betrachten $(Z/Z_0)G^{(2)}(x_1, x_2)$. Der Beitrag der niedrigsten Ordnung ($k = 0$) ist genau der freie Propagator:

$$\frac{Z}{Z_0} G^{(2)}(x_1, x_2) = G_0^{(2)}(x_1, x_2) + \cdots = \mathrm{i}\Delta_\mathrm{F}(x_1 - x_2) + \ldots \tag{4.276}$$

Er wird symbolisiert durch

$$\underset{x_1 \qquad\quad x_2}{\bullet\!\!-\!\!-\!\!-\!\!-\!\!-\!\!-\!\!\bullet} = \mathrm{i}\Delta_\mathrm{F}(x_1 - x_2) . \tag{4.277}$$

Der Term der nächsten Ordnung ($k = 1$) ist

$$-\mathrm{i}\frac{g}{4!} \int d^4x\, \frac{1}{Z_0} \int \mathcal{D}\varphi\, \mathrm{e}^{\mathrm{i}S_0} \varphi(x_1)\varphi(x_2)\varphi^4(x)$$

$$= -\mathrm{i}\frac{g}{4!} \int d^4x\, G_0^{(6)}(x_1, x_2, x, x, x, x) . \tag{4.278}$$

Auf $G_0^{(6)}$ setzen wir jetzt das Wick'sche Theorem an. Es gibt 15 Möglichkeiten, Kontraktionen zu bilden. Darunter gibt es zwei Typen. Der erste ist

$$3 \text{ mal } i\Delta_F(x_1 - x_2)\, i\Delta_F(x - x)\, i\Delta_F(x - x) \,. \tag{4.279}$$

Hierbei können die vier hinteren Punkte x auf drei Weisen verpaart werden. Der zweite Typ von möglichen Kontraktionen wird vertreten durch

$$12 \text{ mal } i\Delta_F(x_1 - x)\, i\Delta_F(x_2 - x)\, i\Delta_F(x - x) \,. \tag{4.280}$$

Hierbei kann x_1 auf 4 Weisen mit einem der x verpaart werden und anschließend kann x_2 noch unter 3 Partnern wählen. Die dritte Kontraktion ist danach festgelegt.

Für die Kontraktionen führen wir graphische Symbole ein. Der erste Typ von Kontraktionen wird symbolisiert durch

$$\tag{4.281}$$

und der zweite Typ durch

$$\tag{4.282}$$

Der Punkt an der Kreuzung von 4 Linien steht für den Wechselwirkungsterm, nämlich

$$= -ig \int d^4x \cdots \tag{4.283}$$

Berücksichtigen wir noch den Faktor $1/4!$, finden wir zusammen mit den obigen Multiplizitäten 3 bzw. 12 bis zur ersten Ordnung

$$\frac{Z}{Z_0}\, G^{(2)}(x_1, x_2)$$

$$\tag{4.284}$$

$$= i\Delta_F(x_1 - x_2)$$
$$- \frac{1}{2} ig \int d^4x\, i\Delta_F(x_1 - x)\, i\Delta_F(x - x)\, i\Delta_F(x - x_2)$$
$$+ \frac{1}{8} i\Delta_F(x_1 - x_2)(-ig)\int d^4x\, (i\Delta_F(x - x))^2 + \ldots \tag{4.285}$$

Mit ein bisschen größerem Aufwand findet man den Beitrag in der nächsten Ordnung ($k = 2$), der durch die folgenden 7 Graphen ausgedrückt wird.

$$\frac{1}{6} \; x_1 \!\!\!\!\!\!\!\! \text{(diagram)} \!\!\!\!\!\!\!\! x_2 + \frac{1}{4} \; x_1 \!\!\!\!\!\!\!\! \text{(diagram)} \!\!\!\!\!\!\!\! x_2 + \frac{1}{4} \; x_1 \!\!\!\!\!\!\!\! \text{(diagram)} \!\!\!\!\!\!\!\! x_2$$

$$+ \frac{1}{16} \; x_1 \!\!\!\!\!\!\!\! \text{(diagram)} \!\!\!\!\!\!\!\! x_2 + \frac{1}{16} \; x_1 \!\!\!\!\!\!\!\! \text{(diagram)} \!\!\!\!\!\!\!\! x_2 + \frac{1}{48} \; x_1 \!\!\!\!\!\!\!\! \text{(diagram)} \!\!\!\!\!\!\!\! x_2$$

$$+ \frac{1}{128} \; x_1 \!\!\!\!\!\!\!\! \text{(diagram)} \!\!\!\!\!\!\!\! x_2 \tag{4.286}$$

Jetzt zum Vorfaktor

$$\frac{Z}{Z_0} = \sum_{k=0}^{\infty} \frac{1}{k!} \left\{ \frac{1}{Z_0} \int \mathcal{D}\varphi \, e^{iS_0} \left[-i \frac{g}{4!} \int d^4x \, \varphi^4(x) \right]^k \right\}. \tag{4.287}$$

Die Beiträge unterscheiden sich von den zuvor betrachteten dadurch, dass die Felder $\varphi(x_1)$ und $\varphi(x_2)$ nicht vorkommen. Die zugehörigen Graphen enthalten daher keine äußeren Punkte x_i. Solche Graphen heißen **Vakuumgraphen**. Bis zur zweiten Ordnung gibt es folgende Beiträge:

$$\frac{Z}{Z_0} = 1 + \frac{1}{8} \; \text{(diagram)} + \frac{1}{128} \; \text{(diagram)} + \frac{1}{16} \; \text{(diagram)} + \frac{1}{48} \; \text{(diagram)} + \ldots \tag{4.288}$$

Die Vakuumgraphen treten auch als Faktoren in den Ausdrücken (4.285), (4.286) auf. Wir können sie ausklammern in der Form

$$\frac{Z}{Z_0} G^{(2)}(x_1, x_2) = \text{(diagram)} \left\{ 1 + \frac{1}{8} \; \text{(diagram)} + \frac{1}{128} \; \text{(diagram)} \right.$$
$$\left. + \frac{1}{16} \; \text{(diagram)} + \frac{1}{48} \; \text{(diagram)} + \ldots \right\}$$
$$+ \frac{1}{2} \; \text{(diagram)} \left\{ 1 + \frac{1}{8} \; \text{(diagram)} + \ldots \right\}$$
$$+ \frac{1}{6} \; \text{(diagram)} \left\{ 1 + \frac{1}{8} \; \text{(diagram)} + \ldots \right\}$$
$$+ \frac{1}{4} \; \text{(diagram)} \left\{ 1 + \frac{1}{8} \; \text{(diagram)} + \ldots \right\}$$
$$+ \frac{1}{4} \; \text{(diagram)} \left\{ 1 + \frac{1}{8} \; \text{(diagram)} + \ldots \right\} + \ldots \tag{4.289}$$

Man ahnt es schon, und tatsächlich gilt:

Die Vakuumgraphen kürzen sich in den Green'schen Funktionen heraus.

Der Beweis erfordert etwas Kombinatorik und Buchhaltung und soll hier nicht geführt werden.

Damit haben wir die Green'sche Zwei-Punkt-Funktion im Ortsraum bis zur zweiten Ordnung im φ^4-Wechselwirkungsterm gefunden. Sie lautet

$$G^{(2)}(x_1, x_2) = \quad\bullet\!\!-\!\!-\!\!-\!\!\bullet\; + \frac{1}{2}\; \bullet\!\!-\!\!\bigcirc\!\!-\!\!\bullet$$

$$+ \frac{1}{6}\; \bullet\!\!-\!\!\Longleftrightarrow\!\!-\!\!\bullet\; + \frac{1}{4}\; \bullet\!\!-\!\!\overset{\bigcirc}{\underset{\bigcirc}{}}\!\!-\!\!\bullet\; + \frac{1}{4}\; \bullet\!\!-\!\!\bigcirc\bigcirc\!\!-\!\!\bullet \;.$$

$$\text{(4.290)}$$

4.9.2 Feynman-Regeln

Die graphische Darstellung der Beiträge in der Störungstheorie wurde von Richard Feynman eingeführt. Die einzelnen Beiträge heißen **Feynman-Graphen** oder **Feynman-Diagramme**. Die zugehörigen Beiträge erhält man, indem man den graphischen Elementen mathematische Ausdrücke zuordnet, wie wir gesehen haben. Dies sind die Feynman-Regeln.

Die Graphen enthalten Propagatoren und Vertices. Die Feynman-Regeln im Fall der φ^4-Theorie sind:

$$\text{Propagator}: \quad \underset{x_1}{\bullet}\!\!-\!\!-\!\!-\!\!\underset{x_2}{\bullet} \quad = \quad \mathrm{i}\,\Delta_{\mathrm{F}}(x_1 - x_2)$$

$$\text{Vertex}: \quad \times\!\!\bullet\!\!\times \quad = \quad -\mathrm{i}g \int d^4x \ldots$$

$$\text{(4.291)}$$

Zusätzlich erhalten die Feynman-Diagramme Vorfaktoren, die von den Faktoren $1/(k!(4!)^k)$ in der Entwicklung (4.275) und der Anzahl der beitragenden Kontraktionen stammen.

Dieser Vorfaktor heißt **Symmetriefaktor**, denn er ist auch gegeben durch die Mächtigkeit S der Symmetriegruppe des Graphen:

$$\text{Symmetriefaktor} = \frac{1}{S} = \frac{1}{|\text{Symmetriegruppe}|} \;.$$

$$\text{(4.292)}$$

Die Symmetriegruppe eines Graphen besteht aus allen Abbildungen des Graphen auf sich selbst, bei denen die äußeren Beine festgehalten werden. Bildlich kann man sich vorstellen, dass die Linien des Graphen Gummibänder sind, die an den beweglichen Vertices und an den festen äußeren Punkten angeknüpft sind. Alle Bewegungen der Vertices und Gummibänder, bei denen die Verknüpfungen nicht gelöst werden und die äußeren Punkte festgehalten werden, und die wieder den gleichen Graphen ergeben, bilden die Symmetriegruppe. Zur Symmetriegruppe gehören unter anderem: Umklappen von Schleifen, Permutationen gleicher Untergraphen und Permutationen der Verbindungen zwischen zwei Vertices. Eine Warnung ist am Platz: sicherer als die Bestimmung der Symmetriegruppe ist das aufwändigere, aber eventuell weniger fehleranfällige, Abzählen der Kontraktionen.

Beispiele für Symmetriefaktoren:
Propagator-Graphen

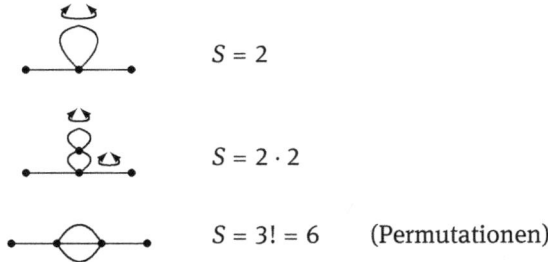

 $S = 2$

 $S = 2 \cdot 2$

 $S = 3! = 6$ (Permutationen)

Vakuumgraphen

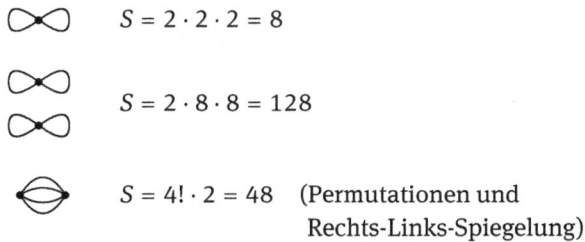

 $S = 2 \cdot 2 \cdot 2 = 8$

 $S = 2 \cdot 8 \cdot 8 = 128$

 $S = 4! \cdot 2 = 48$ (Permutationen und Rechts-Links-Spiegelung)

Mit unseren bisherigen Erkenntnissen können wir die Feynman-Graphen für die Green'schen Funktionen aufstellen. Zum Beispiel ergibt sich für die Vier-Punkt-Green'sche Funktion bis zur zweiten Ordnung in der Kopplungskonstanten g:

$$G^{(4)}(x_1, x_2, x_3, x_4)$$

$$(4.293)$$

Unter diesen Graphen gibt es zusammenhängende und nicht zusammenhängende Exemplare. Generell gilt folgender bemerkenswerter Sachverhalt:

*Die Störungsreihe für zusammenhängende Green'sche Funktionen enthält nur zu-
sammenhängende Graphen.*

$$G_{\mathrm{c}}^{(n)}(x_1, \ldots, x_n) = \sum (\text{zusammenhängende Graphen}) . \qquad (4.294)$$

Auch der Beweis hierfür erfordert einige Kombinatorik und Buchhaltung und wird hier
ausgelassen.

In obigem Beispiel für $n = 4$ ist

$$G_{\mathrm{c}}^{(4)}(x_1, x_2, x_3, x_4)$$

$$= \quad + \frac{1}{2} \quad + \frac{1}{2} \quad + \frac{1}{2} \quad + \frac{1}{2} \quad + \ldots \qquad (4.295)$$

Der führende Term dieser Reihe ist

$$= -\mathrm{i}g \int d^4x \, \Delta_{\mathrm{F}}(x_1 - x)\Delta_{\mathrm{F}}(x_2 - x)\Delta_{\mathrm{F}}(x_3 - x)\Delta_{\mathrm{F}}(x_4 - x) . \qquad (4.296)$$

4.9.3 Feynman-Regeln im Impulsraum

In der Praxis zeigt sich, dass es einfacher ist, die Feynman-Diagramme im Impulsraum
auszuwerten anstatt im Ortsraum. Um in den Impulsraum zu gelangen, verwenden wir
die Formel für die Fourier-Transformation des Feynman-Propagators

$$\mathrm{i}\Delta_{\mathrm{F}}(x) = \mathrm{i} \int \frac{d^4k}{(2\pi)^4} \frac{e^{-\mathrm{i}kx}}{k^2 - m^2 + \mathrm{i}\epsilon} \doteq \mathrm{i} \int \frac{d^4k}{(2\pi)^4} e^{-\mathrm{i}kx} \, \tilde{\Delta}_{\mathrm{F}}(k) . \qquad (4.297)$$

Damit lässt sich das obige Diagramm schreiben als

$$= -\mathrm{i}g \int d^4x \, \mathrm{i}\Delta_{\mathrm{F}}(x_1 - x) \cdots \mathrm{i}\Delta_{\mathrm{F}}(x_4 - x)$$

$$= -\mathrm{i}g \int d^4x \int \frac{d^4k_1}{(2\pi)^4} \cdots \int \frac{d^4k_4}{(2\pi)^4} e^{\mathrm{i}(k_1 + k_2 + k_3 + k_4)x}$$

$$e^{-\mathrm{i}(k_1 x_1 + k_2 x_2 + k_3 x_3 + k_4 x_4)} \frac{\mathrm{i}}{k_1^2 - m^2 + \mathrm{i}\epsilon} \cdots \frac{\mathrm{i}}{k_4^2 - m^2 + \mathrm{i}\epsilon}$$

$$= -\mathrm{i}g \int \frac{d^4k_1}{(2\pi)^4} \cdots \int \frac{d^4k_4}{(2\pi)^4} (2\pi)^4 \delta^{(4)}(k_1 + k_2 + k_3 + k_4)$$

$$e^{-\mathrm{i}(k_1 x_1 + k_2 x_2 + k_3 x_3 + k_4 x_4)} \, \mathrm{i}\tilde{\Delta}_{\mathrm{F}}(k_1)\mathrm{i}\tilde{\Delta}_{\mathrm{F}}(k_2)\mathrm{i}\tilde{\Delta}_{\mathrm{F}}(k_3)\mathrm{i}\tilde{\Delta}_{\mathrm{F}}(k_4) . \qquad (4.298)$$

Die Green'sche Funktion im Impulsraum ist definiert durch (siehe Gl. (4.175))

$$G_{\mathrm{c}}^{(4)}(x_1, \ldots, x_4) = \int \frac{d^4k_1}{(2\pi)^4} \cdots \int \frac{d^4k_4}{(2\pi)^4} (2\pi)^4 \delta^{(4)}(k_1 + k_2 + k_3 + k_4)$$

$$e^{-\mathrm{i}(k_1 x_1 + k_2 x_2 + k_3 x_3 + k_4 x_4)} \, \widetilde{G}_{\mathrm{c}}^{(4)}(k_1, \ldots, k_4) . \qquad (4.299)$$

Daraus folgt

$$\widetilde{G}_c^{(4)}(k_1, \ldots, k_4) = -\mathrm{i}g\, \mathrm{i}\widetilde{\Delta}_F(k_1)\, \mathrm{i}\widetilde{\Delta}_F(k_2)\, \mathrm{i}\widetilde{\Delta}_F(k_3)\, \mathrm{i}\widetilde{\Delta}_F(k_4)$$

$$+ \text{ weitere Graphen}. \tag{4.300}$$

Diesen Ausdruck repräsentiert man durch den Impulsraum-Graphen

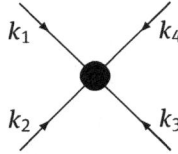

wobei die Impulse dabei als einlaufend betrachtet werden.

Das führt uns zu den Feynman-Regeln im Impulsraum:

$$\longrightarrow \quad = \quad \mathrm{i}\widetilde{\Delta}_F(k) = \frac{\mathrm{i}}{k^2 - m^2 + \mathrm{i}\epsilon}$$

$$= \quad -\mathrm{i}g$$

Über jeden *inneren* Impuls wird integriert mit $\int \dfrac{d^4k}{(2\pi)^4}$.

Für jeden Vertex, in den Impulse k_1, k_2, k_3, k_4 einlaufen, gibt es einen Faktor $(2\pi)^4 \delta^{(4)}(k_1 + k_2 + k_3 + k_4)$, der die Impulserhaltung darstellt. Die so berechneten zusammenhängenden Diagramme liefern die Beiträge zu

$$(2\pi)^4 \delta^{(4)}\left(\sum_i p_i\right) \widetilde{G}_c^{(n)}(p_1, \ldots, p_n). \tag{4.301}$$

Die Rechnung kann vereinfacht werden, indem man die impulserhaltenden δ-Funktionen dadurch berücksichtigt, dass nur über die unabhängigen Schleifen-Impulse integriert wird. Dies liefert die Beiträge zu $\widetilde{G}_c^{(n)}(p_1, \ldots, p_n)$.

Beispiel:

$$\widetilde{G}_c^{(2)}(p) = \quad \longrightarrow \quad + \frac{1}{2} \quad \overset{k}{\longrightarrow} \!\!\!\! + \ldots$$

$$= \mathrm{i}\widetilde{\Delta}_F(p) + \frac{1}{2}(-\mathrm{i}g)\left(\mathrm{i}\widetilde{\Delta}_F(p)\right)^2 \int \frac{d^4k}{(2\pi)^4} \frac{\mathrm{i}}{k^2 - m^2 + \mathrm{i}\epsilon} + \ldots \tag{4.302}$$

Die Reduktion der Impulsintegrationen auf unabhängige Schleifen-Impulse soll im folgenden Beispiel illustriert werden. Ein Beitrag zur Vier-Punkt-Funktion $(2\pi)^4 \delta^{(4)}(p_1 + p_2 + p_3 + p_4)\, \widetilde{G}_c^{(4)}(p_1, \ldots, p_4)$ wird dargestellt durch den Graphen

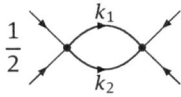

$$\frac{1}{2} \text{ (Graph)} $$

$$= \frac{1}{2}(-ig)^2\, i\widetilde{\Delta}_F(p_1)\, i\widetilde{\Delta}_F(p_2)\, i\widetilde{\Delta}_F(p_3)\, i\widetilde{\Delta}_F(p_4)$$

$$\int \frac{d^4 k_1}{(2\pi)^4} \int \frac{d^4 k_2}{(2\pi)^4} \frac{i}{k_1^2 - m^2 + i\epsilon} \frac{i}{k_2^2 - m^2 + i\epsilon}$$

$$(2\pi)^4 \delta^{(4)}(p_1 + p_2 - k_1 - k_2)(2\pi)^4 \delta^{(4)}(p_3 + p_4 + k_1 + k_2)$$

$$= \frac{1}{2}(2\pi)^4 \delta^{(4)}(p_1 + p_2 + p_3 + p_4)\, g^2 \prod_j (p_j^2 - m^2)^{-1}$$

$$\int \frac{d^4 k_1}{(2\pi)^4} \frac{1}{k_1^2 - m^2 + i\epsilon} \frac{1}{(k_1 + p_3 + p_4)^2 - m^2 + i\epsilon} \, .$$

Dies ergibt den Beitrag

$$\widetilde{G}_c^{(4)}(p_1, \ldots, p_4) = \cdots + \frac{1}{2} g^2 \prod_j (p_j^2 - m^2)^{-1}$$

$$\int \frac{d^4 k}{(2\pi)^4} \frac{1}{k^2 - m^2 + i\epsilon} \frac{1}{(k + p_3 + p_4)^2 - m^2 + i\epsilon} \, .$$

In dem Graphen gibt es eine einzige Schleife und das Integral hat sich auf den in dieser Schleife umlaufenden inneren Schleifen-Impuls k reduziert.

Die zusammenhängenden Green'schen Funktionen stehen ja durch die LSZ-Reduktionsformeln in engem Zusammenhang mit den S-Matrix-Elementen. Die dort auftauchenden Faktoren $p_j^2 - m^2$ für die äußeren Linien kürzen gerade die entsprechenden äußeren Propagatoren in $\widetilde{G}_c^{(n)}(p_1, \ldots, p_n)$ heraus. Das bedeutet, dass für die S-Matrix-Elemente die obigen Feynman-Regeln im Impulsraum angewandt werden, wobei die Propagatoren für die äußeren Impulse auszulassen sind.

Übungen

1. Leiten Sie den Ausdruck (4.302) her, ausgehend vom Graphen im Ortsraum, Gleichung (4.290).
2. Betrachten Sie die Theorie eines reellen Skalarfeldes $\varphi(x)$ mit einer kubischen Selbstwechselwirkung, die durch $\mathscr{L}_{\text{int}} = -\frac{g}{3!}\varphi^3$ gegeben ist. Zeichnen Sie alle Baumgraphen, die zum Streuprozess $\varphi\varphi \to \varphi\varphi$ beitragen. Zeichnen Sie auch mindestens zwei Ein-Schleifen-Diagramme, die zu diesem Prozess beitragen.

3. In der φ^4-Theorie eines reellen Skalarfeldes ist die amputierte Vier-Punkt-Funktion definiert durch

$$\widetilde{G}_A^{(4)}(p_1, p_2, p_3, p_4) = \left[\widetilde{G}^{(2)}(p_1)\widetilde{G}^{(2)}(p_2)\widetilde{G}^{(2)}(p_3)\widetilde{G}^{(2)}(p_4)\right]^{-1}\widetilde{G}_c^{(4)}(p_1, p_2, p_3, p_4),$$

wobei wir hier Z_φ-Faktoren unterschlagen. Eine renormierte Kopplung kann definiert werden durch

$$g_R = i\,\widetilde{G}_A^{(4)}(0, 0, 0, 0).$$

Berechnen Sie g_R in der niedrigsten Ordnung der Störungstheorie.

4.10 Vertexfunktionen und effektive Wirkung

4.10.1 Vertexfunktionen

Die zusammenhängenden Green'schen Funktionen sind Bausteine der vollen Green'schen Funktionen. Aber auch die zusammenhängenden Green'schen Funktionen können noch in weitere Bausteine zerlegt werden, die für praktische Rechnungen und für theoretische Zwecke nützlich sind. Dies sind die **Vertexfunktionen.** Zur Definition der Vertexfunktionen betrachten wir zunächst einmal Feynman-Diagramme, die zu zusammenhängenden Green'schen Funktionen beitragen. Es gibt Diagramme, bei denen das Durchschneiden einer *inneren* Linie dazu führt, dass das Diagramm in zwei nicht miteinander zusammenhängende Teile zerfällt, wobei jeder der beiden Teile mit einem äußeren Punkt verbunden ist. Zwei Beispiele dafür sind in der Abb. 4.9 gezeigt. Solche Diagramme heißen **1-Teilchen-reduzibel.** Diagramme, die nicht 1-Teilchen-reduzibel sind, heißen **1-Teilchen-irreduzibel,** abgekürzt 1PI vom englischen "1-particle-irreducible". In der Abb. 4.10 sind zwei 1PI-Diagramme gezeigt.

Abb. 4.9: 1-Teilchen-reduzible Feynman-Diagramme

Abb. 4.10: 1-Teilchen-irreduzible Feynman-Diagramme

Im Folgenden betrachten wir die skalare Feldtheorie mit kubischer und quartischer Selbstwechselwirkung, so dass die Feynmanregeln sowohl Dreier- als auch Vierer-Vertices beinhalten. Jedes Feynman-Diagramm kann zerlegt werden in 1PI-Teile und Teile, die zum vollen Propagator $G_c^{(2)}$ beitragen. Betrachten wir beispielsweise Beiträge zur zusammenhängenden Drei-Punkt-Funktion $G_c^{(3)}$. Wenn ein Diagramm 1-Teilchen-reduzibel ist, so ist einer der beiden abgeschnittenen Teile mit genau einem äußeren Punkt verbunden. Dieses Teildiagramm stellt einen Beitrag zum vollen Propagator dar. Der Schnitt sei so gewählt, dass dieses Teildiagramm maximal ist. In gleicher Weise wird mit den beiden anderen äußeren Beinen verfahren. Als Ergebnis finden wir eine Zerlegung mit der in Abb. 4.11 gezeigten Struktur, wobei „Pr" Teilgraphen kennzeichnet, die zum Propagator beitragen.

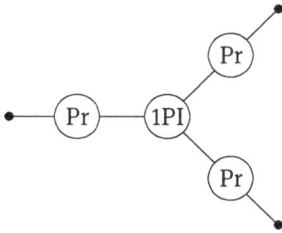

Abb. 4.11: Zerlegung eines Diagramms in 1PI- und Propagator-Teile

Bei der Berechnung eines solchen Diagramms im Impulsraum zerfällt der gesamte Beitrag in Faktoren, welche zu den enthaltenen 1PI-Teilgraphen und Propagator-Teilgraphen gehören. In diesem Sinne sind die Teilgraphen Bausteine des gesamten Feynman-Graphen.

Sei nun $i\Gamma^{(3)}(x_1, x_2, x_3)$ die Summe aller 1PI-Diagramme mit drei äußeren Beinen, wobei die äußeren Propagatoren fortgelassen werden. Sie wird graphisch durch doppelt schraffierte Kreise dargestellt:

$$i\,\Gamma^{(3)}(x_1, x_2, x_3) = \quad\text{}\tag{4.303}$$

Die gestrichelten Linien zeigen an, dass die äußeren Propagatoren amputiert sind. Für die zusammenhängende Drei-Punkt-Funktion gilt nach dem eben gesagten

$$G_c^{(3)}(x_1, x_2, x_3)$$
$$= i\int dy_1\,dy_2\,dy_3\, G_c^{(2)}(x_1, y_1)\, G_c^{(2)}(x_2, y_2)\, G_c^{(2)}(x_3, y_3)\, \Gamma^{(3)}(y_1, y_2, y_3)\,,\tag{4.304}$$

bzw. im Impulsraum

$$\widetilde{G}_c^{(3)}(k_1, k_2, k_3) = i\,\widetilde{G}_c^{(2)}(k_1)\,\widetilde{G}_c^{(2)}(k_2)\,\widetilde{G}_c^{(2)}(k_3)\,\widetilde{\Gamma}^{(3)}(k_1, k_2, k_3)\,.\tag{4.305}$$

Dabei ist die Transformation vom Ortsraum in den Impulsraum, $\Gamma^{(3)}(x_1, x_2, x_3) \to \widetilde{\Gamma}^{(3)}(k_1, k_2, k_3)$, genau so wie für die Green'schen Funktionen definiert, und es gilt ebenso $k_1 + k_2 + k_3 = 0$. Einprägsamer ist die graphische Darstellung dieser Zerlegung in Abb. 4.12.

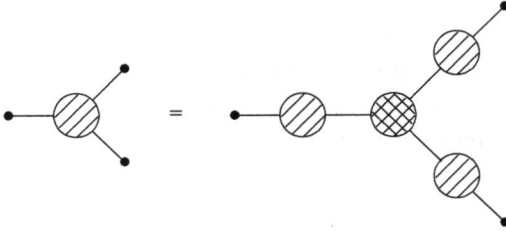

Abb. 4.12: Zerlegung der Drei-Punkt-Funktion in Vertexfunktion und Propagatoren

Dieser Sachverhalt lässt sich auf die höheren Funktionen mit $n \geq 3$ verallgemeinern. Mit $i\Gamma^{(n)}(x_1, \ldots, x_n)$ wird die Summe aller 1PI-Diagramme mit n äußeren Beinen bezeichnet, wobei die äußeren Propagatoren fortgelassen werden. Die $\Gamma^{(n)}$ heißen **Vertexfunktionen**. Analog zum eben diskutierten Beispiel für $n = 3$ bilden sie Bausteine der Green'schen Funktionen und stellen deshalb nützliche Elemente für störungstheoretische Rechnungen dar. Als weiteres Beispiel ist in Abb. 4.13 die Zerlegung für $n = 4$ dargestellt.

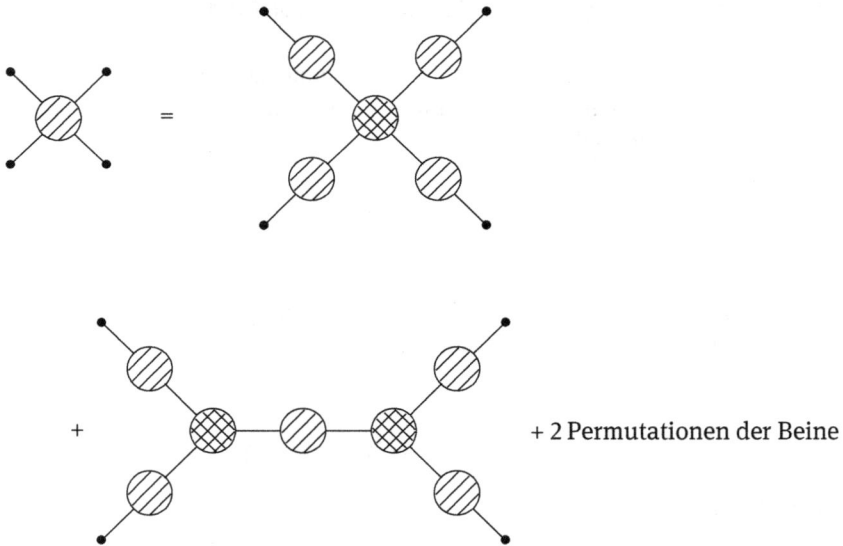

+ 2 Permutationen der Beine

Abb. 4.13: Zerlegung der Vier-Punkt-Funktion in Vertexfunktionen und Propagatoren

Die Graphen, die diese Zerlegungen darstellen, dürfen offensichtlich keine Schleifen enthalten. Graphen, die keine geschlossenen Schleifen enthalten, werden als **Baumgraphen** bezeichnet, da auch die Äste von Bäumen keine geschlossenen Schleifen bilden. Man kann sich leicht überlegen, dass man die Diagramme der obigen Zerlegungen erzeugt, indem man alle Baumgraphen aufzeichnet und deren Vertices durch Vertexfunktionen und deren Linien durch Propagatoren ersetzt.

In der niedrigsten Ordnung der Störungstheorie, auf der Ebene der Baumgraphen, sind die Vertexfunktionen durch die nackten Vertices gegeben. Dies erklärt ihren Namen. In der skalaren Feldtheorie mit kubischer Kopplungskonstante g_3 und quartischer Kopplungskonstante g_4 ist

$$\tilde{\Gamma}^{(3)}(k_1, k_2, -(k_1 + k_2)) = -g_3 + O(g_3^3, g_3 g_4)\,, \tag{4.306}$$

$$\tilde{\Gamma}^{(4)}(k_1, k_2, k_3, -(k_1 + k_2 + k_3)) = -g_4 + O(g_4^2, g_3^2 g_4)\,. \tag{4.307}$$

Für $n = 2$ ist die Situation speziell und soll deshalb gesondert besprochen werden. Betrachten wir den vollen Propagator im Impulsraum. Die Summe aller 1PI-Diagramme mit 2 äußeren Beinen, wobei die beiden äußeren Propagatoren fortgelassen werden, sei mit $-i\,\Sigma(k)$ bezeichnet. Für den vollen Propagator, also die zusammenhängende Zwei-Punkt-Funktion, gilt die Zerlegung

$$\widetilde{G}_{\mathrm{c}}^{(2)}(k) = i\tilde{\Delta}_{\mathrm{F}}(k) + i\tilde{\Delta}_{\mathrm{F}}(k)(-i\Sigma(k))\,i\tilde{\Delta}_{\mathrm{F}}(k)$$
$$+ i\tilde{\Delta}_{\mathrm{F}}(k)(-i\Sigma(k))\,i\tilde{\Delta}_{\mathrm{F}}(k)(-i\Sigma(k))\,i\tilde{\Delta}_{\mathrm{F}}(k) + \ldots$$
$$= i\tilde{\Delta}_{\mathrm{F}}(k) \sum_{n=0}^{\infty} \left(\Sigma(k)\,\tilde{\Delta}_{\mathrm{F}}(k)\right)^n$$
$$= i\tilde{\Delta}_{\mathrm{F}}(k) \left(1 - \Sigma(k)\,\tilde{\Delta}_{\mathrm{F}}(k)\right)^{-1}\,. \tag{4.308}$$

Daraus folgt

$$\left(\widetilde{G}_{\mathrm{c}}^{(2)}(k)\right)^{-1} = \left(1 - \Sigma(k)\,\tilde{\Delta}_{\mathrm{F}}(k)\right)\left(i\tilde{\Delta}_{\mathrm{F}}(k)\right)^{-1}$$
$$= -i\left(p^2 - m^2 - \Sigma(k)\right) \tag{4.309}$$
$$\doteq -i\,\tilde{\Gamma}^{(2)}(k)\,. \tag{4.310}$$

Die letzte Gleichung definiert $\Gamma^{(2)}$ und zeigt uns gleichzeitig, dass $\Gamma^{(2)}$ invers zum vollen Propagator ist. Die darin enthaltene Größe $\Sigma(k)$ wird als **Selbstenergie** bezeichnet.

Die Vertexfunktionen $\tilde{\Gamma}^{(n)}(k_1, \ldots, k_n)$ sind sehr nützliche Größen in der Störungstheorie, da die Werte von Feynman-Diagrammen im Impulsraum als Produkte von Vertexfunktionen und Propagatoren berechnet werden können, und es weniger Vertexfunktionen als zusammenhängende Green'sche Funktionen gibt.

So wie für die Green'schen Funktionen und für die zusammenhängenden Green'schen Funktionen können wir auch für die Vertexfunktionen ein erzeugendes Funktional definieren. Nehmen wir der Einfachheit halber vorübergehend an, dass der Erwartungswert des Feldes verschwindet, $\langle 0|\varphi(x)|0\rangle = G_{\mathrm{c}}^{(1)}(x) = 0$. Dann lautet das erzeugende Funktional

$$\Gamma[\Phi] = \sum_{n=2}^{\infty} \frac{1}{n!} \int dx_1 \cdots dx_n \, \Gamma^{(n)}(x_1, \ldots, x_n) \, \Phi(x_1) \cdots \Phi(x_n) \,. \tag{4.311}$$

In diesem Fall wird die Funktion, von der Γ abhängt, mit $\Phi(x)$ bezeichnet; außerdem gibt es diesmal keine Faktoren i^n.

Gibt es einen einfachen formalen Zusammenhang zwischen $\Gamma[\Phi]$ und den vorher definierten erzeugenden Funktionalen? Das ist in der Tat der Fall. $\Gamma[\Phi]$ ist die Legendre-Transformierte des erzeugenden Funktionals $W[J]$ der zusammenhängenden Green'schen Funktionen. Das bedeutet Folgendes. Es sei

$$\Phi(x) = -i \frac{\delta}{\delta J(x)} W[J] \,. \tag{4.312}$$

Aus der Definition von $W[J]$ ersehen wir, dass

$$\Phi(x) = \langle 0|\varphi(x)|0 \rangle_J = \langle 0|T\varphi(x)e^{i(J,\varphi)}|0 \rangle \tag{4.313}$$

der Erwartungswert des Feldes $\varphi(x)$ bei Anwesenheit einer äußeren Quelle $J(x)$ ist. $\Phi(x)$ ist also ein Funktional der Quelle $J(x)$. Die Legendre-Transformation ist aus der klassischen Mechanik (Übergang von $L(q, \dot{q})$ zu $H(p, q)$) und aus der statistischen Mechanik (Übergang von der freien Energie zum Gibbs-Potenzial) bekannt. In analoger Weise definieren wir hier

$$\Gamma[\Phi] = -iW[J] - (J, \Phi) \,, \tag{4.314}$$

wobei wie üblich auf der rechten Seite $J(x)$ mittels Auflösung von Gl. (4.312) durch $\Phi(x)$ auszudrücken ist. Zunächst finden wir durch Differenzieren

$$\frac{\delta}{\delta\Phi(x)} \Gamma[\Phi] = -i \int dy \frac{\delta W}{\delta J(y)} \frac{\delta J(y)}{\delta\Phi(x)} - J(x) - \int dy \frac{\delta J(y)}{\delta\Phi(x)} \Phi(y) \,, \tag{4.315}$$

und mit Gl. (4.312) wird daraus

$$\frac{\delta}{\delta\Phi(x)} \Gamma[\Phi] = -J(x) \,. \tag{4.316}$$

Die Behauptung ist, dass dieses $\Gamma[\Phi]$ tatsächlich das erzeugende Funktional der Vertexfunktionen ist. Prüfen wir die Behauptung einmal für die ersten Funktionen. Wir differenzieren Gl. (4.312) funktional nach $\Phi(y)$:

$$\delta^{(4)}(x - y) = \frac{\delta\Phi(x)}{\delta\Phi(y)} = -i \frac{\delta}{\delta\Phi(y)} \frac{\delta W}{\delta J(x)} = -i \int dz \frac{\delta^2 W}{\delta J(z)\delta J(x)} \frac{\delta J(z)}{\delta\Phi(y)} \,. \tag{4.317}$$

Mit Gl. (4.316) wird daraus

$$\delta^{(4)}(x - y) = i \int dz \frac{\delta^2 W}{\delta J(z)\delta J(x)} \frac{\delta^2 \Gamma}{\delta\Phi(y)\delta\Phi(z)} \,. \tag{4.318}$$

Setzen wir nun $J = 0$, so erhalten wir

$$\delta^{(4)}(x - y) = -\mathrm{i} \int dz\, G_{\mathrm{c}}^{(2)}(z, x)\, \Gamma^{(2)}(y, z) \,. \tag{4.319}$$

Das bedeutet, dass $\Gamma^{(2)}$ invers zu $-\mathrm{i}\, G_{\mathrm{c}}^{(2)}$ ist, d. h. im Impulsraum

$$-\mathrm{i}\, \widetilde{G}_{\mathrm{c}}^{(2)}(k)\, \widetilde{\Gamma}^{(2)}(k) = 1 \,. \tag{4.320}$$

Dies stimmt mit der Aussage von Gl. (4.310) überein und bestätigt den Fall $n = 2$. Auch für $n = 3$ wollen wir die Prüfung noch explizit durchführen. Wir differenzieren Gl. (4.318) nach $J(w)$:

$$
\begin{aligned}
0 &= \frac{\delta}{\delta J(w)} \delta^{(4)}(x - y) \\
&= \mathrm{i} \int dz \frac{\delta^3 W}{\delta J(w)\delta J(z)\delta J(x)} \frac{\delta^2 \Gamma}{\delta \Phi(y)\delta \Phi(z)} \\
&\quad + \mathrm{i} \int dz\,du \frac{\delta^2 W}{\delta J(z)\delta J(x)} \frac{\delta^3 \Gamma}{\delta \Phi(u)\delta \Phi(y)\delta \Phi(z)} \frac{\delta \Phi(u)}{\delta J(w)} \,.
\end{aligned}
\tag{4.321}
$$

Einsetzen von

$$\frac{\delta \Phi(u)}{\delta J(w)} = -\mathrm{i} \frac{\delta^2 W}{\delta J(w)\delta J(u)} \tag{4.322}$$

liefert für $J = 0$

$$0 = \int dz\, G_{\mathrm{c}}^{(3)}(w, z, x)\, \Gamma^{(2)}(y, z) + \int dz\,du\, G_{\mathrm{c}}^{(2)}(z, x)\, \Gamma^{(3)}(u, y, z)\, G_{\mathrm{c}}^{(2)}(w, u) \,. \tag{4.323}$$

Nach Multiplikation beider Seiten mit einem inversen Propagator erhalten wir

$$G_{\mathrm{c}}^{(3)}(w, y, x) = \mathrm{i} \int du\,dv\,dz\, G_{\mathrm{c}}^{(2)}(w, u)\, G_{\mathrm{c}}^{(2)}(y, v)\, G_{\mathrm{c}}^{(2)}(x, z)\, \Gamma^{(3)}(u, v, z) \tag{4.324}$$

in völliger Übereinstimmung mit Gl. (4.304).

Der allgemeine Beweis, dass die Legendre-Transformierte tatsächlich die Vertexfunktionen erzeugt, kann auf kombinatorische Weise durch vollständige Induktion geführt werden, ist allerdings etwas kompliziert. Lassen Sie uns mit einer etwas anderen Beweisskizze begnügen. Sie können diesen Abschnitt aber auch gerne überspringen.

Vorausgesetzt sei die Definition (4.312) von $\Phi(x)$ und die oben hergeleitete Beziehung (4.310) zwischen $\Gamma^{(2)}$ und dem Propagator. Ziel ist es, die Relation (4.316) für das erzeugende Funktional $\Gamma[\Phi]$ zu zeigen. Aus ihr folgt dann unmittelbar, dass $\Gamma[\Phi]$ Legendre-Transformierte von $W[J]$ ist. Der Einfachheit halber nehmen wir wieder an, dass $\langle 0|\varphi(x)|0\rangle = 0$ ist.

Die Gl. (4.312) bedeutet explizit

$$
\begin{aligned}
\Phi(x) &= \mathrm{i} \int dy\, G_{\mathrm{c}}^{(2)}(x, y) J(y) \\
&\quad + \sum_{n=3}^{\infty} \frac{\mathrm{i}^{n-1}}{(n - 1)!} \int dy_2 \cdots dy_n\, G_{\mathrm{c}}^{(n)}(x, y_2, \dots, y_n) J(y_2) \cdots J(y_n) \,,
\end{aligned}
\tag{4.325}
$$

was graphisch so dargestellt werden kann:

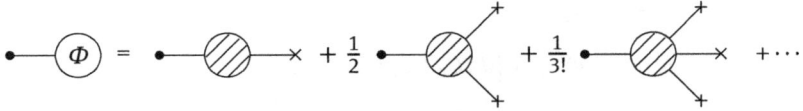

Die links stehenden schwarzen Punkte repräsentieren den Punkt x und die Kreuze stehen jeweils für eine Quelle $iJ(y)$. Bei jeder der Green'schen Funktionen mit $n \geq 3$ trennen wir denjenigen 1PI-Teil ab, der mit dem Punkt x durch einen vollen Propagator verbunden ist. Dieser 1PI-Teil gleicht einer Vertexfunktion $\Gamma^{(k)}$ mit $3 \leq k \leq n$ Beinen. Die restlichen $k - 1$ Beine dieser Vertexfunktion sind jeweils mit einer Teilmenge der Quellen $J(y)$ durch alle möglichen zusammenhängenden Graphen verbunden. Das entspricht aber allen möglichen Graphen, die in der Entwicklung von $\Phi(x)$ selbst vorkommen, so dass wir schreiben

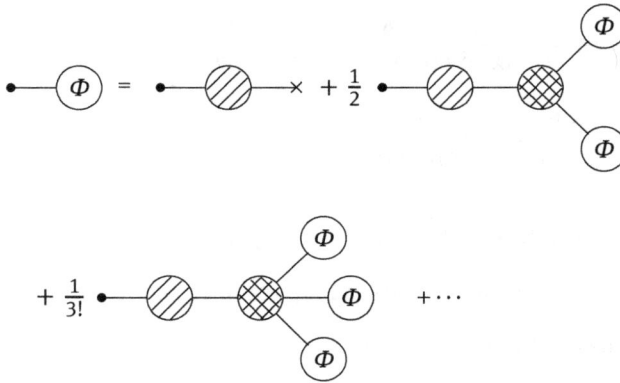

Algebraisch formuliert lautet dies

$$\Phi(x)$$

$$= i \int dy\, G_c^{(2)}(x, y) J(y)$$

$$+ i \int dy\, G_c^{(2)}(x, y) \sum_{n=3}^{\infty} \frac{1}{(n-1)!} \int dy_2 \cdots dy_n\, \Gamma^{(n)}(y, y_2, \ldots, y_n) \Phi(y_2) \cdots \Phi(y_n) .$$

$$\text{(4.326)}$$

Durch Multiplikation mit einem inversen Propagator können wir nach $J(x)$ auflösen:

$$J(x) = - \int dy\, \Gamma^{(2)}(x, y)\, \Phi(y)$$

$$- \sum_{n=3}^{\infty} \frac{1}{(n-1)!} \int dy_2 \cdots dy_n\, \Gamma^{(n)}(x, y_2, \ldots, y_n) \Phi(y_2) \cdots \Phi(y_n) \qquad \text{(4.327)}$$

$$= - \frac{\delta}{\delta \Phi(x)} \Gamma[\Phi] , \qquad \text{(4.328)}$$

was zu zeigen war.

4.10.2 Effektive Wirkung und spontane Symmetriebrechung

Wir haben gesehen, dass die Vertexfunktionen sehr nützliche Größen für die Störungstheorie sind. Was ist die Bedeutung des Funktionals $\Gamma[\Phi]$, abgesehen davon, dass es die Vertexfunktionen zusammenfasst? Es hat tatsächlich eine physikalische Interpretation, die nun besprochen werden soll. Dazu betrachten wir die φ^4-Theorie mit der Lagrangedichte

$$\mathscr{L} = \frac{1}{2}(\partial_\mu \varphi)(\partial^\mu \varphi) - V(\varphi) \,, \quad V(\varphi) = \frac{m^2}{2}\varphi^2 + \frac{g}{4!}\varphi^4 \,. \tag{4.329}$$

Beginnen wir damit, das Funktional $\Gamma[\Phi]$ in den niedrigsten Ordnungen der Störungstheorie zu berechnen. Für $\Gamma^{(2)}$ ist die niedrigste Ordnung die Baumgraphen-Näherung. Sie gibt im Impulsraum

$$\tilde{\Gamma}^{(2)}(k) = k^2 - m^2 \,. \tag{4.330}$$

Dazu korrespondiert im Ortsraum

$$\Gamma^{(2)}(x, y) = (\Box - m^2)\delta^{(4)}(x - y) \,. \tag{4.331}$$

$\Gamma^{(3)}$ ist null wegen der Symmetrie $\varphi \to -\varphi$, und für $\Gamma^{(4)}$ ist in der Baumgraphen-Näherung

$$\tilde{\Gamma}^{(4)}(k_1, k_2, k_3, k_4) = -g \,. \tag{4.332}$$

Die höheren $\Gamma^{(n)}$, $n \geq 6$, erhalten nichtverschwindende Beiträge durch Graphen mit Schleifen. Zusammen ergeben die obigen Baumgraphen-Beiträge

$$\Gamma[\Phi] = \int dx \left\{ \frac{1}{2}\Phi(x)(\Box - m^2)\Phi(x) - \frac{g}{4!}\Phi^4(x) + \dots \right\} \tag{4.333}$$

$$= \int dx \left\{ \frac{1}{2}(\partial_\mu \Phi(x))(\partial^\mu \Phi(x)) - V(\Phi(x)) + \dots \right\} \,. \tag{4.334}$$

Dies ist die klassische Wirkung der Theorie für das Feld $\Phi(x)$. Höhere Ordnungen der Störungstheorie, vertreten durch Feynman-Graphen mit Schleifen, tragen Quantenkorrekturen bei. Das Funktional $\Gamma[\Phi]$ kann daher als quantentheoretische Verallgemeinerung der klassischen Wirkung betrachtet werden und wird als **effektive Wirkung** bezeichnet. Generell ist es von der Gestalt

$$\Gamma[\Phi] = \int dx \left\{ -V_{\text{eff}}(\Phi(x)) + \text{Terme mit Ableitungen von } \Phi(x) \right\} \,. \tag{4.335}$$

Das darin vorkommende Potenzial V_{eff} heißt **effektives Potenzial**. Man rechnet schnell nach, dass seine Entwicklungskoeffizienten die Vertexfunktionen bei Impuls null sind:

$$V_{\text{eff}}(\Phi) = -\sum_{n=2}^{\infty} \tilde{\Gamma}^{(n)}(0, \dots, 0)\,\Phi^n \,. \tag{4.336}$$

Erinnern wir uns daran, dass

$$\Phi(x) = \langle 0|\varphi(x)|0\rangle_J \tag{4.337}$$

der Erwartungswert des Feldes $\varphi(x)$ bei Anwesenheit einer äußeren Quelle $J(x)$ ist. Wird die Quelle zu null gesetzt, ist $\Phi(x)$ der übliche Vakuum-Erwartungswert des Feldes. In diesem Fall beinhaltet die Gl. (4.316) aber, dass

$$\frac{\delta\Gamma}{\delta\Phi(x)} = 0 \qquad \text{für } J = 0 \tag{4.338}$$

ist, also $\Phi(x)$ ein Extremum der effektiven Wirkung darstellt. Die Theorie ist für $J(x) \equiv 0$ translationsinvariant, so dass

$$\langle 0|\varphi(x)|0\rangle \doteq v \tag{4.339}$$

nicht vom Ort abhängt. Für konstante Felder $\Phi(x) \equiv \phi$ reduziert sich die effektive Wirkung auf

$$\Gamma[\phi] = \int dx\,(-V_{\text{eff}}(\phi)) \tag{4.340}$$

(an dieser Stelle sollte man genau genommen die Theorie in einem endlichen Raumzeit-Volumen mit periodischen Randbedingungen betrachten). Die Extremalbedingung wird zu

$$\boxed{\left.\frac{dV_{\text{eff}}}{d\phi}\right|_{\phi=v} = 0.} \tag{4.341}$$

Hierin liegt die besondere Bedeutung der effektiven Wirkung und des effektiven Potenzials: sie geben uns Auskunft über den Vakuum-Erwartungswert v des Feldes. An dieser Stelle soll erwähnt werden, dass Symanzik gezeigt hat, dass $V_{\text{eff}}(\phi)$ gleich der Energiedichte des Feldes in einem Zustand ist, in dem $\langle 0|\varphi(x)|0\rangle = \phi$ ist. Da das System im Grundzustand minimale Energie besitzt, muss das Extremum des effektiven Potenzials sogar das absolute Minimum sein.

Für die φ^4-Theorie mit obiger Lagrangedichte wird man keine großen Überraschungen erwarten: es wird $v = 0$ sein und V_{eff} hat uns keine neuen Einsichten gebracht. Interessant wird Angelegenheit, wenn wir die skalare Feldtheorie mit einem Doppelmuldenpotenzial von der Form

$$V(\varphi) = -\tau\varphi^2 + \frac{g}{4!}\varphi^4 + \text{const.}\,, \qquad \tau > 0\,, \quad g > 0\,, \tag{4.342}$$

betrachten. Wenn die Doppelmulde für geeignete Parameterwerte stark genug ausgeprägt ist, besitzt auch das effektive Potenzial eine Doppelmuldenstruktur wie in Abb. 4.14 gezeigt.

Es gibt nun zwei mögliche Grundzustände: einen mit $\langle 0|\varphi(x)|0\rangle = v$ und einen mit $\langle 0|\varphi(x)|0\rangle = -v$. Durch den nichtverschwindenden Vakuum-Erwartungswert des Feldes wird die Symmetrie $\varphi \to -\varphi$ der Wirkung gebrochen. Es handelt sich hierbei um eine **spontane Symmetriebrechung**. Eine spontane Symmetriebrechung liegt vor, wenn die Wirkung der Theorie eine Symmetrie besitzt, der Grundzustand des

$V_{\text{eff}}(\phi)$

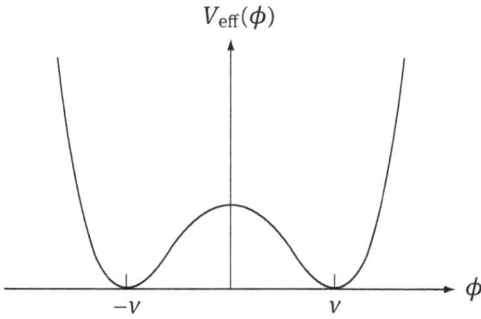

Abb. 4.14: Doppelmuldenpotenzial

Systems aber diese Symmetrie nicht aufweist. Sie unterscheidet sich von der expliziten Symmetriebrechung, bei der die Lagrangefunktion symmetriebrechende Terme enthält.

Spontane Symmetriebrechungen treten schon im Alltag auf. Ein quaderförmiges Stück Holz besitzt eine Spiegelsymmetrie bezüglich seiner längsten Achse. Lässt man ein solches Holzstück in Wasser schwimmen, so nimmt es eine von zwei möglichen schrägen Lagen ein, bei denen das eine Ende tiefer als das andere im Wasser schwimmt, falls die Dichte des Holzes in einem gewissen Bereich liegt. Die beiden möglichen Lagen sind gespiegelt zueinander. Die Spiegelsymmetrie der Lagrangefunktion und der Energie ist offenbar im Grundzustand gebrochen. Diese Situation ist analog zur obigen spontanen Symmetriebrechung in der Feldtheorie.

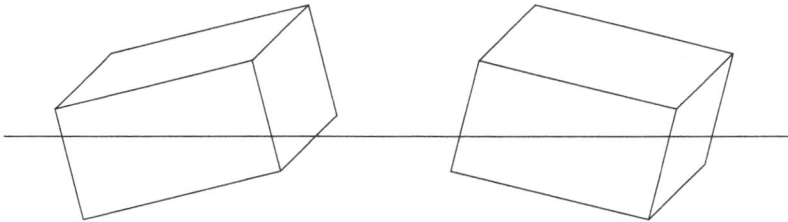

Abb. 4.15: Spontane Symmetriebrechung beim schwimmenden Holzbalken

Spontane Symmetriebrechung tritt auch bei Ferromagneten unterhalb der Curie-Temperatur auf. Die Hamiltonfunktion ist symmetrisch unter Rotationen im Raum, aber im thermischen Grundzustand zeigt die makroskopische Magnetisierung in eine zufällige Richtung, wodurch die Rotationssymmetrie spontan gebrochen wird.

Betrachten wir also die φ^4-Theorie mit einem Vakuumzustand, in dem $\langle 0|\varphi(x)|0\rangle = v$ ist und dadurch eine spontane Symmetriebrechung vorliegt. Bis auf die erste Green'sche Funktion

$$G^{(1)} = v \tag{4.343}$$

sind die zusammenhängenden Green'schen Funktionen $G_c^{(n)}$, $n \geq 2$, des Feldes $\varphi(x)$ gleich denjenigen des verschobenen Feldes

$$\varphi'(x) \doteq \varphi(x) - v \,, \tag{4.344}$$

dessen Vakuum-Erwartungswert verschwindet. Folglich sind auch die Vertexfunktionen $\Gamma^{(n)}$, $n \geq 2$, diejenigen des Feldes $\varphi'(x)$ und für die effektive Wirkung gilt

$$\Gamma[\Phi] = \sum_{n=2}^{\infty} \frac{1}{n!} \int d^4 x_1 \cdots d^4 x_n \, \Gamma^{(n)}(x_1, \ldots, x_n)(\Phi(x_1) - v) \cdots (\Phi(x_n) - v) \,. \tag{4.345}$$

Die Extrema der effektiven Wirkung, bzw. die Minima des effektiven Potenzials geben uns also Information darüber, ob spontane Symmetriebrechung vorliegt und wie groß der Erwartungswert des Feldes ist, und die Ableitungen der effektiven Wirkung im Minimum liefern die Vertexfunktionen.

Wie gelangen wir an eine sinnvolle Approximation für die effektive Wirkung, die über die klassische Näherung hinausgeht? Hier hilft eine interessante Beobachtung. Betrachten wir eine Modifikation der Wirkung S, bei der sie durch einen Parameter a geteilt wird:

$$S[\varphi] \longrightarrow \frac{1}{a} S[\varphi] \,. \tag{4.346}$$

Für die Störungstheorie bedeutet das Folgendes. Da der kinetische Teil in S mit $1/a$ multipliziert ist, erhält der Propagator als Inverses des kinetischen Operators einen Faktor a. Die Vertices erhalten klarerweise jeweils einen Faktor $1/a$. Ein 1PI-Graph mit I inneren Linien und V Vertices erhält auf diese Weise einen Faktor a^{I-V}. Andererseits ist

$$L = I - V + 1 \tag{4.347}$$

die Anzahl der Schleifen (Loops) in dem betrachteten Graphen. Das sieht man durch Zählung der unabhängigen Schleifen-Impulse. Jeder Propagator trägt einen Impuls; jeder Vertex trägt eine Impuls-erhaltende δ-Funktion, welche die Zahl der unabhängigen Impulse um 1 verringert; und schließlich wird eine globale Impuls-δ-Funktion definitionsgemäß ausgelassen, so dass $I - V + 1$ unabhängige Schleifen-Impulse verbleiben. Halten wir fest: die 1PI-Graphen erhalten durch die Modifikation jeweils einen

$$\boxed{\text{Faktor } a^{L-1}, \quad L = \#(\text{Loops}).} \tag{4.348}$$

Eine Entwicklung nach Potenzen von a ist somit äquivalent zu einer Entwicklung nach der Anzahl der Schleifen. Daher heißt sie **Schleifen-Entwicklung** ("Loop expansion").

Eine Entwicklung der effektiven Wirkung $\Gamma[\Phi]$ nach Potenzen von a ist sinnvoll und vorteilhaft, da die Multiplikation der Wirkung S mit $1/a$ unabhängig von der Aufteilung in freien und wechselwirkenden Anteil ist, und darüber hinaus die Symmetrien der Wirkung nicht ändert. Was aber noch wichtiger ist: die Entwicklung nach a

ist unabhängig davon, ob das Feld φ um eine Konstante verschoben wird. Daher ist es egal, ob die effektive Wirkung in der Störungstheorie mit dem verschobenen Feld $\varphi(x) - v$ oder mit dem originalen Feld $\varphi(x)$ berechnet wird. Mit anderen Worten, auch bei Vorhandensein einer spontanen Symmetriebrechung können $\Gamma[\Phi]$ und $V_{\text{eff}}(\phi)$ in der symmetrischen Theorie berechnet werden.

Für $a \to 0$ dominiert im Funktionalintegral

$$\int \mathcal{D}\varphi \, e^{i\{\frac{1}{a}S[\varphi] + (J, \varphi)\}} \tag{4.349}$$

die Konfiguration mit extremaler Wirkung, also die klassische Lösung. Diese liefert die Baumgraphen-Näherung von $\Gamma[\Phi]$, die wir oben schon betrachtet haben. Eine Sattelpunktsentwicklung um diese Lösung produziert die Korrekturen mit höheren Potenzen von a.

Ziemlich zu Beginn haben wir die Einheiten so gewählt, dass $\hbar = 1$ ist. Wenn wir das jetzt einmal rückgängig machen, erinnern wir uns, dass der Exponent im Funktionalintegral $S/\hbar$ ist. Die Loop-Entwicklung kann also auch als Entwicklung nach Potenzen von $\hbar$, d. h. als semiklassische Entwicklung betrachtet werden.

Es ist nicht schwer, für die φ^4-Theorie alle 1PI-Graphen in der 1-Schleifen-Näherung zu identifizieren und zu berechnen. Das Ergebnis für das effektive Potenzial lautet

$$V_{\text{eff}}(\phi) = \frac{m^2}{2}\phi^2 + \frac{g}{4!}\phi^4 - \frac{i}{2}\int \frac{d^4k}{(2\pi)^4} \ln\left(1 - \frac{g}{2}\frac{\phi^2}{k^2 - m^2 + i\epsilon}\right). \tag{4.350}$$

So wie er da steht, ist dieser Ausdruck noch nicht direkt nutzbar, denn das Integral enthält divergente Anteile. Diese sind mit dem Verfahren der Renormierung zu behandeln, das im nächsten Abschnitt thematisiert wird. Im Vorgriff darauf, und ohne explizite Rechnung, sei verraten, dass das renormierte effektive Potenzial

$$\begin{aligned}
V_{\text{eff}}(\phi) &= \frac{m_R^2}{2}\phi^2 + \frac{g_R}{4!}\phi^4 \\
&\quad - \frac{i}{2}\int \frac{d^4k}{(2\pi)^4}\left\{\ln\left(1 - \frac{g_R}{2}\frac{\phi^2}{k^2 - m_R^2 + i\epsilon}\right)\right. \\
&\qquad\qquad\qquad \left. + \frac{g_R}{2}\frac{\phi^2}{k^2 - m_R^2 + i\epsilon} + \frac{g_R^2}{8}\frac{\phi^4}{(k^2 - m_R^2 + i\epsilon)^2}\right\} \tag{4.351} \\
&= \frac{m_R^2}{2}\phi^2 + \frac{g_R}{4!}\phi^4 + \frac{i}{2}\int \frac{d^4k}{(2\pi)^4}\sum_{n=3}^{\infty}\frac{1}{n}\left(\frac{g_R}{2}\frac{\phi^2}{k^2 - m_R^2 + i\epsilon}\right)^n \tag{4.352} \\
&= \frac{m_R^2}{2}\phi^2 + \frac{g_R}{4!}\phi^4 \\
&\quad + \frac{m_R^4}{64\pi^2}\left\{\left(1 + \frac{g_R\phi^2}{2m_R^2}\right)^2 \ln\left(1 + \frac{g_R\phi^2}{2m_R^2}\right) - \frac{g_R\phi^2}{2m_R^2}\left(1 + \frac{3g_R\phi^2}{4m_R^2}\right)\right\} \tag{4.353}
\end{aligned}$$

lautet, wobei m_R und g_R die renormierte Masse und Kopplung sind. Dieser Ausdruck ist endlich und gestattet für den Fall $m_R^2/2 \to -\tau < 0$ mit spontaner Symmetriebrechung die Berechnung von v in der 1-Schleifen-Näherung.

Eine abschließende Bemerkung zu diesem Abschnitt ist noch angebracht. Symanzik hat gezeigt, dass das effektive Potenzial *konvex* ist, so wie es in der statistischen Mechanik auch für die analogen thermodynamischen Potenziale der Fall ist. Das in Abb. 4.14 gezeigte Potenzial ist jedoch nicht konvex. Gelegentlich ist zu lesen, dass deshalb die damit verbundenen Rechnungen und Überlegungen falsch sind. Sind also alle unsere Betrachtungen hinfällig und wertlos? Nein, zum Glück nicht. Man muss ein bisschen genauer hinschauen. Das physikalisch relevante effektive Potenzial ist tatsächlich konvex. In der Abbildung sind die beiden Minima durch eine waagerechte Linie zu verbinden. Dies ist vollständig analog zur Maxwell-Konstruktion für das Gibbs-Potenzial in der statistischen Mechanik. Diese Analogie liefert auch den Schlüssel zum besseren Verständnis der Sachlage. Beim Gas-Flüssigkeits-Übergang beschreiben die thermodynamischen Zustände auf der Maxwell-Geraden Systeme, die Gemische der beiden gasförmigen und flüssigen Phasen sind, d. h. ein Teil des Volumens ist mit Gas, der andere Teil mit Flüssigkeit gefüllt.

Gleiches gilt für das effektive Potenzial in der Quantenfeldtheorie. Die Zustände, die dem flachen Teil des Potenzials zwischen den Minima entsprechen, sind keine reinen Zustände im Sinne der Quantentheorie, sondern Gemische zweier reiner Zustände $|0+\rangle$ und $|0-\rangle$ mit $\langle 0+|\varphi(x)|0+\rangle = v$ und $\langle 0-|\varphi(x)|0-\rangle = -v$. Beispielsweise kann ein Anteil α der Raumes sich im Zustand $|0+\rangle$ und der andere Anteil $(1-\alpha)$ sich im Zustand $|0-\rangle$ befinden. Der gesamte Erwartungswert des Feldes ist $\phi = \alpha v + (1-\alpha)(-v)$ und die Energiedichte $V_{\text{eff}}(\phi) = \alpha V_{\text{eff}}(v) + (1-\alpha)V_{\text{eff}}(-v)$. In unserem Beispiel wäre das also $V_{\text{eff}}(\phi) = 0$ zwischen den Minima, und das effektive Potenzial ist konvex. Die in der Abbildung darüber liegende Funktion, welche in der 1-Schleifen-Näherung analytisch durch den Ausdruck (4.353) dargestellt wird, beschreibt die Energiedichte in einem reinen, instabilen Zustand. Sie ist zur Auffindung der Minima und Berechnung von Eigenschaften der zugehörigen Zustände durchaus geeignet.

4.10.3 Goldstone-Theorem

Im vorigen Abschnitt haben wir die spontane Brechung einer diskreten Symmetrie, $\varphi \rightarrow -\varphi$, behandelt. Auch kontinuierliche Symmetrien können spontan gebrochen sein. In der Quantenfeldtheorie gilt für spontan gebrochene kontinuierliche Symmetrien eine wichtige Aussage, nämlich das

Goldstone-Theorem. *Ist eine kontinuierliche globale Symmetrie spontan gebrochen, so gibt es zu jedem Symmetrie-Generator, der spontan gebrochen ist, ein masseloses Teilchen.*

Dieses Teilchen wird **Nambu-Goldstone-Boson** genannt.

Mit den uns zur Verfügung stehenden Begriffen können wir das Goldstone-Theorem nachvollziehen. Dazu betrachten wir das effektive Potenzial $V_{\text{eff}}(\phi)$ für ein N-komponentiges Skalarfeld $\phi = (\phi_1, \dots, \phi_N)$. Die Verallgemeinerung von

Gl. (4.336) auf ein mehrkomponentiges Feld mit Vakuum-Erwartungswert v ist

$$V_{\text{eff}}(\phi) = - \sum_{n=2}^{\infty} \tilde{\Gamma}_{i_1 \ldots i_n}^{(n)} (0, \ldots, 0)\, (\phi - v)_{i_1} \cdots (\phi - v)_{i_n} , \qquad (4.354)$$

worin die Vertexfunktionen jetzt natürlich Indices tragen, über die summiert wird. Es sei

$$\phi_i \longrightarrow \phi_i + \delta\phi_i \qquad (4.355)$$

eine infinitesimale Symmetrietransformation, welche die Lagrangedichte invariant lässt. Auch die effektive Wirkung ist daher invariant,

$$V_{\text{eff}}(\phi + \delta\phi) = V_{\text{eff}}(\phi) , \qquad (4.356)$$

was

$$\delta\phi_i \frac{\partial V_{\text{eff}}}{\partial \phi_i} = 0 \qquad (4.357)$$

zur Folge hat. Nochmaliges Differenzieren gibt

$$\delta\phi_i \frac{\partial^2 V_{\text{eff}}}{\partial \phi_i \partial \phi_j} + \frac{\partial(\delta\phi_i)}{\partial \phi_j} \frac{\partial V_{\text{eff}}}{\partial \phi_i} = 0 . \qquad (4.358)$$

Im Grundzustand des Systems, bei $\phi = v$, nimmt das effektive Potenzial sein Minimum an, so dass dort

$$\left. \frac{\partial V_{\text{eff}}}{\partial \phi_i} \right|_{\phi=v} = 0 \qquad (4.359)$$

ist und wir mit

$$\delta v_i \left. \frac{\partial^2 V_{\text{eff}}}{\partial \phi_i \partial \phi_j} \right|_{\phi=v} = 0 \qquad (4.360)$$

verbleiben. Jetzt gibt es zwei Möglichkeiten. Falls die durch die betrachtete infinitesimale Transformation generierte Symmetrie nicht spontan gebrochen ist, ist v invariant unter der Symmetrie, d. h. $\delta v_i = 0$, und folglich ist Gl. (4.360) trivialerweise erfüllt. Falls die Symmetrie aber spontan gebrochen ist, ist v nicht invariant und $\delta v_i \neq 0$. Dann ist δv_i nach Gl. (4.360) ein Eigenvektor der Matrix

$$\left. \frac{\partial^2 V_{\text{eff}}}{\partial \phi_i \partial \phi_j} \right|_{\phi=v} = -\tilde{\Gamma}_{ij}^{(2)}(0) \qquad (4.361)$$

zum Eigenwert null. Wir wissen aber, dass $\tilde{\Gamma}^{(2)}(p)$ proportional zum inversen Propagator ist. Seine Eigenwerte haben Nullstellen in p^2 bei $p^2 = m^2$, wenn es Teilchen der Masse m gibt. Da im vorliegenden Fall ein Eigenwert bei $p^2 = 0$ vorliegt, schließen wir, dass es ein Teilchen mit Masse $m = 0$ gibt, das Nambu-Goldstone-Boson.

Übungen

Es sei $\varphi(x)$ ein freies reelles Skalarfeld mit Masse m. Durch die Beziehung

$$\varphi(x) = \chi(x) + g\,\chi(x)^2$$

sei ein neues Feld $\chi(x)$ definiert.

1. Drücken Sie die Lagrangedichte durch das Feld $\chi(x)$ aus und zerlegen Sie es in den freien Teil und den Wechselwirkungsteil.
2. Berechnen Sie die Vier-Punkt-Vertexfunktion des Feldes $\chi(x)$ in der Störungstheorie zur Ordnung g^2. Das ist nicht ganz trivial. Es müsste null herauskommen.

4.11 Renormierung

4.11.1 Divergenzen

Mit den Feynman-Regeln sind wir in der Lage, die Terme der Störungsreihe für Green'sche Funktionen bis zu beliebig hoher Ordnung in der Kopplungskonstanten aufzuschreiben. Machen wir uns an die Arbeit!

Der Beitrag erster Ordnung zur Zwei-Punkt-Funktion, also dem vollen Propagator, enthält den Term

$$\propto \int \frac{d^4k}{(2\pi)^4} \frac{1}{k^2 - m^2 + i\epsilon} . \tag{4.362}$$

Die Integration kann geschrieben werden als

$$d^4k \sim |k|^3 \, d|k| \, d\Omega_k \tag{4.363}$$

mit einer Integration über den dreidimensionalen Winkelanteil und der Integration über den Betrag des Impulses k. Das Integral über den Impulsbetrag lautet

$$\int d|k| \frac{|k|^3}{k^2 - m^2 + i\epsilon} . \tag{4.364}$$

Oh weh! Das Integral konvergiert nicht. Es divergiert vom Beitrag großer Impulse für $k \to \infty$. Schneidet man die k-Integration bei einer Grenze, dem sogenannten **Cutoff** Λ ab, so divergiert das Integral für große Λ quadratisch,

$$\int^{\Lambda} \frac{d^4k}{(2\pi)^4} \frac{i}{k^2 - m^2 + i\epsilon} \sim \Lambda^2 , \tag{4.365}$$

und im Limes $\Lambda \to \infty$ erhalten wir einen unendlichen Beitrag.

Betrachten wir die Vier-Punkt-Funktion. In zweiter Ordnung gibt es den Beitrag

$$\propto \int \frac{d^4k}{(2\pi)^4} \frac{1}{k^2 - m^2 + i\epsilon} \frac{1}{(k + p_3 + p_4)^2 - m^2 + i\epsilon} . \tag{4.366}$$

Zwar fällt der Integrand im Unendlichen stärker ab als im obigen Beispiel, aber dennoch divergiert das Integral noch logarithmisch $\propto \ln(\Lambda)$ für große Werte des Cutoffs Λ.

Diese Divergenzen heißen **Ultraviolett(UV)-Divergenzen,** da sie von den Beiträgen bei großen Wellenzahlen, d. h. kleinen Wellenlängen, stammen. Sie haben die

Entwicklung der QED für viele Jahre verzögert. Heisenberg und Pauli, die zu den Gründervätern der Quantenfeldtheorie gehören, waren durch das Auftreten unendlicher Ausdrücke so frustriert, dass sie sich zeitweilig anderen Gebieten der theoretischen Physik zuwandten, z. B. der Theorie der Turbulenz bei Heisenberg und der Festkörpertheorie bei Pauli.

Die Probleme, die das Auftreten divergierender Integrale in der Störungstheorie verursachen, wurden gelöst durch das Verfahren der Renormierung. Es wurde nach und nach in den 20er und 30er Jahren des 20. Jahrhunderts von Dirac, Heisenberg, Weisskopf, Pauli, Fierz und Kramers entwickelt und wurde vollständig ausgearbeitet von Tomonaga, Schwinger, Feynman und Dyson in ihren Arbeiten zur QED. Lange Zeit wurde die Renormierung von einigen Physikern, darunter insbesondere Dirac, als sehr unbefriedigend betrachtet und als Methode bezeichnet, „Unendlichkeiten unter den Teppich zu kehren". Durch Arbeiten von Wilson, Weinberg und anderen ist seit den 70er Jahren ein neuer Blick auf das Wesen der Renormierung entstanden, der die Bedenken zerstreut hat.

Die Renormierungstheorie ist kompliziert und vielfältig. Es gibt umfangreiche Bücher über Renormierung. Diese Thematik kann und soll hier nicht im Detail behandelt werden. Jedoch sollen dem Leser die wesentlichen Ideen und Prinzipien erläutert werden.

Die Methode besteht im Kern aus zwei Schritten: Regularisierung und Renormierung.

4.11.2 Regularisierung

Um überhaupt in wohldefinierter Weise mit den divergierenden Integralen umgehen zu können, ist es erforderlich, sie durch geeignete Abänderungen vorübergehend endlich zu machen. Dies ist die Regularisierung.

Es gibt verschiedene Möglichkeiten der Regularisierung. Einige davon sind
– Einführung eines Impuls-Cutoffs Λ,
  allerdings wird dadurch die Lorentz-Invarianz gebrochen, so dass diese Regularisierung wenig geeignet ist;
– Pauli-Villars-Regularisierung,
  eine raffiniertere Methode, einen Cutoff Λ einzuführen;
– Einführung eines Raumzeit-Gitters
  mit einer Gitterkonstanten a, wodurch ebenfalls ein Impuls-Cutoff proportional zu $1/a$ realisiert wird;
– Dimensionelle Regularisierung,
  auf die wir später noch näher eingehen werden.

Natürlich muss es das Ziel sein, die Regularisierung der Theorie am Ende wieder aufzuheben.

4.11.3 Renormierung

Das Ziel der Renormierung besteht darin, Größen zu definieren, die auch nach Aufhebung der Regularisierung, d. h. im Limes $\Lambda \to \infty$, endlich bleiben und eine physikalische Bedeutung haben. Zu diesem Zweck unterscheidet man die Größen, die in der Wirkung S stehen, von entsprechenden renormierten Größen durch Anfügung des Index 0, im Fall der φ^4-Theorie sind das die Masse m_0, die Kopplungskonstante g_0 und das Feld $\varphi_0(x)$. Die „nackten" Größen m_0, g_0 und $\varphi_0(x)$ werden als Größen betrachtet, die nicht observabel sind.

Betrachten wir konkret den Propagator. In der Störungstheorie bis zur ersten Ordnung ist

$$
\begin{aligned}
\widetilde{G}^{(2)}(p) &= \quad\longrightarrow\quad + \frac{1}{2}\; \overset{k}{\longrightarrow\!\!\bigcirc\!\!\longrightarrow}\; + \ldots \\[4pt]
&= \mathrm{i}\widetilde{\Delta}_{\mathrm{F}}(p) - \frac{1}{2}\left(\mathrm{i}\widetilde{\Delta}_{\mathrm{F}}(p)\right)^2 \mathrm{i}g_0 I(m_0, \Lambda) + \ldots \\[4pt]
&= \mathrm{i}\widetilde{\Delta}_{\mathrm{F}}(p)\left\{1 + \frac{1}{2}\widetilde{\Delta}_{\mathrm{F}}(p)\, g_0 I(m_0, \Lambda) + \ldots\right\}
\end{aligned} \tag{4.367}
$$

Hier haben wir das Integral

$$
I(m_0, \Lambda) = \int \frac{d^4 k}{(2\pi)^4} \frac{\mathrm{i}}{k^2 - m_0^2 + \mathrm{i}\epsilon} \tag{4.368}
$$

eingeführt, das mit einem Cutoff Λ regularisiert sein soll. Einen genauen Ausdruck für $I(m_0, \Lambda)$ benötigen wir hier nicht; wir werden die Berechnung mit dimensioneller Regularisierung weiter unten durchführen. Es genügt zu wissen, dass das Integral asymptotisch für $\Lambda \to \infty$ wie

$$
I(m_0, \Lambda) \sim a\Lambda^2 + b m_0^2 \ln \frac{\Lambda^2}{m_0^2} + c m_0^2 + d\frac{m_0^4}{\Lambda^2} + \ldots \tag{4.369}
$$

divergiert.

Von Interesse ist der inverse Propagator, denn wir wissen, dass er eine Nullstelle bei $p^2 = m_{\mathrm{p}}^2$ besitzt, wobei m_{p} die physikalischen Teilchenmasse ist. Er lautet in der Störungstheorie

$$
\begin{aligned}
\left(\widetilde{G}^{(2)}(p)\right)^{-1} &= -\mathrm{i}(p^2 - m_0^2)\left\{1 - \frac{1}{2}\widetilde{\Delta}_{\mathrm{F}}(p)\, g_0 I(m_0, \Lambda) + \ldots\right\} \\[4pt]
&= -\mathrm{i}\left\{p^2 - m_0^2 - \frac{1}{2}g_0 I(m_0, \Lambda) + \ldots\right\}.
\end{aligned} \tag{4.370}
$$

Übrigens, falls wir uns an die Definition der Selbstenergie $\Sigma(p)$ und Gl. (4.310),

$$
\left(\widetilde{G}^{(2)}(p)\right)^{-1} = -\mathrm{i}\left(p^2 - m_0^2 - \Sigma(p)\right), \tag{4.371}
$$

erinnern, sehen wir, dass $(1/2)g_0I(m_0, \Lambda)$ der erste Beitrag zur Selbstenergie ist. Führen wir eine renormierte Masse m_R ein, welche in dieser Ordnung der Störungstheorie durch

$$m_R^2 = m_0^2 + \frac{1}{2}g_0I(m_0, \Lambda) \tag{4.372}$$

gegeben ist, so lautet der inverse Propagator in erster Ordnung

$$\left(\widetilde{G}^{(2)}(p)\right)^{-1} = -\mathrm{i}(p^2 - m_R^2) . \tag{4.373}$$

In dieser Näherung stimmt also m_R mit der Teilchenmasse m_p überein. Im Limes $\Lambda \to \infty$ muss daher m_R endlich bleiben, z. B. indem es konstant gehalten wird. Im gleichen Maße, wie Λ anwächst, muss sich m_0 ändern, damit die renormierte Masse m_R endlich bleibt. Da $I(m_0, \Lambda)$ divergiert, folgern wir, dass die nackte Masse m_0 dann ebenfalls gegen unendlich geht.

Zieht man höhere Ordnungen der Störungstheorie in Betracht, so treten Impulsabhängige Beiträge auf, und der inverse Propagator ist allgemein von der Gestalt

$$\mathrm{i}\left(\widetilde{G}^{(2)}(p)\right)^{-1} = -m_0^2 + A(m_0, g_0, \Lambda)$$
$$+ p^2(1 + B(m_0, g_0, \Lambda)) + p^4 C(m_0, g_0, \Lambda) + \ldots \tag{4.374}$$

mit divergierenden Funktionen A, B, C etc., die proportional zu g_0 sind. Es gibt nun verschiedene Möglichkeiten, einen renormierten Propagator und eine renormierte Masse zu definieren. Eine davon ist die Folgende. Es wird mit einem Feld-Renormierungsfaktor Z_R das renormierte Feld durch

$$\varphi_R(x) = Z_R^{-\frac{1}{2}} \varphi(x) \tag{4.375}$$

definiert. Entsprechend ist der renormierte Propagator

$$\widetilde{G}_R^{(2)}(p) = Z_R^{-1}\, \widetilde{G}^{(2)}(p) . \tag{4.376}$$

Die Feld-Renormierung Z_R und die renormierte Masse m_R sind nun so zu bestimmen, dass für den inversen renormierten Propagator gilt

$$\mathrm{i}\left(\widetilde{G}_R^{(2)}(p)\right)^{-1} = p^2 - m_R^2 + O(p^4) . \tag{4.377}$$

Konkret heißt das in unserem Fall

$$Z_R = (1 + B(m_0, g_0, \Lambda))^{-1} \tag{4.378}$$

und

$$m_R^2 = Z_R(m_0^2 - A(m_0, g_0, \Lambda)) . \tag{4.379}$$

Die physikalische Masse m_p, die durch die Nullstelle von $(\widetilde{G}_R^{(2)}(p))^{-1}$ gegeben ist, ist jetzt nicht mehr identisch mit der renormierten Masse m_R, sondern unterscheidet sich von ihr in höheren Ordnungen der Störungstheorie,

$$m_p = m_R + O(g_0) . \tag{4.380}$$

Die höheren renormierten Green'schen Funktionen sind entsprechend definiert durch

$$\widetilde{G}_R^{(n)}(p_1, \ldots, p_n) = Z_R^{\frac{n}{2}}\, \widetilde{G}^{(2)}(p_1, \ldots, p_n)\,. \tag{4.381}$$

Schließlich wird noch die renormierte Kopplung g_R eingeführt. Dazu kann man die renormierte zusammenhängende Vier-Punkt-Funktion

$$\widetilde{G}_{cR}^{(4)}(p_1, p_2, p_3, p_4) = Z_R^4\, \widetilde{G}_c^{(4)}(p_1, p_2, p_3, p_4) \tag{4.382}$$

heranziehen. Die zugehörige renormierte Vier-Punkt-Vertexfunktion ist in der φ^4-Theorie gegeben durch

$$\widetilde{\Gamma}_R^{(4)}(p_1, p_2, p_3, p_4)$$
$$\doteq -\mathrm{i}\left(\widetilde{G}_R^{(2)}(p_1)\widetilde{G}_R^{(2)}(p_2)\widetilde{G}_R^{(2)}(p_3)\widetilde{G}_R^{(2)}(p_4)\right)^{-1}\widetilde{G}_{cR}^{(4)}(p_1, p_2, p_3, p_4)\,. \tag{4.383}$$

In niedrigster Ordnung der Störungstheorie ist

$$\widetilde{\Gamma}_R^{(4)}(p_1, p_2, p_3, p_4) = -g_0 + O(g_0^2)\,. \tag{4.384}$$

Die renormierte Kopplung g_R wird nun definiert durch

$$g_R \doteq -\widetilde{\Gamma}_R^{(4)}(0, 0, 0, 0) = g_0 + O(g_0^2)\,. \tag{4.385}$$

Fassen wir den Stand der Dinge zusammen: es wurden das renormierte Feld

$$\varphi_R(x) = Z_R^{-1/2}\, \varphi_0(x) \tag{4.386}$$

mit einem Faktor

$$Z_R(g_0, m_0, \Lambda) = 1 + O(g_0)\,, \tag{4.387}$$

die renormierte Masse und die renormierte Kopplung

$$m_R(g_0, m_0, \Lambda) = m_0\,(1 + O(g_0))\,,$$
$$g_R(g_0, m_0, \Lambda) = g_0\,(1 + O(g_0)) \tag{4.388}$$

eingeführt, und die renormierten Green'schen Funktionen $\widetilde{G}_R^{(n)}(p_1, \ldots, p_n)$ definiert. Sie sind zunächst noch Funktionen der nackten Parameter g_0, m_0 und des Cutoffs Λ.

Die eigentliche Renormierung besteht nun in Folgendem:

Die in der Störungstheorie berechneten renormierten Green'schen Funktionen werden mittels Substitution der Variablen durch die renormierten Größen m_R und g_R an Stelle von m_0 und g_0 ausgedrückt. Dazu sind die funktionalen Abhängigkeiten Ordnung für Ordnung in der Störungstheorie umzukehren:

$$m_0 = m_0(g_R, m_R, \Lambda) = m_R\,(1 + O(g_R))\,,$$
$$g_0 = g_0(g_R, m_R, \Lambda) = g_R\,(1 + O(g_R))\,. \tag{4.389}$$

Für die so gewonnenen Green'schen Funktionen wird schlussendlich der Grenzwert

$$\lim_{\Lambda \to \infty} \widetilde{G}_R^{(n)}(p_1, \ldots, p_n; g_R, m_R, \Lambda) \equiv \widetilde{G}_R^{(n)}(p_1, \ldots, p_n; g_R, m_R) \qquad (4.390)$$

gebildet. Während die physikalischen Größen m_R, g_R festgehalten werden, divergieren dabei die nackten Größen m_0 und g_0.

Für die φ^4-Theorie sagt die Renormierungstheorie aus, dass der so gebildete Limes für die renormierten Green'schen Funktionen existiert und endliche Ausdrücke ergibt. Der Beweis für diese höchst nichttriviale Aussage ist verwickelt und kann hier nicht geführt werden.

Theorien, bei denen dieses Verfahren endliche Ausdrücke für die Green'schen Funktionen des renormierten Feldes liefert, heißen renormierbar. Dazu gehören die φ^4-Theorie, die QED, die QCD und die Glashow-Weinberg-Salam-Theorie der schwachen Wechselwirkung.

Eine Faustregel, die in den meisten Fällen zutrifft, besagt, dass eine Theorie störungstheoretisch nicht renormierbar ist, wenn sie Kopplungskonstanten mit negativer Massendimension besitzt. Was heißt das? In unseren Einheiten, bei denen $\hbar = 1$ und $c = 1$ ist, hat jede Größe eine Dimension, die Potenz einer Masse bzw. einer inversen Länge ist. Die Wirkung S hat Dimension null und daher hat die Lagrangedichte die Dimension $[\mathscr{L}] = 4$. Aus der Form des kinetischen Terms folgt, dass das skalare Feld die Dimension $[\varphi] = 1$ besitzt. Jede Masse hat natürlich die Dimension $[m] = 1$. Die Kopplungskonstante einer quartischen Kopplung $g\varphi^4$ muss dimensionslos sein: $[g] = 0$. Eine sextische Kopplung $\lambda\varphi^6$ wäre mit einer Kopplung der Dimension $[\lambda] = -2$ versehen, und die Theorie wäre nicht renormierbar.

Die oben gemachten Festlegungen der Feld-Renormierung Z_R und der renormierten Parameter m_R und g_R stellen nicht die einzige Möglichkeit dar. Eine andere Wahl besteht darin, die renormierte Masse durch den Pol des Propagators und die Feld-Renormierung durch das Residuum des Pols zu definieren:

$$\mathrm{i}\left(\widetilde{G}^{(2)}(p)\right)^{-1} \xrightarrow[p^2 \to m_p^2]{} Z_\varphi^{-1}(p^2 - m_p^2) . \qquad (4.391)$$

In diesem Fall stimmt die renormierte Masse m_p mit der physikalischen Teilchenmasse überein und Z_φ ist identisch mit dem in Gl. (4.179) definierten Faktor, der in den Reduktionsformeln vorkommt. Die verschiedenen Möglichkeiten, die renormierten Größen zu definieren, nennt man **Renormierungsschemata**.

4.11.4 Dimensionelle Regularisierung

Eine Methode, die divergenten Integrale zu regularisieren, ist die dimensionelle Regularisierung. Sie hat sich bei der Renormierung von Eichtheorien als äußerst vorteilhaft und effizient erwiesen und wird daher heutzutage bevorzugt verwendet. Am

Beispiel des Propagators soll sie erläutert werden. Dort sind wir dem divergenten Integral

$$I(m_0) = \int \frac{d^4 k}{(2\pi)^4} \frac{i}{k^2 - m_0^2 + i\epsilon} \tag{4.392}$$

begegnet. Zunächst ist es günstig, das Integral durch Wick-Rotation,

$$k^0 = e^{i\alpha} k_4 \,, \quad \alpha \to \frac{\pi}{2} \,, \quad \text{d.h.} \quad k^0 = i k_4 \,, \quad k_4 \in \mathbf{R} \,, \tag{4.393}$$

in ein Integral über den euklidischen $\mathbf{R}^4$ zu verwandeln:

$$I(m_0) = \int \frac{d^4 k}{(2\pi)^4} \frac{1}{k^2 + m_0^2} \,, \tag{4.394}$$

wobei jetzt $k^2 = \vec{k}^2 + k_4^2$ ist. Die dimensionelle Regularisierung besteht darin, dieses Integral in einer beliebigen Dimension d des Impulsraumes zu betrachten. Um die Massendimension nicht zu ändern, wird ein zusätzlicher Faktor angebracht,

$$I(m_0, d) = \mu^{4-d} \int \frac{d^d k}{(2\pi)^d} \frac{1}{k^2 + m_0^2} \,, \tag{4.395}$$

wobei μ eine beliebige Masse ist. In Polarkoordinaten geht die Integration über in ein Integral über den Betrag des Vektors k,

$$\int d^d k \cdots \longrightarrow \Omega_{d-1} \int\limits_0^\infty dk\, k^{d-1} \cdots \tag{4.396}$$

mit der Oberfläche

$$\Omega_{d-1} = \frac{2\pi^{d/2}}{\Gamma\left(\frac{d}{2}\right)} \tag{4.397}$$

der Hypersphäre S_{d-1}. Dies liefert

$$\begin{aligned}
I(m_0, d) &= 2(4\pi)^{-\frac{d}{2}} \frac{1}{\Gamma\left(\frac{d}{2}\right)} \mu^{4-d} \int\limits_0^\infty dk\, \frac{k^{d-1}}{k^2 + m_0^2} \\
&= 2(4\pi)^{-\frac{d}{2}} \frac{1}{\Gamma\left(\frac{d}{2}\right)} m_0^2 \left(\frac{m_0^2}{\mu^2}\right)^{\frac{d-4}{2}} \int\limits_0^\infty dx\, \frac{x^{d-1}}{x^2 + 1} \,.
\end{aligned} \tag{4.398}$$

Mit

$$\int\limits_0^\infty dx\, \frac{x^{d-1}}{x^2 + 1} = \frac{1}{2} \Gamma\left(1 - \frac{d}{2}\right) \Gamma\left(\frac{d}{2}\right) \tag{4.399}$$

wird

$$I(m_0, d) = (4\pi)^{-\frac{d}{2}} \Gamma\left(1 - \frac{d}{2}\right) m_0^2 \left(\frac{m_0^2}{\mu^2}\right)^{\frac{d-4}{2}} \,. \tag{4.400}$$

Dieses Ergebnis ist offenbar eine analytische Funktion von d und lässt sich auf nicht-ganze Werte von $d \in \mathbf{R}$ fortsetzen. Speziell in der Nähe von $d = 4$ setzen wir

$$d = 4 - 2\varepsilon,\tag{4.401}$$

benutzen

$$\Gamma\left(1 - \frac{d}{2}\right) = \Gamma(-1 + \varepsilon) = \frac{1}{-1 + \varepsilon}\,\Gamma(\varepsilon) = -\frac{1}{(1 - \varepsilon)\varepsilon}\,\Gamma(1 + \varepsilon)$$

$$= -\frac{1}{\varepsilon} - 1 - \Gamma'(1) + O(\varepsilon)\tag{4.402}$$

$$\Gamma'(1) = -\gamma_E = -0{,}577\ldots\tag{4.403}$$

und erhalten

$$I(m_0, d) = -\left(\frac{m_0}{4\pi}\right)^2 \left\{ \frac{1}{\varepsilon} + 1 + \Gamma'(1) + \ln(4\pi) - \ln\frac{m_0^2}{\mu^2} + O(\varepsilon) \right\}.\tag{4.404}$$

Damit lautet der inverse Propagator zu erster Ordnung der Störungstheorie in dimensioneller Regularisierung

$$\left(\widetilde{G}^{(2)}(p)\right)^{-1} = -\mathrm{i}\left\{ p^2 - m_0^2 - \frac{1}{2}g_0 I(m_0, d) + O(g_0^2) \right\}$$

$$= -\mathrm{i}\left\{ p^2 - m_R^2 + O(g_0^2) \right\}\tag{4.405}$$

mit

$$m_R^2 = m_0^2 + \frac{1}{2}g_0 I(m_0, d) + O(g_0^2)$$

$$= m_0^2 \left\{ 1 - \frac{g_0}{32\pi^2}\left(\frac{1}{\varepsilon} + 1 + \Gamma'(1) + \ln(4\pi) - \ln\frac{m_0^2}{\mu^2} + O(\varepsilon) \right) + O(g_0^2) \right\}.\tag{4.406}$$

Zunächst ist festzuhalten, dass in dimensioneller Regularisierung kein Cutoff Λ auftaucht. Stattdessen spiegelt sich die Divergenz des Integrals für $d \to 4$ in Polen $\sim 1/\varepsilon$ wieder. Weiterhin wurde eine beliebige Masse μ eingeführt, von denen die obigen Ausdrücke abhängen. Beziehungen zwischen messbaren physikalischen Größen, z. B. Streuquerschnitten, müssen natürlich unabhängig von μ sein.

Die dimensionelle Regularisierung erlaubt eine effiziente Berechnung von Feynman-Graphen auch in höheren Ordnungen der Störungstheorie und gehört zum Standard-Werkzeugkasten der Theoretiker. Bei Theorien mit Fermionen treten gewisse Probleme auf, wenn die Dirac-Matrix γ_5 in den Rechnungen vorkommt; für deren Lösung gibt es aber geeignete Verfahren.

Übungen

1. Berechnen Sie das divergente Euklidische Ein-Schleifen-Integral

$$I(m_0, \Lambda) = \int \frac{d^4 k}{(2\pi)^4}\, \frac{1}{k^2 + m_0^2}$$

mit einem Impuls-Cutoff $|p| < \Lambda$ und bestimmen Sie die Koeffizienten a, b und c in der Asymptotik

$$I(m_0, \Lambda) \sim a\Lambda^2 + bm_0^2 \ln \frac{\Lambda^2}{m_0^2} + cm_0^2 + d\frac{m_0^4}{\Lambda^2} + \dots$$

2. Die Theorie eines reellen skalaren Feldes in d Raumzeit-Dimensionen habe die Lagrangedichte

$$\mathscr{L} = \frac{1}{2}(\partial_\mu \varphi)(\partial^\mu \varphi) - \sum_{n=2}^{\infty} g_n \varphi^n \,.$$

Welche Dimensionen haben die Kopplungen g_n?

4.12 Funktionalintegral für das komplexe Skalarfeld

In den letzten Abschnitten ging es um das reelle Skalarfeld. Auch für das komplexe Skalarfeld lassen sich die Green'schen Funktionen durch Funktionalintegrale darstellen. Dabei treten ein paar Unterschiede zum reellen Skalarfeld auf, die Anlass geben, diesen Fall einmal anzusehen.

Wie schon bei der Herleitung der Feldgleichung aus der Lagrangefunktion gibt es zwei Möglichkeiten, mit dem komplexen Skalarfeld umzugehen. Einerseits kann es in Real- und Imaginärteil zerlegt werden und das Funktionalintegral kann als Integral über diese beiden reellen Felder angesetzt werden. Andererseits können $\varphi(x)$ und $\varphi^*(x)$ als unabhängige Variable betrachtet werden. So wie in der Theorie komplexer Funktionen die Integration über die zweidimensionale komplexe Ebene als $\int dz dz^*$ geschrieben werden kann, kann das Funktionalintegral über das komplexe Skalarfeld in der Form

$$Z = \int \mathcal{D}\varphi \, \mathcal{D}\varphi^* \, e^{iS[\varphi, \varphi^*]} \tag{4.407}$$

mit

$$\mathcal{D}\varphi \, \mathcal{D}\varphi^* = \prod_x d\varphi(x) \, d\varphi^*(x) \tag{4.408}$$

postuliert werden. Mit den zugehörigen komplexen Quellen $J(x)$ und $J^*(x)$ und den Abkürzungen

$$(J^*, \varphi) = \int d^4x \, J^*(x)\varphi(x) \,, \quad (J, \varphi^*) = \int d^4x \, J(x)\varphi^*(x) \tag{4.409}$$

lautet das erzeugende Funktional der Green'schen Funktionen

$$Z[J, J^*] = \frac{1}{Z} \int \mathcal{D}\varphi \, \mathcal{D}\varphi^* \, e^{iS[\varphi, \varphi^*] + i(J^*, \varphi) + i(J, \varphi^*)} \,, \tag{4.410}$$

wobei

$$\begin{aligned} S[\varphi, \varphi^*] &= \int d^4x \left((\partial_\mu \varphi^*)(\partial^\mu \varphi) - m^2 \varphi^* \varphi \right) \\ &= \left(\varphi^*, (\Box - m^2)\varphi \right) \end{aligned} \tag{4.411}$$

die Wirkung des freien Feldes ist. Mit der quadratischen Ergänzung

$$\varphi = \varphi' - \Delta_F J , \quad \varphi^* = \varphi^{*\prime} - \Delta_F J^* \tag{4.412}$$

werden wir auf

$$Z[J, J^*] = e^{-i(J^*, \Delta_F J)}$$
$$= e^{-i \int d^4x \, d^4y J^*(x) \Delta_F(x-y) J(y)} \tag{4.413}$$

geführt, wobei Δ_F die uns bekannte Green'sche Funktion zum Klein-Gordon-Operator ist. Für die zusammenhängenden Green'schen Funktionen ergibt sich das erzeugende Funktional

$$W[J, J^*] = \ln Z[J, J^*] = -i \int d^4x \, d^4y J^*(x) \Delta_F(x-y) J(y) \tag{4.414}$$

welches anzeigt, dass es nur die zusammenhängende Zwei-Punkt-Funktion

$$\langle 0|T\varphi(x)\,\varphi^*(y)|0\rangle = \left(-i\frac{\delta}{\delta J^*(x)}\right)\left(-i\frac{\delta}{\delta J(y)}\right) W[J, J^*]\Big|_{J=J^*=0}$$
$$= i\Delta_F(x-y) \tag{4.415}$$

gibt. Die Zwei-Punkt-Funktionen

$$\langle 0|T\varphi(x)\,\varphi(y)|0\rangle = 0 , \quad \langle 0|T\varphi^*(x)\,\varphi^*(y)|0\rangle = 0 \tag{4.416}$$

verschwinden. Dies folgt auch aus der U(1)-Symmetrie der Wirkung und des erzeugenden Funktionals, denn die beiden letztgenannten Zwei-Punkt-Funktionen sind nicht invariant unter der U(1)-Symmetrie und müssen daher null sein.

Auch für die höheren n-Punkt-Funktionen gilt aus dem gleichen Grund, dass nur solche von null verschieden sind, bei denen die Anzahl der Felder φ und φ^* gleich sind. Das Wick'sche Theorem nimmt für das komplexe Skalarfeld eine entsprechend geänderte Form an. Für die $2n$-Punkt-Funktion ist

$$\frac{1}{Z}\int \mathcal{D}\varphi \, \mathcal{D}\varphi^* \, \varphi(x_1)\,\varphi^*(x_1')\cdots\varphi(x_n)\,\varphi^*(x_n')\,e^{iS}$$
$$= \sum_\sigma \text{sign}(\sigma)\, i\Delta_F(x_1 - x_{\sigma_1}')\cdots i\Delta_F(x_n - x_{\sigma_n}') . \tag{4.417}$$

Die Summe erstreckt sich über alle Permutationen σ der Zahlen $\{1, \dots, n\}$. Im Wick'schen Theorem treten diesmal alle Paarungen auf, bei denen jeweils ein φ mit einem φ^* gepaart wird.

4.13 Ward-Identitäten

Das Noether-Theorem liefert zu jeder kontinuierlichen Symmetrie einen erhaltenen Strom $j^\mu(x)$. In der klassischen Feldtheorie verschwindet die Divergenz des Stroms,

$\partial_\mu j^\mu = 0$, wenn das Feld die Feldgleichungen erfüllt. Wie verhält es sich aber in der quantisierten Feldtheorie? Im Funktionalintegral wird über Feldkonfigurationen integriert, die fast alle nicht die Feldgleichungen erfüllen. In welchem Sinne gibt es eine Erhaltung des Stromes? Diese Frage wird durch die Ward-Identitäten beantwortet.

Zur Begründung der Ward-Identitäten müssen wir uns zuvor mit einem besonderen Zusammenhang zwischen der Lagrangedichte und dem Noether-Strom befassen. Betrachten wir die Theorie des komplexen Skalarfeldes mit quartischer Selbstwechselwirkung. Die Lagrangedichte

$$\mathscr{L} = (\partial_\mu \varphi^*)(\partial^\mu \varphi) - m^2 \varphi^* \varphi - \frac{g}{6}(\varphi^* \varphi)^2 \tag{4.418}$$

ist invariant unter Phasentransformationen

$$\varphi(x) \longrightarrow \varphi'(x) = e^{-i\alpha}\varphi(x) \tag{4.419}$$

mit konstantem α. Solche Transformationen werden als **global** bezeichnet. Nun betrachten wir die Transformation mit einem x-abhängigen Phasenfaktor

$$\varphi'(x) = e^{-i\alpha(x)}\varphi(x) . \tag{4.420}$$

Solche Transformationen heißen **lokal**. Unter diesen Transformationen ist die Lagrangedichte nicht mehr invariant, sondern ändert sich. Für eine Transformation mit infinitesimalem Phasenfaktor $\alpha(x) \to \epsilon(x)$ ergibt eine kurze Rechnung

$$\delta\mathscr{L} = (\partial_\mu \epsilon(x))\, i \left(\varphi^* \partial^\mu \varphi - \varphi \, \partial^\mu \varphi^*\right) = (\partial_\mu \epsilon(x))\, j^\mu(x) \tag{4.421}$$

mit dem uns bekannten Noether-Strom $j^\mu(x)$.

Dieses Resultat lässt sich verallgemeinern. Die Lagrangedichte $\mathscr{L}$ eines mehrkomponentigen Feldes $\varphi_a(x)$ sei invariant unter gewissen globalen Symmetrietransformationen. Die infinitesimalen Transformationen schreiben wir als

$$\delta\varphi_a(x) = \epsilon \, \Delta_a(x) \tag{4.422}$$

mit konstantem infinitesimalen Parameter ϵ. Nun betrachten wir eine lokale, x-abhängige Transformation

$$\delta\varphi_a(x) = \epsilon(x)\Delta_a(x) . \tag{4.423}$$

Wenn wir wie üblich annehmen, dass $\mathscr{L}(\varphi, \partial_\mu\varphi)$ vom Feld und seinen ersten Ableitungen abhängt, muss die Änderung von $\mathscr{L}$ von der Form

$$\delta\mathscr{L} = \epsilon(x)A(x) + (\partial_\mu \epsilon(x))\, J^\mu(x) \tag{4.424}$$

mit gewissen Funktionen $A(x)$ und $J^\mu(x)$ sein. Für konstantes ϵ ist $\mathscr{L}$ nach Voraussetzung invariant, so dass $0 = \epsilon A(x)$ ist und folglich $A(x) = 0$. Für x-abhängiges $\epsilon(x)$ bleibt

$$\delta\mathscr{L} = (\partial_\mu \epsilon(x))\, J^\mu(x) . \tag{4.425}$$

Nun soll gezeigt werden, dass $J^\mu(x)$ identisch mit dem Noether-Strom $j^\mu(x)$ ist. Aus der Diskussion der Euler-Lagrange-Gleichungen kennen wir die allgemeine Variation der Lagrangedichte:

$$\begin{aligned}
\delta\mathscr{L} &= \frac{\partial\mathscr{L}}{\partial\varphi_a}\delta\varphi_a + \frac{\partial\mathscr{L}}{\partial(\partial_\mu\varphi_a)}\partial_\mu\delta\varphi_a \\
&= \left\{\frac{\partial\mathscr{L}}{\partial\varphi_a} - \partial_\mu\left(\frac{\partial\mathscr{L}}{\partial_\mu\varphi_a}\right)\right\}\delta\varphi_a + \partial_\mu\left(\frac{\partial\mathscr{L}}{\partial(\partial_\mu\varphi_a)}\delta\varphi_a\right).
\end{aligned} \tag{4.426}$$

Mit dem Noether-Strom (3.61), den wir hier als

$$j^\mu = \frac{\partial\mathscr{L}}{\partial(\partial_\mu\varphi_a)}\Delta_a \tag{4.427}$$

schreiben, haben wir

$$\begin{aligned}
\delta\mathscr{L} &= \left\{\frac{\partial\mathscr{L}}{\partial\varphi_a} - \partial_\mu\left(\frac{\partial\mathscr{L}}{\partial_\mu\varphi_a}\right)\right\}\delta\varphi_a + \partial_\mu\left(\epsilon(x)j^\mu(x)\right) \\
&= \left\{\frac{\partial\mathscr{L}}{\partial\varphi_a} - \partial_\mu\left(\frac{\partial\mathscr{L}}{\partial_\mu\varphi_a}\right)\right\}\delta\varphi_a + \epsilon(x)\,\partial_\mu j^\mu(x) + (\partial_\mu\epsilon(x))\,j^\mu(x).
\end{aligned} \tag{4.428}$$

Im Fall, dass die Feldgleichungen erfüllt sind, verschwindet die geschweifte Klammer und außerdem ist der Strom erhalten, $\partial_\mu j^\mu = 0$, so dass wir mit

$$\delta\mathscr{L} = (\partial_\mu\epsilon(x))\,j^\mu(x) \tag{4.429}$$

verbleiben. Der Vergleich mit (4.425) zeigt, dass in der Tat $J^\mu(x) = j^\mu(x)$ ist, und wir können festhalten, dass generell für lokale Transformationen mit x-abhängigem Parameter

$$\delta\mathscr{L} = (\partial_\mu\epsilon(x))\,j^\mu(x) \tag{4.430}$$

ist. Dies lässt sich auch mit der Wirkung S als

$$\delta S = \int d^4x\,(\partial_\mu\epsilon(x))\,j^\mu(x) \tag{4.431}$$

schreiben, oder als Funktionalableitung

$$\frac{\delta S}{\delta\epsilon(x)} = -\partial_\mu j^\mu(x). \tag{4.432}$$

Mit dieser Beziehung können wir zur Herleitung der Ward-Identitäten schreiten. Betrachten wir das Funktionalintegral für das komplexe Skalarfeld

$$\int \mathcal{D}\varphi\,\mathcal{D}\varphi^*\,e^{iS}\varphi(y_1)\varphi^*(y_2). \tag{4.433}$$

Das Integrationsmaß ist invariant unter den betrachteten lokalen Transformationen

$$\delta\varphi(x) = -i\,\epsilon(x)\varphi(x) \equiv \epsilon(x)\Delta(x), \quad \delta\varphi^*(x) = +i\,\epsilon(x)\varphi^*(x) \equiv \epsilon(x)\Delta^*(x), \tag{4.434}$$

da diese an jedem Punkt unitär sind. Mit einem Variablenwechsel gilt daher

$$\int \mathcal{D}\varphi \, \mathcal{D}\varphi^* \, e^{iS} \varphi(y_1)\varphi^*(y_2) = \int \mathcal{D}\varphi' \, \mathcal{D}\varphi'^* \, e^{iS'} \varphi'(y_1)\varphi'^*(y_2)$$

$$= \int \mathcal{D}\varphi \, \mathcal{D}\varphi^* \, e^{iS'} \varphi'(y_1)\varphi'^*(y_2) \,. \qquad (4.435)$$

Für infinitesimale x-abhängige Parameter folgt

$$0 = \frac{\delta}{\delta\epsilon(x)} \int \mathcal{D}\varphi \, \mathcal{D}\varphi^* \, e^{iS} \varphi(y_1)\varphi^*(y_2)$$

$$= \int \mathcal{D}\varphi \, \mathcal{D}\varphi^* \left\{ i\frac{\delta S}{\delta\epsilon(x)}\varphi(y_1)\varphi^*(y_2) + \frac{\delta\varphi(y_1)}{\delta\epsilon(x)}\varphi^*(y_2) + \varphi(y_1)\frac{\delta\varphi^*(y_2)}{\delta\epsilon(x)} \right\} e^{iS}$$

$$= \int \mathcal{D}\varphi \, \mathcal{D}\varphi^* \left\{ -i\left(\partial_\mu j^\mu(x)\right)\varphi(y_1)\varphi^*(y_2) \right.$$

$$\left. + \delta^{(4)}(x-y_1)\Delta(y_1)\varphi^*(y_2) + \delta^{(4)}(x-y_2)\varphi(y_1)\Delta^*(y_2) \right\} e^{iS} \,. \qquad (4.436)$$

Nach Division durch den Normierungsfaktor Z ist dies eine Gleichung für zeitgeordnete Vakuum-Erwartungswerte:

$$\partial_\mu \langle 0 | T j^\mu(x) \, \varphi(y_1)\varphi^*(y_2) | 0 \rangle$$

$$= -\delta^{(4)}(x-y_1)\langle 0 | T\varphi(y_1)\varphi^*(y_2) | 0 \rangle + \delta^{(4)}(x-y_2)\langle 0 | T\varphi(y_1)\varphi^*(y_2) | 0 \rangle \,. \qquad (4.437)$$

Sie lässt sich in gleicher Weise für eine größere Zahl von Feldern ableiten.

Wir stellen also fest, dass in der quantisierten Feldtheorie die Erhaltung des Stroms innerhalb von zeitgeordneten Vakuum-Erwartungswerten gilt, wobei für zusammenfallende Raumzeit-Punkte noch zusätzliche Terme auftreten, die Kontaktterme heißen. Setzt man die konkrete Form des Stroms ein, erhält man Beziehungen zwischen Green'schen Funktionen.

Gleichung (4.437) und ihre Verallgemeinerungen heißen **Ward-Identitäten**. Ward hat für die QED verwandte Gleichungen hergeleitet, die für die Renormierung wichtig sind. Wir werden darauf zurückkommen. Auch in anderen Theorien, die kontinuierliche Symmetrien aufweisen, stellen die entsprechenden Ward-Identitäten Beziehungen zwischen Green'schen Funktionen dar, aus denen nützliche Folgerungen gezogen werden.

5 Diracfeld

In diesem Kapitel werden wir das freie Diracfeld und seine Quantisierung behandeln. Einige Aspekte sind ähnlich denen des Skalarfeldes, aber wir werden auch wesentliche Unterschiede kennenlernen.

5.1 Lösungen der Diracgleichung

Die Lösungen der freien Diracgleichung in Form von ebenen Wellen wurden in QT vorgestellt und sollen hier in Erinnerung gerufen werden. Der Ansatz für ebene Wellen ist

$$\psi(\vec{r}, t) = u\, e^{i(\vec{k}\cdot\vec{r}-\omega t)} = u\, e^{-ik\cdot x} \quad \text{mit} \quad u = \begin{pmatrix} u_1 \\ u_2 \\ u_3 \\ u_4 \end{pmatrix}. \tag{5.1}$$

Der Wellenvektor $k = (\omega, \vec{k})$ soll natürlich die relativistische Beziehung $k^2 = m^2$ erfüllen. Einsetzen des Ansatzes in die Diracgleichung liefert eine Gleichung für die Spinor-Amplitude u:

$$(\gamma^\mu k_\mu - m)u = 0. \tag{5.2}$$

Diese besitzt vier unabhängige Lösungen. Zwei dieser Lösungen gehören zu positiven Frequenzen

$$\omega = \sqrt{\vec{k}^2 + m^2} = \omega_k. \tag{5.3}$$

Diese bezeichnen wir als $u^{(1)}(\vec{k})$ und $u^{(2)}(\vec{k})$. Zwei weitere, $u^{(3)}(\vec{k})$ und $u^{(4)}(\vec{k})$, gehören zu negativen Frequenzen $\omega = -\omega_k$. Für den Spezialfall $\vec{k} = \vec{0}$ ist

$$u^{(1)}(\vec{0}) = N \begin{pmatrix} 1 \\ 0 \\ 0 \\ 0 \end{pmatrix}, \quad u^{(2)}(\vec{0}) = N \begin{pmatrix} 0 \\ 1 \\ 0 \\ 0 \end{pmatrix}, \quad u^{(3)}(\vec{0}) = N \begin{pmatrix} 0 \\ 0 \\ 1 \\ 0 \end{pmatrix}, \quad u^{(4)}(\vec{0}) = N \begin{pmatrix} 0 \\ 0 \\ 0 \\ 1 \end{pmatrix} \tag{5.4}$$

mit einem Normierungsfaktor N. Es hat sich als günstig erwiesen, folgende Umbenennung vorzunehmen:

$$u^{(3)}(\vec{k}) = v^{(1)}(-\vec{k}), \quad u^{(4)}(\vec{k}) = v^{(2)}(-\vec{k}). \tag{5.5}$$

https://doi.org/10.1515/9783110638547-005

Analog zum skalaren Feld kann die allgemeine Lösung der Diracgleichung damit in der Form

$$\psi(x) = \int \frac{d^3k}{(2\pi)^3 2\omega_k} \left\{ \left(b_1(\vec{k})u^{(1)}(\vec{k}) + b_2(\vec{k})u^{(2)}(\vec{k}) \right) e^{-ik\cdot x} \right.$$

$$\left. + \left(d_1^*(\vec{k})v^{(1)}(\vec{k}) + d_2^*(\vec{k})v^{(2)}(\vec{k}) \right) e^{ik\cdot x} \right\} \bigg|_{k_0=\omega_k}$$

$$= \int \frac{d^3k}{(2\pi)^3 2\omega_k} \sum_{r=1}^{2} \left\{ b_r(\vec{k})u^{(r)}(\vec{k}) e^{-ik\cdot x} + d_r^*(\vec{k})v^{(r)}(\vec{k}) e^{ik\cdot x} \right\} \tag{5.6}$$

geschrieben werden, wobei nun stets $k_0 = \omega_k > 0$ vorausgesetzt wird. Dann erfüllen die konstanten Spinoren

$$(\gamma^\mu k_\mu - m)u(\vec{k}) = 0 \,, \tag{5.7}$$

$$(\gamma^\mu k_\mu + m)v(\vec{k}) = 0 \,. \tag{5.8}$$

Die Normierung kann so gewählt werden, dass eine „Orthonormalität" der Art

$$\overline{u}^{(r)}(\vec{k})u^{(s)}(\vec{k}) = 2m\delta_{rs} \,, \tag{5.9}$$

$$\overline{v}^{(r)}(\vec{k})v^{(s)}(\vec{k}) = -2m\delta_{rs} \,, \tag{5.10}$$

$$\overline{u}^{(r)}(\vec{k})v^{(s)}(\vec{k}) = \overline{v}^{(r)}(\vec{k})u^{(s)}(\vec{k}) = 0 \tag{5.11}$$

für $r, s = 1, 2$ gilt. Es gilt auch eine Art Vollständigkeitsrelation mit Minuszeichen

$$u_\alpha^{(1)}(\vec{k})\,\overline{u}_\beta^{(1)}(\vec{k}) + u_\alpha^{(2)}(\vec{k})\,\overline{u}_\beta^{(2)}(\vec{k}) - v_\alpha^{(1)}(\vec{k})\,\overline{v}_\beta^{(1)}(\vec{k}) - v_\alpha^{(2)}(\vec{k})\,\overline{v}_\beta^{(2)}(\vec{k}) = 2m\delta_{\alpha\beta} \,. \tag{5.12}$$

Gelegentlich werden auch die Beziehungen

$$u^{(r)\dagger}(\vec{k})u^{(s)}(\vec{k}) = 2\omega_k\delta_{rs} \,, \tag{5.13}$$

$$v^{(r)\dagger}(\vec{k})v^{(s)}(\vec{k}) = 2\omega_k\delta_{rs} \,, \tag{5.14}$$

$$u^{(r)\dagger}(\vec{k})\,v^{(s)}(-\vec{k}) = v^{(r)\dagger}(-\vec{k})\,u^{(s)}(\vec{k}) = 0 \tag{5.15}$$

benötigt.

Übungen

1. Berechnen Sie die folgende Determinante:

$$\det\left(\gamma^\mu k_\mu - m\mathbf{1}\right) \,.$$

2. Zeigen Sie die Gültigkeit der Relationen (5.9)–(5.11). Verwenden Sie dazu die Tatsache, dass $\overline{u}^{(r)}(\vec{k})u^{(s)}(\vec{k})$, ... Lorentz-invariant sind.

3. Berechnen Sie bis auf eine Normierungskonstante die expliziten Ausdrücke für die Spinoren $u^{(r)}(\vec{k})$ und $v^{(r)}(\vec{k})$ für $r = 1, 2$.

4. Leiten Sie die Relationen

$$\sum_{r=1}^{2} u^{(r)}(k)\overline{u}^{(r)}(k) \propto \gamma_\mu k^\mu + m \,,$$

$$\sum_{r=1}^{2} v^{(r)}(k)\overline{v}^{(r)}(k) \propto \gamma_\mu k^\mu - m$$

her. Berechnen Sie auch die Proportionalitätsfaktoren.

5.2 Kovarianz der Diracgleichung

5.2.1 Lorentz-Transformationen

Eine Lorentz-Transformation

$$x \longrightarrow x' , \quad x'^{\mu} = \Lambda^{\mu}_{\ \nu} x^{\nu} \tag{5.16}$$

beschreibt als passive Transformation den Übergang zu einem neuen Bezugssystem. Hier bezeichnen x und x' die in verschiedenen Bezugssystemen unterschiedlichen Koordinaten desselben Punktes bzw. Ereignisses.

Das Transformationsverhalten von Feldern unterscheidet sich für skalare Felder, Vektor- oder Tensorfelder.

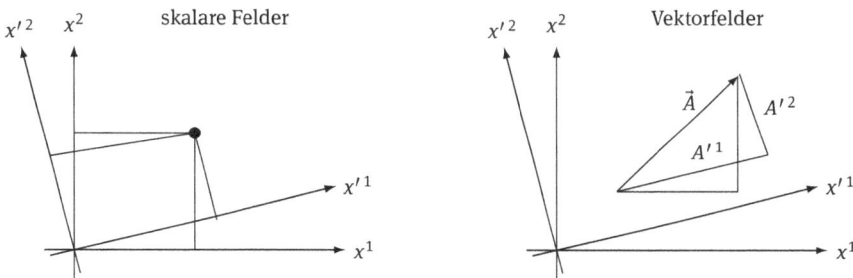

Abb. 5.1: Transformationsverhalten von Skalar- und Vektorfeldern unter Rotationen

Bei einem skalaren Feld $\varphi(x)$ gilt

$$\varphi'(x') = \varphi(x) . \tag{5.17}$$

Bei Vektorfeldern $A^{\mu}(x)$ hat man zu berücksichtigen, dass außerdem die Vektorkomponenten A^{μ} in verschiedenen Bezugssystemen unterschiedlich sind,

$$A'^{\mu}(x') = \Lambda^{\mu}_{\ \nu} A^{\nu}(x) . \tag{5.18}$$

Wie transformiert sich das Diracfeld unter Lorentz-Transformationen? Im ursprünglichen Bezugssystem gilt die Diracgleichung

$$(i\gamma^{\mu}\partial_{\mu} - m)\psi(x) = 0 . \tag{5.19}$$

Damit die Diracgleichung beim Übergang forminvariant ist, muss im transformierten System gelten

$$(i\gamma^{\mu}\partial'_{\mu} - m)\psi'(x') = 0 , \tag{5.20}$$

wobei

$$\partial_{\mu} = \frac{\partial x'^{\nu}}{\partial x^{\mu}} \partial'_{\nu} = \Lambda^{\nu}_{\ \mu} \partial'_{\nu} . \tag{5.21}$$

Die Transformation $\psi(x) \longrightarrow \psi'(x')$ soll linear sein und natürlich von Λ abhängen. Wir schreiben also

$$\psi'(x') = S(\Lambda)\,\psi(x) \tag{5.22}$$

mit einer noch zu bestimmenden 4×4-Matrix $S(\Lambda)$. Die Umkehrung der Transformation erfordert, dass

$$S(\Lambda^{-1}) = (S(\Lambda))^{-1} \tag{5.23}$$

gilt. Mit diesen Festlegungen schreiben wir die ursprüngliche Diracgleichung um als

$$(\mathrm{i}\Lambda^{\nu}{}_{\mu}\gamma^{\mu}\partial'_{\nu} - m)S^{-1}(\Lambda)\psi'(x') = 0 \,, \tag{5.24}$$

und nach Multiplikation mit $S(\Lambda)$ ergibt sich

$$\left(\mathrm{i}\Lambda^{\nu}{}_{\mu}S(\Lambda)\gamma^{\mu}S^{-1}(\Lambda)\partial'_{\nu} - m\right)\psi'(x') = 0 \,. \tag{5.25}$$

Damit die Diracgleichung forminvariant beim Wechsel des Bezugssystem ist, muss also gelten

$$\Lambda^{\nu}{}_{\mu}S(\Lambda)\gamma^{\mu}S^{-1}(\Lambda) = \gamma^{\nu} \tag{5.26}$$

oder

$$\Lambda^{\nu}{}_{\mu}\gamma^{\mu} = S^{-1}(\Lambda)\gamma^{\nu}S(\Lambda) \,. \tag{5.27}$$

Wir wollen jetzt $S(\Lambda)$ konstruieren. Die Gruppeneigenschaft der Λ bei der Kombination von Lorentz-Transformationen überträgt sich auf die Matrizen $S(\Lambda)$:

$$S(\Lambda\Lambda') = S(\Lambda)S(\Lambda') \,, \quad S(\Lambda^{-1}) = (S(\Lambda))^{-1} \,, \quad S(\mathbf{1}) = \mathbf{1} \,. \tag{5.28}$$

Diese bilden somit eine Darstellung der Lorentz-Gruppe. Bei kontinuierlichen Gruppen ist es oftmals viel einfacher, zunächst die infinitesimalen Transformationen zu betrachten. Für eine infinitesimale Lorentz-Transformation (2.18)

$$\Lambda^{\mu}{}_{\nu} = \delta^{\mu}_{\nu} + \epsilon\,\omega^{\mu}{}_{\nu} + O(\epsilon^2) \tag{5.29}$$

mit einem infinitesimalen Parameter ϵ und antisymmetrischem $(\omega^{\sigma\rho})$ setzen wir die Entwicklung

$$S(\Lambda) = \mathbf{1} - \frac{\mathrm{i}}{4}\epsilon\,\omega^{\mu\nu}\sigma_{\mu\nu} + O(\epsilon^2) \tag{5.30}$$

an. Der Faktor $1/4$ ist Konvention und die sechs Parameter $\omega^{\mu\nu}$ geben die Lorentz-Transformation Λ an. Die $\sigma_{\mu\nu}$ sind 4×4-Matrizen (für jedes Indexpaar μ, ν) und sind zu bestimmen. Wegen der Antisymmetrie der $\omega^{\mu\nu}$ können wir verlangen, dass auch

$$\sigma_{\mu\nu} = -\sigma_{\nu\mu} \,. \tag{5.31}$$

Damit gibt es genau sechs verschiedene Matrizen $\sigma_{\mu\nu}$ unter den 16 Indexkombinationen μ, ν. Entwickelt man die Bestimmungsgleichung (5.27) für $S(\Lambda)$ mit Hilfe der linearen Näherung (5.30) bis zur ersten Ordnung in ϵ, so folgt für den linearen Term

$$\omega^{\nu}{}_{\mu}\gamma^{\mu} = -\frac{\mathrm{i}}{4}\omega^{\alpha\beta}[\gamma^{\nu}, \sigma_{\alpha\beta}] \,. \tag{5.32}$$

Behauptung: diese Gleichung wird gelöst durch

$$\sigma_{\alpha\beta} = \frac{i}{2}[\gamma_\alpha, \gamma_\beta] \,. \tag{5.33}$$

Beweis. Generell gilt die Identität

$$[\gamma_\nu, [\gamma_\alpha, \gamma_\beta]] = [[\gamma_\nu, \gamma_\alpha]_+, \gamma_\beta]_+ - [[\gamma_\nu, \gamma_\beta]_+, \gamma_\alpha]_+ \tag{5.34}$$

für beliebige Matrizen. Mit den Antikommutatoren der Dirac-Matrizen γ^μ erhalten wir

$$[\gamma_\nu, [\gamma_\alpha, \gamma_\beta]] = 4g_{\nu\alpha}\gamma_\beta - 4g_{\nu\beta}\gamma_\alpha \tag{5.35}$$

bzw.

$$[\gamma^\nu, [\gamma_\alpha, \gamma_\beta]] = 4\,\delta^\nu_\alpha\gamma_\beta - 4\,\delta^\nu_\beta\gamma_\alpha \,. \tag{5.36}$$

Es folgt daraus

$$-\frac{i}{4}\omega^{\alpha\beta}[\gamma^\nu, \sigma_{\alpha\beta}]$$
$$= \frac{1}{8}\omega^{\alpha\beta}[\gamma^\nu, [\gamma_\alpha, \gamma_\beta]] = \frac{1}{2}\omega^{\alpha\beta}(\delta^\nu_\alpha\gamma_\beta - \delta^\nu_\beta\gamma_\alpha) = \frac{1}{2}(\omega^{\nu\beta}\gamma_\beta - \omega^{\alpha\nu}\gamma_\alpha)$$
$$= \omega^\nu{}_\mu\gamma^\mu \,, \tag{5.37}$$

was zu zeigen war. Damit ist $S(\Lambda)$ für infinitesimale Transformationen gefunden. Die Generatoren dieser Darstellung sind die sechs $\sigma_{\mu\nu}$. Die Lorentz-Gruppe ist eine Lie-Gruppe, und für Lie-Gruppen lassen sich die endlichen Transformationen durch Exponenzierung der Generatoren finden. Für eigentliche orthochrone Lorentz-Transformation aus $\mathcal{L}^\uparrow_+$, die stetig mit der Identität $\mathbf{1}$ zusammenhängen, bedeutet das

$$S(\Lambda) = \exp\left(-\frac{i}{4}\omega^{\mu\nu}\sigma_{\mu\nu}\right) \,. \tag{5.38}$$

Wir notieren noch die Generatoren. Für Lorentz-Boosts ist

$$\sigma_{0j} = \frac{i}{2}[\gamma_0, \gamma_j] = -i\alpha_j = -i\begin{pmatrix} 0 & \sigma_j \\ \sigma_j & 0 \end{pmatrix} \,, \qquad (j = 1, 2, 3) \,, \tag{5.39}$$

und für räumliche Rotationen

$$\sigma_{12} = \begin{pmatrix} \sigma_3 & 0 \\ 0 & \sigma_3 \end{pmatrix} \quad \text{und zyklisch, d. h.} \quad \sigma_{jk} = \epsilon_{jkl}\begin{pmatrix} \sigma_l & 0 \\ 0 & \sigma_l \end{pmatrix} \,. \tag{5.40}$$

5.2.2 Raumspiegelungen

Die Transformations-Matrix einer Raumspiegelung $t' = t$, $\vec{r}\,' = -\vec{r}$ lautet

$$\Lambda_P = \begin{pmatrix} 1 & 0 & 0 & 0 \\ 0 & -1 & 0 & 0 \\ 0 & 0 & -1 & 0 \\ 0 & 0 & 0 & -1 \end{pmatrix} \,. \tag{5.41}$$

Ihre Determinante ist det $\Lambda = -1$, und sie gehört nicht zur eigentlichen orthochronen Lorentz-Gruppe $\mathcal{L}_+^\uparrow$. Wir suchen eine Matrix $S(\Lambda_P) \equiv P$, mit $\psi'(x') = P\psi(x)$, welche die Diracgleichung invariant lässt, d. h. Gl. (5.27) soll gelten mit P an Stelle von S:

$$(\Lambda_P)^\nu_{\ \mu}\gamma^\mu = P^{-1}\gamma^\nu P \,, \tag{5.42}$$

also

$$\gamma^0 = P^{-1}\gamma^0 P \,, \quad -\gamma^j = P^{-1}\gamma^j P \quad (j = 1, 2, 3) \,. \tag{5.43}$$

Dies kann gelöst werden durch

$$P = \gamma^0 \tag{5.44}$$

und es gilt dann sogar $P^2 = \mathbf{1}$, d. h. $P^{-1} = P$. Bei einer Raumspiegelung transformiert sich eine Lösung der Diracgleichung also gemäß

$$\psi(x) \longrightarrow \psi'(x') = \gamma^0\psi(x) \,. \tag{5.45}$$

5.2.3 Bilineare Kovarianten

Es ist nützlich, einige Größen mit bestimmtem Transformationsverhalten bereitzustellen. Dazu benutzen wir die Identität

$$S^{-1}(\Lambda) = \gamma^0 S^\dagger(\Lambda)\gamma^0 \,, \tag{5.46}$$

die wir zunächst für die infinitesimale Transformation beweisen. Es gilt

$$\gamma^\mu = \gamma^0(\gamma^\mu)^\dagger\gamma^0 \,, \quad \gamma_\mu = \gamma^0\gamma_\mu^\dagger\gamma^0 \,, \tag{5.47}$$

und mit $\sigma_{\mu\nu} = \frac{i}{2}[\gamma_\mu, \gamma_\nu]$ erhält man

$$\gamma^0\sigma_{\mu\nu}^\dagger\gamma^0 = -\frac{i}{2}\gamma^0\left[\gamma_\nu^\dagger, \gamma_\mu^\dagger\right]\gamma^0 = \frac{i}{2}\left[\gamma^0\gamma_\mu^\dagger\gamma^0, \gamma^0\gamma_\nu^\dagger\gamma^0\right] = \sigma_{\mu\nu} \tag{5.48}$$

und

$$\gamma^0\left(-\frac{i}{4}\omega^{\mu\nu}\sigma_{\mu\nu}\right)^\dagger\gamma^0 = \frac{i}{4}\omega^{\mu\nu}\sigma_{\mu\nu} \,. \tag{5.49}$$

Das überträgt sich durch Einfügen von $\mathbf{1} = \gamma^0\gamma^0$ auf die gesamte Exponentialreihe für $S(\Lambda)$

$$\gamma^0 S^\dagger(\Lambda)\gamma^0 = \exp\left(+\frac{i}{4}\omega^{\mu\nu}\sigma_{\mu\nu}\right) = S^{-1}(\Lambda) \,, \tag{5.50}$$

was zu zeigen war. Ebenso ist

$$\gamma^0 P^\dagger\gamma^0 = P = P^{-1} \,. \tag{5.51}$$

Mit der Hilfe dieser Identitäten finden wir, wie sich $\overline{\psi}(x) = \psi^{\dagger}(x)\gamma^0$ unter Lorentz-Transformationen verhält:

$$\overline{\psi}'(x') = \psi'^{\dagger}(x')\gamma^0 = \psi^{\dagger}(x)S^{\dagger}(\Lambda)\gamma^0 = \overline{\psi}(x)\gamma^0 S^{\dagger}(\Lambda)\gamma^0$$
$$= \overline{\psi}(x)S^{-1}(\Lambda) . \tag{5.52}$$

Aus den Regeln $\psi'(x') = S(\Lambda)\psi(x)$ und $\overline{\psi}'(x') = \overline{\psi}(x)S^{-1}(\Lambda)$ lässt sich das Transformationsverhalten einiger häufig auftretender Ausdrücke bestimmen.

(a) $\overline{\psi}\psi$ ist ein Skalar.

$$\overline{\psi}'(x')\psi'(x') = \overline{\psi}(x)\psi(x) . \tag{5.53}$$

(b) $\overline{\psi}\gamma^{\mu}\psi$ ist ein Vektor.

Mit der Ausgangsbedingung (5.27) an $S(\Lambda)$ folgt

$$\overline{\psi}'\gamma^{\nu}\psi' = \overline{\psi}S^{-1}(\Lambda)\gamma^{\nu}S(\Lambda)\psi = \Lambda^{\nu}_{\ \mu}\overline{\psi}\gamma^{\mu}\psi . \tag{5.54}$$

(c) $\overline{\psi}\sigma_{\mu\nu}\psi$ ist ein antisymmetrischer Tensor zweiter Stufe.

Weil $\sigma_{\mu\nu}$ ein Kommutator von γ-Matrizen ist, folgt die Behauptung wieder mit Gl. (5.27) aus

$$S^{-1}(\Lambda)\gamma_{\mu}\gamma_{\nu}S(\Lambda) = S^{-1}(\Lambda)\gamma_{\mu}S(\Lambda)S^{-1}(\Lambda)\gamma_{\nu}S(\Lambda)$$
$$= \Lambda_{\mu}^{\ \alpha}\Lambda_{\nu}^{\ \beta}\gamma_{\alpha}\gamma_{\beta} . \tag{5.55}$$

Sogenannte **Pseudoskalare** und **Pseudovektoren** transformieren sich nur unter den eigentlichen orthochronen Lorentz-Transformationen wie Skalare oder Vektoren. Bei Raumspiegelung gibt es ein zusätzliches Vorzeichen. Solche Größen lassen sich mit der fünften γ-Matrix

$$\gamma^5 = \gamma_5 \doteq \frac{i}{4!}\epsilon_{\mu\nu\rho\sigma}\gamma^{\mu}\gamma^{\nu}\gamma^{\rho}\gamma^{\sigma} = i\gamma^0\gamma^1\gamma^2\gamma^3 = \begin{pmatrix} 0 & \mathbf{1} \\ \mathbf{1} & 0 \end{pmatrix} \tag{5.56}$$

bilden. Die Summe $\epsilon_{\mu\nu\rho\sigma}\gamma^{\mu}\gamma^{\nu}\gamma^{\rho}\gamma^{\sigma}$ enthält 4!=24 nichtverschwindende Terme, bei denen (μ, ν, ρ, σ) eine Permutation $(\pi(0), \pi(1), \pi(2), \pi(3))$ der vier Zahlen $(0, 1, 2, 3)$ ist. Da alle γ-Matrizen mit verschiedenen Indizes antikommutieren, kann man das Produkt der γ's nach aufsteigenden Indizes umordnen

$$\gamma^{\pi(0)}\gamma^{\pi(1)}\gamma^{\pi(2)}\gamma^{\pi(3)} = \text{sign}(\pi)\,\gamma^0\gamma^1\gamma^2\gamma^3 . \tag{5.57}$$

Für die Elemente der total antisymmetrischen Matrix gilt

$$\epsilon_{\pi(0)\pi(1)\pi(2)\pi(3)} = \text{sign}(\pi) , \tag{5.58}$$

so dass folgt

$$\epsilon_{\mu\nu\rho\sigma}\gamma^{\mu}\gamma^{\nu}\gamma^{\rho}\gamma^{\sigma} = 4!\,\gamma^0\gamma^1\gamma^2\gamma^3 . \tag{5.59}$$

Es gilt

$$S^{-1}(\Lambda)\gamma_5 S(\Lambda) = \frac{i}{4!}\epsilon_{\mu\nu\rho\sigma}\Lambda^{\mu}_{\ \mu'}\Lambda^{\nu}_{\ \nu'}\Lambda^{\rho}_{\ \rho'}\Lambda^{\sigma}_{\ \sigma'}\,\gamma^{\mu'}\gamma^{\nu'}\gamma^{\rho'}\gamma^{\sigma'}$$
$$= (\det \Lambda)\,\gamma_5 . \tag{5.60}$$

(d) $\overline{\psi}\gamma_5\psi$ ist ein Pseudoskalar.

$$\overline{\psi}'\gamma_5\psi' = \overline{\psi}S^{-1}(\Lambda)\gamma_5 S(\Lambda)\psi = (\det\Lambda)\,\overline{\psi}\gamma_5\psi\,. \tag{5.61}$$

Da $\det(\Lambda) = -1$ bei Raumspiegelungen und $\det(\Lambda) = +1$ für eigentliche ortho-chrone Lorentz-Transformationen ist, ist $\overline{\psi}\gamma_5\psi$ ein Pseudoskalar. Entsprechend gilt

(e) $\overline{\psi}\gamma^\mu\gamma_5\psi$ ist ein Pseudovektor.

Übungen

1. Die Weyl-Darstellung der γ-Matrizen ist

$$\gamma^0 = -\begin{pmatrix} 0 & 1 \\ 1 & 0 \end{pmatrix}, \quad \gamma^k = \begin{pmatrix} 0 & \sigma_k \\ -\sigma_k & 0 \end{pmatrix}.$$

   (a) Zeigen Sie, dass diese Matrizen die Clifford-Algebra erfüllen.
   (b) Berechnen Sie γ_5 in dieser Darstellung.

2. Die Paritäts-Matrix P in der Dirac-Theorie ist definiert durch die Bedingungen

$$\gamma^0 = P^{-1}\gamma^0 P\,, \quad -\gamma^j = P^{-1}\gamma^j P \ (j = 1, 2, 3)\,, \quad P^4 = \mathbf{1}\,.$$

   Dies wird durch $P = \gamma^0$ gelöst. Es gibt andere Lösungen; finden Sie die allgemeinste.

3. Wie transformiert sich $\overline{\psi}(x)\gamma^\mu\,\partial_\mu\psi(x)$ unter Raumspiegelungen?

4. Untersuchen Sie die Invarianz der Lagrangedichte des Diracfeldes unter den chiralen Transfor-mationen

$$\psi(x) \longrightarrow \psi'(x) = e^{i\alpha\gamma_5}\psi(x)\,.$$

   Bestimmen Sie den Noether-Strom und seine Divergenz.

5.3 Spin

Der Spin von Wellenfunktionen oder Feldern steht in engem Zusammenhang mit dem Verhalten unter räumlichen Drehungen. Die Wirkung einer Rotation auf die Koordi-naten von $\vec{r}$ wird durch eine orthogonale Matrix R dargestellt:

$$\vec{r} \longrightarrow \vec{r}' = R\vec{r}\,, \quad R^\dagger R = \mathbf{1}\,. \tag{5.62}$$

Die Matrix R kann durch einen Drehwinkel α und einen Einheitsvektor $\vec{n}$, $|\vec{n}| = 1$, für die Drehachse bestimmt sein, und man definiert

$$\vec{\alpha} = \alpha\,\vec{n}\,. \tag{5.63}$$

Eine skalare Funktion transformiert sich gemäß

$$\varphi'(\vec{r}') = \varphi(\vec{r}) \quad \text{bzw.} \quad \varphi'(\vec{r}) = \varphi(R^{-1}\vec{r})\,. \tag{5.64}$$

Für eine infinitesimale Rotation mit infinitesimalem Drehwinkel α ist

$$\vec{r}\,' = \vec{r} + \delta\vec{\alpha} \times \vec{r} + O(\alpha^2) \tag{5.65}$$

und in Komponenten

$$x_j' = x_j + \epsilon_{jkl}\,\delta\alpha_k\,x_l\,. \tag{5.66}$$

Das Transformationsgesetz der skalaren Funktion ist damit in linearer Näherung

$$\begin{aligned}
\varphi'(\vec{r}) &= \varphi(\vec{r} - \delta\vec{\alpha} \times \vec{r})\\
&= \varphi(\vec{r}) - \delta\vec{\alpha} \cdot (\vec{r} \times \nabla)\varphi(\vec{r})\\
&= (\mathbf{1} - \mathrm{i}\delta\vec{\alpha} \cdot \vec{l})\,\varphi(\vec{r})\,.
\end{aligned} \tag{5.67}$$

Die Komponenten des Bahndrehimpulses $\vec{l} = -\mathrm{i}\,\vec{r} \times \nabla$ sind also die Generatoren der Rotationen der skalaren Funktion, wie wir in QT bereits gesehen haben. Der Bahndrehimpuls-Operator wird hier klein geschrieben, um ihn vom Drehimpuls $\vec{L}$ des Feldes zu unterscheiden, der vom Noether-Theorem geliefert wird.

Eine analoge Überlegung, die in QT für die zweikomponentigen Pauli-Spinorwellenfunktionen

$$\psi(\vec{r}) = \begin{pmatrix} \psi_1(\vec{r})\\ \psi_2(\vec{r}) \end{pmatrix} \tag{5.68}$$

angestellt wurde, führte zum Transformationsverhalten

$$\psi'(\vec{r}) = U_S(\vec{\alpha})\,\psi(R^{-1}\vec{r}) \tag{5.69}$$

mit der 2 × 2-Matrix

$$U_S(\vec{\alpha}) = \exp\left(-\frac{\mathrm{i}}{2}\vec{\alpha}\cdot\vec{\sigma}\right)\,. \tag{5.70}$$

In diesem Falle werden die Rotationen also durch die Generatoren

$$\vec{l} + \vec{s}\quad\text{mit dem Spin-Operator}\quad \vec{s} = \frac{1}{2}\vec{\sigma} \tag{5.71}$$

erzeugt.

Wie verhält es sich mit dem Diracfeld? Vergleichen wir die infinitesimale Rotation

$$x_j' = x_j + \epsilon_{jkl}\,\delta\alpha_k\,x_l \tag{5.72}$$

mit dem allgemeinen Ausdruck für infinitesimale Lorentz-Transformationen

$$x'^\mu = \Lambda^\mu{}_\nu x^\nu = \left(\delta^\mu_\nu + \epsilon\,\omega^\mu{}_\nu\right)x^\nu = x^\mu + \epsilon\,\omega^\mu{}_\nu x^\nu\,, \tag{5.73}$$

so finden wir

$$\epsilon\,\omega_{jl} = -\epsilon_{jkl}\,\delta\alpha_k\quad (j,k,l \in \{1,2,3\})\,,\quad \omega_{0j} = 0\,. \tag{5.74}$$

Damit erhält man für eine infinitesimale Rotation

$$S(\Lambda) = \mathbf{1} - \frac{\mathrm{i}}{4}\epsilon\,\omega_{\mu\nu}\sigma^{\mu\nu} = \mathbf{1} + \frac{\mathrm{i}}{4}\epsilon_{jkl}\,\delta\alpha_k\sigma^{jl}\,. \tag{5.75}$$

Hier setzen wir

$$\sigma^{jl} = \epsilon_{jlk} \begin{pmatrix} \sigma_k & 0 \\ 0 & \sigma_k \end{pmatrix} , \quad \epsilon_{jkl}\,\sigma^{jl} = -2 \begin{pmatrix} \sigma_k & 0 \\ 0 & \sigma_k \end{pmatrix} \tag{5.76}$$

ein, und erhalten für die infinitesimale Rotation

$$S = \mathbf{1} - \frac{\mathrm{i}}{2}\delta\vec{\alpha} \cdot \begin{pmatrix} \vec{\sigma} & 0 \\ 0 & \vec{\sigma} \end{pmatrix} = \mathbf{1} - \frac{\mathrm{i}}{2}\delta\vec{\alpha} \cdot \vec{\Sigma} \tag{5.77}$$

mit der Definition

$$\vec{\Sigma} = \begin{pmatrix} \vec{\sigma} & 0 \\ 0 & \vec{\sigma} \end{pmatrix} . \tag{5.78}$$

Für endliche Drehungen ist entsprechend

$$S = \exp\left(-\frac{\mathrm{i}}{2}\vec{\alpha} \cdot \vec{\Sigma}\right) . \tag{5.79}$$

Vergleicht man dies mit der Transformation für Pauli-Spinoren in der Quantenmechanik, so sieht man, dass in der Zerlegung des Diracfeldes

$$\psi = \begin{pmatrix} \varphi \\ \chi \end{pmatrix} \tag{5.80}$$

die Komponenten φ und χ sich unter rein räumlichen Drehungen wie Pauli-Spinoren transformieren.

Für eine volle Drehung um $360°$ ($\alpha = 2\pi$) ist $S = -\mathbf{1}$, so dass wie bei den Pauli-Spinoren erst zwei volle Drehungen ($720°$) wieder zum ursprünglichen Diracfeld zurück führen.

Mit dem gefundenen Ergebnis ist die gesamte Transformation des Diracfeldes unter Drehungen

$$\begin{aligned} \psi'(x) &= \exp\left(-\frac{\mathrm{i}}{2}\,\vec{\alpha} \cdot \vec{\Sigma}\right) \psi(x^0, R^{-1}(\vec{\alpha}) \cdot \vec{r}) \\ &= \exp\left(-\frac{\mathrm{i}}{2}\,\vec{\alpha} \cdot \vec{\Sigma}\right) \exp(-\mathrm{i}\,\vec{\alpha} \cdot \vec{l})\, \psi(x^0, \vec{r}) \\ &= \exp\left(-\mathrm{i}\,\vec{\alpha} \cdot \left(\vec{l} + \frac{1}{2}\vec{\Sigma}\right)\right) \psi(x) . \end{aligned} \tag{5.81}$$

Die räumlichen Drehungen des Diracfeldes werden somit erzeugt von den Generatoren

$$\vec{j} = \vec{l} + \frac{1}{2}\,\vec{\Sigma} = \vec{l} + \vec{s} \tag{5.82}$$

(nicht zu verwechseln mit dem Strom $\vec{j}(x)$), und wir haben den Spin $\vec{s}$ identifiziert als

$$\vec{s} \doteq \frac{1}{2}\,\vec{\Sigma} = \frac{1}{2} \begin{pmatrix} \vec{\sigma} & 0 \\ 0 & \vec{\sigma} \end{pmatrix} . \tag{5.83}$$

Für Bahndrehimpuls und Spin gelten die Eigenschaften

$$[l_i, s_j] = 0 \, , \tag{5.84}$$

$$[s_j, s_k] = i\,\epsilon_{jkl}s_l \, , \tag{5.85}$$

$$\vec{s}^{\,2} = \frac{3}{4}\,\mathbf{1} = s(s+1)\,\mathbf{1} \quad \text{mit} \quad s = \frac{1}{2} \, . \tag{5.86}$$

Wir stellen fest, dass $\vec{s}$ ein Drehimpuls-Operator ist und den Spin $s = 1/2$ beschreibt.

Wir notieren noch die Wirkung der dritten Spinkomponente s_3 auf die Lösungen der Diracgleichung für $\vec{k} = \vec{0}$:

$$s_3\, u^{(1)} = \frac{1}{2}u^{(1)} \, , \quad s_3\, u^{(2)} = -\frac{1}{2}u^{(2)} \, . \tag{5.87}$$

Die ersten beiden Lösungen $u^{(r)}$ beschreiben somit die Spinzustände

$$u^{(1)} \cong \text{spin up} \, , \tag{5.88}$$

$$u^{(2)} \cong \text{spin down} \, . \tag{5.89}$$

Für die beiden anderen Lösungen ist ebenso

$$s_3\, v^{(1)} = \frac{1}{2}v^{(1)} \, , \quad s_3\, v^{(2)} = -\frac{1}{2}v^{(2)} \, . \tag{5.90}$$

Übungen

1. Berechnen Sie das Quadrat $\vec{s}^{\,2}$ der Spin-Matrix und bestimmen Sie daraus den Spin s.
2. Berechnen Sie die Kommutatoren $[H_D, \vec{L}]$ und $[H_D, \vec{S}]$ und prüfen Sie, dass $[\vec{L} + \vec{S}, H_D] = 0$ ist, wobei H_D der in der Diracgleichung stehende Hamiltonoperator ist.

5.4 Erhaltungsgrößen

Die Symmetrien des Diracfeldes sind nach dem Noether-Theorem mit zugehörigen Erhaltungsgrößen verbunden. Im Abschnitt 3.2 haben wir gelernt, dass zu den Translationen der Energie-Impuls-Vierervektor gehört. Die Energie, also die Hamiltonfunktion, ist

$$H = P^0 = \int d^3x \left\{ \pi(x)\partial_0 \psi(x) - \mathscr{L} \right\}$$

$$= \int d^3x \left\{ \overline{\psi}(x)\,(-i\,\vec{\gamma} \cdot \nabla + m)\,\psi(x) \right\} \, , \tag{5.91}$$

in Übereinstimmung mit Gl. (2.139). Für den Impuls erhalten wir

$$\vec{P} = -\int d^3x\, \pi(x)\nabla\psi(x)$$

$$= -\int d^3x\, i\,\overline{\psi}(x)\gamma^0\nabla\psi(x) \, . \tag{5.92}$$

Die Rechnung für den Drehimpuls ist etwas komplizierter, aber mit dem Ergebnis des vorigen Abschnittes, dass Drehungen von $-\mathrm{i}\,\vec{r}\times\nabla+(1/2)\vec{\Sigma}$ erzeugt werden, wird es niemanden überraschen, dass

$$\vec{J}=\vec{L}+\vec{S}=\int d^3x\,\psi^\dagger\left\{-\mathrm{i}\,\vec{r}\times\nabla+\frac{1}{2}\vec{\Sigma}\right\}\psi \tag{5.93}$$

herauskommt.

Die Lagrangedichte ist weiterhin invariant unter den Phasentransformationen

$$\psi(x)\longrightarrow\psi'(x)=\mathrm{e}^{-\mathrm{i}\alpha}\psi(x)\,,\quad\overline{\psi}(x)\longrightarrow\overline{\psi}\,'(x)=\mathrm{e}^{\mathrm{i}\alpha}\,\overline{\psi}(x)\,. \tag{5.94}$$

Im Abschnitt 3.3.1 haben wir schon den daraus resultierenden erhaltenen Strom

$$j^\mu(x)=\overline{\psi}(x)\gamma^\mu\psi(x) \tag{5.95}$$

und die Ladung

$$Q=\int d^3x\,\psi^\dagger(x)\psi(x)\,, \tag{5.96}$$

gefunden.

5.5 Kanonische Quantisierung des Diracfeldes

Die kanonische Quantisierung des Diracfeldes macht die Felder $\psi(x)$ und $\overline{\psi}(x)$ zu Operatoren. Allerdings gibt es einen entscheidenden Unterschied zum Skalarfeld. Dort wurden die kanonischen Vertauschungsregeln

$$\left[\pi(\vec{r},t),\varphi(\vec{r}\,',t)\right]=\frac{\hbar}{\mathrm{i}}\,\delta^{(3)}(\vec{r}-\vec{r}\,')\,, \tag{5.97}$$

$$\left[\varphi(\vec{r},t),\varphi(\vec{r}\,',t)\right]=0\,, \tag{5.98}$$

$$\left[\pi(\vec{r},t),\pi(\vec{r}\,',t)\right]=0\,. \tag{5.99}$$

gefordert. Diese führten dazu, dass für die Erzeugungs- und Vernichtungsoperatoren Kommutationsregeln gelten, und die Zustände im Fock-Raum symmetrisch unter Vertauschungen der Teilchen sind. Wir wissen aber, dass Teilchen, die durch die Diracgleichung beschrieben werden, wie z. B. Elektronen und Protonen, Fermionen sind und dem Pauli-Prinzip gehorchen. Mehrteilchen-Zustände im Fock-Raum müssen nach dem Pauli-Prinzip antisymmetrisch unter Vertauschungen sein. Die Erzeugungs- und Vernichtungsoperatoren für verschiedene Teilchenzustände müssen deshalb antikommutieren in der Art

$$a(k)\,a^\dagger(k')=-a^\dagger(k')\,a(k)\quad\text{für }k\neq k'\,, \tag{5.100}$$

was wir als

$$\left[a(k),\,a^\dagger(k')\right]_+=0\quad\text{für }k\neq k' \tag{5.101}$$

mit Antikommutatoren $[A, B]_+ \doteq AB + BA$ schreiben können. Wie sieht es mit den Operatoren für gleiche Zustände aus?

Dazu gehen wir noch einmal zum harmonischen Oszillator zurück. Auf- und Absteiger erfüllen $[a, a^\dagger] = 1$ und mit mehrfacher Anwendung von $a^\dagger$ können beliebig viele Energiequanten erzeugt werden. Den Energiequanten des harmonischen Oszillators entsprechen die Teilchenzustände des quantisierten Feldes. Stellen wir uns nun einen fiktiven fermionischen harmonischen Oszillator vor. Nach dem Pauli-Prinzip kann jeder Zustand nur einfach besetzt sein, so dass es nur maximal ein Energiequant geben darf. Der Hilbertraum des fermionischen harmonischen Oszillator enthält also nur den Grundzustand $|0\rangle$ und den Zustand $|1\rangle$ mit einem Energiequant. Auf- und Absteiger wirken als

$$a|0\rangle = 0, \qquad a^\dagger|0\rangle = |1\rangle \,, \tag{5.102}$$

$$a|1\rangle = |0\rangle, \qquad a^\dagger|1\rangle = 0 \,. \tag{5.103}$$

Daraus folgt

$$(aa^\dagger + a^\dagger a)|0\rangle = |0\rangle \,, \tag{5.104}$$

$$(aa^\dagger + a^\dagger a)|1\rangle = |1\rangle \,, \tag{5.105}$$

so dass auf dem Zustandsraum der Antikommutator

$$\left[a, a^\dagger\right]_+ = 1 \tag{5.106}$$

gültig ist. Für den fermionischen harmonischen Oszillator in mehreren Dimensionen ergibt sich auf gleiche Weise

$$\left[a_i, a_j^\dagger\right]_+ = \delta_{ij} \,. \tag{5.107}$$

Dies führt uns dazu, für fermionische Felder kanonische Antikommutatoren zu fordern. Für das Diracfeld heißt das konkret

$$\left[\psi_\alpha(\vec{r}, t), \pi_\beta(\vec{r}\,', t)\right]_+ = i\,\delta^{(3)}(\vec{r} - \vec{r}\,')\delta_{\alpha\beta} \,. \tag{5.108}$$

Mit $\pi_\beta = i\,\psi_\beta^\dagger$ lautet das

$$\left[\psi_\alpha(\vec{r}, t), \psi_\beta^\dagger(\vec{r}\,', t)\right]_+ = \delta^{(3)}(\vec{r} - \vec{r}\,')\delta_{\alpha\beta} \,. \tag{5.109}$$

Alle übrigen zeitgleichen Antikommutatoren von ψ und $\psi^\dagger$ verschwinden:

$$\left[\psi_\alpha(\vec{r}, t), \psi_\beta(\vec{r}\,', t)\right]_+ = 0$$
$$\left[\psi_\alpha^\dagger(\vec{r}, t), \psi_\beta^\dagger(\vec{r}\,', t)\right]_+ = 0 \,. \tag{5.110}$$

Wir setzen die Entwicklung von $\psi(\vec{r}, t)$ nach ebenen Wellen

$$\psi(x) = \int \frac{d^3k}{(2\pi)^3 2\omega_k} \sum_{r=1}^{2} \left\{ b_r(k)u^{(r)}(k)\,e^{-ik\cdot x} + d_r^\dagger(k)v^{(r)}(k)\,e^{ik\cdot x} \right\}\Big|_{k_0 = \omega_k} \,, \tag{5.111}$$

ein und finden für die Operatoren b_r und d_r die Antikommutatorregeln

$$\left[b_r(k),\, b_{r'}^\dagger(k')\right]_+ = \left[d_r(k),\, d_{r'}^\dagger(k')\right]_+ = (2\pi)^3 2\omega_k\, \delta^{(3)}(\vec{k} - \vec{k}')\delta_{rr'}\, . \tag{5.112}$$

Alle anderen Antikommutatoren verschwinden

$$[b,\, b]_+ = \left[b^\dagger,\, b^\dagger\right]_+ = [d,\, d]_+ = [b,\, d]_+ = \left[b,\, d^\dagger\right]_+ = \cdots = 0\, . \tag{5.113}$$

Die Operatoren b_r, d_r, $b_r^\dagger$ und $d_r^\dagger$ werden nun als Vernichtungs- und Erzeugungsoperatoren interpretiert, die auf dem Fock-Raum der Dirac-Theorie wirken. $b_r^\dagger(k)$, $d_r^\dagger(k)$ sind Erzeugungsoperatoren für Teilchen mit dem Vierer-Impuls k, und $b_r(k)$, $d_r(k)$ sind die zugehörigen Vernichtungsoperatoren. Der Vakuumzustand $|0\rangle$ im Fock-Raum ist charakterisiert durch

$$b_r(k)|0\rangle = d_r(k)|0\rangle = 0\, , \quad \text{für } r = 1, 2 \text{ und alle } k\, . \tag{5.114}$$

Mehrteilchen-Zustände sind gegeben durch

$$\frac{1}{\sqrt{m!n!}}\, b_{r_1}^\dagger(k_1)\cdots b_{r_m}^\dagger(k_m)\, d_{r_1'}^\dagger(k_1')\cdots d_{r_n'}^\dagger(k_n')|0\rangle\, . \tag{5.115}$$

Wie beim Skalarfeld muss wieder eine Normalordnung definiert werden, damit das Vakuum die Energie null besitzt. Allerdings müssen wir bei Fermionen ein Minuszeichen beim Vertauschen von zwei Operatoren berücksichtigen, damit die Normalordnung nur eine Konstante subtrahiert. Zum Beispiel definieren wir

$$\begin{aligned} :b_r(k)b_{r'}^\dagger(k'): &= -b_{r'}^\dagger(k')b_r(k) \\ :b_r(k)d_{r'}^\dagger(k'): &= -d_{r'}^\dagger(k')b_r(k)\, . \end{aligned} \tag{5.116}$$

Damit sind wir gewappnet, Energie und Impuls von Teilchenzuständen zu prüfen. Das Einsetzen der Entwicklung (5.111) in die Ausdrücke für den Hamiltonoperator $H = P^0$ und den Impuls $\vec{P}$ und Berücksichtigung der Normalordnung ergibt

$$\begin{aligned} P^\mu &= \mathrm{i}\int d^3x\, :\psi^\dagger\gamma^\mu\psi: \\ &= \int \frac{d^3k}{(2\pi)^3 2\omega_k}\, k^\mu \sum_{r=1}^2 \left\{ b_r^\dagger(k)b_r(k) + d_r^\dagger(k)d_r(k) \right\}\, . \end{aligned} \tag{5.117}$$

Im Fall von H wurde dabei im Integranden die Diracgleichung benutzt.

Dieser Ausdruck ist bemerkenswert. Der entsprechende Ausdruck in der quantenmechanischen Dirac-Theorie wies vor dem Term $d_r^\dagger(k)d_r(k)$ ein Minuszeichen auf. Das war das Problem der negativen Energien der relativistischen Quantenmechanik. Im Gegensatz dazu steht im obigen Ausdruck ein Pluszeichen, das durch die Antikommutatorregel der Fermi-Statistik zustande kommt. Der Hamiltonoperator H des quantisierten Diracfeldes ist daher positiv definit; die Energie ist für alle Zustände des

Fock-Raums positiv. Auf diese Weise tritt Dirac's Problem der negativen Energien in der Feldtheorie nicht auf.

Betrachten wir also nun die Eigenschaften der Teilchen-Zustände. Dazu benutzen wir die Kommutatoren

$$
\begin{aligned}
\left[b_r^\dagger(k)b_r(k),\ b_s^\dagger(k')\right] &= b_r^\dagger(k)\,(2\pi)^3\,2\omega_k\delta^{(3)}(\vec{k}-\vec{k}')\delta_{rs}\,, \\
\left[b_r^\dagger(k)b_r(k),\ b_s(k')\right] &= b_r(k)\,(2\pi)^3\,2\omega_k\delta^{(3)}(\vec{k}-\vec{k}')\delta_{rs}\,,
\end{aligned}
\tag{5.118}
$$

die sich aus den Antikommutatorregeln ergeben. Der zweite Kommutator hat kein Minuszeichen, wie es bei Bosonen der Fall wäre. Mit dem obigen Ausdruck für P^μ erhalten wir

$$
\begin{aligned}
\left[P^\mu,\ b_r^\dagger(k)\right] &= k^\mu\, b_r^\dagger(k)\,, \\
\left[P^\mu,\ d_r^\dagger(k)\right] &= k^\mu\, d_r^\dagger(k)\,,
\end{aligned}
\tag{5.119}
$$

und damit für die die Ein-Teilchen-Zustände $b_r^\dagger(k)|0\rangle$ und $d_r^\dagger(k)|0\rangle$

$$
\begin{aligned}
P^\mu\, b_r^\dagger(k)|0\rangle &= k^\mu\, b_r^\dagger|0\rangle\,, \\
P^\mu\, d_r^\dagger(k)|0\rangle &= k^\mu\, d_r^\dagger|0\rangle\,.
\end{aligned}
\tag{5.120}
$$

Diese Eigenwertgleichungen besagen, dass $b_r^\dagger(k)|0\rangle$ und $d_r^\dagger(k)|0\rangle$ Ein-Teilchen-Zustände mit dem Vierer-Impuls k sind. Entsprechend besitzen die Zwei-Teilchen-Zustände $b_r^\dagger(k)b_s^\dagger(k')|0\rangle$, $d_r^\dagger(k)d_s^\dagger(k')|0\rangle$ und $b_r^\dagger(k)d_s^\dagger(k')|0\rangle$ den Viererimpuls $k+k'$, etc.:

$$
P^\mu\, b_r^\dagger(k)b_s^\dagger(k')|0\rangle = (k^\mu + k'^\mu)b_r^\dagger(k)b_s^\dagger(k')|0\rangle\,.
\tag{5.121}
$$

Wenden wir uns nun der oben eingeführten Ladung zu. In der quantisierten Feldtheorie wird sie über die normalgeordnete Ladungsdichte definiert:

$$
\begin{aligned}
Q &= \int d^3r :\psi^\dagger(\vec{r})\psi(\vec{r}): \\
&= \int \frac{d^3k}{(2\pi)^3 2\omega_k} \sum_{r=1}^{2} \left\{ b_r^\dagger(k)b_r(k) - d_r^\dagger(k)d_r(k) \right\}\,.
\end{aligned}
\tag{5.122}
$$

Das Minuszeichen zwischen den beiden Teilchenzahloperatoren stammt, wie oben beim Energie-Impuls-Vektor, von der Fermi-Statistik (Antikommutatorregel). Aus der positiv definiten Größe der quantenmechanischen Dirac-Theorie, die dort als Wahrscheinlichkeitsdichte gedeutet wurde, ist nun aufgrund des anderen Vorzeichens eine Größe geworden, die nicht mehr positiv definit ist. Dem Ausdruck für Q entnehmen wir:

$$
\begin{aligned}
& b_r^\dagger(k) \quad \text{erzeugt ein Teilchen mit der Ladung}\ Q = +1\,, \\
& d_r^\dagger(k) \quad \text{erzeugt ein Teilchen mit der Ladung}\ Q = -1\,.
\end{aligned}
$$

Die Teilchen mit der Ladung $Q = +1$ werden als Elektronen und diejenigen mit $Q = -1$ als Positronen interpretiert. Das ungewohnte Vorzeichen liegt daran, dass die *elektrische Ladung* Q_e mit der obigen *Noether-Ladung* durch

$$
Q_e = q\, Q
\tag{5.123}
$$

zusammenhängt, und die elektrische Ladung q des Elektrons negativ ist, nämlich $q = -e_0$.

Halten wir fest, dass das Problem der negativen Energien der Dirac-Theorie in der quantisierten Feldtheorie gelöst ist. Andererseits ist aus der Wahrscheinlichkeitsdichte eine Ladungsdichte geworden. Dabei hat das aus der Antikommutatorregel stammende Minuszeichen eine entscheidende Rolle gespielt.

Wir wollen noch den Drehimpuls der Ein-Teilchen-Zustände bestimmen. Dazu betrachten wir ein ruhendes Teilchen, dessen Bahndrehimpuls verschwindet. Dann ist die räumliche Komponente nach Gleichung (5.93)

$$\vec{J}\, b_r^\dagger(\vec{k} = \vec{0})|0\rangle = \sum_{s=1}^{2} \frac{1}{2} b_s^\dagger(\vec{0})\, \vec{\sigma}_{sr}|0\rangle . \tag{5.124}$$

Speziell gilt für die z-Komponente

$$J_3\, b_1^\dagger(\vec{0})|0\rangle = +\frac{1}{2} b_1^\dagger(\vec{0})|0\rangle , \quad \text{„spin up"}$$
$$J_3\, b_2^\dagger(\vec{0})|0\rangle = -\frac{1}{2} b_2^\dagger(\vec{0})|0\rangle , \quad \text{„spin down"} . \tag{5.125}$$

Ebenso gilt

$$J_3\, d_1^\dagger(\vec{0})|0\rangle = -\frac{1}{2} d_1^\dagger(\vec{0})|0\rangle , \quad \text{„spin down"}$$
$$J_3\, d_2^\dagger(\vec{0})|0\rangle = +\frac{1}{2} d_2^\dagger(\vec{0})|0\rangle , \quad \text{„spin up"} . \tag{5.126}$$

Der Index $r = 1$ kennzeichnet bei Elektronen den Zustand „spin up" und $r = 2$ den Zustand „spin down". Bei den Positronen ist es umgekehrt. Woran liegt das? Positronen verhalten sich wie Löcher im Dirac-See, und zu einem fehlenden Elektron gehört ein umgekehrter Spin.

5.5.1 Propagator

In störungstheoretische Rechnungen wird der Feynman-Propagator benötigt, der als Vakuum-Erwartungswert des zeitgeordneten Produktes von Feldern definiert ist. Bei der Zeitordnung von Diracfeldern tritt wie bei der Normalordnung ein zusätzliches Minuszeichen auf:

$$T\psi_\alpha(x)\overline{\psi}_\beta(y) \doteq \theta(x_0 - y_0)\psi_\alpha(x)\overline{\psi}_\beta(y) - \theta(y_0 - x_0)\overline{\psi}_\beta(y)\psi_\alpha(x) . \tag{5.127}$$

Der Feynman-Propagator S_F des Diracfeldes ist definiert durch

$$iS_{\mathrm{F},\alpha\beta}(x - y) = \langle 0|T\psi_\alpha(x)\overline{\psi}_\beta(y)|0\rangle . \tag{5.128}$$

Mit Hilfe von

$$\sum_{r=1}^{2} u_\alpha^{(r)}(k)\overline{u}_\beta^{(r)}(k) = (\gamma^\mu k_\mu + m)_{\alpha\beta}$$

$$\sum_{r=1}^{2} v_\alpha^{(r)}(k)\overline{v}_\beta^{(r)}(k) = (\gamma^\mu k_\mu - m)_{\alpha\beta}$$

(5.129)

erhält man

$$\mathrm{i}S_\mathrm{F}(x) = \int \frac{d^3k}{(2\pi)^3 2\omega_k} \left\{ \theta(x^0)(\gamma^\mu k_\mu + m)\,\mathrm{e}^{-\mathrm{i}k\cdot x} - \theta(-x^0)(\gamma^\mu k_\mu - m)\,\mathrm{e}^{+\mathrm{i}k\cdot x} \right\}\Big|_{k^0=\omega_k} .$$

(5.130)

Wie im Abschnitt 4.3 lassen sich die Integrale mittels des Residuensatzes in eine manifest kovariante Gestalt bringen:

$$\mathrm{i}S_\mathrm{F}(x) = \int \frac{d^4k}{(2\pi)^4}\,\mathrm{e}^{-\mathrm{i}k\cdot x}\,\frac{\mathrm{i}(\gamma^\mu k_\mu + m)}{k^2 - m^2 + \mathrm{i}\epsilon}$$

(5.131)

$$= \mathrm{i}(\mathrm{i}\gamma^\mu \partial_\mu + m)\Delta_\mathrm{F}(x) .$$

(5.132)

$\Delta_\mathrm{F}(x)$ ist der früher in Abschnitt 4.3 eingeführte skalare Feynman-Propagator. Die Fourier-Transformierte von $S_\mathrm{F}(x)$ ist somit

$$\widetilde{S}_\mathrm{F}(k) = \frac{\gamma^\mu k_\mu + m}{k^2 - m^2 + \mathrm{i}\epsilon} = (\gamma^\mu k_\mu - m + \mathrm{i}\epsilon)^{-1} .$$

(5.133)

$S_\mathrm{F}(x)$ ist Green'sche Funktion zum Dirac-Operator:

$$(\mathrm{i}\gamma^\mu \partial_\mu - m)S_\mathrm{F}(x) = \delta^{(4)}(x) .$$

(5.134)

5.5.2 Mikrokausalität und Antikommutator

Beim Skalarfeld haben wir bereits die Mikrokausalität betrachtet. Mikrokausalität verlangt, dass beobachtbare Größen, die in zueinander raumartigen Gebieten lokalisiert sind, miteinander kommutieren. Diesen Sachverhalt wollen wir nun beim Diracfeld untersuchen.

Die Größen P^μ, $\vec{J}$ und Q sollen messbare Größen sein. Sie sind in der Theorie durch bilineare Terme repräsentiert, beispielsweise $Q = \int d^3r\,\psi^\dagger(\vec{r})\psi(\vec{r})$. Die zugehörigen Dichten $\Theta^{\mu\nu}(x)$, $M^{\mu\nu\rho}(x)$, $j^\mu(x)$ sind bilinear in den Feldoperatoren. Wir betrachten die Dichten als Observable und stellen jetzt die Frage, ob Mikrokausalität erfüllt ist.

Mikrokausalität verlangt, dass Observable $O_1(x)$ und $O_2(y)$ an zueinander raumartigen Punkten x und y simultan messbar sind, d. h.

$$[O_1(x),\,O_2(y)] = 0 , \quad \text{falls } (x-y)^2 < 0 .$$

(5.135)

Für bilineare Ausdrücke gilt dies tatsächlich, wenn

$$\left[\psi_\alpha(x),\,\overline{\psi}_\beta(y)\right]_+ = \left[\psi_\alpha(x),\,\psi_\beta(y)\right]_+ = \left[\overline{\psi}_\alpha(x),\,\overline{\psi}_\beta(y)\right]_+ = 0 \ \text{ für } (x-y)^2 < 0\,, \quad (5.136)$$

denn die Antikommutatorregel gibt für jede Vertauschung von Feldoperatoren ein Minuszeichen, und je zwei Vertauschungen ändern ein Produkt nicht:

$$\psi_\alpha\overline{\psi}_\beta\psi_\gamma\overline{\psi}_\delta = \psi_\gamma\psi_\alpha\overline{\psi}_\beta\overline{\psi}_\delta = \psi_\gamma\overline{\psi}_\delta\psi_\alpha\overline{\psi}_\beta\,. \quad (5.137)$$

Die Gültigkeit von (5.136) folgt aus den zeitgleichen Antikommutationsregeln und der Kovarianz der Antikommutatoren. Man findet nämlich

$$\left[\psi_\alpha(x),\,\overline{\psi}_\beta(y)\right]_+ = \mathrm{i}\,(\mathrm{i}\gamma^\mu\partial_\mu + m)_{\alpha\beta}\,\Delta(x-y)\,, \quad (5.138)$$

und die Kommutatorfunktion $\Delta(x)$ verschwindet außerhalb des Lichtkegels, siehe Gl. (4.72). Mikrokausalität ist somit gewährleistet.

Das Diracfeld $\psi(x)$ selbst ist keine Observable, denn es ist z. B.

$$[\psi(x),\,\psi(y)] \neq 0 \quad \text{für } (x-y)^2 < 0\,. \quad (5.139)$$

5.5.3 Spin-Statistik-Theorem

Wir haben gesehen, dass die Statistik von Teilchen mit der Art der Quantisierung zusammenhängt: bosonische Felder werden mit Kommutatoren und fermionische mit Antikommutatoren quantisiert. Was aber entscheidet darüber, wie ein Feld zu quantisieren ist?

Hätten wir das Diracfeld mit Kommutatoren anstatt mit Antikommutatoren quantisiert, so würde die Rechnung zeigen, dass Mikrokausalität nicht erfüllt ist. Umgekehrt wäre Mikrokausalität verletzt, wenn wir das Skalarfeld mit Antikommutatoren anstatt mit Kommutatoren quantisiert hätten.

Pauli hat als Erster den Zusammenhang zwischen dem Spin und der Statistik von Feldern in der relativistischen Quantenfeldtheorie für freie Felder gezeigt. Andere haben den Sachverhalt später verallgemeinert, siehe z. B. das Buch von Streater und Wightman:

Spin-Statistik-Theorem. *Mikrokausalität verlangt, dass Felder mit ganzzahligem Spin bosonisch und Felder mit halbzahligem Spin fermionisch sind.*

5.5.4 Diskrete Transformationen

Die diskreten Transformationen wie Raumspiegelung (Parität), Ladungskonjugation und Bewegungsumkehr (Zeitumkehr) gehen nicht stetig aus der Identität hervor und werden durch die Transformation (5.23) nicht erfasst. Für die Raumspiegelung haben wir in Abschnitt 5.2.2 schon die zugehörige Transformationsregel gefunden und wollen es nun auf die anderen Transformationen erweitern.

Im Hilbertraum werden Symmetrie-Transformationen durch unitäre oder antiunitäre Transformationen dargestellt, wie für das Skalarfeld diskutiert wurde. Felder transformieren sich gemäß

$$\phi \longrightarrow \phi' = U\phi U^{-1} \, . \tag{5.140}$$

Auch diese Transformationen sollen für das Diracfeld bestimmt werden.

5.5.4.1 Parität

In Abschnitt 5.2.2 haben wir gefunden, dass die Transformation der Dirac-Spinoren

$$\psi(x^0, \vec{x}) \longrightarrow \psi'(x^0, \vec{x}) = \gamma^0 \psi(x^0, -\vec{x}) \tag{5.141}$$

die Diracgleichung mit gespiegelten drei Raumkoordinaten erfüllt. Sie lässt die Lagrangedichte invariant und ist eine Symmetrietransformation.

In der Quantenfeldtheorie gehört dazu eine Transformation im Fock-Raum mit dem unitären Operator $\mathcal{P}$

$$\mathcal{P}\psi(x^0, \vec{x})\mathcal{P}^{-1} = \gamma^0 \psi(x^0, -\vec{x}) \, . \tag{5.142}$$

Mit der Entwicklung (5.111) von $\psi(x)$ nach ebenen Wellen erhält man nach kurzer Rechnung die Transformation der Erzeuger und Vernichter unter Raumspiegelungen:

$$\mathcal{P}\, b_r^\dagger(\vec{k})\mathcal{P}^{-1} = b_r^\dagger(-\vec{k}) \, , \tag{5.143}$$

$$\mathcal{P}\, d_r^\dagger(\vec{k})\mathcal{P}^{-1} = -d_r^\dagger(-\vec{k}) \, . \tag{5.144}$$

Hier haben wir in den Argumenten die Vektorpfeile wieder explizit geschrieben, um deutlich zu machen, dass nur die räumlichen Komponenten $\vec{k}$ ihr Vorzeichen wechseln. Diese Gleichungen legen zusammen mit der Bedingung $\mathcal{P}|0\rangle = |0\rangle$ den Paritätsoperators im Fock-Raum eindeutig fest. Die Gleichungen besagen Folgendes für die Raumspiegelung $\mathcal{P}$:
- $\mathcal{P}$ kehrt die Impulse um, $\vec{k} \to -\vec{k}$.
- $\mathcal{P}$ lässt die Spins ungeändert, denn der Index r bleibt unverändert.
  Dies passt zum Verhalten von Drehimpulsen, denn auch ein Drehimpuls der Form $\vec{r} \times \vec{p}$ bleibt ja bei Raumspiegelung erhalten.
- $\mathcal{P}$ liefert einen Faktor -1 für Positronen.
  Elektronen und Positronen haben negative Parität relativ zueinander. Die absolute Parität von Elektronen und Positronen ist Konvention. Sie heißt auch **innere Parität**. Durch Gl. (5.142) ist sie als $+1$ für Elektronen und -1 für Positronen festgelegt. Die äußere Parität berücksichtigt auch den Bahndrehimpuls.

Für das Positronium ist die absolute Parität eindeutig. Ein Elektron und ein Positron im s-Zustand bilden ein System, dessen Zustand bei Raumspiegelung sein Vorzeichen wechselt. Das Positronium hat somit eine messbare absolute Parität -1.

Für die schwache Wechselwirkung ist $\mathcal{P}$ keine Symmetrie. Bei Prozessen der schwachen Wechselwirkung tritt Paritätsverletzung auf, z. B. beim β-Zerfall von ^{60}Co.

5.5.4.2 Ladungskonjugation

Die Ladungskonjugation ist eine Transformation, bei der Teilchen und Antiteilchen miteinander vertauscht werden und der Strom $j^\mu(x)$ sein Vorzeichen wechselt. Die Entwicklung des Diracfeldes ψ nach ebenen Wellen enthält Vernichtungsoperatoren $b_r(k)$ für Elektronen und Erzeugungsoperatoren $d_r^\dagger(k)$ für Positronen. $\overline{\psi}$ enthält dagegen Elektronenerzeuger und Positronenvernichter.

Wir suchen eine Symmetrietransformation, die Elektronen und Positronen austauscht. Dabei müssen also ψ und $\overline{\psi}$ vertauscht werden, bzw. ψ und $\overline{\psi}^T$, damit beide Spalten-Spinoren sind. Der Ansatz lautet

$$\psi(x) \longrightarrow \psi^C(x) = C\overline{\psi}^T(x) , \tag{5.145}$$

mit einer 4×4-Matrix C. Die Symmetrie erfordert, dass $C\overline{\psi}^T(x)$ die Diracgleichung erfüllt:

$$(i\gamma^\mu \partial_\mu - m)C\overline{\psi}^T(x) = 0 . \tag{5.146}$$

Nun schreiben wir die ursprüngliche Diracgleichung so um, dass darin $\overline{\psi}^T$ vorkommt. Mit $\psi^* = \gamma^0 \overline{\psi}^T$ und $(\gamma^\mu)^* \gamma^0 = \gamma^0(\gamma^\mu)^T$ lautet die konjugiert-komplexe Diracgleichung

$$((i\gamma^\mu \partial_\mu - m)\psi)^* = (-i\gamma^{\mu*}\partial_\mu - m)\gamma^0 \overline{\psi}^T = \gamma^0(i(-\gamma^\mu)^T\partial_\mu - m)\overline{\psi}^T = 0 . \tag{5.147}$$

Den Faktor γ^0 kürzen wir und erhalten

$$(i(-\gamma^\mu)^T\partial_\mu - m)\overline{\psi}^T = 0 . \tag{5.148}$$

Der Vergleich mit der Symmetriebedingung (5.146) zeigt, dass die Matrix C die Beziehung

$$C^{-1}\gamma^\mu C = (-\gamma^\mu)^T \tag{5.149}$$

erfüllen muss. Eine Lösung hiervon ist

$$C = i\gamma^2\gamma^0 = -i\begin{pmatrix} 0 & \sigma_2 \\ \sigma_2 & 0 \end{pmatrix} . \tag{5.150}$$

Es gilt

$$C^\dagger = -C = C^{-1} . \tag{5.151}$$

Auch die Forderung, dass $j^\mu(x) \longrightarrow -j^\mu(x)$ gilt, ist erfüllt.

Die zugehörige unitäre Transformation $\mathcal{C}$ im Hilbertraum erfüllt

$$\mathcal{C}\psi(x)\mathcal{C}^{-1} = \psi^C(x) \tag{5.152}$$

und $\mathcal{C}|0\rangle = |0\rangle$. Für die Erzeuger und Vernichter findet man

$$\begin{aligned}
\mathcal{C}b_r^\dagger(k)\mathcal{C}^{-1} &= d_r^\dagger(k)\,, \\
\mathcal{C}d_r^\dagger(k)\mathcal{C}^{-1} &= b_r^\dagger(k)\,.
\end{aligned} \tag{5.153}$$

Wir sehen, dass $\mathcal{C}$ tatsächlich Teilchen und Antiteilchen vertauscht. Für einen Ein-Teilchen-Zustand gilt z. B.

$$\mathcal{C}b_r^\dagger(k)|0\rangle = d_r^\dagger(k)|0\rangle\,. \tag{5.154}$$

So wie die Parität wird auch die Ladungskonjugation $\mathcal{C}$ durch die schwache Wechselwirkung verletzt.

5.5.4.3 Zeitumkehr

Die Transformation der Bewegungsumkehr (Zeitumkehr) soll vom Diracfeld $\psi(\vec{r}, t)$ zu $T\psi(\vec{r}, -t)$ führen, wobei T eine geeignete 4×4-Matrix ist (nicht mit dem Zeitordnungssymbol T zu verwechseln). Im Unterschied zu den beiden vorigen diskreten Transformationen ist die Angelegenheit jetzt etwas komplizierter, da die Zeitumkehr durch einen antiunitären Operator $\mathcal{T}$ im Hilbertraum beschrieben wird, wie wir im Abschnitt 4.5.2 gelernt haben. Es soll also

$$\mathcal{T}\psi(\vec{r}, t)\mathcal{T}^{-1} = T\psi(\vec{r}, -t) \tag{5.155}$$

gelten. Starten wir von der Diracgleichung

$$(i\gamma^\mu\partial_\mu - m)\psi(x) = 0\,. \tag{5.156}$$

Multiplikation von links und rechts mit $\mathcal{T}$ und $\mathcal{T}^{-1}$ gibt

$$\mathcal{T}(i\gamma^\mu\partial_\mu - m)\mathcal{T}^{-1}\mathcal{T}\psi(x)\mathcal{T}^{-1} = 0\,. \tag{5.157}$$

Wegen der Antilinearität von $\mathcal{T}$ ist

$$\mathcal{T}(i\gamma^\mu\partial_\mu - m)\mathcal{T}^{-1} = -i\gamma^{\mu*}\partial_\mu - m\,. \tag{5.158}$$

Damit gelangen wir zu

$$(-i\gamma^{\mu*}\partial_\mu - m)T\psi(\vec{r}, -t) = 0\,. \tag{5.159}$$

Durch die Substitution $t \to -t$ und Multiplikation mit T^{-1} wird daraus

$$T^{-1}(i\gamma^{0*}\partial_0 - i\gamma^{k*}\partial_k - m)T\psi(\vec{r}, t) = 0\,. \tag{5.160}$$

Durch Vergleich mit der ursprünglichen Diracgleichung lesen wir ab, dass

$$T^{-1}\gamma^{0*}T = \gamma^0\,, \quad T^{-1}\gamma^{k*}T = -\gamma^k\,, \quad k = 1, 2, 3 \tag{5.161}$$

erfüllt sein muss. Eine Matrix T, welche dieses leistet, ist

$$T = i\gamma^1\gamma^3 = -i\gamma_5 C = \begin{pmatrix} -\sigma_2 & 0 \\ 0 & -\sigma_2 \end{pmatrix}\,. \tag{5.162}$$

Es gilt auch $\mathcal{T}\mathscr{L}(\vec{r}, t)\mathcal{T}^{-1} = \mathscr{L}(\vec{r}, -t)$ für die Lagrangedichte.

Für die Operatoren $b_r(\vec{k})$ und $d_r(\vec{k})$ findet man

$$\mathcal{T}b_1(\vec{k})\mathcal{T}^{-1} = b_2(-\vec{k}) \,,$$
$$\mathcal{T}b_2(\vec{k})\mathcal{T}^{-1} = -b_1(-\vec{k}) \,,$$
$$\mathcal{T}d_1(\vec{k})\mathcal{T}^{-1} = d_2(-\vec{k}) \,,$$
$$\mathcal{T}d_2(\vec{k})\mathcal{T}^{-1} = -d_1(-\vec{k}) \,. \tag{5.163}$$

Man erkennt, dass sich Impulse und Spins bei dieser Transformation umkehren. Für die Komponenten des Stroms gilt

$$\mathcal{T}j^0(\vec{r}, t)\mathcal{T}^{-1} = j^0(\vec{r}, -t) \,,$$
$$\mathcal{T}j^k(\vec{r}, t)\mathcal{T}^{-1} = -j^k(\vec{r}, -t) \,, \quad k = 1, 2, 3 \,. \tag{5.164}$$

Fragen zum Nachdenken
Richard Feynman hat gesagt, Positronen seien Elektronen, die rückwärts durch die Zeit laufen. Was kann er damit gemeint haben?

Übungen
Zeigen Sie, dass
$$S_F(x) = (i\gamma^\mu \partial_\mu + m)\Delta_F(x)$$
Green'sche Funktion zum Dirac-Operator $i\gamma^\mu \partial_\mu - m$ ist.

5.6 Masselose Fermionen

Neutrinos sind Fermionen mit Spin 1/2. Sie wurden lange Zeit für masselos gehalten. Dieser Fall soll jetzt betrachtet werden. Die Diracgleichung für masselose Fermionen,

$$i\gamma^\mu\partial_\mu\psi = 0 \,, \tag{5.165}$$

zerfällt in zwei unabhängige Gleichungen, wie man folgendermaßen sehen kann. Zerlegt man das Diracfeld in zwei zweikomponentige Felder φ und χ gemäß

$$\psi = \begin{pmatrix} \varphi \\ \chi \end{pmatrix} \,, \tag{5.166}$$

so ist die masselose Diracgleichung mit unserer Darstellung der γ-Matrizen äquivalent zu den beiden Gleichungen

$$\partial_0\varphi + \sigma_j\partial_j\chi = 0 \,, \tag{5.167}$$
$$\partial_0\chi + \sigma_j\partial_j\varphi = 0 \,. \tag{5.168}$$

Definieren wir

$$\phi_L \doteq \frac{1}{2}(\varphi - \chi) , \quad \phi_R \doteq \frac{1}{2}(\varphi + \chi) , \tag{5.169}$$

so gilt für diese zweikomponentigen Felder

$$(\partial_0 - \vec{\sigma} \cdot \nabla)\phi_L = 0 , \tag{5.170}$$

$$(\partial_0 + \vec{\sigma} \cdot \nabla)\phi_R = 0 . \tag{5.171}$$

Damit ist die Diracgleichung in zwei unabhängige Gleichungen zerlegt worden. Die zweikomponentigen Spinoren ϕ_L und ϕ_R heißen Weyl-Spinoren nach dem in meiner Heimatstadt Elmshorn geborenen Mathematiker Hermann Weyl (1885–1955), der auch bahnbrechende Beiträge zur theoretischen Physik geleistet hat. In einem bemerkenswerten Aufsatz aus dem Jahr 1929 hat er die vorstehenden Weyl-Gleichungen diskutiert als auch das Prinzip der lokalen Eichinvarianz, auf das wir noch zurück kommen werden.

Für eine ebene Welle

$$\phi_L = u \, e^{-ik\cdot x} \tag{5.172}$$

gilt

$$\vec{\sigma} \cdot \vec{k} \, \phi_L = -k^0 \, \phi_L . \tag{5.173}$$

Aus dem Abschnitt 5.3 wissen wir, dass der Spin für diese zweikomponentigen Objekte durch

$$\vec{s} = \frac{1}{2}\vec{\sigma} \tag{5.174}$$

beschrieben wird. Für ϕ_L gilt somit

$$\vec{s} \cdot \vec{k} \, \phi_L = -\frac{1}{2} k^0 \, \phi_L . \tag{5.175}$$

Für eine ebene Welle mit $k^0 = \omega_k = |\vec{k}|$ ist

$$\vec{s} \cdot \frac{\vec{k}}{|\vec{k}|} \, \phi_L = -\frac{1}{2}\phi_L . \tag{5.176}$$

Die Größe

$$\lambda = \vec{s} \cdot \frac{\vec{k}}{|\vec{k}|} \tag{5.177}$$

heißt **Helizität** und gibt die Projektion des Spins auf die Richtung des Impulses an. Wir haben also gefunden, dass ein masseloses Fermion, das durch ϕ_L beschrieben wird, eine negative Helizität $\lambda = -1/2$ besitzt. Die entsprechende Beziehung zwischen Spin und Impuls ist in Abb. 5.2 dargestellt. Für ϕ_R ergibt sich die Helizität $+1/2$.

Nur für masselose Fermionen ist die Helizität eine invariante Größe. Bei massiven Teilchen hängt sie vom Bezugssystem ab. Stellen wir uns ein massives Teilchen mit positiver Helizität und Impuls $\vec{k}$ in x-Richtung im Laborsystem vor. Wenn wir uns durch eine Lorentz-Transformation in ein Bezugssystem begeben, dass sich gegenüber

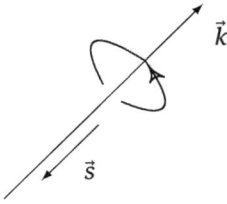

Abb. 5.2: Impuls und Spin eines linkshändigen Fermions

dem Laborsystem in x-Richtung mit einer Geschwindigkeit bewegt, die größer als die Teilchengeschwindigkeit $\vec{k}/m$ ist, so kehrt sich der Impuls um („wir überholen das Teilchen"), aber der Spin behält seine Richtung bei, so dass die Helizität negativ wird. Für masselose Teilchen ist dies nicht möglich.

Es ist auch möglich, masselose Fermionen durch vierkomponentige Dirac-Spinoren zu beschreiben, und wird in der Literatur häufig so gemacht. Den zu ϕ_L korrespondierenden Dirac-Spinor ψ_L erhalten wir, indem wir $\phi_R = 0$ setzen, so dass $\chi = -\varphi$; für ψ_R setzen wir entsprechend $\chi = \varphi$. Das ergibt

$$\psi_L = \begin{pmatrix} \phi_L \\ -\phi_L \end{pmatrix}, \quad \psi_R = \begin{pmatrix} \phi_R \\ \phi_R \end{pmatrix}. \tag{5.178}$$

Diese sind Eigenspinoren zu γ_5,

$$\gamma_5 \psi_L = -\psi_L, \quad \gamma_5 \psi_R = +\psi_R. \tag{5.179}$$

Den Eigenwert zu γ_5 nennt man **Chiralität**. Negative Chiralität wird als linkshändig, positive Chiralität als rechtshändig bezeichnet, wodurch sich der obige Index L/R erklärt. Wir sehen, dass für masselose Fermionen Chiralität und Helizität bis auf den Faktor 2 übereinstimmen.

Unter der Paritätstransformation wechselt die Helizität ihr Vorzeichen, d. h. aus einem ψ_L wird durch Spiegelung ein ψ_R und umgekehrt.

Man überzeugt sich leicht, dass auch unter der Ladungskonjugation links- und rechtshändige Spinoren vertauscht werden. Beides zusammen ist verträglich mit der Tatsache, dass im Standardmodell die masselosen Neutrinos linkshändig und die Antineutrinos rechtshändig sind.

Übungen

1. Zeigen Sie, dass

$$\frac{\vec{\Sigma} \cdot \vec{p}}{|\vec{p}|} u^{(r)}(p) = (-1)^{r+1} u^{(r)}(p)$$

$$\frac{\vec{\Sigma} \cdot \vec{p}}{|\vec{p}|} v^{(r)}(p) = (-1)^{r} v^{(r)}(p).$$

2. Zeigen Sie, dass die Helizität unter Raumspiegelungen ihr Vorzeichen wechselt.

5.7 Majorana-Fermionen

Die Dirac-Fermionen, die wir bisher betrachtet haben, tragen Ladung. Es ist aber auch möglich, Fermionen mit Spin 1/2 zu postulieren, die ihre eigenen Antiteilchen sind und daher keine Ladung tragen können. Dazu fordert man, dass das Feld $\psi(x)$ gleich seinem ladungskonjugierten Feld $\psi^C(x)$ ist:

$$\psi(x) = \psi^C(x) = C\,\overline{\psi}^{\,T}(x)\,. \tag{5.180}$$

Solche Felder heißen Majorana-Spinoren und die zugehörigen Teilchen Majorana-Fermionen nach dem italienischen Physiker Ettore Majorana (1906–1938), einem genialen Schüler von Fermi, der 1938 auf mysteriöse Weise verschollen ist. Für ein Majoranafeld $\psi_M(x)$ sind die in der Entwicklung nach ebenen Wellen vorkommenden Operatoren $b_r(k)$ und $d_r(k)$ nach Gl. (5.153) gleich. Majoranafelder haben halb so viele Freiheitsgrade wie Diracfelder. Ihr Verhältnis zu Diracfeldern ist analog zu demjenigen von reellen zu komplexen Skalarfeldern. Die Lagrangedichte für massive Majoranafelder lautet

$$\mathscr{L} = \frac{1}{2}\overline{\psi}_M(x)(i\gamma^\mu \partial_\mu - m)\psi_M(x)\,. \tag{5.181}$$

Im Standardmodell treten Majorana-Fermionen nicht auf. Jedoch gibt es die Hypothese, dass Neutrinos Majorana-Fermionen sind. In diesem Fall wäre die Leptonenzahl nicht erhalten. Möglich wäre dann auch der neutrinolose Doppel-β-Zerfall, nach dem derzeit experimentell, z. B. mit dem XENON-Experiment, gesucht wird.

5.8 Funktionalintegral-Quantisierung

Beim Versuch, für das Diracfeld ein Funktionalintegral analog zu demjenigen des Skalarfeldes einzuführen, tritt sofort ein Problem auf. In den Funktionalintegralen, die wir beim Skalarfeld kennen gelernt haben, sind die Integranden und Integrationsvariablen klassische Größen, also gewöhnliche reell- oder komplexwertige Größen, und kommutieren miteinander. Entsprechend sind die Green'schen Funktionen, die durch Funktionalintegrale dargestellt werden, symmetrisch in ihren Argumenten.

Die Green'schen Funktionen des Diracfeldes hingegen sind nicht symmetrisch, wie man beim Propagator (5.131) ablesen kann und lassen sich demzufolge nicht durch Funktionalintegrale über klassische kommutierende Felder darstellen.

Es gibt eine Lösung dieses Problems. Sie kann durch Betrachtung der kanonischen Vertauschungsregeln motiviert werden. Beim skalaren Feld lauten diese

$$\left[\pi(\vec{r}, t), \varphi(\vec{r}\,', t)\right] = \frac{\hbar}{i}\,\delta^{(3)}(\vec{r} - \vec{r}\,')\,, \tag{5.182}$$

$$\left[\varphi(\vec{r}, t), \varphi(\vec{r}\,', t)\right] = 0\,, \tag{5.183}$$

$$\left[\pi(\vec{r}, t), \pi(\vec{r}\,', t)\right] = 0\,. \tag{5.184}$$

Wenn wir in einem naiven klassischen Limes die Planck'sche Konstante $\hbar$ gegen null gehen lassen, werden wir zu kommutierenden klassischen Feldern geführt.

Die Vertauschungsregeln des Diracfeldes

$$\left[\psi_\alpha(\vec{r}, t), \; \psi_\beta^\dagger(\vec{r}\,', t)\right]_+ = \hbar \, \delta^{(3)}(\vec{r} - \vec{r}\,')\delta_{\alpha\beta} \,, \tag{5.185}$$

$$\left[\psi_\alpha(\vec{r}, t), \; \psi_\beta(\vec{r}\,', t)\right]_+ = 0 \,, \tag{5.186}$$

$$\left[\psi_\alpha^\dagger(\vec{r}, t), \; \psi_\beta^\dagger(\vec{r}\,', t)\right]_+ = 0 \tag{5.187}$$

enthalten jedoch Antikommutatoren, so dass für $\hbar = 0$ alle Felder miteinander antikommutieren. Dies legt den Versuch nahe, das klassische Diracfeld als ein Feld aufzufassen, dessen Werte antikommutierende Variablen sind. Dieser Versuch führt tatsächlich zum Erfolg.

5.8.1 Grassmann-Variable

Antikommutierende Variable wurden in einem geometrischen Zusammenhang 1844 von Hermann Grassmann, der Gymnasiallehrer in Stettin war, eingeführt. Die daraus gebildete Algebra heißt **Grassmann-Algebra**.

Eine endliche Grassmann-Algebra H_n besitzt Erzeugende η_i, $i = 1, \ldots, n$, die sämtlich miteinander antikommutieren:

$$[\eta_i, \eta_j]_+ = 0 \,. \tag{5.188}$$

Insbesondere gilt

$$\eta_i^2 = 0 \quad \text{für alle } i \,. \tag{5.189}$$

Alle nichtverschwindenden Produkte sind von der Gestalt $\eta_1^{\varepsilon_1}\eta_2^{\varepsilon_2}\cdots\eta_n^{\varepsilon_n}$ mit $\varepsilon_i = 0$ oder 1. Es gibt 2^n solche Elemente. Diese bilden die Basis von H_n.

Funktionen $f(\eta_1, \ldots, \eta_n)$ sind als Potenzreihen in den η_i definiert, d. h.

$$f(\eta_1, \ldots, \eta_n) = f^{(0)} + f_i^{(1)}\eta_i + f_{ij}^{(2)}\eta_i\eta_j + \cdots + f^{(n)} \quad \eta_1\eta_1\cdots\eta_n \in H_n \,. \tag{5.190}$$

Die Differenziation nach den η_i ist definiert als eine lineare Operation mit

$$\frac{\partial}{\partial\eta_i}\eta_k = \delta_{ik} \,, \quad \frac{\partial}{\partial\eta_i}(\eta_k f) = -\eta_k\frac{\partial}{\partial\eta_i}f \,, \quad i \neq k \,, \tag{5.191}$$

was auch als

$$\left[\frac{\partial}{\partial\eta_i}, \eta_k\right]_+ = \delta_{ik} \tag{5.192}$$

geschrieben werden kann. Es ist

$$\frac{\partial}{\partial\eta_i}\frac{\partial}{\partial\eta_j} = -\frac{\partial}{\partial\eta_j}\frac{\partial}{\partial\eta_i} \,. \tag{5.193}$$

Es gibt auch eine Integration über Grassmann-Variable, die von Berezin eingeführt wurde. $\int d\eta_i$ ist eine lineare Abbildung von H_n nach H_n, für die

$$\int d\eta_i f(\eta_i + a) = \int d\eta_i f(\eta_i) , \quad a \in \mathbf{C} \tag{5.194}$$

gelten soll. Für die Wahl $f(\eta_i) = \eta_i$ folgt $\int d\eta_i 1 = 0$. Die Integration ist eindeutig festgelegt durch

$$\int d\eta_i 1 = 0 , \quad \int d\eta_i \, \eta_i = 1 , \tag{5.195}$$

$$\int d\eta_i \, \eta_k f = -\eta_k \int d\eta_i f , \quad i \neq k . \tag{5.196}$$

Damit gilt

$$\int d\eta_i f = \frac{\partial}{\partial \eta_i} f , \tag{5.197}$$

$$\int d\eta_i \, d\eta_j f = - \int d\eta_j \, d\eta_i f , \tag{5.198}$$

$$\int d\eta_n \cdots d\eta_1 f = f^{(n)} . \tag{5.199}$$

Wie man sehen kann, sind Differenziation und Integration mit Grassmann-Variablen dasselbe. Man wird mit Integraltafeln für Grassmann-Funktionen nicht viel Geld verdienen können.

Im Hinblick auf das Diracfeld sind komplexe Gauß-Integrale mit Grassmann-Variablen interessant, denen wir uns jetzt zuwenden. Die Anzahl der Generatoren sei gerade, $n = 2m$. Die zweite Hälfte der Generatoren wird auf andere Weise bezeichnet:

$$\eta_{m+i} \equiv \overline{\eta}_i , \tag{5.200}$$

so dass wir also die Generatoren η_i und $\overline{\eta}_i$, $i = 1, \ldots, m$ haben, die alle miteinander antikommutieren. Für eine beliebige $m \times m$-Matrix A sei

$$(\overline{\eta}, A\eta) \doteq \sum_{i,j=1}^{m} \overline{\eta}_i A_{ij} \eta_j . \tag{5.201}$$

Betrachten wir die Grassmann-wertige Gauß-Funktion

$$f(\eta_1, \ldots, \eta_m, \overline{\eta}_1, \ldots, \overline{\eta}_m) = e^{(\overline{\eta}, A\eta)}$$

$$= 1 + (\overline{\eta}, A\eta) + \frac{1}{2}(\overline{\eta}, A\eta)(\overline{\eta}, A\eta) + \ldots \tag{5.202}$$

Der letzte Term dieser Entwicklung ist

$$f^{(n)} \eta_1 \cdots \eta_m \, \overline{\eta}_1 \cdots \overline{\eta}_m$$

$$= \frac{1}{m!} (\overline{\eta}, A\eta)^m \tag{5.203}$$

$$= \frac{1}{m!} \sum_{i_k, j_l} \overline{\eta}_{i_1} A_{i_1 j_1} \eta_{j_1} \cdots \overline{\eta}_{i_m} A_{i_m j_m} \eta_{j_m} \tag{5.204}$$

$$= \frac{1}{m!} \sum_{i_k, j_l} \epsilon_{i_1 \cdots i_m} \, \epsilon_{j_1 \cdots j_m} \, \overline{\eta}_1 \eta_1 \, \overline{\eta}_2 \eta_2 \cdots \overline{\eta}_m \eta_m \, A_{i_1 j_1} \cdots A_{i_m j_m} \tag{5.205}$$

$$= \sum_{j_1, \dots, j_m} \epsilon_{j_1 \cdots j_m} A_{1 j_1} \cdots A_{m j_m} \, \overline{\eta}_1 \eta_1 \cdots \overline{\eta}_m \eta_m \tag{5.206}$$

$$= \det A \, \overline{\eta}_1 \eta_1 \cdots \overline{\eta}_m \eta_m \tag{5.207}$$

$$= \det A \, \overline{\eta}_m \eta_m \cdots \overline{\eta}_1 \eta_1 \,. \tag{5.208}$$

In der Integration mit $\int d\eta_1 \, d\overline{\eta}_1 \cdots d\eta_m \, d\overline{\eta}_m$ überlebt nach der Regel (5.199) nur der höchste Term, so dass wir die fundamentale Formel für Gauß'sche Grassmann-Integrale erhalten:

$$\boxed{\int d\eta_1 \, d\overline{\eta}_1 \cdots d\eta_m \, d\overline{\eta}_m \, \mathrm{e}^{(\overline{\eta}, A\eta)} = \det A \,.} \tag{5.209}$$

Sie gilt für beliebige Matrizen A. Zum Vergleich sei erwähnt, dass das entsprechende Gauß-Integral über gewöhnliche komplexe Variablen mit einer hermiteschen Matrix A bis auf einen Faktor die inverse Determinante $(\det A)^{-1}$ ergibt. Die Formel (5.209) findet eine sehr wichtige Anwendung bei der numerischen Berechnung von fermionischen Funktionalintegralen im Rahmen von Monte-Carlo-Simulationen. Wir werden sie aber für die Zwecke der Störungstheorie verwenden. Dafür ist es nützlich, Grassmann-wertige Quellen θ_i und $\overline{\theta}_i$ einzuführen. Es seien also η_i, $\overline{\eta}_i$, θ_i und $\overline{\theta}_i$ Grassmann-Variable, die alle miteinander antikommutieren. Die Integration kürzen wir einfachheitshalber ab mit

$$D\eta D\overline{\eta} \doteq d\eta_1 \, d\overline{\eta}_1 \cdots d\eta_m \, d\overline{\eta}_m \,. \tag{5.210}$$

Das Gauß-Integral mit Quellen ist

$$\int D\eta D\overline{\eta} \, \exp\left\{ (\overline{\eta}, A\eta) + (\overline{\eta}, \theta) + (\overline{\theta}, \eta) \right\} \,. \tag{5.211}$$

Mit der Identität

$$(\overline{\eta}, A\eta) + (\overline{\eta}, \theta) + (\overline{\theta}, \eta) = (\overline{\eta} + A^{-1}\overline{\theta}, A(\eta + A^{-1}\theta)) - (\overline{\theta}, A^{-1}\theta) \tag{5.212}$$

erhalten wir

$$\int D\eta D\overline{\eta} \, \exp\left\{ (\overline{\eta}, A\eta) + (\overline{\eta}, \theta) + (\overline{\theta}, \eta) \right\} = (\det A) \exp\left\{ -(\overline{\theta}, A^{-1}\theta) \right\} \,, \tag{5.213}$$

wobei A als invertierbar vorausgesetzt wird. Dieses Ergebnis erlaubt uns, Gauß-Integrale mit weiteren Faktoren durch Differenziation nach den Quellen zu berechnen, z. B.

$$\int D\eta D\overline{\eta}\, \eta_i\, \overline{\eta}_j \exp(\overline{\eta}, A\eta)$$

$$= -\frac{\partial}{\partial\overline{\theta}_i}\frac{\partial}{\partial\theta_j} \int D\eta D\overline{\eta}\, \exp\left\{(\overline{\eta}, A\eta) + (\overline{\eta}, \theta) + (\overline{\theta}, \eta)\right\}\Big|_{\theta=\overline{\theta}=0} \tag{5.214}$$

$$= -\frac{\partial}{\partial\overline{\theta}_i}\frac{\partial}{\partial\theta_j}(\det A)\exp\left\{-(\overline{\theta}, A^{-1}\theta)\right\}\Big|_{\theta=\overline{\theta}=0} \tag{5.215}$$

$$= (\det A)\left(-(A^{-1})_{ij}\right). \tag{5.216}$$

Da in der Gauß-Funktion jede Variable η immer mit einem $\overline{\eta}$ gepaart auftritt, sind auch nur Gauß-Integrale von null verschieden, in denen gleich viele η und $\overline{\eta}$ vorkommen, beispielsweise gilt

$$\int D\eta D\overline{\eta}\, \eta_i\, \overline{\eta}_j\, \eta_k\, \overline{\eta}_l \exp(\overline{\eta}, A\eta)$$

$$= (\det A)\left((A^{-1})_{ij}(A^{-1})_{kl} - (A^{-1})_{il}(A^{-1})_{kj}\right), \tag{5.217}$$

$$\int D\eta D\overline{\eta}\, \eta_i\, \overline{\eta}_j\, \eta_k\, \overline{\eta}_l\, \eta_r\, \overline{\eta}_s \exp(\overline{\eta}, A\eta)$$

$$= (\det A)\Big(-(A^{-1})_{ij}(A^{-1})_{kl}(A^{-1})_{rs} - (A^{-1})_{il}(A^{-1})_{ks}(A^{-1})_{rj}$$

$$- (A^{-1})_{is}(A^{-1})_{kj}(A^{-1})_{rl} + (A^{-1})_{ij}(A^{-1})_{ks}(A^{-1})_{rl}$$

$$+ (A^{-1})_{is}(A^{-1})_{kl}(A^{-1})_{rj} + (A^{-1})_{il}(A^{-1})_{kj}(A^{-1})_{rs}\Big). \tag{5.218}$$

Mit etwas buchhalterischem Aufwand lässt sich das allgemeine Resultat ableiten:

$$\int D\eta D\overline{\eta}\, \eta_{i_1}\overline{\eta}_{i'_1} \cdots \eta_{i_r}\overline{\eta}_{i'_r} \exp(\overline{\eta}, A\eta)$$

$$= (\det A)\sum_{\sigma} \text{sign}(\sigma)(-A^{-1})_{i_1 i'_{\sigma_1}}(-A^{-1})_{i_2 i'_{\sigma_2}} \cdots (-A^{-1})_{i_r i'_{\sigma_r}}, \tag{5.219}$$

worin die Summe über alle Permutationen σ der Zahlen $1, \ldots, r$ geht. Diese Formel ist die fermionische Variante des Wick'schen Theorems. Sie unterscheidet sich von derjenigen, die wir beim reellen Skalarfeld hergeleitet haben, dadurch, dass (1) nur Kontraktionen zwischen je einem η und einem $\overline{\eta}$ vorkommen, und (2) Vorzeichen aufgrund der Antikommutationsregeln auftreten.

5.8.2 Funktionalintegral für das Diracfeld

Nun ist der Weg zum Funktionalintegral für das Diracfeld klar. Es wird postuliert, dass das „klassische" Diracfeld aus Grassmann-Variablen besteht. An Stelle der diskreten Indices i treten die Koordinaten x und die Dirac-Indices $\alpha = 1, \ldots, 4$. Die Dirac-Spinoren $\psi_\alpha(x)$ und $\overline{\psi}_\alpha(x)$, sind also Grassmann-wertige Felder, die miteinander antikommutieren:

$$\left[\psi_\alpha(x), \overline{\psi}_\beta(y)\right]_+ = 0 \,, \tag{5.220}$$

$$\left[\psi_\alpha(x), \psi_\beta(y)\right]_+ = 0 \,, \tag{5.221}$$

$$\left[\overline{\psi}_\alpha(x), \overline{\psi}_\beta(y)\right]_+ = 0 \,. \tag{5.222}$$

Wir verwenden hier für die Felder die gleiche Notation wie für das quantisierte Diracfeld. Aus dem jeweiligen Kontext sollte aber klar sein, ob das quantisierte Feld oder das Grassmann-wertige klassische Feld gemeint ist. Die Quellen $\theta_\alpha(x)$ und $\overline{\theta}_\alpha(x)$ sind ebensolche Grassmannfelder, die untereinander und auch mit den Diracfeldern antikommutieren, und es ist

$$(\overline{\theta}, \psi) = \int d^4x \sum_\alpha \overline{\theta}_\alpha(x)\psi_\alpha(x) \,. \tag{5.223}$$

Die Integration kann formal als

$$\mathcal{D}\psi\mathcal{D}\overline{\psi} = \prod_x \prod_\alpha d\psi_\alpha(x)\, d\overline{\psi}_\alpha(x) \tag{5.224}$$

geschrieben werden, die tatsächliche Bedeutung ist aber durch normierte Gauß-Integrale auf folgende Weise definiert. Für einen invertierbaren Operator A definieren wir

$$Z[\theta, \overline{\theta}] = \frac{1}{Z} \int \mathcal{D}\psi\mathcal{D}\overline{\psi}\, e^{(\overline{\psi}, A\psi) + (\overline{\psi}, \theta) + (\overline{\theta}, \psi)} \tag{5.225}$$

mit

$$Z = \int \mathcal{D}\psi\mathcal{D}\overline{\psi}\, e^{(\overline{\psi}, A\psi)} \,. \tag{5.226}$$

Entsprechend der Formel (5.213) aus dem vorigen Abschnitt ist dann

$$Z[\theta, \overline{\theta}] = \exp\left\{-(\overline{\theta}, A^{-1}\theta)\right\} \,. \tag{5.227}$$

Hierdurch ist die benötigte funktionale Grassmann-Integration festgelegt. Die Anwendung auf das freie Diracfeld bedeutet, dass wir für A den Dirac-Operator einsetzen, und mit einem zusätzlichen Faktor i schreiben

$$Z_0[\theta, \overline{\theta}] = \frac{1}{Z_0} \int \mathcal{D}\psi\mathcal{D}\overline{\psi}\, e^{i(S_0 + (\overline{\psi}, \theta) + (\overline{\theta}, \psi))} \,, \tag{5.228}$$

wobei

$$S_0 = \left(\overline{\psi}, (i\gamma^\mu \partial_\mu - m)\psi\right) = \int d^4x\, \overline{\psi}(x)(i\gamma^\mu \partial_\mu - m)\psi(x) \,. \tag{5.229}$$

Der inverse Dirac-Operator wird mittels der uns schon bekannten $i\epsilon$-Vorschrift definiert:

$$(i\gamma^\mu \partial_\mu - m)^{-1} = S_F \tag{5.230}$$

mit

$$S_F(x - y) = \int \frac{d^4k}{(2\pi)^4} \, e^{-ik \cdot (x-y)} \, \frac{\gamma^\mu k_\mu + m}{k^2 - m^2 + i\epsilon} \, . \tag{5.231}$$

Damit finden wir die Zwei-Punkt-Funktion

$$\frac{1}{Z_0} \int \mathcal{D}\psi \mathcal{D}\overline{\psi} \, \psi_\alpha(x) \, \overline{\psi}_\beta(y) \, e^{iS_0}$$

$$= \left(-i \frac{\delta}{\delta \overline{\theta}_\alpha(x)} \right) \left(i \frac{\delta}{\delta \theta_\beta(y)} \right) Z_0[\theta, \overline{\theta}] \Big|_{\theta = \overline{\theta} = 0} \tag{5.232}$$

$$= iS_{F,\alpha\beta}(x - y) \, . \tag{5.233}$$

Dies ist genau der Feynman-Propagator

$$iS_{F,\alpha\beta}(x - y) = \langle 0 | T \psi_\alpha(x) \overline{\psi}_\beta(y) | 0 \rangle \, , \tag{5.234}$$

und wir sehen, dass sich der Ansatz für das fermionische Funktionalintegral bewährt. Für die höheren $2n$-Punkt-Funktionen ergibt sich nach mehrfacher Differenziation nach den Quellen, analog zu Gl. (5.219), das Wick'sche Theorem in der Gestalt

$$\frac{1}{Z_0} \int \mathcal{D}\psi \mathcal{D}\overline{\psi} \, \psi_{\alpha_1}(x_1) \, \overline{\psi}_{\alpha_1'}(x_1') \cdots \psi_{\alpha_n}(x_n) \, \overline{\psi}_{\alpha_n'}(x_n') \, e^{iS_0}$$

$$= \sum_\sigma \text{sign}(\sigma) \, iS_{F,\alpha_1 \alpha_{\sigma_1}'}(x_1 - x_{\sigma_1}') \cdots iS_{F,\alpha_n \alpha_{\sigma_n}'}(x_n - x_{\sigma_n}') \, . \tag{5.235}$$

Es treten alle Paarungen auf, bei denen die Paare jeweils zu einem ψ und einem $\overline{\psi}$ gehören, und gegenüber dem bosonischen Wick'schen Theorem gibt es zusätzliche Minuszeichen. Bis auf die Minuszeichen ist dies die Form des Wick'schen Theorems, die wir beim komplexen Skalarfeld kennen gelernt haben, und die mit der U(1)-Invarianz der Wirkung zusammenhängt.

Übungen

Grassmann-Algebren

1. Die reelle Grassmann-Algebra H_2 hat zwei Generatoren η_1, η_2, die $[\eta_i, \eta_j]_+ = 0$ erfüllen. Finden Sie zwei 4×4-Matrizen A_1 und A_2, welche diese Generatoren darstellen.

2. Zeigen Sie, dass in H_n die Gleichung

$$\int d\eta_i d\eta_j f = - \int d\eta_j d\eta_i f$$

gilt.

3. Beweisen Sie

$$\eta_i \overline{\eta}_j = - \frac{\partial}{\partial \overline{\theta}_i} \frac{\partial}{\partial \theta_j} e^{(\overline{\eta}, \theta) + (\overline{\theta}, \eta)} \big|_{\theta = \overline{\theta} = 0}$$

in der komplexen Grassmann-Algebra, die von $\eta_i, \overline{\eta}_i, \theta_i, \overline{\theta}_i$ erzeugt wird.

5.9 Yukawa-Wechselwirkung

Im vorigen Abschnitt ging es um das freie Diracfeld. Wenn eine Wechselwirkung der Fermionen mit anderen Feldern hinzugefügt wird, lässt sich eine Störungstheorie formulieren, deren Terme wieder durch Feynman-Diagramme dargestellt werden. Mit den Ergebnissen des vorigen Abschnittes lassen sich die Feynman-Regeln gewinnen. Als Beispiel betrachten wir eine Theorie mit Dirac-Fermionen und einem reellen Skalarfeld, die mittels einer Yukawa-Kopplung wechselwirken. Die Lagrangedichte setzt sich zusammen aus dem freien Teil

$$\mathscr{L}_0 = \overline{\psi}(x)(i\gamma^\mu \partial_\mu - m)\psi(x) + \frac{1}{2}\left(\partial_\mu \varphi(x)\right)\left(\partial^\mu \varphi(x)\right) - \frac{m^2}{2}\varphi(x)^2 \qquad (5.236)$$

und dem Wechselwirkungsteil

$$\mathscr{L}_1 = -\frac{g}{4!}\varphi(x)^4 - G\,\overline{\psi}(x)\psi(x)\varphi(x) . \qquad (5.237)$$

G ist die Yukawa-Kopplungskonstante. Neben den Green'schen Funktionen mit reinen Skalarfeldern oder reinen Diracfeldern treten auch gemischte Green'sche Funktionen wie z. B. $\langle 0|T\psi_\alpha(x)\overline{\psi}_\beta(y)\varphi(z)|0\rangle$ auf.

Der Propagator für das Diracfeld im Ortsraum wird symbolisiert durch eine Linie mit Pfeil:

$$\underset{x,\alpha \qquad\quad y,\beta}{\bullet\!\!-\!\!\!\longleftarrow\!\!\!-\!\!\bullet} = iS_{F,\alpha\beta}(x-y) \qquad (5.238)$$

Der Pfeil dient dazu, die Endpunkte zu unterscheiden, da der Propagator nicht symmetrisch ist. Im Impulsraum ist der Fermion-Propagator

$$\underset{k}{-\!\!\!\longleftarrow\!\!\!-} = i\widetilde{S}_F(k) = \frac{i(\gamma^\mu k_\mu + m)}{k^2 - m^2 + i\epsilon} \qquad (5.239)$$

Der Pfeil zeigt gleichzeitig die Richtung des Impulses an.

Die Feynman-Regeln für das Skalarfeld und seine quartische Kopplung im Impulsraum kennen wir schon. Um die Linien von denen des Fermionfeldes zu unterscheiden, werden sie hier gestrichelt:

$$- - - - - - = \frac{i}{k^2 - m^2 + i\epsilon}$$

$$\times\!\!\bullet\!\!\times \quad = \quad -ig \qquad (5.240)$$

Hinzu kommt der Vertex für die Yukawa-Kopplung:

$$\underset{q_1 \qquad\quad q_2}{\overset{k}{-\!\!\!\longrightarrow\!\!\bullet\!\!\longleftarrow\!\!-}} \quad = \quad -i\,G \qquad (5.241)$$

Für ihn gilt natürlich Impulserhaltung: $k - q_1 + q_2 = 0$.

Kommen in Diagrammen geschlossene Fermion-Schleifen vor, so lässt sich bei genauer Herleitung der Feynman-Regeln feststellen, dass aufgrund der Antikommutation der Fermionfelder ein Minuszeichen auftritt. Dies ist z. B. bei folgendem Beitrag zum skalaren Propagator der Fall:

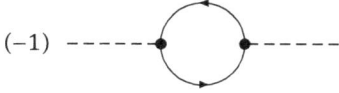

$$(-1)$$

Yukawa-Kopplungen werden uns im elektroschwachen Sektor des Standardmodells wieder begegnen.

6 Elektromagnetisches Feld

6.1 Kanonische Quantisierung

Wenn man sich unbekümmert daran macht, das elektromagnetische Feld so zu quantisieren, wie es erfolgreich beim Skalarfeld geglückt ist, erleidet man rasch Schiffbruch. Das zeigt sich auf unterschiedliche Weise. Entwickelt man das Feld $A^\mu(x)$ nach ebenen Wellen mit Entwicklungskoeffizienten $a^\mu(k)$ und $a^{\mu*}(k)$ und postuliert man, dass diese Koeffizienten zu Vernichtungs- und Erzeugungsoperatoren werden, so muss der Kommutator

$$[a^\mu(k), a^{\nu\,\dagger}(k')] \propto g^{\mu\nu} \tag{6.1}$$

wegen der Lorentz-Kovarianz proportional zur Metrik $g^{\mu\nu}$ sein. Falls der Kommutator für $\mu = 1, 2, 3$ mit dem richtigen Vorzeichen angesetzt wird, so hat er aber für $\mu = 0$ das entgegengesetzte falsche Vorzeichen. Die weitere Rechnung zeigt dann, dass die zugehörigen Zustände eine negative Norm haben, wenn die Lorentz-Kovarianz aufrecht erhalten wird. Der Hilbertraum sollte aber keine Zustände mit negativer Norm enthalten.

Eine andere Manifestation des Problems ist folgende. Die Lagrangedichte des freien Maxwellfeldes ist

$$\mathscr{L} = -\frac{1}{4}F_{\mu\nu}F^{\mu\nu} = -\frac{1}{4}(\partial_\mu A_\nu - \partial_\nu A_\mu)(\partial^\mu A^\nu - \partial^\nu A^\mu)\,. \tag{6.2}$$

Sie lässt sich schreiben als

$$\mathscr{L} = \frac{1}{2}A_\mu(g^{\mu\nu}\partial_\rho\partial^\rho - \partial^\mu\partial^\nu)A_\nu + \frac{1}{2}\partial_\mu(A_\nu\partial^\nu A^\mu - A_\nu\partial^\mu A^\nu)\,. \tag{6.3}$$

Der Divergenzterm $\partial_\mu(\dots)$ trägt zur Wirkung S nicht bei, weil er mit dem Gauß'schen Satz eliminiert werden kann. Er kann daher fortgelassen werden und wir verbleiben mit

$$S = \frac{1}{2}\int d^4x\, A_\mu(x)K^{\mu\nu}A_\nu(x) \tag{6.4}$$

mit

$$K^{\mu\nu} = g^{\mu\nu}\partial_\rho\partial^\rho - \partial^\mu\partial^\nu\,. \tag{6.5}$$

Der Propagator müsste Green'sche Funktion zum Operator $K^{\mu\nu}$ sein. Dieser ist aber nicht invertierbar, denn er besitzt Nullmoden, d. h. Eigenfunktionen zum Eigenwert null, nämlich

$$K^{\mu\nu}\partial_\nu\Lambda(x) = 0 \tag{6.6}$$

für eine beliebige Funktion $\Lambda(x)$.

Beide Probleme stehen in Zusammenhang mit der Eichinvarianz der Wirkung:
– Wie wir im Abschnitt 2.1.2 diskutiert haben, besitzt das Maxwellfeld nur zwei Freiheitsgrade (pro Wellenvektor), die durch eine Eichfixierung isoliert werden können. Das passt nicht zu vier Sätzen von Erzeugungsoperatoren $a^{\mu\,\dagger}(k)$.

https://doi.org/10.1515/9783110638547-006

– Die Invarianz der Wirkung unter Eichtransformationen

$$A_\mu(x) \to A'_\mu(x) = A_\mu(x) + \partial_\mu \Lambda(x)$$

impliziert die Existenz der Nullmoden $\partial_\mu \Lambda(x)$.

Die Probleme bei der Quantisierung des Maxwellfeldes können auf verschiedene Weisen gelöst werden. Im Rahmen der kanonischen Quantisierung gibt es hauptsächlich zwei Möglichkeiten.

1. Die Eichung wird vollständig fixiert, z. B. durch Wahl der Strahlungseichung. Die verbleibenden physikalischen Freiheitsgrade werden wie üblich quantisiert. Allerdings ist in diesem Zugang die Lorentz-Kovarianz nicht manifest, was bei einigen Rechnungen zu Komplikationen führt.

2. Gupta-Bleuler-Formalismus: Eine Lorentz-kovariante Eichung wird fixiert, in der Regel die Lorenz-Eichung $\partial_\mu A^\mu = 0$. Die unphysikalischen Freiheitsgrade sind dadurch nicht vollständig eliminiert. Es wird ein Zustandsraum mit indefiniter Metrik eingeführt. Die physikalischen Zustände bilden einen Teilraum davon, der durch eine geeignete Projektion festgelegt wird.
   Eine mathematisch elegantere, äquivalente Version davon ist die sogenannte BRS-Quantisierung.

Wir werden in diesem Abschnitt die kanonische Quantisierung in der Strahlungseichung behandeln. Die kovariante Quantisierung wird nachfolgend im Formalismus der Funktionalintegrale durchgeführt.

Im Abschnitt 2.1.2 haben wir gesehen, dass in der Strahlungseichung das Maxwellfeld nach ebenen Wellen in der Form

$$\vec{A}(x) = \int \frac{d^3k}{(2\pi)^3 2\omega_k} \sum_{\lambda=1}^{2} \vec{\epsilon}^{\,(\lambda)}(k) \left\{ a^{(\lambda)}(k)\, e^{-ikx} + (a^{(\lambda)}(k))^* \, e^{ikx} \right\}\Big|_{k^0=\omega_k} \qquad (6.7)$$

mit $\omega_k = |\vec{k}|$ entwickelt werden kann. Wie im Falle des reellen Skalarfeldes werden nun die Entwicklungskoeffizienten $a^{(\lambda)}(k)$ und $a^{(\lambda)}(k)^*$ zu Vernichtungs- und Erzeugungsoperatoren $a^{(\lambda)}(k)$ und $a^{(\lambda)}(k)^\dagger$, welche die Kommutatoren

$$\left[a^{(\lambda)}(k),\, a^{(\lambda')}(k')^\dagger \right] = (2\pi)^3\, 2\omega_k\, \delta_{\lambda,\lambda'}\, \delta^{(3)}(\vec{k} - \vec{k}') \qquad (6.8)$$

besitzen. Alle übrigen Kommutatoren verschwinden,

$$\left[a^{(\lambda)}(k),\, a^{(\lambda')}(k') \right] = \left[a^{(\lambda)}(k)^\dagger,\, a^{(\lambda')}(k')^\dagger \right] = 0 \,. \qquad (6.9)$$

$a^{(\lambda)}(k)^\dagger$ und $a^{(\lambda)}(k)$ sind Erzeugungs- und Vernichtungsoperatoren für Teilchen, den **Photonen**. Wir werden sogleich Energie und Impuls dieser Teilchen prüfen und feststellen, dass sie den Impuls $k = (\omega_k, \vec{k})$ tragen.

Ein Fock-Raum wird konstruiert wie gewohnt. Der Vakuumzustand $|0\rangle$ ist charakterisiert durch

$$a^{(\lambda)}(k)|0\rangle = 0 \quad \text{für alle } k \text{ und } \lambda \,, \qquad (6.10)$$

und die Teilchenzustände werden durch Anwendung von Erzeugungsoperatoren konstruiert. Die niedrigsten Teilchenzustände sind

$$\text{Ein-Photon-Zustand} \quad a^{(\lambda)}(k)^\dagger \, |0\rangle \,, \tag{6.11}$$

$$\text{Zwei-Photon-Zustand} \quad a^{(\lambda)}(k)^\dagger a^{(\lambda')}(k')^\dagger \, |0\rangle \,. \tag{6.12}$$

Betrachten wir einige wichtige Observablen. Dazu ersetzen wir in den Ausdrücken der klassischen Feldtheorie das Maxwellfeld durch das operatorwertige Feld $\vec{A}(x)$. Dabei ist wie beim Skalarfeld die Normalordnung zu beachten. Der Hamiltonoperator ergibt sich auf diese Weise zu

$$H = \frac{1}{2} \int d^3x : (\vec{E}^2 + \vec{B}^2):$$

$$= \frac{1}{2} \int \frac{d^3k}{(2\pi)^3 2\omega_k} \sum_{\lambda=1}^{2} \omega_k \, a^{(\lambda)}(k)^\dagger \, a^{(\lambda)}(k) \,. \tag{6.13}$$

Den Impuls des Feldes findet man aus der Impulsstromdichte (Poyntingvektor) zu

$$\vec{P} = \int d^3x : (\vec{E} \times \vec{B}):$$

$$= \int \frac{d^3k}{(2\pi)^3 2\omega_k} \sum_{\lambda=1}^{2} \vec{k} \, a^{(\lambda)}(k)^\dagger \, a^{(\lambda)}(k) \,. \tag{6.14}$$

Für das Vakuum gilt nach Konstruktion

$$H|0\rangle = 0 \quad \text{und} \quad \vec{P}|0\rangle = \vec{0} \,. \tag{6.15}$$

Für die niedrigsten Teilchenzustände im Fock-Raum haben wir

$$H a^{(\lambda)}(k)^\dagger \, |0\rangle = \omega_k \, a^{(\lambda)}(k)^\dagger \, |0\rangle \,,$$

$$H a^{(\lambda)}(k)^\dagger a^{(\lambda')}(k')^\dagger \, |0\rangle = (\omega_k + \omega_{k'}) \, a^{(\lambda)}(k)^\dagger a^{(\lambda')}(k')^\dagger \, |0\rangle \tag{6.16}$$

und

$$\vec{P} a^{(\lambda)}(k)^\dagger \, |0\rangle = \vec{k} \, a^{(\lambda)}(k)^\dagger \, |0\rangle \,, \quad \text{etc.} \tag{6.17}$$

wodurch die Teilchennatur dieser Zustände bestätigt ist. Aus der Energie-Impuls-Beziehung folgt, dass Photonen masselose Teilchen sind.

Das Feld $A^\mu(x)$ ist reell bzw. hermitesch, so dass es keine U(1)-Symmetrie gibt. Entsprechend gibt es keine zugehörige erhaltene Ladung Q. Photonen tragen keine Ladung.

Nun soll noch der Spin der Photonen betrachtet werden. Nach Gl. (3.52) ist der Spin durch

$$\vec{S} = \int d^3x : (\vec{\Pi} \times \vec{A}): = -\int d^3x : (\partial_0 \vec{A} \times \vec{A}): \tag{6.18}$$

gegeben. Für die dritte Komponente erhält man

$$S_3 = i \int \frac{d^3k}{(2\pi)^3 2\omega_k} \, (a^{(2)}(k)^\dagger a^{(1)}(k) - a^{(1)}(k)^\dagger a^{(2)}(k)) \,. \tag{6.19}$$

Für die beiden 1-Photon-Zustände

$$|\vec{k}, R\rangle = \frac{1}{\sqrt{2}}(a^{(1)}(k)^\dagger + ia^{(2)}(k))^\dagger |0\rangle \,,$$

$$|\vec{k}, L\rangle = \frac{1}{\sqrt{2}}(a^{(1)}(k)^\dagger - ia^{(2)}(k))^\dagger |0\rangle \tag{6.20}$$

mit Impuls in z-Richtung, $\vec{k} = (0, 0, k)$, gilt damit

$$S_3|\vec{k}, R\rangle = +|\vec{k}, R\rangle \,,$$

$$S_3|\vec{k}, L\rangle = -|\vec{k}, L\rangle \,. \tag{6.21}$$

Diese beiden Zustände sind also Eigenzustände zur z-Komponente des Drehimpulses zu den Eigenwerten +1 und −1. Photonen tragen somit den Spin 1. Bei den Zuständen handelt es sich um zirkular polarisierte Ein-Photon-Zustände. Es fällt auf, dass nur zwei Eigenwerte für S_3 auftreten, einen Eigenzustand zum Eigenwert 0 gibt es nicht. Zwar existiert im Rahmen der kovarianten Quantisierung (Gupta-Bleuler-Formalismus) ein Zustand $a^{(3)}(k)^\dagger|0\rangle$ mit dem Eigenwert null von S_3, dieser gehört aber nicht zum physikalischen Hilbertraum.

Es ist allgemein eine Besonderheit von masselosen Teilchen, dass nur die beiden extremen Eigenwerte des Drehimpulses vorkommen. Masselose Teilchen mit Spin 2, wie die hypothetischen Gravitonen, würden z. B. nur die Eigenwerte ±2 des Drehimpulses haben.

Interessant ist es, die Vertauschungsregeln der Felder im Ortsraum anzuschauen, denn sie weichen in besonderer Weise von denen des Skalarfeldes ab. Mit den kanonischen Impulsen $\Pi^k = F^{k0} = -\partial_0 A^k = E_k$ sind die gleichzeitigen Kommutatoren

$$\left[\Pi^i(\vec{r}, t), A_j(\vec{r}\,', t)\right] = -\left[E_i(\vec{r}, t), A^j(\vec{r}\,', t)\right] = \left[\partial_0 A^i(\vec{r}, t), A^j(\vec{r}\,', t)\right]$$

$$= -i \int \frac{d^3k}{(2\pi)^3 2\omega_k} e^{i\vec{k}\cdot(\vec{r}-\vec{r}\,')} \sum_{\lambda=1}^2 \epsilon_i^{(\lambda)}(k)\epsilon_j^{(\lambda)}(k)\, 2\omega_k \,. \tag{6.22}$$

Da die beiden Vektoren $\vec{e}^{(\lambda)}(k)$ eine Orthonormalbasis in der Ebene senkrecht zu $\vec{k}$ bilden, ist

$$P_{ij}(k) = \sum_{\lambda=1}^2 \epsilon_i^{(\lambda)}(k)\epsilon_j^{(\lambda)}(k) \quad (i, j = 1, 2, 3) \tag{6.23}$$

der Projektor auf diese Ebene, der $P(k) \cdot \vec{k} = 0$ und $P(k)^2 = P(k)$ erfüllt. Er lautet

$$P_{ij}(k) = \delta_{ij} - \frac{k_i k_j}{\vec{k}^2} \,, \tag{6.24}$$

und damit finden wir

$$\left[\Pi^i(\vec{r}, t), A_j(\vec{r}\,', t)\right] = -i \int \frac{d^3k}{(2\pi)^3} e^{i\vec{k}\cdot(\vec{r}-\vec{r}\,')} \left(\delta_{ij} - \frac{k_i k_j}{\vec{k}^2}\right)$$

$$\doteq -i\,\delta_{ij}^{(t)}(\vec{r} - \vec{r}\,') \,. \tag{6.25}$$

Hier wurde die transversale Delta-Funktion $\delta_{ij}^{(t)}$ definiert. Ohne den zweiten Term $k_i k_j / \vec{k}^2$ wäre das Ergebnis die gewöhnliche Delta-Funktion

$$- \mathrm{i}\, \delta_{ij} \int \frac{d^3 k}{(2\pi)^3} \, \mathrm{e}^{\mathrm{i}\vec{k}\cdot(\vec{r}-\vec{r}\,')} = -\mathrm{i}\, \delta_{ij}\, \delta^{(3)}(\vec{r} - \vec{r}\,') \tag{6.26}$$

gewesen, wie es beim skalaren Feld der Fall ist. Aber der Ansatz

$$\left[\Pi^i(\vec{r}, t),\, A_j(\vec{r}\,', t) \right] = -\mathrm{i}\, \delta_{ij}\delta^{(3)}(\vec{r} - \vec{r}\,') \tag{6.27}$$

würde der Transversalität $\nabla \cdot \vec{A} = 0$ und $\nabla \cdot \vec{E} = 0$ widersprechen wegen

$$0 = \left[\Pi^i(\vec{r}, t),\, \partial^j A_j(\vec{r}\,', t) \right] = -\mathrm{i}\,\partial^i \delta^{(3)}(\vec{r} - \vec{r}\,') \neq 0 \,. \tag{6.28}$$

Hingegen gilt für die transversale δ-Funktion

$$\partial_j\, \delta_{ij}^{(t)}(\vec{r}) = -\mathrm{i} \int \frac{d^3 k}{(2\pi)^3}\, \mathrm{e}^{\mathrm{i}\vec{k}\cdot\vec{r}}\, \mathrm{i}\, k_j \left(\delta_{ij} - \frac{k_i k_j}{\vec{k}^2} \right) = 0 \tag{6.29}$$

wegen

$$k_j \left(\delta_{ij} - \frac{k_i k_j}{\vec{k}^2} \right) = 0 \,, \tag{6.30}$$

so dass mit ihr kein Konflikt mit der Transversalität der Felder auftritt. Im Ortsraum kann man die transversale δ-Funktion in der Form

$$\delta_{ij}^{(t)}(\vec{r}) = \left(\delta_{ij} - \partial_i \partial_j \Delta^{-1} \right) \delta^{(3)}(\vec{r}) = \delta_{ij}\delta^{(3)}(\vec{r}) + \frac{1}{4\pi} \partial_i \partial_j \frac{1}{r} \tag{6.31}$$

darstellen.

Zuletzt soll noch der Photon-Propagator in der Strahlungseichung

$$\mathrm{i}\, D_{\mathrm{F},\mu\nu}^{(t)}(x - y) = \langle 0 | T A_\mu(x) A_\nu(y) | 0 \rangle \tag{6.32}$$

betrachtet werden. In praktischen Rechnungen in der Quantenelektrodynamik wird allerdings meistens der Photon-Propagator in einer kovarianten Eichung verwendet, den wir im nächsten Abschnitt kennen lernen. Setzt man die Entwicklung (6.7) mit Erzeugungs- und Vernichtungsoperatoren ein, so führt eine Rechnung analog zu derjenigen beim Skalarfeld, die aber nicht lehrreich genug ist, um hier ausführlich niedergeschrieben zu werden, zu dem Resultat

$$\mathrm{i}\, D_{\mathrm{F},\mu\nu}^{(t)}(x - y) = \mathrm{i} \int \frac{d^4 k}{(2\pi)^4}\, \frac{\mathrm{e}^{-\mathrm{i}k\cdot x}}{k^2 + \mathrm{i}\epsilon} \sum_{\lambda=1}^{2} \epsilon_\mu^{(\lambda)}(k) \epsilon_\nu^{(\lambda)}(k) \,. \tag{6.33}$$

Der Propagator lautet also im Impulsraum

$$\mathrm{i}\, \widetilde{D}_{\mathrm{F},\mu\nu}^{(t)}(k) = \frac{\mathrm{i}}{k^2 + \mathrm{i}\epsilon} \sum_{\lambda=1}^{2} \epsilon_\mu^{(\lambda)}(k) \epsilon_\nu^{(\lambda)}(k) \,. \tag{6.34}$$

Aufgrund der Wahl der Polarisationsvektoren $\epsilon_\mu^{(\lambda)}(k)$ sind nur die räumlichen Komponenten von null verschieden:

$$\mathrm{i}\, \widetilde{D}_{\mathrm{F},ij}^{(t)}(k) = \frac{\mathrm{i}}{k^2 + \mathrm{i}\epsilon} \left(\delta_{ij} - \frac{k_i k_j}{\vec{k}^2} \right) \,. \tag{6.35}$$

6.2 Kovariante Eichfixierung und Funktionalintegral

Die Eichinvarianz der Wirkung

$$S_0 = -\frac{1}{4} \int d^4x\, F_{\mu\nu} F^{\mu\nu} = \frac{1}{2} \int d^4x\, A_\mu(x) K^{\mu\nu} A_\nu(x) \tag{6.36}$$

muss auch bei der Formulierung des Funktionalintegrals für das Maxwellfeld beachtet werden. Der naive Ansatz für zeitgeordnete Vakuum-Erwartungswerte

$$\langle 0|T\mathcal{O}[A]|0\rangle = \frac{1}{Z} \int \mathcal{D}A\, e^{iS_0}\, \mathcal{O}[A] \tag{6.37}$$

in dem formal

$$\mathcal{D}A = \prod_x \prod_\mu dA_\mu(x) \tag{6.38}$$

ist, krankt wieder daran, dass der Operator $K^{\mu\nu}$ aufgrund der Existenz von Nullmoden nicht invertierbar ist und das Funktionalintegral nicht als Gauß'sches Integral ausgewertet werden kann.

Die Nullmoden korrespondieren zu den Eichtransformationen, und so liegt es nahe, eine Eichfixierung einzuführen. Wir wählen die kovariante Lorenz-Eichung

$$\partial_\mu A^\mu(x) = 0 \,. \tag{6.39}$$

Im Funktionalintegral bedeutet es, die Integration auf die Untermannigfaltigkeit der Felder einzuschränken, für die $\partial_\mu A^\mu(x) = 0$ gilt. Dazu werden entsprechende δ-Funktionen hinzugefügt, und der Ansatz für das Funktionalintegral lautet

$$\int \mathcal{D}A \prod_x \delta\left(\partial_\mu A^\mu(x)\right) e^{iS_0}\, \mathcal{O}[A] \,. \tag{6.40}$$

An dieser Stelle sei schon darauf hingewiesen, dass es bei nichtabelschen Eichfeldern komplizierter wird, da noch eine Jacobi-Determinante zu berücksichtigen ist, die sich beim Maxwellfeld aber nicht auswirkt.

Wir verallgemeinern die Eichbedingung noch zu $\partial_\mu A^\mu(x) = c(x)$ mit einer beliebigen Funktion $c(x)$ und schreiben

$$\int \mathcal{D}A \prod_x \delta\left(\partial_\mu A^\mu(x) - c(x)\right) e^{iS_0}\, \mathcal{O}[A] \,, \tag{6.41}$$

was für eichinvariante $\mathcal{O}[A]$ unabhängig von $c(x)$ ist. Zuletzt führen wir eine zusätzliche Gauß'sche Funktionalintegration über $c(x)$ aus gemäß

$$\int \mathcal{D}c\, e^{-\frac{i}{2\xi} \int d^4x\, c(x)^2} \,, \tag{6.42}$$

die das Ergebnis nicht ändert. Diese Integration entfernt die δ-Funktionen und führt zu

$$\int \mathcal{D}A \exp\left\{ iS_0 - \frac{i}{2\xi} \int d^4x\, \left(\partial_\mu A^\mu(x)\right)^2 \right\} \mathcal{O}[A] \,. \tag{6.43}$$

Als Endergebnis schreiben wir also den Erwartungswert als

$$\frac{1}{Z} \int \mathcal{D}A \, e^{iS} \, \mathcal{O}[A] \tag{6.44}$$

mit

$$Z = \int \mathcal{D}A \, e^{iS} \,, \tag{6.45}$$

wobei

$$S = -\frac{1}{4} \int d^4x \, F_{\mu\nu}F^{\mu\nu} - \frac{1}{2\xi} \int d^4x \, (\partial_\mu A^\mu(x))^2 \tag{6.46}$$

die Wirkung mit Eichfixierungsterm ist. Der Vorfaktor ξ vor dem Eichfixierungsterm ist ein freier Parameter.

Die Wirkung S ist nach wie vor quadratisch im Maxwellfeld und wir schreiben sie als

$$S = \frac{1}{2} \int d^4x \, A_\mu(x) K_\xi^{\mu\nu} A_\nu(x) \tag{6.47}$$

mit

$$K_\xi^{\mu\nu} = g^{\mu\nu}\partial_\rho\partial^\rho - \left(1 - \frac{1}{\xi}\right)\partial^\mu\partial^\nu \,. \tag{6.48}$$

Im Impulsraum ist

$$\tilde{K}_\xi^{\mu\nu} = -g^{\mu\nu}k^2 + \left(1 - \frac{1}{\xi}\right)k^\mu k^\nu \,. \tag{6.49}$$

Dieser Operator ist im Gegensatz zu $K^{\mu\nu}$ invertierbar. Man prüft leicht nach, dass

$$\left(\tilde{K}_\xi^{-1}\right)^{\mu\nu} = -\frac{1}{k^2}\left[g^{\mu\nu} - (1-\xi)\frac{k^\mu k^\nu}{k^2}\right] \tag{6.50}$$

invers zu $\tilde{K}_\xi^{\mu\nu}$ ist. Damit sind wir in der Lage, den zu S gehörigen Propagator für das Maxwellfeld im Impulsraum aufzuschreiben,

$$i\widetilde{D}_{F,\mu\nu}(k) = \frac{-i}{k^2 + i\epsilon}\left[g_{\mu\nu} - (1-\xi)\frac{k_\mu k_\nu}{k^2}\right] \,, \tag{6.51}$$

wobei wieder die iϵ-Vorschrift berücksichtigt wurde.

In praktischen Rechnungen sind spezielle Wahlen des Parameters ξ vorteilhaft. Die gebräuchlichsten sind

$$\text{Landau-Eichung:} \quad \xi = 0 \,, \tag{6.52}$$

$$\text{Feynman-Eichung:} \quad \xi = 1 \,. \tag{6.53}$$

Der Photon-Propagator findet Verwendung in störungstheoretischen Rechnungen in der Quantenelektrodynamik, die Gegenstand des nächsten Kapitels ist.

7 Quantenelektrodynamik

7.1 Lokale U(1)-Eichsymmetrie

Die Quantenelektrodynamik (QED) war die erste Quantenfeldtheorie mit Wechselwirkung, die stimmig und renormierbar formuliert wurde. Die Quantisierung des freien Maxwellfeldes wurde bereits in den ersten Arbeiten zur Quantenmechanik (Born, Heisenberg, Jordan) in den 20er Jahren von Pascual Jordan ausgearbeitet, und die Kopplung an Elektronen und Positronen über das Diracfeld wurde bald darauf formuliert. Die auftretenden Probleme mit UV-Divergenzen und Lorentz-Kovarianz konnten aber erst in den 40er Jahren durch Feynman, Schwinger, Tomonaga und Dyson gelöst werden, so dass erst danach Rechnungen mit höheren Ordnungen der Störungstheorie möglich wurden.

Die QED bietet sich an, um ein Prinzip einzuführen, das für das Standardmodell eine zentral wichtige Rolle spielt: die lokale Eichsymmetrie. Betrachten wir die Lagrangedichte des Diracfeldes

$$\mathscr{L} = \overline{\psi}(x)(i\gamma^\mu \partial_\mu - m)\psi(x) \,. \tag{7.1}$$

Sie besitzt eine *globale* U(1)-Symmetrie

$$\psi(x) \longrightarrow \psi'(x) = e^{-iq\alpha}\psi(x) \,, \tag{7.2}$$

der wir schon mehrfach begegnet sind. Die elektrische Ladung q des beschriebenen Teilchens wurde dabei eingefügt, um spätere Formeln etwas zu vereinfachen. Die Bezeichnung **global** bedeutet, dass das Feld für alle x in gleicher Weise transformiert wird, also α nicht vom Ort x abhängt. Wenn wir stattdessen ein ortsabhängiges $\alpha(x)$ betrachten, sprechen wir von einer **lokalen** Transformation

$$\psi(x) \longrightarrow \psi'(x) = e^{-iq\alpha(x)}\psi(x) \,. \tag{7.3}$$

Da sich $\partial_\mu \psi$ aber anders transformiert als ψ,

$$\begin{aligned}
\partial_\mu \psi'(x) &= e^{-iq\alpha(x)}\partial_\mu \psi(x) - iq\,(\partial_\mu\alpha(x))\,e^{-iq\alpha(x)}\psi(x) \\
&= e^{-iq\alpha(x)}\{\partial_\mu - iq\,\partial_\mu\alpha(x)\}\psi(x) \,,
\end{aligned} \tag{7.4}$$

ist die Lagrangedichte nicht mehr invariant unter diesen Transformationen:

$$\mathscr{L}' = \mathscr{L} + \overline{\psi}\,i\gamma^\mu(-iq\partial_\mu\alpha)\psi = \mathscr{L} + q\,\overline{\psi}\gamma^\mu\psi\,\partial_\mu\alpha \,. \tag{7.5}$$

Das Problem liegt in den Ableitungen des Feldes und muss durch eine Änderung der Ableitungsterme behoben werden. An die Stelle von $\partial_\mu \psi(x)$ muss ein Ausdruck treten, der sich wie das Feld $\psi(x)$ transformiert, d. h. durch Multiplikation mit dem Faktor

https://doi.org/10.1515/9783110638547-007

$\mathrm{e}^{-\mathrm{i}q\alpha(x)}$. Das kann erreicht werden durch Ankopplung an das Maxwellfeld, indem die Ableitung ∂_μ ersetzt wird gemäß

$$\partial_\mu \longrightarrow \partial_\mu + \mathrm{i}\,qA_\mu \, . \tag{7.6}$$

Wenn nämlich das Maxwellfeld einer Eichtransformation

$$A_\mu(x) \longrightarrow A'_\mu(x) = A_\mu(x) + \partial_\mu\alpha(x) \tag{7.7}$$

mit der gleichen Funktion $\alpha(x)$ unterworfen wird, haben wir folgendes Transformationsverhalten

$$\begin{aligned}
(\partial_\mu + \mathrm{i}\,qA_\mu)\psi(x) \quad &\longrightarrow \quad (\partial_\mu + \mathrm{i}\,qA'_\mu)\psi'(x) \\
&= [\partial_\mu + \mathrm{i}\,q(A_\mu + \partial_\mu\alpha)]\,\mathrm{e}^{-\mathrm{i}q\alpha(x)}\psi(x) \\
&= \mathrm{e}^{-\mathrm{i}q\alpha(x)}(\partial_\mu + \mathrm{i}\,qA_\mu)\psi(x) \tag{7.8}
\end{aligned}$$

und der kinetische Term $\overline{\psi}(x)\,\mathrm{i}\gamma^\mu(\partial_\mu + \mathrm{i}\,qA_\mu)\psi(x)$, und damit auch die gesamte Lagrangedichte ist invariant.

Die an Stelle der partiellen Ableitung eingeführte Kombination

$$D_\mu \doteq \partial_\mu + \mathrm{i}\,qA_\mu \tag{7.9}$$

heißt **kovariante Ableitung**. Schreiben wir das obige Transformationsgesetz in der Form

$$\begin{aligned}
D_\mu\psi(x) \quad &\longrightarrow \quad D'_\mu\psi'(x) \\
&= (\partial_\mu + \mathrm{i}\,qA'_\mu)\psi'(x) \\
&= \mathrm{e}^{-\mathrm{i}q\alpha(x)}D_\mu\,\mathrm{e}^{\mathrm{i}q\alpha(x)}\psi'(x) \, , \tag{7.10}
\end{aligned}$$

so haben wir also folgendes Transformationsgesetz für den Operator der kovarianten Ableitung:

$$D'_\mu = \mathrm{e}^{-\mathrm{i}q\alpha(x)}D_\mu\,\mathrm{e}^{\mathrm{i}q\alpha(x)} \, . \tag{7.11}$$

Der hier betrachtete Fall ist das einfachste Beispiel für ein allgemeines Schema, bei dem ein Eichfeld an Materiefelder gekoppelt wird:

– Man beginnt mit einer globalen Symmetrie, hier U(1).
– Die Symmetrie wird zu einer lokalen Symmetrie verallgemeinert, $\alpha \to \alpha(x)$.
– Die Invarianz der Wirkung wird wieder hergestellt durch Einführung eines Eichfeldes und Ersetzung der partiellen Ableitung durch die kovariante Ableitung.
– Durch die Symmetrie ist somit der Kopplungsterm festgelegt.

Bis hierhin ist aber noch nicht unbedingt etwas gewonnen, solange für das Eichfeld $A_\mu(x)$ keine Dynamik spezifiziert wird. Falls z. B. grundsätzlich $A_\mu(x) = \partial_\mu\Lambda(x)$ mit einem geeigneten $\Lambda(x)$ gilt, kann das Eichfeld durch die Eichtransformation mit

$\alpha(x) = -\Lambda(x)$ zum Verschwinden gebracht werden. In diesem Fall ist die Lagrange-dichte mit der kovarianten Ableitung äquivalent zur ursprünglichen.

Wir fordern daher, dass $A_\mu(x)$ ein Feld mit einer eigenen Dynamik und einer eigenen invarianten Lagrangedichte ist. Im Fall der QED ist dies die Lagrangedichte des Maxwellfeldes,

$$\mathscr{L}_A = -\frac{1}{4} F_{\mu\nu} F^{\mu\nu} \tag{7.12}$$

so dass wir zur vollständigen Lagrangedichte der QED

$$\boxed{\mathscr{L} = \overline{\psi}(\mathrm{i}\gamma^\mu D_\mu - m)\psi - \frac{1}{4} F_{\mu\nu} F^{\mu\nu}} \tag{7.13}$$

gelangen.

Die Feldstärke hängt mit der kovarianten Ableitung auf interessante Weise zusammen. Es gilt nämlich

$$[D_\mu, D_\nu] = \mathrm{i}\, q (\partial_\mu A_\nu - \partial_\nu A_\mu) = \mathrm{i}\, q F_{\mu\nu} \, . \tag{7.14}$$

Übungen

1. Skalare QED:
   (a) Die Theorie des freien komplexen Skalarfeldes $\varphi(x)$ besitzt eine globale U(1)-Symmetrie

   $$\varphi(x) \longrightarrow \varphi'(x) = e^{-\mathrm{i}q\alpha}\varphi(x) \, .$$

   Wie lautet der zugehörige Noether-Strom?
   (b) Wie lautet die Lagrangedichte $\mathscr{L}$ für das Feld $\varphi(x)$, wenn es mit dem Maxwellfeld $A_\mu(x)$ wechselwirkt? Leiten Sie die Feldgleichungen für $\varphi(x)$ her. Drücken Sie die Feldgleichungen mittels der kovarianten Ableitung D_μ aus.
   (c) Berechnen Sie den Noether-Strom j^μ, der zur globalen U(1)-Symmetrie von $\mathscr{L}$ gehört, und berechnen Sie seine Divergenz $\partial_\mu j^\mu$ mit Hilfe der Feldgleichungen.
   (d) Prüfen Sie, ob der Wechselwirkungsterm in $\mathscr{L}$ proportional zu $j^\mu(x)A_\mu(x)$ ist, wobei $j^\mu(x)$ der Noether-Strom aus (c) ist.
   (e) Zeichnen Sie die Vertices, die zu $\mathscr{L}$ gehören. Benutzen Sie Pfeile, um φ von φ^* zu unterscheiden.

2. Die Lagrangedichte für ein zweikomponentiges Skalarfeld $\phi(x) = \begin{pmatrix} \phi_1(x) \\ \phi_2(x) \end{pmatrix}$ sei gegeben durch

   $$\mathscr{L} = \partial_\mu \phi^+ \partial^\mu \phi - \phi^+ M \phi - \frac{g}{4}(\phi^+\phi)^2$$

   mit der Massenmatrix $M = \begin{pmatrix} m_1^2 & 0 \\ 0 & m_2^2 \end{pmatrix}$.
   (a) Wie lauten die Feldgleichungen für ϕ?
   (b) Bestimmen sie die globale innere Symmetriegruppe für den Fall $m_1 = m_2$. Finden Sie eine Basis ihrer Generatoren T_a, welche die SU(2)-Generatoren als Teilmenge enthält, und die $\mathrm{Sp}(T_a T_b) = \frac{1}{2}\delta_{ab}$ erfüllt. Wie lauten die zugehörigen erhaltenen Noether-Ströme?
   (c) Bestimmen Sie die globale innere Symmetriegruppe für den Fall $m_1 \neq m_2$. Finden Sie eine Basis ihrer Generatoren T_a als Teilmenge derjenigen aus (b).

(d) Berechnen Sie die Divergenz $\partial_\mu j^\mu$ der Noether-Ströme aus (b), aber für den Fall $m_1 \neq m_2$. Denken Sie daran, dazu die Feldgleichungen zu benutzen.

(e) Betrachten Sie den Fall $m_1 \neq m_2$. Ändern Sie die Lagrangedichte so ab, dass sie invariant ist unter den lokalen Transformationen, die zu der in (c) gefundenen Symmetriegruppe gehören, indem Sie das Feld an verschiedene „Maxwellfelder" koppeln. Schreiben Sie die kovariante Ableitung mit Hilfe der Generatoren T_a.

7.2 Störungstheorie

Für die Zwecke der Störungstheorie addieren wir zur Lagrangedichte des vorigen Abschnittes den kovarianten Eichfixierungsterm, setzen als Ladung die negative Ladung $q = -e_0$ des Elektrons ein, und erhalten

$$\mathscr{L} = \overline{\psi}(\mathrm{i}\gamma^\mu \partial_\mu - m)\psi - \frac{1}{4}F_{\mu\nu}F^{\mu\nu} - \frac{1}{2\xi}(\partial_\mu A^\mu)^2 + e_0(\overline{\psi}\gamma_\mu \psi)A^\mu . \tag{7.15}$$

Die ersten drei Terme sind quadratisch in den Feldern. Sie setzen sich aus den Lagrangedichten des freien Diracfeldes und des freien Maxwellfeldes zusammen und bestimmen die Propagatoren. Der Propagator für das Diracfeld im Impulsraum war nach Gl. (5.133)

$$\mathrm{i}\widetilde{S}_\mathrm{F}(k) = \mathrm{i}\frac{\gamma^\mu k_\mu + m}{k^2 - m^2 + \mathrm{i}\epsilon} . \tag{7.16}$$

Der Photon-Propagator in der kovarianten Eichung lautet

$$\mathrm{i}\widetilde{D}_{\mathrm{F},\mu\nu}(k) = \frac{-\mathrm{i}}{k^2 + \mathrm{i}\epsilon}\left[g_{\mu\nu} - (1-\xi)\frac{k_\mu k_\nu}{k^2}\right] , \tag{7.17}$$

Der letzte Term in $\mathscr{L}$ beschreibt die Wechselwirkung zwischen Fermionen und Photonen. Den dazu gehörigen Vertex lesen wir ab zu $\mathrm{i}e_0\gamma_\mu$.

Die Feynman-Regeln für die QED im Impulsraum sind somit folgende:

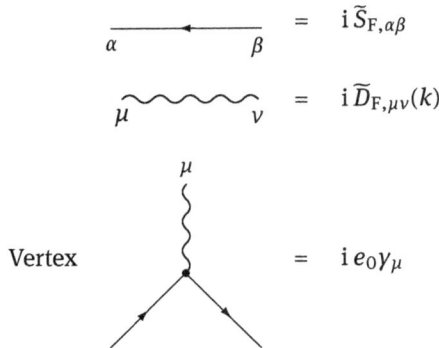

Zusätzlich gilt noch die Regel: für jede geschlossene Fermion-Schleife ist ein Faktor (-1) anzubringen. Ein solcher Graph ist zum Beispiel

Faktor (-1)

Bei der Berechnung von S-Matrix-Elementen sind weiterhin Faktoren für die äußeren Linien anzubringen, welche den Polarisationszustand der ein- und auslaufenden Teilchen angeben:

$u^{(r)}(p)$: Elektron, einlaufend (Pfeil einwärts)

$\overline{v}^{(r)}(p)$: Positron, einlaufend (Pfeil auswärts)

$\overline{u}^{(r)}(p)$: Elektron, auslaufend (Pfeil auswärts)

$v^{(r)}(p)$: Positron, auslaufend (Pfeil einwärts)

$\epsilon_\mu(p)$: Photon, einlaufend

$\epsilon_\mu^*(p)$: Photon, auslaufend

Der große Erfolg der störungstheoretischen QED wurde in den 40er Jahren des 20. Jahrhunderts begründet durch die Berechnung der Lamb-Shift im Spektrum des Wasserstoff-Atoms durch Bethe und Feynman 1947 und des anomalen magnetischen Moments des Elektrons. Das magnetische Moment des Elektrons ist mit dem Spin durch die Beziehung

$$\vec{m} = -g\frac{e_0}{2m}\vec{S} \tag{7.18}$$

mit dem gyromagnetischen Faktor g verknüpft. In QT haben wir gesehen, dass die quantenmechanische Diracgleichung den Wert $g = 2$ ergibt, der aber vom experimentellen Wert abweicht. Schwinger hat 1948 mit der neu formulierten QED die erste störungstheoretische Korrektur

$$g - 2 = \frac{\alpha}{\pi} + O(\alpha^2) \tag{7.19}$$

berechnet, wobei

$$\alpha = \frac{e_0^2}{4\pi\hbar c} \quad \text{(im Heaviside-Lorentz-System)}$$

$$= \frac{e_0^2}{4\pi\epsilon_0\hbar c} \approx \frac{1}{137,036} \quad \text{(im SI-System)} \tag{7.20}$$

die Sommerfeld'sche Feinstrukturkonstante ist. Korrekturen höherer Ordnung bis α^5 wurden in heroischen Anstrengungen von Kinoshita und Mitstreitern durch Berechnung von mehr als 13000 Feynman-Diagrammen bestimmt. Der $(g - 2)$-Faktor ist eine der am präzisesten berechneten und am präzisesten experimentell bestimmten Größen der Physik.

Der Erfolg der Störungstheorie in der QED beruht wesentlich auf dem kleinen Wert von α. Die berechneten Größen besitzen störungstheoretische Entwicklungen nach Potenzen von α und die ersten Beiträge nehmen von Ordnung zu Ordnung rasch ab.

Zwar ist der Konvergenzradius dieser Reihe null, wie man weiß, aber für die Genauigkeit der Rechnungen in niedrigen Ordnungen ist das kaum relevant.

Einige wichtige Streuprozesse, die mit Feynman-Diagrammen der QED berechnet werden können, und die zugehörigen Diagramme niedrigster Ordnung sind die folgenden. Dabei ist die Richtung der Zeit von links nach rechts dargestellt.

Møller-Streuung ($e^-\,e^-$-Streuung)

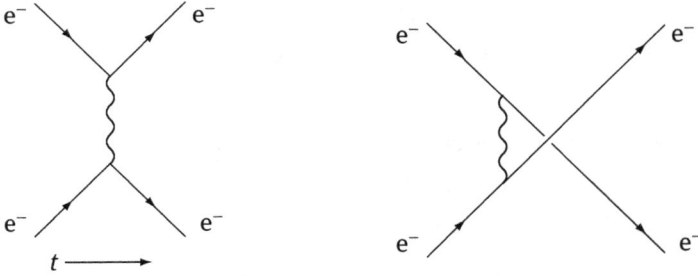

Compton-Streuung ($\gamma\,e^-$-Streuung)

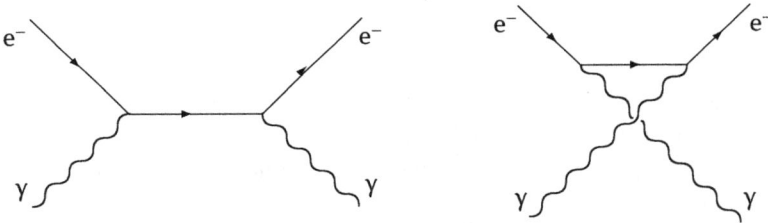

Bhabha-Streuung ($e^+\,e^-$-Streuung)

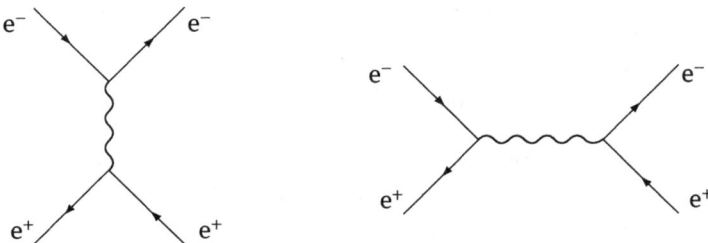

Paarvernichtung (e$^+$ e$^-$ → γγ)

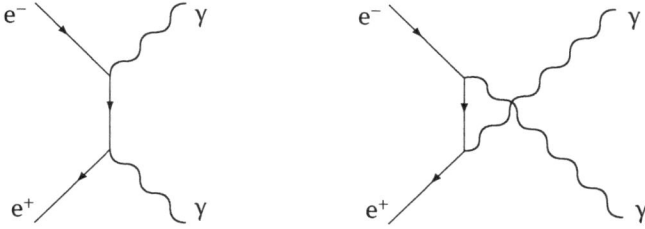

In zahlreichen Lehrbüchern werden die zu diesen Diagrammen gehörigen Amplituden und Streuquerschnitte ausführlich berechnet. Es ist nicht sinnvoll, diese Rechnungen hier zu reproduzieren, insbesondere da der Fokus auf der Struktur und theoretischen Beschreibung des Standardmodells liegen soll. Zur Illustration der Anwendung der Feynman-Regeln wird dennoch im nächsten Abschnitt die Berechnung der Amplitude für die Møller-Streuung vorgeführt.

Die oben gezeigten Graphen stellen die niedrigste Ordnung der Störungstheorie dar. Sie enthalten keine geschlossenen Schleifen und sind Baumgraphen. In höheren Ordnungen treten Graphen mit Schleifen auf. Diese liefern z. B. Korrekturen zu den führenden Ordnungen wie in den nachfolgenden Korrekturen der Ordnung α^2 zur Elektron-Positron-Streuung:

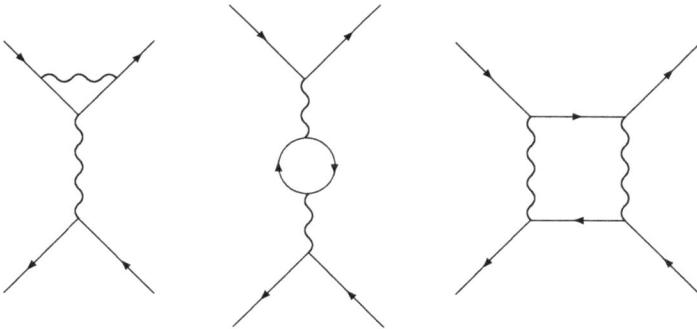

Die Beiträge von Schleifen-Graphen sind UV-divergent. Die QED ist renormierbar und ihre Renormierung erfolgt auf analoge Weise wie beim Skalarfeld. Die Elektronenmasse, die Kopplung und die Normierung der Felder werden renormiert gemäß

$$m_R = m_0 + \delta m\,, \quad e_R = Z_3^{\frac{1}{2}} e_0\,, \quad \psi_R = Z_2^{-\frac{1}{2}} \psi\,, \quad A_{R,\mu} = Z_3^{-\frac{1}{2}} A_\mu\,. \tag{7.21}$$

Üblicherweise wird die renormierte Elektronenmasse m_R durch den Pol des Propagators festgelegt und die Renormierung Z_2 des Elektronenfeldes durch das Residuum dieses Pols. Die erste störungstheoretische Korrektur des Elektronen-Propagators ist durch das folgende 1-Schleifen-Diagramm gegeben:

Die Photonenmasse erfährt keine Renormierung und bleibt null, was aus der lokalen Eichinvarianz gefolgert werden kann. Die Gleichheit der Renormierungsfaktoren für die Ladung und das Maxwellfeld (Z_3) ist eine Besonderheit, die mittels der Ward-Identitäten bewiesen werden kann.

In höheren Ordnungen können auch neue Prozesse auftreten. Der nachfolgende 1-Schleifen-Graph trägt zur Photon-Photon-Streuung durch Austausch virtueller Elektronen bei. Die resultierende nichtlineare Brechung des Superpositionsprinzips für Licht heißt Halpern-Streuung oder Vakuum-Doppelbrechung und wurde 2017 experimentell am CERN nachgewiesen.

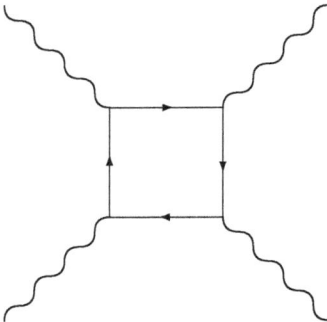

7.3 Møller-Streuung

Es ist instruktiv, wenigstens einen der im vorigen Abschnitt genannten elementaren QED-Prozesse einmal ausführlich durchzurechnen. Das soll hier anhand der Møller-Streuung geschehen. Betrachten wir zunächst das erste, in Abb. 7.1 gezeigte Diagramm mit den dortigen Bezeichnungen der Impulse und der Polarisationen $r_i = 1, 2$ der

p_1, r_1 ⟍ ⟋ p_4, r_4

k_1

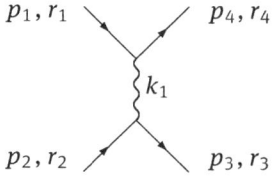

p_2, r_2 ⟋ ⟍ p_3, r_3 **Abb. 7.1:** Kinematik bei Møller-Streuung

Spinoren. Dabei ist

$$k_1 = p_1 - p_4 = p_3 - p_2 \ . \tag{7.22}$$

Die beiden oberen Elektronen-Linien und der mit ihnen verbundene Vertex liefern den Faktor

$$\mathrm{i}\, e_0\, \overline{u}^{(r_4)}(p_4)\, \gamma_\mu\, u^{(r_1)}(p_1)\ , \tag{7.23}$$

und die unteren Linien

$$\mathrm{i}\, e_0\, \overline{u}^{(r_3)}(p_3)\, \gamma_\nu\, u^{(r_2)}(p_2)\ . \tag{7.24}$$

Die Photon-Linie trägt in der Feynman-Eichung den Faktor

$$-\mathrm{i}\, g_{\mu\nu}/k_1^2 \tag{7.25}$$

bei. Die Impuls-erhaltende δ-Funktion ist bereits bei der Definition der T-Matrix berücksichtigt. Der Beitrag dieses Diagramms zum T-Matrix-Element ist also

$$T^{(1)} = e_0^2\, \frac{1}{k_1^2}\, \overline{u}^{(r_4)}(p_4)\, \gamma_\mu\, u^{(r_1)}(p_1)\, \overline{u}^{(r_3)}(p_3)\, \gamma^\mu\, u^{(r_2)}(p_2)\ . \tag{7.26}$$

Das zweite beitragende Diagramm, das im vorigen Abschnitt abgebildet ist, unterscheidet sich vom obigen durch die Vertauschung von p_3 und p_4. Mit

$$k_2 = p_1 - p_3 = p_4 - p_2 \tag{7.27}$$

lautet sein Beitrag

$$T^{(2)} = e_0^2\, \frac{1}{k_2^2}\, \overline{u}^{(r_3)}(p_3)\, \gamma_\mu\, u^{(r_1)}(p_1)\, \overline{u}^{(r_4)}(p_4)\, \gamma^\mu\, u^{(r_2)}(p_2)\ . \tag{7.28}$$

Da dieses Diagramm sich vom vorigen durch Vertauschung zweier Fermionen unterscheidet, trägt es aufgrund des Pauli-Prinzips mit einem relativen Minuszeichen zur gesamten Amplitude bei:

$$T = T^{(1)} - T^{(2)} \ . \tag{7.29}$$

Wir interessieren uns für den unpolarisierten Wirkungsquerschnitt. Dazu ist über r_1 und r_2 zu mitteln und über r_3 und r_4 zu summieren:

$$\overline{|T|^2} = \frac{1}{4} \sum_{r_i} |T|^2 \ . \tag{7.30}$$

Mit den Relationen

$$\sum_r u_\beta^{(r)}(p)\,\overline{u}_\alpha^{(r)}(p) = (\gamma_\mu\, p^\mu + m)_{\beta\alpha} \doteq (\not{p} + m)_{\beta\alpha} \tag{7.31}$$

und

$$|\overline{u}(f)\gamma^\mu u(i)|^2 = (\overline{u}(f)\gamma^\mu u(i))\,(\overline{u}(i)\gamma^\mu u(f)) \quad \text{(keine Summe über } \mu) \tag{7.32}$$

findet man

$$\overline{|T|^2} = \frac{1}{4}e_0^4 \left\{ \mathrm{Sp}\,(\gamma_\nu(\not{p}_1 + m)\gamma_\rho(\not{p}_4 + m))\,\mathrm{Sp}\,(\gamma^\nu(\not{p}_2 + m)\gamma^\rho(\not{p}_3 + m))\,\frac{1}{(k_1^2)^2} \right.$$

$$- \mathrm{Sp}\,(\gamma_\nu(\not{p}_1 + m)\gamma_\rho(\not{p}_3 + m)\gamma^\nu(\not{p}_2 + m)\gamma^\rho(\not{p}_4 + m))\,\frac{1}{k_1^2 k_2^2}$$

$$\left. + (p_3 \leftrightarrow p_4) \right\}. \tag{7.33}$$

Zur Auswertung der Spuren verwenden wir die Formeln

$$\mathrm{Sp}(\gamma_\mu\gamma_\nu\gamma_\rho\gamma_\lambda) = 4(g_{\mu\nu}g_{\rho\lambda} - g_{\mu\rho}g_{\nu\lambda} + g_{\mu\lambda}g_{\nu\rho})\,, \tag{7.34}$$

$$\gamma_\nu\gamma_\mu\gamma_\rho\gamma_\lambda\gamma^\nu = -2\,\gamma_\lambda\gamma_\rho\gamma_\mu\,, \tag{7.35}$$

$$\gamma_\nu\gamma_\mu\gamma_\rho\gamma^\nu = 4\,g_{\mu\rho}\,, \tag{7.36}$$

$$\gamma_\nu\gamma_\rho\gamma^\nu = -2\,\gamma_\rho\,. \tag{7.37}$$

Damit finden wir

$$\mathrm{Sp}\,(\gamma_\nu(\not{p}_1 + m)\gamma_\rho(\not{p}_4 + m)) = 4(p_{1\nu}p_{4\rho} - g_{\nu\rho}\,p_1 \cdot p_4 + p_{1\rho}p_{4\nu} + m^2 g_{\nu\rho})\,, \tag{7.38}$$

$$\mathrm{Sp}\,(\gamma_\nu(\not{p}_1 + m)\gamma_\rho(\not{p}_4 + m))\,\mathrm{Sp}\,(\gamma^\nu(\not{p}_2 + m)\gamma^\rho(\not{p}_3 + m))$$
$$= 32\,[(p_1 \cdot p_2)^2 + (p_1 \cdot p_3)^2 + 2m^2(p_1 \cdot p_3 - p_1 \cdot p_2)]\,, \tag{7.39}$$

$$\gamma_\nu(\not{p}_1 + m)\gamma_\rho(\not{p}_3 + m)\gamma^\nu = -2\not{p}_3\gamma_\rho\not{p}_1 + 4m(p_{3\rho}\,p_{1\rho}) - 2m^2\gamma_\rho\,, \tag{7.40}$$

$$\mathrm{Sp}\,(\gamma_\nu(\not{p}_1 + m)\gamma_\rho(\not{p}_3 + m)\gamma^\nu(\not{p}_2 + m)\gamma^\rho(\not{p}_4 + m))$$
$$= -32[(p_1 \cdot p_2)^2 - 2m^2 p_1 \cdot p_2]\,. \tag{7.41}$$

Der Ausdruck für $\overline{|T|^2}$ wird damit zu

$$\overline{|T|^2} = 8\,e_0^4 \left\{ [(p_1 \cdot p_2)^2 + (p_1 \cdot p_3)^2 + 2m^2(p_1 \cdot p_3 - p_1 \cdot p_2)]\frac{1}{(k_1^2)^2} \right.$$

$$+ [(p_1 \cdot p_2)^2 + (p_1 \cdot p_4)^2 + 2m^2(p_1 \cdot p_4 - p_1 \cdot p_2)]\frac{1}{(k_2^2)^2}$$

$$\left. + 2[(p_1 \cdot p_2)^2 - 2\,m^2 p_1 \cdot p_2]\frac{1}{k_1^2 k_2^2} \right\}\,. \tag{7.42}$$

Jetzt gehen wir in das Schwerpunktsystem, um die Impuls-Produkte auszurechnen, siehe Abb. 7.2.

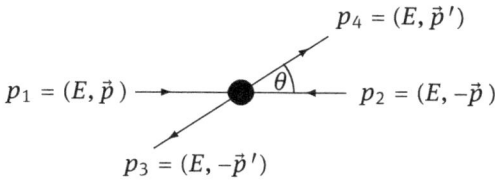

Abb. 7.2: Schwerpunktsystem

Mit dem Streuwinkel θ zwischen $\vec{p}$ und $\vec{p}\,'$ ist

$$p_1 \cdot p_2 = 2E^2 - m^2 \,, \tag{7.43}$$

$$p_1 \cdot p_3 = E^2(1 + \cos\theta) - m^2 \cos\theta \,, \tag{7.44}$$

$$p_1 \cdot p_4 = E^2(1 - \cos\theta) + m^2 \cos\theta \,. \tag{7.45}$$

Für den differentiellen Streuquerschnitt ziehen wir die Formel

$$\frac{d\sigma}{d\Omega} = \frac{1}{64\pi^2(2E)^2} \overline{|T|^2} \tag{7.46}$$

heran, die in besseren Lehrbüchern hergeleitet wird, setzen die Impulsprodukte ein, und erhalten endlich mit $\alpha = e_0^2/4\pi$ die von Møller 1932 gewonnene Formel

$$\frac{d\sigma}{d\Omega} = \frac{\alpha^2(2E^2 - m^2)^2}{4E^2(E^2 - m^2)^2}\left[\frac{4}{\sin^4\theta} - \frac{3}{\sin^2\theta} + \frac{(E^2 - m^2)^2}{(2E^2 - m^2)^2}\left(1 + \frac{4}{\sin^2\theta}\right)\right] \,. \tag{7.47}$$

Übungen

1. Beweisen Sie die folgenden Identitäten algebraisch, d. h. ohne irgendeine spezielle Darstellung der γ-Matrizen zu verwenden:
   (a) $(\gamma^\mu p_\mu)^2 = p^2$,
   (b) $\gamma_\mu \gamma^\mu = 4$,
   (c) $\gamma_\mu \gamma^\nu \gamma^\mu = -2\gamma^\nu$,
   (d) $\gamma_\mu \gamma^\alpha \gamma^\beta \gamma^\mu = 4g^{\alpha\beta}$,
   (e) $\gamma_\mu \gamma^\alpha \gamma^\beta \gamma^\eta \gamma^\mu = -2\gamma^\eta \gamma^\beta \gamma^\alpha$,
   (f) $\sigma_{\mu\nu}\sigma^{\mu\nu} = 12$,
   wobei $\sigma_{\mu\nu} \doteq \frac{1}{2}[\gamma_\mu, \gamma_\nu]$.

2. Bei der Streuung von zwei Teilchen zu zwei Teilchen definiert man die Mandelstam-Variablen

   $$s = (p_1 + p_2)^2 = (p_3 + p_4)^2 \,, \quad t = (p_1 - p_3)^2 = (p_2 - p_4)^2 \,, \quad u = (p_1 - p_4)^2 = (p_2 - p_3)^2 \,,$$

   wobei die Impulse wie bei der Møller-Streuung definiert sind.
   (a) Zeigen Sie, dass $s + t + u = m_1^2 + m_2^2 + m_3^2 + m_4^2$ gilt.
   (b) Drücken Sie für die Møller-Streuung $\overline{|T|^2}$ und $d\sigma/d\Omega$ durch die Mandelstam-Variablen aus.

3. Untersuchen Sie die $e^-\,\mu^-$-Streuung.

    (a) Welche Feynman-Diagramme tragen in niedrigster Ordnung bei?

    (b) Berechnen Sie analog zur Møller-Streuung das gemittelte Quadrat $\overline{|T|^2}$ der Streuamplitude.

    (c) Berechnen Sie den Streuquerschnitt im Schwerpunktsystem. Berücksichtigen Sie dabei, dass Gl. (7.46) verallgemeinert werden muss zu

$$\frac{d\sigma}{d\Omega} = \frac{1}{64\pi^2 s}\frac{|\vec{p}\,'|}{|\vec{p}|}\overline{|T|^2}$$

mit $p_1 = (E_1, \vec{p}\,)$, $p_2 = (E_2, -\vec{p}\,)$, $s = (p_1 + p_2)^2 = (E_1 + E_2)^2$.

7.4 Ward-Identitäten

Die globale Symmetrie der QED

$$\psi(x) \longrightarrow \psi'(x) = e^{-iq\alpha}\psi(x)\,, \quad \overline{\psi}(x) \longrightarrow \overline{\psi}'(x) = e^{iq\alpha}\overline{\psi}(x) \tag{7.48}$$

führt in gleicher Weise wie beim komplexen Skalarfeld zu Ward-Identitäten mit dem Strom

$$j^\mu(x) = \frac{\partial\mathscr{L}}{\partial(\partial_\mu\psi_\alpha(x))}(-iq\psi_\alpha(x)) = q\overline{\psi}(x)\gamma^\mu\psi(x)\,, \tag{7.49}$$

Mit zwei Diracfeldern im Erwartungswert ist die Ward-Identität ganz ähnlich zu der in Gl. (4.437) und lautet

$$\partial_\mu\langle 0|T\,j^\mu(x)\,\psi(y_1)\overline{\psi}(y_2)|0\rangle = q[-\delta^{(4)}(x-y_1) + \delta^{(4)}(x-y_2)]\langle 0|T\psi(y_1)\overline{\psi}(y_2)|0\rangle\,. \tag{7.50}$$

Die Fourier-Transformation mit

$$\int d^4x\, d^4y_1\, d^4y_2\, e^{-i(k\cdot x - p_1\cdot y_1 + p_2\cdot y_2)} \tag{7.51}$$

ergibt für die rechte Seite der Ward-Identität

$$-i\,q(2\pi)^4\delta^{(4)}(p_1 - p_2 - k)\left[\widetilde{S}(p_2) - \widetilde{S}(p_2 + k)\right]\,. \tag{7.52}$$

Hierin ist $\widetilde{S}(p)$ der volle Fermion-Propagator im Impulsraum. In der niedrigsten Ordnung der Störungstheorie ist er gleich dem nackten Propagator

$$\widetilde{S}_{\mathrm{F}}(p) = (\gamma^\mu p_\mu - m + i\epsilon)^{-1}\,, \tag{7.53}$$

und man schreibt sein Inverses als

$$\widetilde{S}(p)^{-1} = \gamma^\mu p_\mu - m - \Sigma(p) \tag{7.54}$$

mit der **Selbstenergie** $\Sigma(p)$.

Die linke Seite der Ward-Identität hängt zusammen mit der Drei-Punkt-Funktion

$$\langle 0|T\,A_\mu(x)\psi(y_1)\overline{\psi}(y_2)|0\rangle\,. \tag{7.55}$$

Deren zugehörige Vertexfunktion erhält man durch Amputation der drei äußeren vollen Propagatoren. Im Impulsraum sei sie bezeichnet als $\Gamma_\mu(p_2, p_1)$ ($k = p_1 - p_2$). In niedrigster Ordnung der Störungstheorie ist sie gleich dem nackten Vertex und man schreibt mit geeigneter Normierung

$$\Gamma_\mu(p_2, p_1) = \gamma_\mu + \Lambda_\mu(p_2, p_1) \,. \tag{7.56}$$

Unter Ausnutzung einer Beziehung zwischen j_μ und A_μ innerhalb von Erwartungswerten, die wir hier nicht behandeln, erhält man als Fourier-Transformierte der linken Seite der Ward-Identität

$$-\,\mathrm{i}\,q(2\pi)^4 \delta^{(4)}(p_1 - p_2 - k)\,k^\mu \Gamma_\mu(p_2, p_2 + k)\widetilde{S}(p_2)\widetilde{S}(p_2 + k) \,. \tag{7.57}$$

Nach Division durch die beiden Fermion-Propagatoren auf beiden Seiten der Gleichung erhält man schließlich

$$k^\mu \Gamma_\mu(p_2, p_2 + k) = \widetilde{S}(p_2 + k)^{-1} - \widetilde{S}(p_2)^{-1} \,. \tag{7.58}$$

Dies ist die **Ward-Takahashi-Identität**. Sie ist offenbar in niedrigster Ordnung der Störungstheorie erfüllt, und für die höheren Ordnungen gilt

$$k^\mu \Lambda_\mu(p_2, p_2 + k) = \Sigma(p_2) - \Sigma(p_2 + k) \,. \tag{7.59}$$

Bildet man den Limes $k \to 0$, so erhält man die ursprüngliche **Ward-Identität**

$$\Lambda_\mu(p, p) = -\frac{\partial}{\partial p^\mu} \Sigma(p) \,. \tag{7.60}$$

Diese wurde zuerst von Ward auf der Basis von Feynman-Diagrammen gefunden und von Takahashi zu Gl. (7.58) verallgemeinert.

Die durch die Ward-Identität hergestellte Beziehung zwischen Vertexfunktion und Fermion-Propagator wirkt sich auf die Renormierung der QED aus. Die Felder und die Vertexfunktion werden durch Renormierungsfaktoren renormiert:

$$\psi_{\mathrm{R}} = Z_2^{-\frac{1}{2}} \psi \,, \quad A_{\mathrm{R},\mu} = Z_3^{-\frac{1}{2}} A_\mu \,, \quad \Gamma_{\mathrm{R},\mu} = Z_1 \Gamma_\mu \,. \tag{7.61}$$

Für die Ladung resultiert daraus ein Renormierungsfaktor

$$e_{\mathrm{R}} = \frac{Z_2}{Z_1} Z_3^{\frac{1}{2}} e_0 \,. \tag{7.62}$$

Die Ward-Identität hat zur Konsequenz, dass $Z_2 = Z_1$ ist, und daher $e_{\mathrm{R}} = Z_3^{\frac{1}{2}} e_0$. Diese Beziehung ist wichtig für die Renormierbarkeit der QED.

Eine weitere Folgerung aus den allgemeinen Ward-Identitäten erhält man mit Einsetzung eines Feldes $A_\nu(y)$:

$$\partial_\mu \langle 0|T\, j^\mu(x)\, A_\mu(y)|0\rangle = 0 \,. \tag{7.63}$$

Durch eine Rechnung, die hier nicht präsentiert werden soll, folgt daraus eine Eigenschaft des Photon-Propagators. Das Inverse des vollen Photon-Propagators im Impulsraum,

$$\widetilde{D}_{\mu\nu}^{-1}(p) = \widetilde{D}_{\mathrm{F},\mu\nu}^{-1}(p) + e_0^2\,\Pi_{\mu\nu}(p) \tag{7.64}$$

enthält die **Vakuumpolarisation** $\Pi_{\mu\nu}(p)$. Die genannte Konsequenz der Ward-Identität lautet

$$p^\mu \Pi_{\mu\nu}(p) = 0 \,, \tag{7.65}$$

so dass die Vakuumpolarisation transversal ist und in der Gestalt

$$\Pi_{\mu\nu}(p) = \left(p_\mu p_\nu - g_{\mu\nu} p^2\right) \Pi(p^2) \tag{7.66}$$

geschrieben werden kann.

8 Nichtabelsche Eichtheorie

8.1 Lokale Eichinvarianz

8.1.1 Eichfelder

Die lokale Eichinvarianz, deren Symmetriegruppe bei der QED die abelsche Gruppe U(1) ist, kann auf nichtabelsche Gruppen verallgemeinert werden. Wie im Fall der QED beginnen wir mit der Betrachtung einer globalen Symmetrie. Diesmal ist sie durch die nichtabelsche Gruppe SU(N) gegeben. Betrachten wir ein skalares Feld mit N komplexen Komponenten:

$$\phi(x) = \begin{pmatrix} \phi_1(x) \\ \vdots \\ \phi_N(x) \end{pmatrix} , \quad \phi^+(x) = \left(\phi_1^*(x), \ldots, \phi_N^*(x) \right) . \tag{8.1}$$

Das Skalarprodukt zwischen zwei komplexen N-komponentigen Vektoren ϕ und ϕ' ist definiert durch

$$\phi^+ \cdot \phi' \doteq \sum_{a=1}^{N} \phi_a^* \, \phi_a' . \tag{8.2}$$

Die Lagrangedichte für das freie Feld sei

$$\mathscr{L} = \partial_\mu \phi^+(x) \cdot \partial^\mu \phi(x) - m^2 \phi^+(x) \cdot \phi(x) . \tag{8.3}$$

Sie ist invariant unter den Transformationen

$$\phi \longrightarrow \phi' = U\phi , \tag{8.4}$$

bei denen U eine $N \times N$-Matrix mit $U^+ U = 1$ ist, denn es ist

$$\partial_\mu \phi'^+ \cdot \partial^\mu \phi' = \partial_\mu (U\phi)^+ \cdot \partial^\mu (U\phi) = \partial_\mu \phi^+ U^+ \cdot U \partial^\mu \phi = \partial_\mu \phi^+ \cdot \partial^\mu \phi \tag{8.5}$$

und ebenso

$$\phi'^+ \cdot \phi' = \phi^+ \cdot \phi . \tag{8.6}$$

Insbesondere erfüllen Matrizen U aus der Gruppe SU(N) die obige Bedingung, so dass SU(N) eine Symmetriegruppe der Lagrangedichte ist.

Jetzt gehen wir über zur Betrachtung *lokaler* Transformationen $U(x) \in$ SU(N):

$$U(x) = \exp \left(-\mathrm{i} \sum_{a=1}^{N^2-1} \alpha^a(x) T_a \right) , \tag{8.7}$$

wobei T_a die $N^2 - 1$ Generatoren der SU(N) sind. Die Abhängigkeit der lokalen Transformationen $U(x)$ vom Raumzeit-Punkt x bringt einen zusätzlichen inhomogenen Term in der Ableitung von $U(x)\phi(x)$ hervor,

$$\partial_\mu \phi'(x) = U(x) \, \partial_\mu \phi(x) + (\partial_\mu U(x)) \, \phi(x) , \tag{8.8}$$

https://doi.org/10.1515/9783110638547-008

so dass die Lagrangedichte nicht mehr invariant ist. Wie bei der QED kann die Invarianz durch Einführung einer kovarianten Ableitung

$$D_\mu \phi(x) \doteq \left(\partial_\mu - ig \sum_{a=1}^{N^2-1} A_\mu^a(x) T_a \right) \phi(x) \tag{8.9}$$

wiederhergestellt werden. In diesem Fall werden dabei $N^2 - 1$ Eichfelder $A_\mu^a(x)$ eingeführt, je eines für jeden Generator T_a von SU(N). Die Kopplungskonstante g steht an Stelle der Kopplung e_0 der QED.

Eine kompaktere Notation ist

$$A_\mu \doteq A_\mu^a T_a \equiv \sum_{a=1}^{N^2-1} A_\mu^a T_a \ . \tag{8.10}$$

Das Feld $A_\mu(x)$ ist Element der Lie-Algebra von SU(N). Mit ihm liest sich die kovariante Ableitung

$$D_\mu = \partial_\mu - ig A_\mu \ . \tag{8.11}$$

Mit der kovarianten Ableitung lautet die neue Lagrangedichte

$$\mathscr{L} = (D_\mu \phi(x))^+ \cdot D^\mu \phi(x) - m^2 \phi^+(x) \cdot \phi(x) \ . \tag{8.12}$$

Aus der Forderung der Invarianz der Lagrangedichte können wir nun das Transformationsgesetz des Eichfeldes ableiten. Die kovariante Ableitung muss

$$D'_\mu \phi'(x) \overset{!}{=} U(x)\, D_\mu \phi(x) \tag{8.13}$$

erfüllen. Das bedeutet

$$D'_\mu \phi'(x) \overset{!}{=} U(x)\, D_\mu\, U^{-1}(x)\, \phi'(x) \ . \tag{8.14}$$

Mit dem expliziten Ausdruck für D_μ lautet das

$$(\partial_\mu - ig A'_\mu(x))\, \phi'(x) \overset{!}{=} U(x)\, (\partial_\mu - ig A_\mu(x))\, U^{-1}(x)\, \phi'(x) \ . \tag{8.15}$$

Da dies für alle $\phi'(x)$ gelten soll, erhalten wir

$$-ig A'_\mu(x) = U(x)\, \partial_\mu U^{-1}(x) - ig\, U(x) A_\mu(x) U^{-1}(x)$$

und

$$A'_\mu(x) = U(x) A_\mu(x) U^{-1}(x) + \frac{i}{g}\, U(x) \partial_\mu U^{-1}(x) \ . \tag{8.16}$$

Dies ist das Transformationsgesetz für das Eichfeld. Es verallgemeiner das Transformationsgesetz für das Maxwellfeld $A_\mu(x)$ in der QED.

Zum Vergleich lassen Sie uns die Formeln für die Eichgruppen U(1) und SU(N) gegenüberstellen:

$$U(1): \quad U(x) = \exp(-iq\alpha(x))$$

$$A_\mu(x) = \text{Maxwellfeld}$$

$$D_\mu = \partial_\mu + iqA_\mu(x)$$

$$A'_\mu(x) = U(x)A_\mu(x)U^{-1}(x) - \frac{i}{q}U(x)\partial_\mu U^{-1}(x) = A_\mu(x) + \partial_\mu\alpha(x)$$

$$SU(N): \quad U(x) = \exp\left(-i\alpha^a(x)T_a\right), \text{ und } [T_a, T_b] \neq 0 \text{ im Allgemeinen}$$

$$A_\mu(x) = A_\mu^a(x)T_a$$

$$D_\mu = \partial_\mu - igA_\mu(x)$$

$$A'_\mu(x) = U(x)A_\mu(x)U^{-1}(x) + \frac{i}{g}U(x)\partial_\mu U^{-1}(x) \ .$$

Infinitesimale Transformationen

Es ist instruktiv, sich die Formeln für infinitesimale Transformationen anzusehen:

$$U(x) = \mathbf{1} - i\delta\alpha^a(x)T_a \ , \tag{8.17}$$

$$\phi'(x) = \phi(x) - i\delta\alpha^a(x)T_a\phi(x) \ , \tag{8.18}$$

$$A'_\mu(x) = A_\mu(x) - i\delta\alpha^a(x)[T_a, A_\mu(x)] - \frac{1}{g}\partial_\mu\delta\alpha^a(x)T_a + O\left((\delta\alpha)^2\right) \ . \tag{8.19}$$

Da $A_\mu = A_\mu^a T_a$ ist, sind die Kommutatoren der Generatoren T_a involviert. Diese Kommutatoren sind durch die Strukturkonstanten der zur Gruppe SU(N) gehörigen Lie-Algebra gegeben:

$$[T_a, T_b] = if_{abc}T_c \ . \tag{8.20}$$

Damit kann das Transformationsgesetz des Eichfeldes für infinitesimale Transformationen geschrieben werden als

$$A'^{\,a}_\mu T_a = A_\mu^a T_a - i\delta\alpha^a A_\mu^b[T_a, T_b] - \frac{1}{g}\partial_\mu\delta\alpha^a T_a$$

$$= A_\mu^a T_a + \delta\alpha^a A_\mu^b f_{abc}T_c - \frac{1}{g}\partial_\mu\delta\alpha^a T_a$$

$$= \left(A_\mu^a + \delta\alpha^b A_\mu^c f_{bca} - \frac{1}{g}\partial_\mu\delta\alpha^a\right)T_a \ , \tag{8.21}$$

woraus für die Komponenten

$$A'^{\,a}_\mu(x) = A_\mu^a(x) + f_{bca}\,\delta\alpha^b(x)A_\mu^c(x) - \frac{1}{g}\partial_\mu\delta\alpha^a(x) \tag{8.22}$$

folgt.

8.1.2 Feldstärken und Yang-Mills-Lagrangedichte

Wenn das Eichfeld $A_\mu(x)$ ein dynamisches Feld sein soll, benötigen wir dafür eine eichinvariante Lagrangedichte. Motiviert durch die QED wird man versuchen, sie durch Feldstärken auszudrücken. Es gilt also zunächst, geeignete Ausdrücke für die Feldstärken zu finden. Der einfache Ansatz $F_{\mu\nu} = \partial_\mu A_\nu - \partial_\nu A_\mu$ funktioniert allerdings nicht, da sich dieser Ausdruck nicht so transformiert, dass daraus eine eichinvariante Größe konstruiert werden kann. Bei der QED haben wir gesehen, dass die Feldstärken als Kommutator der kovarianten Ableitung geschrieben werden können. Versuchen wir es also auf diese Weise.

$$\begin{aligned}
[D_\mu, D_\nu]\phi(x) &= [(\partial_\mu - igA_\mu), (\partial_\nu - igA_\nu)]\phi(x) \\
&= (-ig[A_\mu, \partial_\nu] - ig[\partial_\mu, A_\nu] + (-ig)^2[A_\mu, A_\nu])\phi(x) \\
&= -ig\{A_\mu\partial_\nu - \partial_\nu A_\mu + \partial_\mu A_\nu - A_\nu\partial_\mu - ig[A_\mu, A_\nu]\}\phi(x) \\
&= -ig\{(\partial_\mu A_\nu) - (\partial_\nu A_\mu) - ig[A_\mu, A_\nu]\}\phi(x) \, .
\end{aligned} \tag{8.23}$$

In der letzten Zeile wirken die Ableitungen nur auf die $A_\mu(x)$. Daher kann $\phi(x)$ fortgelassen werden, und wir definieren die Feldstärken durch

$$F_{\mu\nu} = \frac{i}{g}[D_\mu, D_\nu] = \partial_\mu A_\nu - \partial_\nu A_\mu - ig[A_\mu, A_\nu] \, . \tag{8.24}$$

Die Entwicklung der A_μ nach den Generatoren liefert

$$\begin{aligned}
F_{\mu\nu} &= \partial_\mu A_\nu^a T_a - \partial_\nu A_\mu^a T_a + gA_\mu^a A_\nu^b f_{abc} T_c \\
&= \left(\partial_\mu A_\nu^a - \partial_\nu A_\mu^a + gA_\mu^b A_\nu^c f_{bca}\right) T_a \\
&\doteq F_{\mu\nu}^a T_a \, .
\end{aligned} \tag{8.25}$$

Die Komponenten von $F_{\mu\nu}$ sind somit

$$F_{\mu\nu}^a = \partial_\mu A_\nu^a - \partial_\nu A_\mu^a + gf_{bca}A_\mu^b A_\nu^c \, . \tag{8.26}$$

Wie transformieren sich die Feldstärken unter lokalen Eichtransformationen? Aus Gl. (8.14) erhalten wir

$$\begin{aligned}
F_{\mu\nu}' &= \frac{i}{g}[D_\mu', D_\nu'] = \frac{i}{g}[UD_\mu U^{-1}, UD_\nu U^{-1}] = \frac{i}{g}U[D_\mu, D_\nu]U^{-1} \\
&= UF_{\mu\nu}U^{-1} \, .
\end{aligned} \tag{8.27}$$

Dieses homogene Transformationsgesetz erlaubt uns, eichinvariante Ausdrücke aus $F_{\mu\nu}$ zu bilden. Insbesondere können wir eine eichinvariante Lagrangedichte für das Eichfeld aufschreiben, die analog zur Lagrangedichte des Maxwellfeldes ist. Dies ist die Yang-Mills-Lagrangedichte

$$\mathscr{L}_{\text{YM}} = -\frac{1}{2}\,\text{Sp}(F_{\mu\nu}F^{\mu\nu}) \tag{8.28}$$

$$= -\frac{1}{2}\,\text{Sp}(F_{\mu\nu}^a F^{b,\mu\nu} T_a T_b) = -\frac{1}{2}F_{\mu\nu}^a F^{b,\mu\nu}\frac{1}{2}\delta_{ab}$$

$$= -\frac{1}{4}F_{\mu\nu}^a F^{a,\mu\nu} \, . \tag{8.29}$$

Diese Lagrangedichte ist in der Tat invariant, wie mittels der Zyklizität der Spur leicht zu prüfen ist. Sie wurde 1954 von C. N. Yang und R. Mills aufgestellt.

Bemerkungen:
- Ein Massenterm für das Eichfeld von der Gestalt $m^2 A_\mu^a A^{a,\mu}$ ist aufgrund der Eichinvarianz nicht erlaubt.
- $\mathscr{L}_{YM}$ enthält kubische ($A_\lambda^a A_\mu^b A_\nu^c$) und quartische ($A_\kappa^a A_\lambda^b A_\mu^c A_\nu^d$) Terme. Diese stellen Selbstwechselwirkungen des Eichfeldes dar. Es gibt keine freie Theorie nichtabelscher Eichfelder.

8.1.3 Feldgleichungen

Die vollständige Lagrangedichte des N-komponentigen komplexen Skalarfeldes in Wechselwirkung mit dem nichtabelschen Eichfeld, inklusive eines optionalen ϕ^4-Terms, ist

$$\mathscr{L} = (D_\mu \phi)^+ \cdot D_\mu \phi - m^2 \phi^+ \cdot \phi - \lambda (\phi^+ \cdot \phi)^2 - \frac{1}{4} F_{\mu\nu}^a F^{a,\mu\nu} \,. \tag{8.30}$$

Aus ihr können wir die Feldgleichungen für das Feld $\phi(x)$ und für das Eichfeld, ausgedrückt durch die Feldstärken $F^{a,\mu\nu}(x)$, ableiten:

$$\left(D_\mu D^\mu + m^2 \right) \phi + 2\lambda \left(\phi^+ \cdot \phi \right) \phi = 0 \,, \tag{8.31}$$

$$\partial_\mu F^{\mu\nu} - \mathrm{i}g[A_\mu, \, F^{\mu\nu}] = j^\nu \,, \tag{8.32}$$

wobei

$$j^\nu = j^{\nu,a} T_a = \mathrm{i}\, g\{(D^\nu \phi)^+ T_a \phi - \phi^+ T_a D^\nu \phi\} T_a \tag{8.33}$$

der aus dem Skalarfeld gebildete Strom ist. Die erste Gleichung ist eine eichkovariante Verallgemeinerung der Klein-Gordon-Gleichung. Die zweite Gleichung ist die nichtabelsche Verallgemeinerung der inhomogenen Maxwell-Gleichungen. Das Analogon der homogenen Maxwell-Gleichungen lautet

$$[D_\rho, \, F_{\mu\nu}] + [D_\mu, \, F_{\nu\rho}] + [D_\nu, \, F_{\rho\mu}] = 0 \,. \tag{8.34}$$

Diese Gleichung gilt identisch aufgrund der Definition der Feldstärken. Sie heißt **Bianchi-Identität**, weil sie die gleiche Struktur besitzt wie die erste Bianchi-Identität, welche eine Symmetrie des Krümmungstensors in der Differenzialgeometrie ausdrückt. Da $F_{\mu\nu}$ ein Kommutator von kovarianten Ableitungen ist, kann die Bianchi-Identität auch als **Jacobi-Identität** bezeichnet werden.

Die zweite Feldgleichung kann in der Form

$$[D_\mu, \, F^{\mu\nu}] = j^\nu \,, \tag{8.35}$$

geschrieben werden, da

$$[D_\mu, F^{\mu\nu}] = [\partial_\mu - igA_\mu, F^{\mu\nu}]$$
$$= \partial_\mu F^{\mu\nu} - F^{\mu\nu}\partial_\mu - ig[A_\mu, F^{\mu\nu}]$$
$$= (\partial_\mu F^{\mu\nu}) - ig[A_\mu, F^{\mu\nu}] \, . \tag{8.36}$$

Ist der Strom j^μ erhalten? Aus $[D_\mu, F^{\mu\nu}] = j^\nu$ folgt $[D_\nu, j^\nu] = 0$, denn

$$[D_\nu, [D_\mu, F^{\mu\nu}]] = \frac{1}{2}\{[D_\nu, [D_\mu, F^{\mu\nu}]] - [D_\mu, [D_\nu, F^{\mu\nu}]]\}$$
$$= \frac{1}{2}[[D_\nu, D_\mu], F^{\mu\nu}] = -i\frac{g}{2}[F_{\nu\mu}, F^{\mu\nu}] = 0 \, . \tag{8.37}$$

Es ist somit

$$[D_\nu, j^\nu] = \partial_\nu j^\nu - ig[A_\nu, j^\nu] = 0 \, , \quad \text{bzw.} \quad \partial_\nu j^{\nu,a} + gf_{bca}A_\nu^b j^{\nu c} = 0 \, , \tag{8.38}$$

insbesondere also $\partial_\mu j^\mu \neq 0$. Dies liegt daran, dass das Eichfeld selbst Ladung trägt und zum gesamten Strom beiträgt.

8.1.4 Historische Bemerkungen zu den Eichtheorien

H. Weyl, 1918: Das Konzept der lokalen Eichinvarianz hat seinen Ursprung in einer Arbeit von Hermann Weyl aus dem Jahr 1918. Er versuchte die Allgemeine Relativitätstheorie Einsteins durch die Einführung raumzeitabhängiger Skalenänderungen von Längen und Zeiteinheiten zu erweitern, die er **Umeichungen** nannte. Dabei erfährt der metrische Tensor eine lokale Eichtransformation der Art

$$g_{\mu\nu}(x) \longrightarrow \Omega(x)g_{\mu\nu}(x) \quad \text{mit} \quad \Omega(x) = e^{\alpha(x)} \, . \tag{8.39}$$

Einstein warf zu recht ein, dass in dieser Theorie die Länge eines Maßstabs oder die Frequenz einer Uhr sich ändern, wenn diese entlang einer geschlossenen Bahn bewegt werden und zum Ausgangspunkt zurückkehren. Das ist aber physikalisch nicht akzeptabel.

V. Fock, 1926; F. London, 1927: Nach Aufstellung der Schrödingergleichung stellten Fock und London fest, dass bei Vorhandensein eines äußeren elektromagnetischen Feldes Eichinvarianz vorliegt, wenn die Eichtransformationen des Maxwellfeldes, $A'_\mu(x) = A_\mu(x) + \partial_\mu\alpha(x)$ mit einer gleichzeitigen Transformation der Wellenfunktion gemäß $\psi'(x) = \exp(-iq\alpha(x))\psi(x)$ verbunden werden. Das entspricht einem imaginären $\alpha(x)$ bei Weyl und der Wellenfunktion an Stelle der Metrik.

H. Weyl, 1929: In einer berühmten Arbeit aus dem Jahre 1929, in der er auch die Weyl-Gleichungen für masselose Fermionen und den Tetradenformalismus der Differenzialgeometrie einführt, formuliert Weyl das Prinzip der lokalen Eichinvarianz in einem differenzialgeometrischen Geist, diskutiert die damit zusammenhängende Erhaltung der Ladung und führt die Paralleltransporter ein, auf die wir noch zurück kommen werden.

O. Klein, 1938: Auf einer Konferenz in Warschau präsentiert Klein eine Theorie von Elektronen, Neutrinos und Nukleonen, in der nichtabelsche Eichfelder eingeführt werden. Die Theorie ist eine Variante der fünfdimensionalen Kaluza-Klein-Theorie. Allerdings gelangt er nicht zu dem korrekten Ausdruck für nichtabelsche Feldstärken, so dass seine Theorie keine nichtabelsche Eichinvarianz aufweist.

W. Pauli, 1953: In einem nicht publizierten Manuskript entwickelt Pauli eine nichtabelsche Eichtheorie mit Eichgruppe SU(2). Sie basiert auf einer 6-dimensionalen Kaluza-Klein-Theorie, benutzt aber eine Kompaktifizierung mittels einer Sphäre. Pauli erkennt, dass die Eichfelder masselose Teilchen beschreiben, und verwirft die Theorie deshalb, da außer dem Photon keine solchen Bosonen bekannt sind.

C. N. Yang und R. Mills, Phys. Rev. 96 (1954) 191: Yang und Mills entwickeln die komplette Eichtheorie für die Eichgruppe SU(2). Yang wird während eines Vortrages über seine Theorie in Princeton von Pauli scharf kritisiert, weil er sich nicht schlüssig zur Masse der Eichbosonen äußert.

R. Shaw, 1955: In seiner Doktorarbeit unter Betreuung von A. Salam in Cambridge (UK) gelangt Shaw unabhängig von Yang und Mills zur nichtabelschen Eichtheorie.

R. Utiyama, Phys. Rev. 101 (1957) 1597: In dieser Arbeit formuliert Utiyama nichtabelsche Eichtheorien für beliebige Eichgruppen und schlägt Eichtheorien der Gravitation vor.

Übungen

Fügen Sie zum Strom (8.33) einen Term so hinzu, dass der resultierende Gesamtstrom erhalten ist.

8.2 Geometrie der Eichfelder

Die in der Theorie der Eichfelder auftretenden Größen haben gewisse Ähnlichkeiten mit Größen, die in der Differenzialgeometrie und der Allgemeinen Relativitätstheorie vorkommen. Es vermittelt bessere Einsichten in die Natur der Eichfelder, sich diese Beziehungen deutlich zu machen, was in diesem Abschnitt geschehen soll.

Dieser Abschnitt ist aber keine Pflichtlektüre, da sein Inhalt nicht unbedingt für das Verständnis des Standardmodells nötig ist.

8.2.1 Differenzialgeometrie

Betrachten wir eine glatte Mannigfaltigkeit M mit einem krummlinigen Koordinatensystem. Zu jedem Punkt x der Mannigfaltigkeit gehört ein Tangentialraum, dessen Elemente die Tangentialvektoren sind. Ein Vektorfeld ordnet jedem Punkt x in glatter Weise einen Vektor $v(x)$ zu. Die Vektoren werden durch ihre Komponenten $v_\mu(x)$ bezüglich einer Basis des Tangentialraums bei x dargestellt.

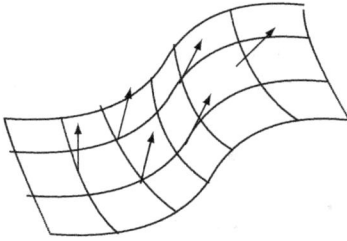

Abb. 8.1: Illustration eines Vektorfeldes auf einer Mannigfaltigkeit

Wie ist die Ableitung eines Vektorfeldes in einer bestimmten Richtung definiert? Naheliegend wäre es, die Ableitung mittels

$$dv_\mu(x) = v_\mu(x + dx) - v_\mu(x) \,, \tag{8.40}$$

zu definieren, wobei dx ein infinitesimales Linienelement ist. Das Problem damit ist jedoch, dass Vektoren an verschiedenen Punkten miteinander verglichen und voneinander subtrahiert werden müssen. Diese liegen aber in verschiedenen Räumen mit verschiedenen Basen, die a priori nichts miteinander zu tun haben. Der Vergleich der Vektoren erfordert die Herstellung einer Beziehung zwischen verschiedenen Tangentialräumen. Das wird geleistet durch die Festlegung eines **Paralleltransports**. Ein Paralleltransport legt fest, welche Vektoren in verschiedenen Räumen als parallel zu betrachten sind. Ein Vektor $v(x)$ am Punkt x kann damit zum Punkt $x + dx$ parallel verschoben werden und dort mit dem Vektor $v(x + dx)$ verglichen werden.

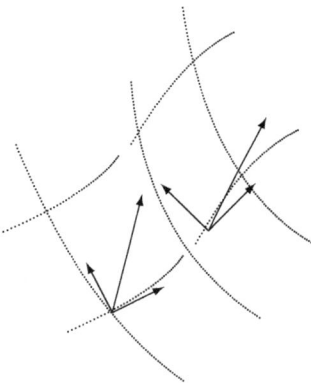

Abb. 8.2: Paralleltransport eines Vektors

Am Beispiel der Kugeloberfläche kann das illustriert werden. Wenn dort Tangentialvektoren entlang Großkreisen verschoben werden, behalten sie ihre Richtung relativ zum Großkreis bei, d. h. der Winkel zum Großkreis bleibt konstant. Parallelverschiebung bedeutet in diesem Fall nicht, dass die Vektoren im Einbettungsraum parallel bleiben. Es muss beachtet werden, dass der Einbettungsraum nicht konstitutiv für

Vektorfelder ist. Paralleltransport ist i. Allg. ohne Bezug auf einen Einbettungsraum zu definieren.

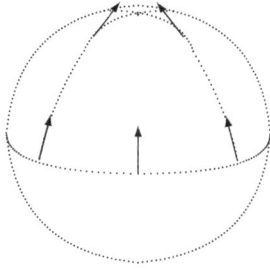

Abb. 8.3: Paralleltransport von Vektoren entlang Großkreisen einer Kugeloberfläche

Paralleltransport beinhaltet eine Regel, wie Vektoren parallel zu verschieben sind. Ein Vektor $v(x)$, der vom Punkt x zum infinitesimal benachbarten Punkt $x' = x + dx$ verschoben wird, ist ein Vektor $v^p(x + dx)$ im dortigen Tangentialraum.

$$v(x) \longrightarrow v^p(x + dx) \,. \tag{8.41}$$

Obwohl $v^p(x + dx)$ ausgehend von $v(x)$ parallel transportiert wurde, ändern sich seine Komponenten, da die Basen in den beiden Räumen verschieden sind.

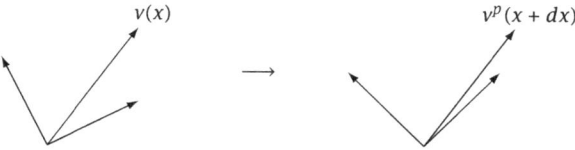

Abb. 8.4: Änderung der Komponenten eines Vektors beim Paralleltransport

Wir setzen voraus, dass die Änderung der Komponenten stetig und differenzierbar ist, und machen für eine infinitesimale Verschiebung den Ansatz

$$v_\mu^p(x + dx) = \left(\mathbf{1} - \Gamma_\lambda \, dx^\lambda\right)_\mu^\nu v_\nu(x) \,. \tag{8.42}$$

Mit

$$v_\mu^p(x + dx) = v_\mu(x) + \delta v_\mu(x) \tag{8.43}$$

schreiben wir

$$\delta v_\mu(x) = -\Gamma_{\mu\lambda}^\nu(x) \, v_\nu(x) dx^\lambda \,. \tag{8.44}$$

Die Koeffizienten $\Gamma_{\mu\lambda}^\nu(x)$ heißen **Konnexion** oder (unter gewissen zusätzlichen Einschränkungen) **Christoffel-Symbole**.

Differenziation

Mit dem Paralleltransport sind wir in der Lage, die Vektoren $v(x)$ und $v(x + dx)$ zu vergleichen, nämlich indem zunächst $v(x)$ parallel zu $v_\mu^p(x + dx)$ verschoben wird und dann mit $v(x+dx)$ verglichen werden kann, da diese Vektoren im gleichen Vektorraum liegen. Auch ihre Differenz kann gebildet werden, die wir für die Ableitung benötigen.

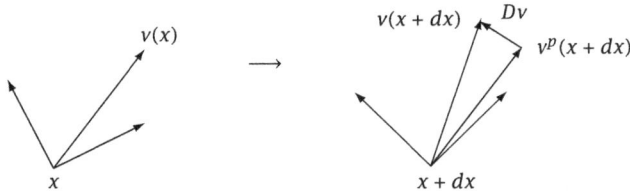

Abb. 8.5: Kovariantes Differenzial eines Vektorfeldes

Das gewöhnliche, aber für die Definition der Ableitung nicht geeignete, Differenzial der Komponenten-Funktionen ist gegeben durch

$$v_\mu(x + dx) = v_\mu(x) + \partial_\lambda v_\mu(x)dx^\lambda = v_\mu(x) + dv_\mu(x) \,. \tag{8.45}$$

Das gesuchte Differenzial unterscheiden wir davon durch ein großes D und definieren es nach oben gesagtem durch

$$Dv_\mu(x) \doteq v_\mu(x + dx) - v_\mu^p(x + dx) \,. \tag{8.46}$$

Mit dem oben eingeführten $\delta v_\mu(x)$ gibt dies

$$
\begin{aligned}
Dv_\mu(x) &= dv_\mu(x) - \delta v_\mu(x) \\
&= \partial_\lambda v_\mu(x)dx^\lambda + \Gamma_{\mu\lambda}^\nu(x)\, v_\nu(x)dx^\lambda \\
&= \left[\partial_\lambda v_\mu(x) + \Gamma_{\mu\lambda}^\nu(x)\, v_\nu(x) \right] dx^\lambda \\
&\doteq D_\lambda v_\mu(x)dx^\lambda \,.
\end{aligned}
\tag{8.47}
$$

Es wurde hierin die **kovariante Ableitung**

$$D_\lambda v_\mu = \partial_\lambda v_\mu + \Gamma_{\mu\lambda}^\nu v_\nu \tag{8.48}$$

definiert. Diese transformiert sich kovariant unter Koordinatentransformationen und ist ein Tensor, während $\partial_\lambda v_\mu$, $\Gamma_{\mu\lambda}^\nu v_\nu$ und $\Gamma_{\lambda\nu}^\nu$ keine Tensoren sind.

8.2.2 Eichtheorien

Im Unterschied zu den Tangentialvektoren des vorigen Abschnittes sind die

$$\phi(x) = \begin{pmatrix} \phi_1(x) \\ \vdots \\ \phi_N(x) \end{pmatrix} \tag{8.49}$$

Komponenten eines Vektors in einem „internen" Vektorraum V_x, wie z. B. beim Isospin-, Flavour-, oder Colour-Raum. An die Stelle des Tangentialraumes tritt jetzt dieser interne Raum. Die entsprechende Mathematik der sogenannten **Faserbündel** wurde von Élie Cartan und Charles Ehresmann entwickelt.

Lokale Eichtransformationen mit Gruppenelementen $U(x)$,

$$\phi(x) \longrightarrow \phi'(x) = U(x)\phi(x) , \tag{8.50}$$

können als ortsabhängige Basiswechsel in den Räumen V_x betrachtet werden. Unter dieser Betrachtungsweise handelt es sich um passive Transformationen, bei denen sich die Komponenten ϕ_a aufgrund des Basiswechsels ändern. Das Prinzip der Eichinvarianz fordert, dass die Physik nicht von der lokalen Wahl der Basis abhängen soll.

Analog zum vorigen Abschnitt benötigen wir zur Definition der Differenziation einen Paralleltransport, der den Komponentenvektor $\phi(x)$ parallel verschiebt zu $\phi^p(x + dx)$, und mit dem wir

$$\delta\phi_a(x) = \phi_a^p(x + dx) - \phi_a(x) \tag{8.51}$$

bilden können. Der Ansatz für infinitesimale Verschiebungen lautet

$$\delta\phi(x) = i\, g A_\mu(x) \cdot \phi(x)\, dx^\mu \tag{8.52}$$

An Stelle der Christoffel-Symbole treten die $A_\mu(x)$. Da $\delta\phi(x)$ eine infinitesimale Rotation im internen Vektorraum darstellt, ist $A_\mu(x)$ Element der Lie-Algebra derjenigen Gruppe, zu der die Elemente $U(x)$ gehören. Wir definieren nun

$$
\begin{aligned}
D\phi(x) &\doteq \phi(x + dx) - (\phi(x) + \delta\phi(x)) \\
&= d\phi(x) - \delta\phi(x) \\
&= \partial_\mu\phi(x)\, dx^\mu - i\, g A_\mu(x)\phi(x)\, dx^\mu \\
&= (\partial_\mu - i\, g A_\mu(x))\phi(x)\, dx^\mu \\
&\doteq D_\mu\phi(x)\, dx^\mu .
\end{aligned} \tag{8.53}
$$

Die kovariante Ableitung von Eichfeldern

$$D_\mu = \partial_\mu - i\,g A_\mu(x) \tag{8.54}$$

korrespondiert zur kovarianten Ableitung der Differenzialgeometrie.

Es gibt einen weiteren Begriff aus der Geometrie, der auf die Eichtheorien übertragen werden kann, nämlich die Krümmung. Vektoren, die auf geschlossenen Kurven parallel verschoben werden und zum Ausgangspunkt zurück kehren, können sich dabei geändert haben. Das obige Beispiel der Kugeloberfläche illustriert dies anschaulich. Dieser Effekt ist mit dem Vorliegen von Krümmung verknüpft. Gleichwertig damit ist, dass der Paralleltransport von einem Punkt x zu einem anderen Punkt y entlang verschiedener Wege unterschiedliche Ergebnisse haben kann.

Betrachten wir den Sachverhalt für infinitesimal kleine Wege:

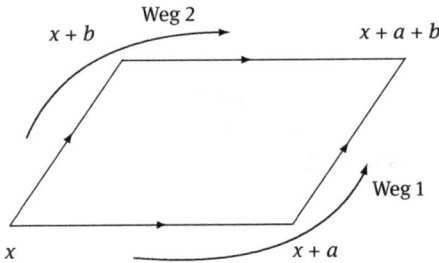

Ein Vektor, der von x nach $x + a + b$ entlang des Weges 1 verschoben wird, ändert sich gemäß

$$\begin{aligned}
v_\mu(x) &\to v_\mu(x) - \Gamma^\nu_{\mu\alpha}(x)v_\nu(x)a^\alpha \\
&\to v_\mu(x) - \Gamma^\nu_{\mu\alpha}(x)v_\nu(x)a^\alpha - \Gamma^\lambda_{\mu\beta}(x+a)\left\{ v_\lambda(x) - \Gamma^\nu_{\lambda\alpha}(x)v_\nu(x)a^\alpha \right\}b^\beta \\
&= v_\mu(x) - \Gamma^\nu_{\mu\alpha}(x)v_\nu(x)a^\alpha - \Gamma^\lambda_{\mu\beta}(x)v_\lambda(x)b^\beta - \partial_\alpha \Gamma^\lambda_{\mu\beta}(x)a^\alpha v_\lambda(x)b^\beta \\
&\quad + \Gamma^\lambda_{\mu\beta}(x)\Gamma^\nu_{\lambda\alpha}(x)v_\nu(x)a^\alpha b^\beta + \cdots
\end{aligned}$$

Entlang des Weges 2 ergibt sich mit Tausch von a und b

$$\begin{aligned}
v_\mu(x) &\to v_\mu(x) - \Gamma^\nu_{\mu\alpha}(x)v_\nu(x)b^\alpha - \Gamma^\lambda_{\mu\beta}(x)v_\lambda(x)a^\beta - \partial_\alpha \Gamma^\lambda_{\mu\beta}(x)b^\alpha v_\lambda(x)a^\beta \\
&\quad + \Gamma^\lambda_{\mu\beta}(x)\Gamma^\nu_{\lambda\alpha}(x)v_\nu(x)b^\alpha a^\beta + \cdots
\end{aligned}$$

Die beiden verschobenen Vektoren unterscheiden sich um

$$\begin{aligned}
\Delta v_\mu &= \delta(\text{Weg 2}) - \delta(\text{Weg 1}) \\
&= \partial_\alpha \Gamma^\lambda_{\mu\beta}(x)a^\alpha v_\lambda(x)b^\beta - \partial_\alpha \Gamma^\lambda_{\mu\beta}(x)b^\alpha v_\lambda(x)a^\beta \\
&\quad + \Gamma^\lambda_{\mu\beta}(x)\Gamma^\nu_{\lambda\alpha}(x)v_\nu(x)b^\alpha a^\beta - \Gamma^\lambda_{\mu\beta}(x)\Gamma^\nu_{\lambda\alpha}(x)v_\nu(x)a^\alpha b^\beta \;.
\end{aligned}$$

Das Ergebnis schreiben wir als

$$\Delta v_\mu = R^\nu_{\mu\alpha\beta}v_\nu a^\alpha b^\beta \;, \tag{8.55}$$

mit dem Riemann-Christoffel-Krümmungstensor

$$R^\nu_{\mu\alpha\beta} = \partial_\alpha \Gamma^\nu_{\mu\beta} - \partial_\beta \Gamma^\nu_{\mu\alpha} + \Gamma^\lambda_{\mu\alpha}\Gamma^\nu_{\lambda\beta} - \Gamma^\lambda_{\mu\beta}\Gamma^\nu_{\lambda\alpha} \,. \tag{8.56}$$

In einer flachen Mannigfaltigkeit müssen beide Paralleltransporte das gleiche Ergebnis liefern, so dass $\Delta v_\mu = 0$ für alle Vektoren ist und folglich $R^\nu_{\mu\alpha\beta} = 0$.

Betrachten wir nun die analoge Situation für Eichtheorien, wo der infinitesimale Paralleltransport durch

$$\delta\phi(x) = i\,gA_\mu(x) \cdot \phi(x)\,dx^\mu \tag{8.57}$$

gegeben ist. Wenn wir die Matrixelemente von A_μ als $A^d_{c\mu}$ bezeichnen, haben wir

$$\delta\phi_c(x) = i\,gA^d_{c\mu}(x)\phi_d(x)\,dx^\mu \,. \tag{8.58}$$

Verglichen mit

$$\delta v_\nu(x) = -\Gamma^\lambda_{\nu\mu}(x)v_\lambda(x)\,dx^\mu \,, \tag{8.59}$$

erkennen wir, dass $-igA$ das Analogon zu den Christoffel-Symbolen Γ ist. Die Differenz des Paralleltransports entlang zweier infinitesimal kleiner Wege ist dann

$$\Delta\phi_c = -i\,g\left[\partial_\alpha A^d_{c\beta} - \partial_\beta A^d_{c\alpha} - i\,gA^\lambda_{c\alpha}A^d_{\lambda\beta} + i\,gA^\lambda_{c\beta}A^d_{\lambda\alpha}\right]\phi_d\,a^\alpha b^\beta \tag{8.60}$$

oder in Matrix-Schreibweise

$$\begin{aligned}
\Delta\phi &= -i\,g\{\partial_\alpha A_\beta - \partial_\beta A_\alpha - i\,gA_\alpha A_\beta + i\,gA_\beta A_\alpha\} \cdot \phi\,a^\alpha b^\beta \\
&= [\partial_\alpha - i\,gA_\alpha, \partial_\beta - i\,gA_\beta] \cdot \phi\,a^\alpha b^\beta \\
&= [D_\alpha, D_\beta] \cdot \phi\,a^\alpha b^\beta \,.
\end{aligned}$$

Mit $[D_\mu, D_\nu] = -i\,gF_{\mu\nu}$ gilt also

$$\Delta\phi(x) = -i\,gF_{\mu\nu}(x)\,\phi(x)\,a^\mu b^\nu \,, \tag{8.61}$$

wobei $a^\mu b^\nu = df^{\mu\nu}$ das Flächenelement ist. Der Vergleich mit Gl. (8.55) zeigt, dass der Feldstärke-Tensor $F_{\mu\nu}$ zum Riemann'schen Krümmungstensor korrespondiert, so dass $F_{\mu\nu}$ die **Krümmung des Eichfeldes** darstellt. Gilt $F_{\mu\nu}(x) \equiv 0$, so spricht man von einem flachen Eichfeld. In diesem Fall kann $A_\mu(x)$ durch eine geeignete Eichtransformation überall zu null transformiert werden.

Für den Paralleltransport entlang endlicher Wege gibt es für nichtabelsche Eichfelder keinen einfachen geschlossenen Ausdruck. Für die abelsche Eichtheorie mit Eichgruppe U(1) können jedoch explizite Formeln geschrieben werden. Betrachten wir eine Kurve von x nach x':

$\phi(x) \in \mathbf{C}$ $\phi^p(x')$

x x'

Für den Paralleltransport eines komplexwertigen Feldes $\phi(x) \in \mathbf{C}$ ist infinitesimal

$$\delta\phi(x) = -i\, qA_\mu(x)\phi(x)\, dx^\mu\,. \tag{8.62}$$

Dies kann für einen endlichen Weg integriert werden zu

$$\phi^p(x') = \exp\left\{-i\, q \int_x^{x'} A_\mu(z) dz^\mu\right\} \phi(x)\,. \tag{8.63}$$

Im nichtabelschen Fall gilt dieser Ausdruck nicht, da die Eichfelder an verschiedenen Punkten nicht miteinander kommutieren. Es ist eine zusätzliche Pfad-Ordnung des Exponential-Ausdrucks, analog zur Zeit-Ordnung in der Dyson-Formel, erforderlich.

Für eine geschlossene Kurve $\mathcal{C}$ ist die Änderung $\Delta\phi$ im abelschen Fall durch

$$\phi(x) + \Delta\phi(x) = \exp\{-i\, q \oint_\mathcal{C} A_\mu(z) dz^\mu\}\phi(x) \tag{8.64}$$

gegeben. Mit dem Stokes'schen Theorem

$$\oint_\mathcal{C} A_\mu(z) dz^\mu = \int_F F_{\mu\nu}\, df^{\mu\nu} = \text{Fluss durch die Fläche F} \tag{8.65}$$

erhalten wir

$$\phi(x) + \Delta\phi(x) = \exp\left\{-i\, q \int_F F_{\mu\nu}\, df^{\mu\nu}\right\} \phi(x)\,. \tag{8.66}$$

Dieser Ausdruck ist eichinvariant und folglich ist auch das Wegintegral von A_μ entlang eines geschlossenen Weges eichinvariant. Der exponentielle Ausdruck ist der Aharonov-Bohm-Phasenfaktor, den wir in QT diskutiert haben. Die Version von Gl. (8.66) für infinitesimal kleine geschlossene Kurven lautet

$$\Delta\phi(x) = -i\, qF_{\mu\nu}(x) df^{\mu\nu}\phi(x)\,. \tag{8.67}$$

---

i **Übungen**
Skizzieren Sie den Beweis dafür, dass ein flaches Eichfeld überall zu null transformiert werden kann.

8.3 Funktionalintegral-Quantisierung

Die Yang-Mills-Lagrangedichte

$$\begin{aligned}
\mathscr{L}_{\text{YM}} &= -\frac{1}{4} F_{\mu\nu}^a F^{a,\mu\nu} \\
&= -\frac{1}{4}(\partial_\mu A_\nu^a - \partial_\nu A_\mu^a + gf_{abc}A_\mu^b A_\nu^c)(\partial^\mu A^{\nu,a} - \partial^\nu A^{\mu,a} + gf_{ade}A^{\mu,d} A^{\nu,e}) \\
&= \mathscr{L}_2 + \mathscr{L}_3 + \mathscr{L}_4
\end{aligned} \tag{8.68}$$

mit

$$\mathscr{L}_2 = -\frac{1}{4}(\partial_\mu A_\nu^a - \partial_\nu A_\mu^a)(\partial^\mu A^{\nu,a} - \partial^\nu A^{\mu,a}) \,, \tag{8.69}$$

$$\mathscr{L}_3 = -\frac{1}{2}gf_{abc}A_\mu^b A_\nu^c(\partial^\mu A^{\nu,a} - \partial^\nu A^{\mu,a}) \,, \tag{8.70}$$

$$\mathscr{L}_4 = -\frac{1}{4}g^2 f_{abc}f_{ade}A_\mu^b A_\nu^c A^{\mu,d} A^{\nu,e} \tag{8.71}$$

enthält in $\mathscr{L}_2$ quadratische Ausdrücke in den Feldern, und in $\mathscr{L}_3$ und $\mathscr{L}_4$ Wechselwirkungs-Terme. Wenn wir versuchen, die Störungstheorie mit Funktionalintegralen zu entwickeln, tritt das gleiche Problem wie beim Maxwellfeld auf: der Propagator kann nicht aufgestellt werden, weil der quadratische Term Nullmoden enthält. Durch partielle Integration wie beim Maxwellfeld können wir den quadratischen Teil der Wirkung in der Form

$$S_2 = \int d^4x \, \mathscr{L}_2 = \frac{1}{2}\int d^4x \, A_\mu^a(x) K^{\mu\nu} A_\nu^a(x) \tag{8.72}$$

mit dem nichtinvertierbaren

$$K^{\mu\nu} = g^{\mu\nu}\partial_\rho\partial^\rho - \partial^\mu\partial^\nu \tag{8.73}$$

schreiben. Wiederum liegt es nahe, eine Eichfixierung vorzunehmen, beispielsweise mit der Lorenz-Eichung $\partial_\mu A^{\mu,a}(x) = 0$, indem im Funktionalintegral eine entsprechende funktionale δ-Funktion eingeführt wird:

$$\int \mathscr{D}A \prod_{x,a} \delta\left(\partial_\mu A^{\mu,a}(x)\right) e^{iS_{YM}} \mathcal{O}[A] \,, \quad \mathscr{D}A = \prod_x \prod_{\mu,a} dA_\mu^a(x) \,. \tag{8.74}$$

Diesmal müssen wir allerdings sorgfältiger vorgehen, denn bei genauer Betrachtung stellt sich heraus, dass noch eine Jacobi-Determinante berücksichtigt werden muss. Um das Zustandekommen dieser Determinante besser zu verstehen, betrachten wir zunächst ein zweidimensionales Spielzeug-Integral.

8.3.1 Ein Spielzeug-Integral

Betrachten wir das Integral

$$Z(g) = \int d^2x \, e^{-S} \,, \quad S = \frac{1}{g^2}\left(\vec{x}^2 - 1\right)^2 \,. \tag{8.75}$$

Der Integrand ist symmetrisch unter Drehungen in der zweidimensionalen Ebene. Er besitzt eine Schar von Maxima auf dem Kreis $\vec{x} = (\cos\varphi, \sin\varphi)$, die durch die Symmetrie miteinander verbunden sind.

Da eine analytische Auswertung des Integrals nicht möglich ist, kann man eine Sattelpunktsintegration für genügend kleine g ansetzen. Für die Sattelpunktsintegration benötigt man ein isoliertes Maximum des Integranden, was hier nicht gegeben ist.

Aufgrund der Rotationssymmetrie liegt es daher nahe, eine Richtung im zweidimensionalen Raum zu fixieren und das Integral über diesen Teilraum auszuführen. Eine mögliche Wahl ist die positive x-Achse, also die Linie $x_2 = 0$, $x_1 > 0$. Wenn die „Richtungsfixierung" durch eine entsprechende δ-Funktion bewerkstelligt wird, würde der naive Ansatz

$$Z(g)_{\text{naiv}} = \frac{1}{2} \int d^2x \, \delta(x_2) \, e^{-S(x_1, x_2)} \qquad (8.76)$$

lauten, wobei der Faktor 1/2 berücksichtigt, dass nur über die Halbachse integriert wird. Dies wäre analog zur Eichfixierung im Funktionalintegral für das Maxwellfeld.

Dieser Ansatz ist jedoch falsch. Das sehen wir sofort, wenn wir das Integral in Polarkoordinaten $\vec{x} = r(\cos\varphi, \sin\varphi)$ aufschreiben. Bekanntlich ist $d^2x = d\varphi \, dr \, r$, und damit

$$Z(g) = \int_0^{2\pi} d\varphi \int_0^\infty dr \, r \, e^{-\frac{1}{g^2}(r^2 - 1)^2} . \qquad (8.77)$$

Das Integral über φ stellt die Integration über durch Symmetrie verbundene Punkte dar. Es liefert den Faktor 2π, den wir als Volumen der Symmetriegruppe interpretieren. Das restliche Integral über r ist unabhängig von φ. Zu beachten ist, dass das Integrationsmaß nicht einfach dr, sondern $r \, dr$ ist. Schreiben wir das Integral mit $r = |\vec{x}|$ um, lautet es

$$Z(g) = 2\pi \int d^2x \, \frac{1}{2} |\vec{x}| \delta(x_2) \, e^{-S(\vec{x})} . \qquad (8.78)$$

Im naiven Ansatz fehlt der Faktor 2π und, was noch wichtiger ist, der Faktor $|\vec{x}|$ im Integrationsmaß. Dieser stellt die Jacobi-Determinante für den Variablenwechsel dar.

In anderen Fällen, bei denen eine Symmetrie vorliegt, ist es nicht immer möglich, explizit die passenden Koordinaten zu wählen. Die Reduktion des Integrals auf niedrigere Dimensionen ist dann durch Einführung entsprechender δ-Funktionen zu bewerkstelligen. Dies ist die Situation in der Eichtheorie, wo wir die Yang-Mills-Wirkung kennen, die lokale Eichinvarianz kennen, aber keine expliziten eichinvarianten Koordinaten für den Raum der Eichfelder. Wie findet man dann das korrekte Integrationsmaß?

Die Vorgehensweise ist in unserem Beispiel die folgende.

(a) Spezifiziere eine Richtungs-Fixierungs-Bedingung

$$f(\vec{x}) = 0 . \qquad (8.79)$$

In unserem Beispiel ist $f(\vec{x}) = x_2$.

(b) Integriere über alle rotierten Richtungen $\vec{x}_\alpha$,

$$\vec{x}_\alpha = \begin{pmatrix} \cos\alpha & -\sin\alpha \\ \sin\alpha & \cos\alpha \end{pmatrix} \cdot \vec{x} \qquad\qquad (8.80)$$

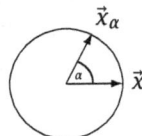

durch Integration über den Winkel α. Das Integral

$$\int_0^{2\pi} d\alpha\, \delta(f(\vec{x}_\alpha)) = \int_0^{2\pi} d\alpha\, \delta(x_1 \sin\alpha + x_2 \cos\alpha) \qquad (8.81)$$

ist per Konstruktion invariant unter Drehungen. Definiere $\Delta(\vec{x})$ durch

$$\Delta(\vec{x}) \int_0^{2\pi} d\alpha\, \delta(f(\vec{x}_\alpha)) = 1 . \qquad (8.82)$$

Da $\Delta(\vec{x})$ invariant ist, hängt es nur von $|\vec{x}|$ ab.

(c) Berechne $\Delta(\vec{x})$ mittels Änderung der Variablen von α nach f:

$$(\Delta(\vec{x}))^{-1} = \int df \left|\frac{\partial f(\vec{x}_\alpha)}{\partial \alpha}\right|^{-1} \delta(f) = \sum_{\substack{\vec{x}_\alpha \\ f(\vec{x}_\alpha)=0}} \left|\frac{\partial f(\vec{x}_\alpha)}{\partial \alpha}\right|^{-1} . \qquad (8.83)$$

Wenn wir annehmen, dass $f(\vec{x}_\alpha) = 0$ nur eine Lösung besitzt, ist

$$\Delta(\vec{x}) = \left|\frac{\partial f(\vec{x}_\alpha)}{\partial \alpha}\right|_{f(\vec{x}_\alpha)=0} . \qquad (8.84)$$

$\Delta(\vec{x})$ ist die Jacobi-Determinante der Variablenänderung. In unserem Beispiel ergibt sich

$$\Delta(\vec{x}) = \frac{1}{2}\sqrt{x_1^2 + x_2^2} = \frac{1}{2}|\vec{x}| . \qquad (8.85)$$

(d) Einsetzen von Gl. (8.82) in das Integral:

$$Z(g) = \int_0^{2\pi} d\alpha \int d^2x'\, \Delta(\vec{x}')\, \delta(f(\vec{x}_\alpha'))\, e^{-S(\vec{x}')} . \qquad (8.86)$$

Hierin setzen wir nun $\vec{x}_\alpha' = \vec{x}$ und benutzen, dass die übrigen Faktoren und das Maß invariant sind, $\Delta(\vec{x}') = \Delta(\vec{x})$, $S(\vec{x}') = S(\vec{x})$, $d^2x' = d^2x$, und erhalten

$$Z(g) = \int_0^{2\pi} d\alpha \int d^2x\, \Delta(\vec{x})\, \delta(f(\vec{x}))\, e^{-S(\vec{x})} . \qquad (8.87)$$

Da das zweite Integral nicht von α abhängt, ist schließlich

$$Z(g) = 2\pi \int d^2x\, \Delta(\vec{x})\, \delta(f(\vec{x}))\, e^{-S(\vec{x})} . \qquad (8.88)$$

Dies ist der gesuchte Ausdruck für das Integral. Erstens enthält er den im naiven Ansatz fehlenden Faktor 2π. Noch wichtiger aber ist, dass zusätzlich zur δ-Funktion der Faktor $\Delta(\vec{x})$ auftritt. Dieser ist nach Gl. (8.84) zu berechnen. In unserem Beispiel ergibt das

$$Z(g) = 2\pi \int d^2x\, \frac{1}{2}|\vec{x}|\delta(x_2)\, e^{-S(\vec{x})} , \qquad (8.89)$$

was glücklicherweise mit dem Ergebnis übereinstimmt, das wir in Polarkoordinaten erhalten haben.

8.3.2 Faddeev-Popov-Determinante

Die beim Spielzeug-Integral angewandte Methode, eine Symmetrie zu berücksichtigen, wenden wir nun auf das Funktionalintegral für nichtabelsche Eichfelder an. Das Integral ohne Eichfixierung wäre

$$Z = \int \mathcal{D}A \ e^{iS_{YM}} \ . \tag{8.90}$$

Es sei nun eine Eichfixierung durch die Bedingungen

$$f_a(A_\mu(x)) = w_a(x) \ , \quad a = 1, \ldots, N^2 - 1 \ , \tag{8.91}$$

gegeben. Für die generalisierte Lorenz-Eichung wäre z. B.

$$f_a(A_\mu(x)) = \partial_\mu A^{\mu,a}(x) \ . \tag{8.92}$$

Die Bedingungen legen eine Hyperfläche im Raum aller Eichfelder fest.

Abb. 8.6: Symbolische Darstellung von Eichfixierungs-Hyperflächen und Eichtransformationen im Raum der Eichfelder

Es handelt sich um eine Eichfixierung, wenn Eichtransformationen aus dieser Hyperfläche herausführen. Bezeichnen wir lokale Eichtransformationen mit

$$A_\mu(x) \rightarrow A_\mu^{(U)}(x) \ , \quad \text{mit} \quad U(x) \in \text{SU}(N) \ , \tag{8.93}$$

so bedeutet das, dass in der Umgebung der Hyperfläche $f[A] = w$ die Gleichung $f[A^{(U)}] = w$ bei vorgegebenem $A_\mu(x)$ genau eine Lösung $U(x)$ besitzt.

Die Eichfixierung soll durch eine funktionale δ-Funktion von der Art

$$\int \mathcal{D}A \ \delta[f[A] - w] \cdots \tag{8.94}$$

wie im Falle des Maxwellfeldes eingebracht werden, wobei wir die Abkürzung

$$\delta[f[A] - w] = \prod_{x,a} \delta \left(f_a(A_\mu(x)) - w_a(x) \right) \tag{8.95}$$

verwenden. Aus dem vorigen Abschnitt wissen wir, dass ein zusätzlicher Faktor im Integrand berücksichtigt werden muss. Analog zu Gl. (8.82) wird er definiert durch ein Funktionalintegral über alle Eichtransformationen $U(x)$:

$$\Delta[A] \int \mathcal{D}U \ \delta[f[A^{(U)}] - w] = 1 \ . \tag{8.96}$$

$\Delta[A]$ ist eichinvariant:

$$
\begin{aligned}
\Delta[A^{(U)}]^{-1} &= \int \mathcal{D}U' \, \delta[f[A^{(UU')}] - w] \\
&= \int \mathcal{D}U'' \, \delta[f[A^{(U'')}] - w] \quad (\text{mit } U'' = UU') \\
&= \Delta[A]^{-1} \, .
\end{aligned}
\tag{8.97}
$$

Mit einer Rechnung analog zu Gl. (8.84) folgt

$$
\Delta[A] = \left| \det \frac{\delta f(A^{(U)}(x))}{\delta U(y)} \right|_{f[A^{(U)}]=w} \, .
\tag{8.98}
$$

Dies ist die sogenannte **Faddeev-Popov-Determinante**. Setzen wir Gl. (8.96) ein, können wir für das Funktionalintegral schreiben

$$
\int \mathcal{D}A \, e^{iS_{\mathrm{YM}}[A]} = \int \mathcal{D}U \int \mathcal{D}A' \, \Delta[A'] \, \delta[f[A'^{(U)}] - w] \, e^{iS_{\mathrm{YM}}[A']} \, .
\tag{8.99}
$$

Hier setzen wir $A'^{(U)} = A$, und mit der Invarianz von $S_{\mathrm{YM}}[A]$, $\mathcal{D}A$ und $\Delta[A]$ erhalten wir

$$
\int \mathcal{D}A \, e^{iS_{\mathrm{YM}}[A]} = \int \mathcal{D}U \int \mathcal{D}A \, \Delta[A] \, \delta[f[A^{(U)}] - w] \, e^{iS_{\mathrm{YM}}[A]} \, .
\tag{8.100}
$$

Das innere Integral ist eichinvariant und hängt nicht von $U(x)$ ab, so dass das Integral $\int \mathcal{D}U = \mathcal{N}$ als konstanter Faktor abgespalten werden kann, und wir zu

$$
\int \mathcal{D}A \, e^{iS_{\mathrm{YM}}[A]} = \mathcal{N} \int \mathcal{D}A \, \Delta[A] \, \delta[f[A^{(U)}] - w] \, e^{iS_{\mathrm{YM}}[A]}
\tag{8.101}
$$

gelangen. Der Faktor $\mathcal{N}$, der als „Volumen der lokalen Eichgruppe" interpretiert werden kann, ist nicht relevant, da er bei den Green'schen Funktionen im Zähler und im Nenner auftaucht und sich heraus kürzt. Manchmal liest man, das Problem des Funktionalintegrals sei das unendliche Volumen der Eichgruppe. Das ist aber falsch, denn erstens kann es auf 1 normiert werden, wie man es in der Gittereichtheorie macht, und zweitens besteht das Problem in den Nullmoden des quadratischen Terms der Wirkung.

Die Herleitung des Ausdrucks (8.101) war recht formal und mathematisch sicherlich nicht rigoros. Daher wird die Formel auch als **Faddeev-Popov-Ansatz** bezeichnet. Ihre Rechtfertigung findet sie darin, dass die daraus abgeleiteten Konsequenzen mit den Prinzipien der Feldtheorie verträglich sind, während das Fortlassen der Faddeev-Popov-Determinante $\Delta[A]$ zu Widersprüchen führt.

Der obige Ausdruck ist noch nicht das Ende der Geschichte. Nun können wir noch, wie beim Maxwellfeld bereits gezeigt, eine Funktionalintegration über $w(x)$ hinzufügen. Aufgrund der Eichinvarianz ist das Integral (8.101) unabhängig von $w(x)$, und wir integrieren es gaussisch mit

$$
\int \mathcal{D}w \, e^{-\frac{i}{2\xi} \int d^4 x \, w(x)^2}
\tag{8.102}
$$

wodurch die δ-Funktion verschwindet:

$$Z = \int \mathcal{D}A\, \Delta[A] \,\exp\left\{ i\, S_{\mathrm{YM}}[A] - \frac{i}{2\xi} \int d^4x \,(f_a(A_\mu(x))^2 \right\} . \tag{8.103}$$

Im Exponenten steht die **effektive Wirkung**

$$S_{\mathrm{eff}} = S_{\mathrm{YM}} - \frac{1}{2\xi} \int d^4x \,(f_a(A_\mu(x))^2 = S_{\mathrm{YM}} + S_{\mathrm{gf}} \tag{8.104}$$

mit dem **Eichfixierungsterm** S_{gf}. Für die Lorenz-Eichung ist

$$S_{\mathrm{gf}} = -\frac{1}{2\xi} \int d^4x \,(\partial_\mu A^{\mu,a}(x))^2 = \frac{1}{2\xi} \int d^4x \, A_\mu^a(x)\partial_\mu\partial_\nu A_\nu^a(x) \tag{8.105}$$

quadratisch im Eichfeld. Damit lautet der quadratische Teil der Wirkung insgesamt

$$\begin{aligned}
S_{\mathrm{eff}}^{(2)} &= \frac{1}{2} \int d^4x \, A_\mu^a(x) K^{\mu\nu} A_\nu^a(x) + \frac{1}{2\xi} \int d^4x \, A_\mu^a(x)\partial^\mu\partial^\nu A_\nu^a(x) \\
&= \frac{1}{2} \int d^4x \, A_\mu^a(x) K_\xi^{\mu\nu} A_\nu^a(x)
\end{aligned} \tag{8.106}$$

mit dem uns vom Maxwellfeld schon bekannten

$$K_\xi^{\mu\nu} = g^{\mu\nu}\partial_\rho\partial^\rho - \left(1 - \frac{1}{\xi}\right)\partial^\mu\partial^\nu . \tag{8.107}$$

Damit wäre das Problem der Null-Moden gelöst. Es bleibt noch die Faddeev-Popov-Determinante $\Delta[A]$ zu berechnen. Zuvor aber noch

Zwei Bemerkungen:
1. Es wurde vorausgesetzt, dass die Eichfixierung eindeutig ist. Für schwache Felder (hinreichend kleine Feldstärken) ist das der Fall, so dass es für die Zwecke der Störungstheorie ausreichend ist. Es gibt jedoch Konfigurationen mit starken Feldern, bei denen die Eichfixierung nicht mehr eindeutig ist. Dies wurde von Gribov entdeckt. Der Rand des Bereiches mit eindeutiger Eichfixierung im Raum aller Feldkonfigurationen ist der sogenannte **Gribov-Horizont**. Dort verschwindet die Faddeev-Popov-Determinante. Die Existenz des Gribov-Horizonts hat nichtstörungstheoretische Auswirkungen.

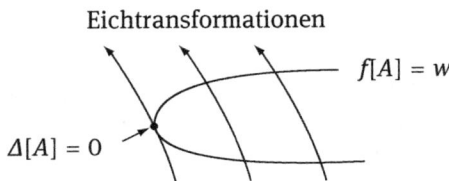

Abb. 8.7: Symbolische Darstellung einer Hyperfläche, die zu einer nichteindeutigen Eichfixierung gehört, und des Gribov-Horizonts

2. Es wurde vorausgesetzt, dass das Integrationsmaß $\mathcal{D}A$ invariant unter der Symmetrie ist. Für Eichtransformationen ist das richtig. Es gibt aber Symmetrien, unter denen zwar die Wirkung, nicht aber das Integrationsmaß im Funktionalintegral invariant ist. In einem solchen Fall wird die Symmetrie der klassischen Theorie durch die Quantisierung gebrochen. Solche Symmetriebrechungen nennt man **Anomalien**.

Kehren wir zur Faddeev-Popov-Determinante

$$\Delta[A] = \left| \det \frac{\delta f(A^{(U)}(x))}{\delta U(y)} \right|_{f[A^{(U)}]=0} \tag{8.108}$$

zurück. Für eine infinitesimale Eichtransformation

$$U(x) = \mathbf{1} - i\,\epsilon\,\alpha^a(x) T_a + O(\epsilon^2) \tag{8.109}$$

ist

$$A_\mu^{(U)a}(x) = A_\mu^a(x) - \epsilon \left(\frac{1}{g} \partial_\mu \alpha^a(x) + f_{abc} A_\mu^b(x)\,\alpha^c(x) \right) \tag{8.110}$$

In der Lorenz-Eichung $\partial^\mu A_\mu^a(x) = 0$ gilt somit bei einer infinitesimalen Eichtransformation

$$
\begin{aligned}
f^a(A^{(U)}(x)) &= \partial^\mu A_\mu^{(U)a}(x) \\
&= -\epsilon \left(\frac{1}{g} \partial_\mu \partial^\mu \alpha^a(x) - f_{abc} A_\mu^c(x)\,\partial^\mu \alpha^b(x) \right) \tag{8.111} \\
&\doteq \epsilon \frac{1}{g} M^{ab} \alpha^b(x) \tag{8.112}
\end{aligned}
$$

mit dem Operator

$$M^{ab} = -\delta^{ab} \partial_\mu \partial^\mu + g f_{abc} A_\mu^c(x)\,\partial^\mu \,. \tag{8.113}$$

Bis auf eine Konstante ist dann

$$\Delta[A] = |\det M| \,. \tag{8.114}$$

8.3.3 Faddeev-Popov-Geister

Mit

$$M^{ab} = -\partial_\mu \partial^\mu \left(\mathbf{1}\,\delta^{ab} + g f_{abc} \,\Box^{-1} A_\mu^c(x)\,\partial^\mu \right) \tag{8.115}$$

können wir noch einen nicht vom Feld abhängigen Faktor abspalten und erhalten

$$\det M \propto \det \left(\mathbf{1}\,\delta^{ab} + g f_{abc} \,\Box^{-1} A_\mu^c(x)\,\partial^\mu \right) \,. \tag{8.116}$$

Das ist immer noch ein unhandlicher Ausdruck. Wir können ihn mit der Identität $\det Q = \exp(\operatorname{Sp} \ln Q)$ in eine Reihe entwickeln,

$$\det M \propto \exp\left\{-\sum_{k=1}^{\infty} g^k \frac{1}{k} \operatorname{Sp}\left(-\square^{-1} f_{abc} A_\mu^c(x)\, \partial^\mu\right)^k\right\}. \tag{8.117}$$

und erhalten unendlich viele Terme, die zur effektiven Wirkung beitragen. Betrachten wir einmal den Term für $k = 2$:

$$\operatorname{Sp}\left(-\square^{-1} f_{abc} A_\mu^c(x)\, \partial^\mu\right)^2$$
$$= f_{abc} f_{abd} \int \frac{d^4 p}{(2\pi)^4} \frac{d^4 q}{(2\pi)^4}\, \tilde{A}_\mu^c(q-p) \tilde{A}_\nu^d(p-q)\, p_\mu q_\nu \frac{1}{p^2} \frac{1}{q^2}. \tag{8.118}$$

Er hat die Gestalt wie der Beitrag eines Feynman-Diagramms mit einer Schleife, in der ein masseloses skalares Teilchen umläuft.

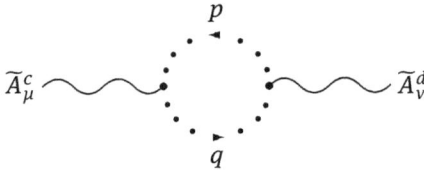

Ähnliches gilt für die höheren Beiträge. Diese Beobachtung gibt Anlass, diese Terme durch fiktive zusätzliche Teilchen, die **Geister**, darzustellen. Der entscheidende Trick dabei, ist die Formel (5.213) für komplexe Grassmann-Integrale,

$$\int D\eta D\overline{\eta}\, \exp\left\{(\overline{\eta}, A\eta)\right\} = \det A, \tag{8.119}$$

in ihrer Variante als Funktionalintegral heran zu ziehen. Es werden also Grassmann-wertige Felder $c^a(x)$ und $\overline{c}^a(x)$ eingeführt und damit die Faddeev-Popov-Determinante bis auf eine Konstante in der Form

$$\det(iM) = \int Dc D\overline{c}\, \exp\left\{i \int d^4 x\, \overline{c}^a(x)\, M^{ab}\, c^b(x)\right\} \tag{8.120}$$

dargestellt. Der Ausdruck im Exponenten liefert einen weiteren Beitrag

$$S_{\text{gh}} = \int d^4 x\, \overline{c}^a(x)\, M^{ab}\, c^b(x) \tag{8.121}$$

$$= \int d^4 x\, \left\{(\partial_\mu \overline{c}^a(x))\,(\partial^\mu c^a(x)) - g f_{abd}\, \overline{c}^a(x) A_\mu^b(x)\, \partial^\mu c^d(x)\right\}, \tag{8.122}$$

die **Geister-Wirkung**, zur gesamten Wirkung im Funktionalintegral. Damit sind wir schließlich beim Endergebnis

$$Z = \int DA Dc D\overline{c}\; e^{iS_{\text{FP}}} \tag{8.123}$$

mit der Faddeev-Popov-Wirkung

$$S_{FP} = S_{YM} + S_{gf} + S_{gh} \tag{8.124}$$

angelangt.

Die Geister sind skalare Grassmann-wertige Felder. Offenbar besitzen sie die „falsche Statistik", denn skalare Felder sollten doch eigentlich bosonisch sein. Hier liegt jedoch keine Verletzung des Spin-Statistik-Theorems vor, denn die Geistfelder sind mathematische Hilfsgrößen, die keinen physikalischen Teilchen entsprechen. Geister treten in den ein- und auslaufenden Zuständen nicht auf und ihre Green'schen Funktionen müssen nicht allen physikalischen Prinzipien genügen.

Geistfelder wurden zuerst von Feynman im Rahmen von 1-Schleifen-Rechnungen in der Gravitationstheorie eingeführt, und von DeWitt systematisch weiter untersucht. Faddeev und Popov führten dann die Geister in die Quantisierung nichtabelscher Eichtheorien in der oben beschriebenen Weise ein.

Bei der Quantisierung des Maxwellfeldes mit Funktionalintegralen haben wir die Faddeev-Popov-Determinante nicht beachtet. Haben wir da einen Fehler gemacht und müssen das jetzt nachtragen? Glücklicherweise nicht, denn im abelschen Fall hängt der Operator $M^{ab} = -\delta^{ab} \partial_\mu \partial^\mu$ nicht vom Feld $A_\mu(x)$ ab und seine Determinante trägt einen konstante Faktor bei, der unberücksichtigt bleiben kann.

8.3.4 Feynman-Regeln

Der kompletten Wirkung S_{FP} können wir nun die Feynman-Regeln ablesen. Die Propagatoren folgen aus dem quadratischen Anteil

$$S_{FP}^{(2)} = \int d^4x \left\{ \frac{1}{2} A_\mu^a(x) K_\xi^{\mu\nu} A_\nu^a(x) + \overline{c}^a(x) \Box c^a(x) \right\} . \tag{8.125}$$

Mit Berücksichtigung der iϵ-Vorschrift lauten die Propagatoren im Impulsraum:

Eichboson-Propagator: $\quad a, \mu \overset{\displaystyle\frown}{\sim\!\sim\!\sim\!\sim} b, \nu \quad = i \widetilde{D}_{F,\mu\nu}^{ab}(k) = i \, \delta^{ab} \widetilde{D}_{F,\mu\nu}(k)$

Geist-Propagator: $\quad \underset{a \qquad\qquad b}{\cdots\cdots\cdots} \quad = i \widetilde{\Delta}^{ab}(k) = i \, \dfrac{\delta^{ab}}{k^2 + i\epsilon}$

Der kubische Teil $\mathscr{L}_3$ und der quartische Teil $\mathscr{L}_4$ der Yang-Mills-Lagrangedichte führen zu Vertices für die Selbstwechselwirkung der Eichbosonen:

kubischer Vertex:

$$= -g f_{abc} \left[g_{\mu\nu}(k_1 - k_2)_\rho + g_{\nu\rho}(k_2 - k_3)_\mu + g_{\rho\mu}(k_3 - k_1)_\nu \right] \tag{8.126}$$

quartischer Vertex:

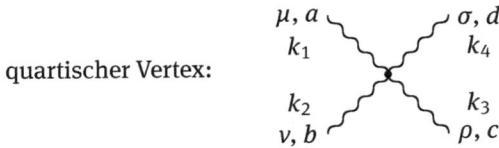

$$= -\mathrm{i}g^2 [f_{abc}f_{cde}(g_{\mu\rho}g_{\nu\sigma} - g_{\nu\rho}g_{\mu\sigma})$$
$$+ f_{ace}f_{bde}(g_{\mu\nu}g_{\rho\sigma} - g_{\rho\nu}g_{\mu\sigma}) + f_{ade}f_{cbe}(g_{\mu\rho}g_{\sigma\nu} - g_{\sigma\rho}g_{\mu\nu})] \qquad (8.127)$$

Dabei wurde eine Symmetrisierung bezüglich der einlaufenden Linien vorgenommen.

Der kubische Term in der Geist-Wirkung S_{gh} liefert einen Vertex für die Geist-Eichboson-Wechselwirkung:

Geist-Eichboson-Vertex:

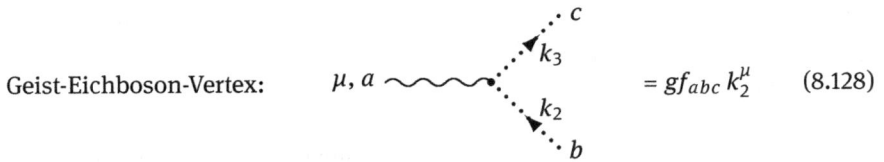

$$= gf_{abc}\, k_2^\mu \qquad (8.128)$$

Geschlossene Geist-Schleifen sind mit einem Faktor (-1) zu versehen.

Die Austauschteilchen der starken Wechselwirkung, die Gluonen, werden im Rahmen der Quantenchromodynamik durch nichtabelsche Eichfelder beschrieben. Mit den Feynman-Regeln an der Hand könnten wir uns nun daran machen, Wirkungsquerschnitte für die Streuung von Gluonen an Gluonen zu berechnen. Jedoch gibt es in der Natur keine freien Gluonen; sie treten nicht als asymptotische Streuzustände auf. Ist die Herleitung der Feynman-Regeln also müßig gewesen? Nein, wie wir im nächsten Kapitel diskutieren werden, findet in der Quantenchromodynamik die Störungstheorie ihre Anwendung auf hochenergetische Streuprozesse von Hadronen.

8.3.5 Renormierung zur Ordnung g^2

Zur Illustration der Feynman-Regeln, der Auswertung von Schleifen-Integralen und der Renormierung wird in diesem Abschnitt die Berechnung des Eichfeld-Propagators in der 1-Schleifen-Ordnung vorgeführt. Dabei kommt die dimensionelle Regularisierung zum Einsatz.

Ausgedrückt durch Feynman-Diagramme ist der Propagator von der Gestalt

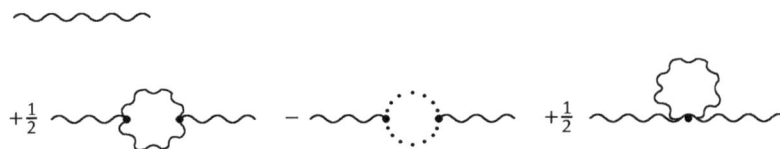

Da die Schleifendiagramme jeweils nackte Propagatoren an den beiden äußeren Beinen haben, schreiben wir den vollen Propagator in dieser Ordnung als

$$\mathrm{i}\widetilde{D}_{\mu\nu}^{ab}(p) = \mathrm{i}\widetilde{D}_{F,\mu\nu}^{ab}(p) + \left(\mathrm{i}\widetilde{D}_{F,\mu\rho}^{ac}(p)\right)\left(\mathrm{i}\,\Pi_{\rho\sigma}^{cd}(p)\right)\left(\mathrm{i}\widetilde{D}_{F,\sigma\nu}^{db}(p)\right) \tag{8.129}$$

mit der sogenannten **Vakuumpolarisation** (oder Selbstenergie) $\Pi_{\mu\nu}^{ab}(p)$. Bei der Berechnung von $\Pi_{\mu\nu}^{ab}(p)$ sind also die äußeren Propagatoren fortzulassen.

Beginnen wir mit der Eichboson-Schleife. Die Bezeichnung der Impulse und Indices sei folgendermaßen gewählt:

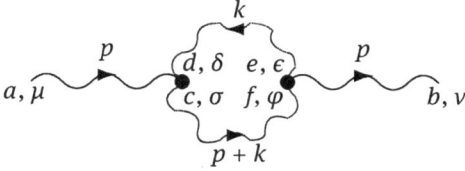

Der Beitrag dieses Graphen ohne äußere Propagatoren zu $\Pi_{\mu\nu}^{ab}(p)$ in der Feynman-Eichung ist in d Dimensionen

$$\Pi_{\mu\nu}^{(1)ab}(p) = \frac{1}{2}(-\mathrm{i})(-g)^2\, f_{acd}f_{bef}\, \mu^{4-d} \int \frac{d^d k}{(2\pi)^d}\, (-\mathrm{i}\,\delta^{de})\frac{g^{\delta\epsilon}}{k^2}(-\mathrm{i}\,\delta^{cf})\frac{g^{\sigma\varphi}}{(p+k)^2}$$

$$[g_{\mu\sigma}(2p+k)_\delta + g_{\sigma\delta}(-p-2k)_\mu + g_{\delta\mu}(k-p)_\sigma]$$

$$[g_{\nu\varphi}(2p+k)_\epsilon + g_{\varphi\epsilon}(p+2k)_\nu + g_{\epsilon\nu}(-k+p)_\varphi]\ . \tag{8.130}$$

Wie im Abschnitt 4.11.4 wurde eine Referenzmasse μ eingeführt, um die Massendimension des Integrals nicht zu ändern. Die Kopplungskonstante g bleibt dimensionslos. Nach Ausführung der Index-Kontraktionen und Benutzung von

$$f_{acd}f_{bdc} = -f_{cda}f_{cdb} = -N\delta^{ab} \quad \text{für Eichgruppe SU}(N) \tag{8.131}$$

und

$$g_{\mu\nu}g^{\mu\nu} = d \tag{8.132}$$

erhält man

$$-\mathrm{i}\frac{1}{2}Ng^2\delta^{ab}\mu^{4-d}\int\frac{d^d k}{(2\pi)^d}\,[k^2(k+p)^2]^{-1}\big\{g_{\mu\nu}(2k^2+5p^2+2p\cdot k)$$

$$+(d-6)p_\mu p_\nu + (4d-6)k_\mu k_\nu + (2d-3)(p_\mu k_\nu + k_\mu p_\nu)\big\}\ . \tag{8.133}$$

Zur Ausführung der Integration ist es vorteilhaft mit $k^0 = \mathrm{i}k_4$ ins Euklidische zu wechseln, wobei $g_{\mu\nu}$ in $-\delta_{\mu\nu}$ sowie Skalarprodukte in ihr Negatives übergehen. Das Integral über den d-dimensionalen Impulsraum berechnen wir mit der Schwinger'schen Methode, bei der die Nenner der Propagatoren mittels

$$x^{-1} = \int_0^\infty dz\, \mathrm{e}^{-xz} \tag{8.134}$$

dargestellt werden. Wir schreiben also

$$[k^2(k+p)^2]^{-1} = \int_0^\infty dz_1 \int_0^\infty dz_2 \, \exp(-z_1 k^2 - z_2(k+p)^2) \,. \tag{8.135}$$

Mit der Substitution

$$z_1 = \lambda(1-z) \,, \quad z_2 = \lambda z \,, \quad dz_1 \, dz_2 = \lambda \, d\lambda \, dz \tag{8.136}$$

wird daraus

$$[k^2(k+p)^2]^{-1} = \int_0^1 dz \int_0^\infty d\lambda \, \lambda \exp(-\lambda[k^2 + zp^2 + 2zp \cdot k])$$

$$= \int_0^1 dz \int_0^\infty d\lambda \, \lambda \exp(-\lambda[q^2 + z(1-z)p^2]) \tag{8.137}$$

mit

$$q = k + zp \,. \tag{8.138}$$

Durch Substitution von k nach q wird aus unserem Integral

$$\frac{1}{2} N g^2 \delta^{ab} \int_0^1 dz \int_0^\infty d\lambda \, \lambda \exp(-\lambda z(1-z)p^2)$$

$$\mu^{4-d} \int \frac{d^d q}{(2\pi)^d} \, e^{-\lambda q^2} \Big\{ \delta_{\mu\nu}[2q^2 + (2z^2 - 2z + 5)p^2]$$

$$+ (4d-6)q_\mu q_\nu + [d - 6 - (4d-6)z(1-z)]p_\mu p_\nu \Big\} \,. \tag{8.139}$$

Die Impuls-Integrale sind gaussisch und können nun mit

$$\int \frac{d^d q}{(2\pi)^d} \, e^{-\lambda q^2} = (4\pi\lambda)^{-\frac{d}{2}} \,, \quad \int \frac{d^d q}{(2\pi)^d} \, e^{-\lambda q^2} q_\mu q_\nu = (4\pi\lambda)^{-\frac{d}{2}} \frac{1}{2\lambda} \delta_{\mu\nu} \tag{8.140}$$

ausgeführt werden. Das gibt

$$\frac{1}{2} N g^2 \delta^{ab} \int_0^1 dz \int_0^\infty d\lambda \, \lambda \exp(-\lambda z(1-z)p^2) \, (4\pi\lambda)^{-\frac{d}{2}} \mu^{4-d}$$

$$\{ p^2 \delta_{\mu\nu}[5 - 2z(1-z) + 3(d-1)\frac{1}{\lambda p^2}] + p_\mu p_\nu[d - 6 - (4d-6)z(1-z)] \} \,. \tag{8.141}$$

Als nächstes folgt die λ-Integration mit

$$\int_0^\infty d\lambda\, \lambda^a \exp(-\lambda z(1-z)p^2) = \Gamma(a+1)\,[z(1-z)p^2]^{-(a+1)} \tag{8.142}$$

und liefert

$$\frac{1}{2}Ng^2\delta^{ab}(4\pi)^{-\frac{d}{2}}\left(\frac{p^2}{\mu^2}\right)^{\frac{d}{2}-2}$$

$$\int_0^1 dz\,\left\{ p^2\delta_{\mu\nu}[5-2z(1-z)]\,\Gamma(2-\frac{d}{2})\,[z(1-z)]^{\frac{d}{2}-2}\right.$$

$$+3(d-1)p^2\delta_{\mu\nu}\,\Gamma(1-\frac{d}{2})\,[z(1-z)]^{\frac{d}{2}-1}$$

$$\left.+p_\mu p_\nu\,\Gamma(2-\frac{d}{2})\,[d-6-(4d-6)z(1-z)]\,[z(1-z)]^{\frac{d}{2}-2}\right\}\,. \tag{8.143}$$

Zuletzt wird die Integration über z mit Hilfe des Euler'schen Integrals

$$\int_0^1 dz\, z^{a-1}\,(1-z)^{b-1} = \frac{\Gamma(a)\,\Gamma(b)}{\Gamma(a+b)} \doteq B(a,b) \tag{8.144}$$

ausgeführt. Dies gibt den ersten Beitrag zur Vakuumpolarisation, nun wieder im Minkowski-Raum,

$$\Pi_{\mu\nu}^{(1)ab}(p) = \frac{1}{2}Ng^2\delta^{ab}(4\pi)^{-\frac{d}{2}}\left(\frac{-p^2}{\mu^2}\right)^{\frac{d}{2}-2}$$

$$\left\{ B\left(\frac{d}{2}-1,\frac{d}{2}-1\right)\Gamma\left(2-\frac{d}{2}\right)[5p^2 g_{\mu\nu}+(d-6)p_\mu p_\nu]\right.$$

$$+B\left(\frac{d}{2},\frac{d}{2}\right)\left[\left[3(d-1)\Gamma\left(1-\frac{d}{2}\right)-2\Gamma\left(2-\frac{d}{2}\right)\right]p^2 g_{\mu\nu}\right.$$

$$\left.\left.-2(2d-3)\Gamma\left(2-\frac{d}{2}\right)p_\mu p_\nu\right]\right\}\,. \tag{8.145}$$

Der zweite Beitrag kommt von der Geist-Schleife. Er ist etwas übersichtlicher als derjenige der Eichboson-Schleife und beträgt

$$\Pi_{\mu\nu}^{(2)ab}(p) = (-\mathrm{i})(-1)(g)^2 f_{acd}f_{bef}\,\mu^{4-d}\int\frac{d^d k}{(2\pi)^d}\frac{\mathrm{i}\,\delta^{de}}{k^2}\frac{\mathrm{i}\,\delta^{cf}}{(p+k)^2}(p+k)_\mu k_\nu\,. \tag{8.146}$$

Wir gehen wieder ins Euklidische, wenden die gleichen Substitutionen an wie oben und erhalten

$$
- Ng^2 \delta^{ab} \int_0^1 dz \int_0^\infty d\lambda\, \lambda \exp(-\lambda z(1-z)p^2)
$$

$$
\mu^{4-d} \int \frac{d^d q}{(2\pi)^d}\, e^{-\lambda q^2} \{ q_\mu q_\nu - z(1-z)p_\mu p_\nu \} \tag{8.147}
$$

$$
= - Ng^2 \delta^{ab} \int_0^1 dz \int_0^\infty d\lambda\, \lambda \exp(-\lambda z(1-z)p^2)
$$

$$
\mu^{4-d}(4\pi\lambda)^{-\frac{d}{2}} \left\{ \frac{1}{2\lambda}\delta_{\mu\nu} - z(1-z)p_\mu p_\nu \right\} \tag{8.148}
$$

$$
= - Ng^2 \delta^{ab} (4\pi)^{-\frac{d}{2}} \left(\frac{p^2}{\mu^2} \right)^{\frac{d}{2}-2}
$$

$$
\int_0^1 dz \left\{ \frac{1}{2}p^2 \delta_{\mu\nu} \Gamma\left(1-\frac{d}{2}\right) - p_\mu p_\nu \Gamma\left(2-\frac{d}{2}\right) \right\} [z(1-z)]^{\frac{d}{2}-1} . \tag{8.149}
$$

Nach der letzten z-Integration ist das Ergebnis im Minkowski-Raum

$$
\Pi_{\mu\nu}^{(2)ab}(p) = - Ng^2 \delta^{ab} (4\pi)^{-\frac{d}{2}} \left(\frac{-p^2}{\mu^2} \right)^{\frac{d}{2}-2}
$$

$$
B\left(\frac{d}{2},\frac{d}{2}\right) \left\{ \frac{1}{2}p^2 g_{\mu\nu} \Gamma\left(1-\frac{d}{2}\right) - p_\mu p_\nu \Gamma\left(2-\frac{d}{2}\right) \right\} . \tag{8.150}
$$

Der Beitrag vom dritten, sogenannten **Tadpole-Diagramm** enthält das Integral

$$
\int d^d k\, \frac{1}{k^2} \tag{8.151}
$$

Dieses ist nach den Regeln der dimensionellen Regularisierung null, so dass wir die ersten beiden Beiträge zum Endergebnis zusammenfügen können. Benutzen wir noch

$$
B\left(\frac{d}{2}-1,\frac{d}{2}-1\right) = \frac{4d-4}{d-2} B\left(\frac{d}{2},\frac{d}{2}\right) , \tag{8.152}
$$

erhalten wir

$$
\Pi_{\mu\nu}^{ab}(p)
$$
$$
= \Pi_{\mu\nu}^{(1)ab}(p) + \Pi_{\mu\nu}^{(2)ab}(p)
$$
$$
= N \frac{g^2}{16\pi^2} \delta^{ab} \left(\frac{-p^2}{4\pi\mu^2} \right)^{\frac{d}{2}-2} (p^2 g_{\mu\nu} - p_\mu p_\nu) \Gamma\left(2-\frac{d}{2}\right) B\left(\frac{d}{2},\frac{d}{2}\right) 2\frac{3d-2}{d-2} . \tag{8.153}
$$

Die Dimensionszahl wird nun mit

$$
d = 4 - 2\varepsilon \tag{8.154}
$$

bezeichnet und das Resultat als analytische Funktion in der Umgebung von $\varepsilon = 0$ betrachtet. Unter Benutzung der Rekursionsformel für die Γ-Funktion und den im Abschnitt 4.11.4 angegebenen Formeln findet man nach einigen Zeilen Rechnung

$$\Pi_{\mu\nu}^{ab}(p) = N \frac{g^2}{16\pi^2} \delta^{ab}(p^2 g_{\mu\nu} - p_\mu p_\nu) \frac{5}{3} \left\{ \frac{1}{\varepsilon} - \ln\left(\frac{-p^2}{4\pi\mu^2}\right) + \frac{31}{15} + \Gamma'(1) + O(\varepsilon) \right\} .$$
(8.155)

Die UV-Divergenz dieses 1-Schleifen-Beitrags zeigt sich im Pol $\propto 1/\varepsilon$. Beachtenswert ist die Tatsache, dass das Ergebnis transversal zum Impuls p ist, während die Beiträge der einzelnen Graphen nicht transversal sind. Die Transversalität muss auch gegeben sein, denn es lässt sich als Konsequenz der Eichkovarianz mit den sogenannten Slavnov-Taylor-Identitäten zeigen, dass alle höheren störungstheoretischen Beiträge transversal sind. In der QED ist das durch die Ward-Takahashi-Identität garantiert. Die Slavnov-Taylor-Identitäten sind deren Verallgemeinerung auf nichtabelsche Eichtheorien.

Das Ergebnis für die Vakuumpolarisation fügen wir jetzt in den Eichboson-Propagator ein. Lassen Sie uns dessen transversalen Anteil betrachten. Für ihn erhalten wir

$$i\widetilde{D}_{\mu\nu}^{(T)ab}(p)$$

$$= i\widetilde{D}_{F,\mu\nu}^{(T)ab}(p) + \left(i\widetilde{D}_{F,\mu\rho}^{(T)ac}(p)\right)\left(i\Pi_{\rho\sigma}^{cd}(p)\right)\left(i\widetilde{D}_{F,\sigma\nu}^{(T)db}(p)\right)$$
(8.156)

$$= i\widetilde{D}_{F,\mu\nu}^{(T)ab}(p) \left\{ 1 + N\frac{g^2}{16\pi^2}\frac{5}{3}\left[\frac{1}{\varepsilon} - \ln\left(\frac{-p^2}{4\pi\mu^2}\right) + \frac{31}{15} + \Gamma'(1) + O(\varepsilon)\right] + O(g^4) \right\} .$$
(8.157)

Der Pol in ε wird durch die Renormierung aufgehoben. Das renormierte Eichfeld wird wie in der QED mittels eines Feldrenormierungsfaktors Z_3 definiert,

$$A_{R,\mu}^a = Z_3^{-\frac{1}{2}} A_\mu^a ,$$
(8.158)

und der renormierte Propagator ist folglich mit einem Renormierungsfaktor Z_3^{-1} versehen, der eine Entwicklung

$$Z_3 = 1 + z_3 g^2 + O(g^4)$$
(8.159)

besitzt. Damit die Divergenz sich heraushebt und der Limes $\varepsilon \to 0$ existiert, muss

$$Z_3^{-1}\left\{1 + N\frac{g^2}{16\pi^2}\frac{5}{3}\left[\frac{1}{\varepsilon} - \ln\left(\frac{-p^2}{4\pi\mu^2}\right) + \frac{31}{15} + \Gamma'(1) + O(\varepsilon)\right] + O(g^4)\right\}$$
(8.160)

endlich sein. Das erfordert

$$Z_3 = 1 + N\frac{g^2}{16\pi^2}\left[\frac{5}{3}\frac{1}{\varepsilon} + \text{endlich}\right] + O(g^4) .$$
(8.161)

Die endlichen Teile in Z_3 sind nicht festgelegt und hängen vom Renormierungsschema ab. Im **minimalen Subtraktions-Schema** (MS-Schema) wird nur der Pol subtrahiert, so dass

$$Z_3^{(\mathrm{MS})} = 1 + N \frac{g^2}{16\pi^2} \frac{5}{3} \frac{1}{\varepsilon} + O(g^4) \,. \tag{8.162}$$

Der renormierte transversale Propagator lautet damit im MS-Schema

$$i\widetilde{D}_{\mathrm{R},\mu\nu}^{(\mathrm{T})ab}(p)$$

$$= i\widetilde{D}_{\mathrm{F},\mu\nu}^{(\mathrm{T})ab}(p) \left\{ 1 - N \frac{g^2}{16\pi^2} \left[\frac{5}{3} \ln\left(\frac{-p^2}{4\pi\mu^2} \right) - \frac{5}{3} \Gamma'(1) - \frac{31}{9} + O(\varepsilon) \right] + O(g^4) \right\} \,. \tag{8.163}$$

Beliebt ist auch das modifizierte MS-Schema ($\overline{\mathrm{MS}}$), bei welchem außer dem Pol auch noch die endlichen Terme $\ln(4\pi) + \Gamma'(1)$ subtrahiert werden, die immer in Gesellschaft des Pols auftreten, also

$$Z_3^{(\overline{\mathrm{MS}})} = 1 + N \frac{g^2}{16\pi^2} \frac{5}{3} \left[\frac{1}{\varepsilon} + \ln(4\pi) + \Gamma'(1) \right] + O(g^4) \tag{8.164}$$

und

$$i\widetilde{D}_{\mathrm{R},\mu\nu}^{(\mathrm{T})ab}(p) = i\widetilde{D}_{\mathrm{F},\mu\nu}^{(\mathrm{T})ab}(p) \left\{ 1 - N \frac{g^2}{16\pi^2} \left[\frac{5}{3} \ln\left(\frac{-p^2}{\mu^2} \right) - \frac{31}{9} + O(\varepsilon) \right] + O(g^4) \right\} \,. \tag{8.165}$$

Das Ergebnis für den renormierten Propagator hängt noch von der frei wählbaren Referenzmasse μ ab. Das ist ein Charakteristikum von Theorien, die im Rahmen der Störungstheorie masselos sind. Das Renormierungsverfahren bringt notwendigerweise eine Massenskala in die Theorie hinein. Physikalische, observable Größen, wie z. B. Streuquerschnitte, dürfen aber letztendlich nicht von μ abhängen, was eine Möglichkeit der Kontrolle von Rechnungen darstellt.

Auch die Kopplungskonstante g erfährt eine Renormierung. Die detaillierte Rechnung dazu soll hier nicht nachvollzogen werden, aber die wesentlichen Punkte werden wir uns anschauen. Dafür ist die Betrachtung von Korrekturen zu den Vertices erforderlich. Es sei

$$G_{\mu\nu\rho}^{(3)abc}(x_1, x_2, x_3) = \langle 0| T A_\mu^a(x_1) A_\nu^b(x_2) A_\rho^c(x_3) |0\rangle \tag{8.166}$$

die Drei-Punkt-Funktion im Ortsraum und

$$\widetilde{G}_{\mu\nu\rho}^{(3)abc}(p_1, p_2, p_3) \tag{8.167}$$

die entsprechende Funktion im Impulsraum. Die beitragenden Feynman-Graphen tragen jeweils Propagator-Graphen an den äußeren Beinen. Bei der zugehörigen Drei-Punkt-Vertexfunktion $\widetilde{\Gamma}^{(3)}$ sind die drei äußeren Propagatoren $i\widetilde{D}_{\mu\nu}^{ab}(p)$ amputiert:

$$\widetilde{G}_{\mu\nu\rho}^{(3)abc}(p_1, p_2, p_3) = \sum_{d,e,f,\sigma,\tau,\omega} (i\widetilde{D}_{\mu\sigma}^{ad}(p_1))(i\widetilde{D}_{\nu\tau}^{be}(p_2))(i\widetilde{D}_{\rho\omega}^{cf}(p_3)) \, i \widetilde{\Gamma}_{\sigma\tau\omega}^{(3)def}(p_1, p_2, p_3) \,.$$

$$\tag{8.168}$$

In niedrigster Ordnung der Störungstheorie ist die Drei-Punkt-Vertexfunktion bis auf den Faktor i identisch mit dem nackten kubischen Eichboson-Vertex:

$$\tilde{\Gamma}_{\mu\nu\rho}^{(3)abc}(p_1, p_2, p_3)$$

$$= i\, g f_{abc}\, [g_{\mu\nu}(p_1 - p_2)_\rho + g_{\nu\rho}(p_2 - p_3)_\mu + g_{\rho\mu}(p_3 - p_1)_\nu] + O(g^3) \qquad (8.169)$$

$$\equiv -i\, g\, V_{\mu\nu\rho}^{abc}(p_1, p_2, p_3) + O(g^2) \qquad (8.170)$$

In der nächsten Ordnung der Störungstheorie tragen Graphen der Gestalt

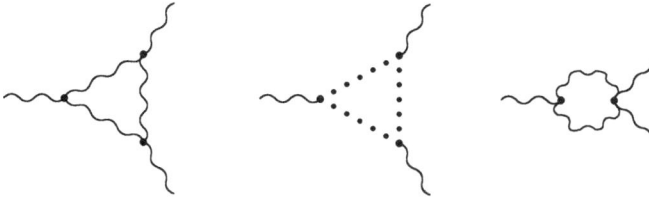

bei. Deren Berechnung in der Feynman-Eichung ergibt

$$\tilde{\Gamma}_{\mu\nu\rho}^{(3)abc}(p_1, p_2, p_3)$$

$$= -i\, g\, V_{\mu\nu\rho}^{abc}(p_1, p_2, p_3) \left\{ 1 - N\frac{g^2}{16\pi^2}\frac{2}{3}\frac{1}{\varepsilon} + \text{endliche Terme} \right\} + O(g^5)\,, \qquad (8.171)$$

wobei hier nur der divergente Teil aufgeschrieben ist. Führen wir einen Renormierungsfaktor Z_1 so ein, dass $Z_1\tilde{\Gamma}_{\mu\nu\rho}^{(3)abc}(p_1, p_2, p_3)$ endlich ist, so muss im minimalen Subtraktionsschema

$$Z_1 = 1 + N\frac{g^2}{16\pi^2}\frac{2}{3}\frac{1}{\varepsilon} + O(g^4) \qquad (8.172)$$

sein. Betrachten wir nun die Renormierung der Vertexfunktion. Da das Eichfeld gemäß

$$A_{R,\mu}^a = Z_3^{-\frac{1}{2}} A_\mu^a \qquad (8.173)$$

renormiert wird, folgt aus (8.168), dass die renormierte mit der nackten Drei-Punkt-Vertexfunktion durch

$$\tilde{\Gamma}_{R,\mu\nu\rho}^{(3)abc}(p_1, p_2, p_3) = Z_3^{\frac{3}{2}}\, \tilde{\Gamma}_{\mu\nu\rho}^{(3)abc}(p_1, p_2, p_3) \qquad (8.174)$$

zusammenhängt. Weiterhin führen wir einen Renormierungsfaktor Z_g ein, der die renormierte Kopplung g_R mit der nackten Kopplung g durch

$$g = Z_g g_R \qquad (8.175)$$

verbindet. Beides zusammen garantiert, dass die renormierte Vertexfunktion endlich ist, wenn

$$Z_3^{\frac{3}{2}} Z_g = Z_1 \qquad (8.176)$$

ist. Da wir Z_3 und Z_1 schon kennen, finden wir die Renormierung der Kopplungskonstanten zu

$$Z_g = Z_1 Z_3^{-\frac{3}{2}} = 1 - N \frac{g^2}{16\pi^2} \frac{11}{6} \frac{1}{\varepsilon} + O(g^4) \, . \tag{8.177}$$

Im nächsten Kapitel über die QCD werden wir im Zusammenhang mit der laufenden Kopplung auf diesen Ausdruck zurück kommen.

Die nichtabelsche Eichtheorie ist renormierbar, d. h. mit den obigen Renormierungen des Eichfeldes und der Kopplungskonstanten werden alle Green'schen Funktionen des Eichfeldes endlich. Insbesondere ist die Kopplungskonstante, deren Quadrat als Faktor vor dem quartischen Eichboson-Vertex steht, mit dem gleichen Faktor Z_g zu renormieren. Der Beweis für die Renormierbarkeit ist kompliziert. Er wurde zuerst von G. 't Hooft und M. Veltman geführt und später von anderen Autoren vereinfacht.

8.3.6 Jenseits der Störungstheorie

Die Lagrangedichte des nichtabelschen Eichfeldes enthält keinen Massenterm für die Eichbosonen. Wie im Falle der Elektrodynamik stünde auch bei nichtabelschen Eichtheorien eine Masse der Eichbosonen im Konflikt mit der Eichinvarianz. Auch in der Störungstheorie bleiben sie masselos. Daher war, wie oben bemerkt, Pauli der Meinung, die Theorie würde masselose Teilchen beschreiben, was ihn veranlasste, sie zu verwerfen.

Die Quantenelektrodynamik beschreibt in der Tat masselose Eichbosonen, nämlich die Photonen. Im Unterschied dazu enthält der Hilbertraum der Teilchenzustände einer nichtabelschen Eichtheorie keine Zustände masseloser Eichbosonen. Dies ist ein Aspekt des Confinement-Phänomens. Die Confinement-Hypothese sagt aus, dass es keine physikalischen Teilchen gibt, die Eichladungen tragen. Während das Photon elektrisch neutral ist, tragen die nichtabelschen Eichbosonen Ladungen und kommen nicht frei vor. Was sind dann die Teilchen, die durch die Theorie beschrieben werden?

Ein weiterer wesentlicher Unterschied zur Elektrodynamik ist die Tatsache, dass es Selbstwechselwirkungen des nichtabelschen Eichfeldes gibt. Diese ermöglichen die Bildung gebundener Zustände. Tatsächlich sind es neutrale gebundene Zustände von Eichbosonen, die als physikalische Zustände den Hilbertraum bevölkern. Sie werden allgemein als **Gluebälle** bezeichnet, da sie im Fall der Quantenchromodynamik gebundene Zustände von Gluonen sind. Gluebälle sind massive Teilchen, deren Masse durch die kinetische Energie ihrer Konstituenten zustande kommt. Sie besitzen ganzzahligen Spin und Parität beider Vorzeichen. Die Massen von Gluebällen in nichtabelschen Eichtheorien sind von nichtstörungstheoretischer Natur. Sie sind mittels numerischer Monte-Carlo-Simulationen dieser Theorien recht genau bestimmt worden.

Wir haben die Situation vorliegen, dass eine Theorie, die auf der Ebene der Lagrangefunktion masselos ist, nach ihrer Quantisierung massive Teilchen beschreibt.

Dieses **dimensionelle Transmutation** genannte Phänomen wird im nächsten Kapitel noch einmal aufgegriffen werden.

___

Übungen

1. Argumentieren Sie dafür, dass das Maß $\mathcal{D}A$ invariant unter lokalen Eichtransformationen $A_\mu(x) \to A_\mu^{(U)}(x)$ ist.

2. Beweisen Sie die Gleichung $\det(\exp X) = \exp(\mathrm{Sp}\, X)$.
   Hinweis: Berechnen Sie $\frac{d}{da}\det(\exp aX)$ und integrieren Sie die resultierende Differenzialgleichung von 0 bis 1.

3. Die Axialeichung ist durch die Bedingung $n^\mu A_\mu(x) = 0$ festgelegt, in der n^μ ein fester raumartiger $(n^2 < 0)$ Vektor ist. Berechnen Sie den Eichfeld-Propagator in der Axialeichung mit der Faddeev-Popov-Methode.

4. Berechnen Sie die Drei-Punkt-Vertexfunktion des Eichfeldes in der Ein-Schleifen-Näherung mit dimensioneller Regularisierung.

5. Begründen Sie, warum in der dimensionellen Regularisierung

$$\int d^d k\, \frac{1}{k^2} = 0$$

gilt.

9 Quantenchromodynamik

9.1 Lagrangedichte und Symmetrien

9.1.1 Lokale SU(3)-Farbsymmetrie und Lagrangedichte

Die Quantenchromodynamik ist die Theorie der Bausteine der Hadronen, der Quarks, und der starken Wechselwirkungen zwischen ihnen. Nachdem man erkannt hatte, dass Quarks außer den Flavour-Quantenzahlen noch weitere **Farb-Quantenzahlen** tragen, die mit der Gruppe SU(3) verknüpft sind, wurde 1973 von Fritzsch, Gell-Mann und Leutwyler vorgeschlagen, dass die starken Wechselwirkungen durch eine Eichtheorie mit Eichgruppe SU(3) beschrieben werden, wobei die Farbladungen der Quarks an das Eichfeld koppeln.

Die Quarks werden durch Diracfelder beschrieben, die wir mit q anstatt ψ bezeichnen:

$$q = (q_\alpha) = \begin{pmatrix} q_1 \\ \vdots \\ q_4 \end{pmatrix} . \tag{9.1}$$

Es sind 6 **Flavours** (Geschmacksrichtungen) von Quarks bekannt, die man in Dubletts zusammenfasst,

$$\begin{pmatrix} u \\ d \end{pmatrix}, \quad \begin{pmatrix} c \\ s \end{pmatrix}, \quad \begin{pmatrix} t \\ b \end{pmatrix},$$

und wir kennzeichnen sie mit dem Flavour-Index f:

$$q_f = (q_{\alpha f}), \quad f = 1, 2, \ldots N_f, \quad N_f = 6 . \tag{9.2}$$

Zuletzt gibt es die drei Farben ("colours") für jedes Quark:

$$(q_i) = \begin{pmatrix} q_1 \\ q_2 \\ q_3 \end{pmatrix}, \quad i = 1, 2, 3, \quad \text{oder} \quad i = \text{rot, grün, blau} . \tag{9.3}$$

Insgesamt werden die Quarks $q(x) = (q_{\alpha i f}(x))$ somit durch die drei Quantenzahlen $\alpha i f$, charakterisiert, wovon es $4 \times 3 \times N_f$ Möglichkeiten gibt.

Wir beginnen mit der Lagrangedichte für freie Quarks

$$\mathscr{L} = \sum_{i,f} \overline{q}_{if}(i\gamma^\mu \partial_\mu - m_f)q_{if} . \tag{9.4}$$

Der Deutlichkeit halber haben wir hier die Summe über die Farb- und Flavour-Indices explizit ausgeschrieben, während die Spinor-Indices unterdrückt wurden.

Die Lagrangedichte für freie Quarks besitzt mehrere Symmetrien, darunter eine globale SU(3)-Farbsymmetrie

$$q_{if}(x) \longrightarrow q'_{if}(x) = (Uq)_{if} = \sum_{j,f} U_{ij} q_{jf}(x) . \tag{9.5}$$

https://doi.org/10.1515/9783110638547-009

Hierin ist U eine 3×3-Matrix aus der Farb-Gruppe SU(3). U kommutiert mit Operatoren, die auf die Flavour- oder Spinor-Indices wirken, so dass die Symmetrie der Lagrangedichte unmittelbar sichtbar ist:

$$
\begin{aligned}
\overline{q}'_{if}(\mathrm{i}\gamma^\mu\partial_\mu - m_f)q'_{if} &= \overline{q}_{if}(U^\dagger)_{ij}(\mathrm{i}\gamma^\mu\partial_\mu - m_f)U_{jk}q_{kf} \\
&= \overline{q}_{if}(U^\dagger)_{ij}U_{jk}(\mathrm{i}\gamma^\mu\partial_\mu - m_f)q_{kf} \\
&= \overline{q}_{if}(\mathrm{i}\gamma^\mu\partial_\mu - m_f)q_{if} \, .
\end{aligned} \tag{9.6}
$$

Die SU(3)-Farbsymmetrie kann gemäß der Vorgehensweise des letzten Kapitels zu einer lokalen Eichsymmetrie erweitert werden.

1. Die partielle Ableitung wird durch eine kovariante Ableitung ersetzt:

$$
\partial_\mu \longrightarrow D_\mu = \partial_\mu - \mathrm{i}g A_\mu^a(x)T_a \, , \tag{9.7}
$$

$$
T_a = \frac{1}{2}\lambda_a \, , \quad (a = 1, \ldots 8) \, . \tag{9.8}
$$

2. Auf diese Weise werden 8 Eichfelder $A_\mu^a(x)$ eingeführt, die **Gluonfelder** genannt werden. In der quantisierten Theorie sind sie mit 8 Teilchen, den Gluonen, assoziiert. Die Feldstärken werden bezeichnet mit

$$
G_{\mu\nu}^a = \partial_\mu A_\nu^a - \partial_\nu A_\mu^a + g f_{abc} A_\mu^b A_\nu^c \, . \tag{9.9}
$$

3. Zur Lagrangedichte wird die Yang-Mills-Lagrangedichte

$$
\mathscr{L}_{\mathrm{YM}} = -\frac{1}{4} G_{\mu\nu}^a G^{\mu\nu,a} \tag{9.10}
$$

hinzugefügt, so dass die vollständige Lagrangedichte der QCD

$$
\boxed{\mathscr{L}_{\mathrm{QCD}} = \sum_f \overline{q}_f(\mathrm{i}\gamma_\mu D_\mu - m_f)q_f - \frac{1}{4} G_{\mu\nu}^a G^{\mu\nu,a}} \tag{9.11}
$$

lautet.

Aus der Lagrangedichte ergeben sich die Feynman-Regeln für die Störungstheorie. Gluon-Propagator, Gluon-Vertices, Geist-Propagator und Gluon-Geist-Vertex übernehmen wir aus dem vorigen Kapitel. Hinzu kommt der Quark-Propagator und aus der kovarianten Ableitung $\overline{q}\,\mathrm{i}\gamma^\mu D_\mu q$ ein Quark-Gluon-Vertex.

Quark-Propagator: $\qquad \xleftarrow{}_{i,f \qquad j,f'} \qquad = \mathrm{i}\,\delta_{ij}\delta_{ff'}\widetilde{S}_{\mathrm{F}}(k) = \mathrm{i}\,\delta_{ij}\delta_{ff'}\dfrac{\gamma^\mu k_\mu + m_f}{k^2 - m_f^2 + \mathrm{i}\epsilon}$

Quark-Gluon-Vertex: $\qquad\qquad\qquad\qquad = \mathrm{i}\,g\,\delta_{ff'}\dfrac{1}{2}(\lambda_a)_{ij}\,\gamma_\mu$

9.1.2 Globale Flavoursymmetrie

Außer der lokalen SU(3)-Farbsymmetrie besitzt die Lagrangedichte der QCD exakte und approximative globale Symmetrien, die für die Struktur der Teilchen-Multipletts und Erhaltungssätze wichtig sind.

Betrachten wir Transformationen im Flavourraum. Damit sind Transformationen der Quarkfelder von der Art

$$q_f \longrightarrow q'_f(x) = \sum_{f'} U_{ff'}\, q_{f'}(x) \tag{9.12}$$

gemeint, bei denen die Flavour-Indices involviert sind. Hier, und auch an analogen anderen Stellen, schreiben wir nur die relevanten Indices explizit auf und unterdrücken die Indices, die im jeweiligen Kontext nicht relevant sind. Entsprechend gilt hier in der Matrixnotation:

$$Uq \quad \text{bedeutet} \quad (Uq)_{\alpha i f} = \sum_{f'} U_{ff'}\, q_{\alpha i f'}(x)\,. \tag{9.13}$$

Falls alle Quarkmassen gleich wären, was ja in der Natur nicht der Fall ist, würde unter einer Transformation $U \in \mathrm{SU}(N_f)$ der Term

$$\overline{q}(\mathrm{i}\gamma^\mu D_\mu - m)q \longrightarrow \overline{q}\,'(\mathrm{i}\gamma^\mu D_\mu - m)q' = \overline{q}U^\dagger(\mathrm{i}\gamma^\mu D_\mu - m)Uq = \overline{q}(\mathrm{i}\gamma^\mu D_\mu - m)q$$

invariant sein. In diesem Fall läge eine globale SU(N_f)-Flavoursymmetrie vor und die zugehörigen Ströme

$$j_a^\mu(x) = \sum_{f,f'} \overline{q}_f(x)\gamma^\mu (T_a)_{ff'} q_{f'}(x) \tag{9.14}$$

wären erhalten,

$$\partial_\mu j_a^\mu(x) = 0\,. \tag{9.15}$$

Die Mesonen und Baryonen würden Multipletts der Gruppe SU(N_f) bilden, deren Mitglieder jeweils gleich schwer wären.

In der Realität sind die Quarkmassen jedoch verschieden. Der Massenterm in der Lagrangedichte kann geschrieben werden als

$$\sum_f m_f \overline{q}_f q_f = \overline{q}Mq \tag{9.16}$$

mit der Quarkmassen-Matrix

$$M = \begin{pmatrix} m_{\mathrm{u}} & 0 & 0 & \dots & 0 \\ 0 & m_{\mathrm{d}} & 0 & \dots & 0 \\ 0 & 0 & m_{\mathrm{s}} & \dots & 0 \\ 0 & 0 & 0 & \ddots & \vdots \\ 0 & 0 & 0 & \dots & m_{\mathrm{b}} \end{pmatrix}\,. \tag{9.17}$$

Die SU(N_f)-Symmetrie verlangt, dass $U^\dagger M U = M$ oder gleichbedeutend $UM = MU$ für alle $U \in$ SU(N_f) gilt, was aber nur für gleiche Quarkmassen, $M = m\mathbf{1}$, der Fall wäre. Daher liegt in der Natur keine exakte Flavoursymmetrie vor.

Allerdings sind die Massen der up- und down-Quarks fast gleich. Beide sind sehr klein im Vergleich zu den restlichen Quarkmassen und zu den Massen der Hadronen. Im zweidimensionalen Unterraum mit $f = 1, 2$ ist deshalb eine approximative SU(2)-Flavoursymmetrie

$$q_f \longrightarrow q'_f(x) = \sum_{f'=1}^{2} V_{ff'}\, q_{f'}(x)\,, \quad f = 1, 2 \tag{9.18}$$

realisiert. Diese Flavour-Transformationen sind von der Gestalt

$$U = \left(\begin{array}{c|c} V & 0 \\ \hline 0 & \mathbf{1} \end{array} \right)\,, \quad V \in \text{SU}(2) \tag{9.19}$$

und bilden eine Untergruppe der SU(N_f). Offensichtlich handelt es sich um die approximative SU(2)-Isospinsymmetrie, die in Abschnitt 3.3.2 besprochen wurde.

Die Masse m_s der strange-Quarks ist deutlich größer als die der beiden leichtesten Quark-Flavours, aber noch einigermaßen klein im Vergleich zu derjenigen der schweren charm-, top- und bottom-Quarks. Da die Massendifferenzen zwischen den drei leichten Quarks deutlich kleiner als die Massen der Hadronen sind, bilden die entsprechenden SU(3)-Flavour-Transformationen eine grob approximative Symmetrie. Die Hadronen innerhalb eines SU(3)-Multipletts weisen unterschiedliche Massen auf, aber die Aufspaltungen sind noch klein relativ zu den Massen.

9.1.3 Globale Baryonen-U(1)-Symmetrie

Es gibt eine exakte globale Symmetrie, die aus den Transformationen

$$q(x) \longrightarrow q'(x) = e^{-i\alpha} q(x) \tag{9.20}$$

besteht und die Gruppe U(1) bildet. Der zugehörige Noether-Strom lautet

$$j^\mu(x) = \overline{q}(x)\gamma^\mu q(x) = \sum_f \overline{q}_f(x)\gamma^\mu q_f(x)\,. \tag{9.21}$$

Die erhaltene Ladung

$$\int d^3x\, j^0(x) = \sum_f \int d^3x\, q_f^\dagger(x)\, q_f(x) \tag{9.22}$$

stellt die Anzahl der Quarks aller Flavours in einem Zustand dar. Da einem einzelnen Quark die Baryonenzahl 1/3 zugeordnet wir, fügt man konventionell den Faktor 1/3 an und definiert die Baryonenzahl durch

$$B = \frac{1}{3} \int d^3x\, j^0(x)\,. \tag{9.23}$$

Über die Baryonen-U(1) hinaus gibt es für jedes einzelne Flavour eine Symmetrie

$$U(1)_f : \quad q_f(x) \longrightarrow q_f'(x) = e^{-i\alpha_f} q_f(x) \quad \text{(keine Summe über } f) \,. \tag{9.24}$$

Aus ihr folgt die Erhaltung der einzelnen Flavour-Quantenzahlen $\int d^3x\, \overline{q}_f(x)\gamma^0 q_f(x)$ in der QCD. Die Baryonenzahl ist gleich 1/3 mal der Summe der Flavour-Quantenzahlen. Die Erhaltung der Flavours lässt sich auch an den obigen Feynman-Regeln erkennen, die beim Quark-Propagator und Quark-Gluon-Vertex jeweils den Faktor $\delta_{ff'}$ tragen.

9.1.4 Chirale Symmetrie

Bei sehr hochenergetischen Prozessen sind die Quarkmassen vernachlässigbar. Das motiviert die Betrachtung einer weiteren Symmetrie, die dann gilt, wenn alle Quarks masselos sind, $m_f = 0$. Dazu betrachten wir folgende Transformationen, die im Flavour- und Dirac-Raum wirken,

$$q_f \longrightarrow q_f' = [\exp(-i\omega^a T_a \gamma_5)]_{ff'}\, q_{f'} \,, \tag{9.25}$$

und **axiale Transformationen** heißen. Für infinitesimale axiale Transformationen

$$\delta q = -i\delta\omega^a T_a \gamma_5 q \tag{9.26}$$

$$\delta\overline{q} = +i\delta\omega^a \overline{q}\gamma^0 \gamma_5 \gamma^0 T_a = -i\delta\omega^a \overline{q}\gamma_5 T_a \tag{9.27}$$

finden wir für den kinetischen Term

$$\delta(\overline{q}\, i\gamma^\mu \partial_\mu q) = \delta\omega^a \overline{q}(\gamma^\mu \gamma_5 + \gamma_5 \gamma^\mu) T_a \partial_\mu q = 0 \tag{9.28}$$

aufgrund der Beziehung

$$[\gamma^\mu, \gamma_5]_+ = 0 \,. \tag{9.29}$$

Andererseits ist für den Massenterm

$$\delta(\overline{q}Mq) = -i\,\delta\omega^a \overline{q}\gamma_5(MT_a + T_a M)q \,, \tag{9.30}$$

und dieser Ausdruck verschwindet nur, wenn $M = 0$ ist.

Im Fall masseloser Quarks liegt also eine Symmetrie vor, zu der die erhaltenen Ströme

$$j_{5,a}^\mu(x) \doteq \sum_{f,f'} \overline{q}_f(x)\gamma^\mu \gamma_5 \,(T_a)_{ff'} q_{f'}(x) \equiv \overline{q}(x)\gamma^\mu \gamma_5 \,T_a q(x) \tag{9.31}$$

gehören.

Die axialen Transformationen bilden keine Gruppe,

$$e^{-i\omega^a T_a \gamma_5}\, e^{-i\omega'^b T_b \gamma_5} \neq e^{-i\omega''^a T_a \gamma_5} \,. \tag{9.32}$$

Sie sind Elemente einer größeren Gruppe, der **chiralen Symmetriegruppe**, die wir jetzt betrachten werden. Dazu führen wir die chiralen Projektoren

$$P_L \doteq \frac{1}{2}(1 - \gamma_5) , \quad P_R \doteq \frac{1}{2}(1 + \gamma_5) \tag{9.33}$$

ein, die

$$P_L^2 = P_L , \quad P_R^2 = P_R , \quad P_L P_R = P_R P_L = 0 , \quad P_L + P_R = \mathbf{1} \tag{9.34}$$

erfüllen. Die Quarkfelder werden zerlegt in die *links- und rechtshändigen* Quarkfelder

$$q_L(x) = P_L q(x) , \quad q_R(x) = P_R q(x) , \tag{9.35}$$

mit

$$q(x) = q_L(x) + q_R(x) . \tag{9.36}$$

Im Abschnitt 5.6 haben wir gesehen, dass q_L und q_R im masselosen Fall Fermionen mit definierter Helizität sind, deren Spin antiparallel (linkshändig) bzw. parallel (rechtshändig) zum Impuls steht.

Um die Lagrangedichte durch q_L und q_R auszudrücken, machen wir von

$$\overline{q}_L = \overline{q} \cdot \frac{1}{2}(1 + \gamma_5) = \overline{q} P_R , \quad \overline{q}_R = \overline{q} \cdot \frac{1}{2}(1 - \gamma_5) = \overline{q} P_L \tag{9.37}$$

Gebrauch. Dies gilt wegen

$$\begin{aligned}
\overline{q}_L = \overline{P_L q} &= \frac{1}{2}((1 - \gamma_5)q)^\dagger \gamma^0 = \frac{1}{2} q^\dagger (1 - \gamma_5)^\dagger \gamma^0 \\
&= \frac{1}{2} q^\dagger (1 - \gamma_5) \gamma^0 = \frac{1}{2} q^\dagger \gamma^0 (1 + \gamma_5) = \overline{q} P_R
\end{aligned} \tag{9.38}$$

und analog für $\overline{q}_R$. Für die Terme im kinetischen Teil der Lagrangedichte ist

$$\overline{q}_L \gamma^\mu q_R = \frac{1}{4} \overline{q} (1 + \gamma_5) \gamma^\mu (1 + \gamma_5) q = \frac{1}{4} \overline{q} (1 + \gamma_5)(1 - \gamma_5) \gamma^\mu q = 0 , \tag{9.39}$$

$$\overline{q}_R \gamma^\mu q_L = \frac{1}{4} \overline{q} (1 - \gamma_5) \gamma^\mu (1 - \gamma_5) q = \frac{1}{4} \overline{q} (1 - \gamma_5)(1 + \gamma_5) \gamma^\mu q = 0 , \tag{9.40}$$

so dass die kinetischen Terme gemäß

$$\overline{q}\, i\gamma^\mu D_\mu q = \overline{q}_L i\gamma^\mu D_\mu q_L + \overline{q}_R i\gamma^\mu D_\mu q_R \tag{9.41}$$

zerfallen. Massenterme hingegen werden als

$$\overline{q} q = (\overline{q}_L + \overline{q}_R)(q_L + q_R) = \overline{q}_L q_R + \overline{q}_R q_L \tag{9.42}$$

zerlegt. Ausgedrückt durch links- und rechtshändige Quarkfelder lautet die Lagrangedichte also

$$\mathcal{L} = \sum_f \{ \overline{q}_{fL} i\gamma^\mu D_\mu q_{fL} + \overline{q}_{fR} i\gamma^\mu D_\mu q_{fR} - m_f(\overline{q}_{fL} q_{fR} + \overline{q}_{fR} q_{fL}) \} - \frac{1}{4} G_{\mu\nu}^a G^{\mu\nu,a} . \tag{9.43}$$

Die links- und rechtshändigen Felder sind nur durch die Massenterme miteinander gekoppelt. Wenn alle Quarkmassen verschwinden, entkoppelt die Lagrangedichte vollständig in linkshändige und rechtshändige Anteile. In diesem Fall existiert eine größere Symmetriegruppe, die auf links- und rechtshändige Felder unabhängig wirkt. Die Symmetrie-Transformationen lauten

$$q_{\mathrm{L}} \longrightarrow q_{\mathrm{L}}' = \mathrm{e}^{-\mathrm{i}\omega_{\mathrm{L}}^a T_a} q_{\mathrm{L}} \,, \quad \mathrm{e}^{-\mathrm{i}\omega_{\mathrm{L}}^a T_a} \in \mathrm{SU}(N_f)_{\mathrm{L}} \,, \tag{9.44}$$

$$q_{\mathrm{R}} \longrightarrow q_{\mathrm{R}}' = \mathrm{e}^{-\mathrm{i}\omega_{\mathrm{R}}^a T_a} q_{\mathrm{R}} \,, \quad \mathrm{e}^{-\mathrm{i}\omega_{\mathrm{R}}^a T_a} \in \mathrm{SU}(N_f)_{\mathrm{R}} \,. \tag{9.45}$$

Beide Gruppen $\mathrm{SU}(N_f)_{\mathrm{L}}$ und $\mathrm{SU}(N_f)_{\mathrm{R}}$ sind isomorph zu $\mathrm{SU}(N_f)$. Die Indices L und R kennzeichnen, dass die jeweiligen Transformationen auf q_{L} bzw. q_{R} wirken. Die kinetischen Terme sind invariant,

$$\overline{q}_{\mathrm{L}}' \mathrm{i}\gamma^\mu D_\mu q_{\mathrm{L}}' = \overline{q}_{\mathrm{L}} \mathrm{i}\gamma^\mu D_\mu q_{\mathrm{L}} \,, \tag{9.46}$$

$$\overline{q}_{\mathrm{R}}' \mathrm{i}\gamma^\mu D_\mu q_{\mathrm{R}}' = \overline{q}_{\mathrm{R}} \mathrm{i}\gamma^\mu D_\mu q_{\mathrm{R}} \,, \tag{9.47}$$

während sich in den Massentermen die Transformationen nicht aufheben, z. B.

$$\overline{q}_{\mathrm{L}}' q_{\mathrm{R}}' = \overline{q}_{\mathrm{L}} \mathrm{e}^{\mathrm{i}(\omega_{\mathrm{L}}^a - \omega_{\mathrm{R}}^a) T_a} q_{\mathrm{R}} \neq \overline{q}_{\mathrm{L}} q_{\mathrm{R}} \,. \tag{9.48}$$

Für verschwindende Quarkmassen, $m_f = 0$, besitzt die Lagrangedichte somit eine Symmetrie unter der Gruppe

$$\mathrm{SU}(N_f)_{\mathrm{L}} \otimes \mathrm{SU}(N_f)_{\mathrm{R}} \,, \tag{9.49}$$

die $2(N_f^2 - 1)$ Parameter besitzt. Diese Symmetrie heißt **chirale Symmetrie**. Die zu dieser Symmetrie gehörigen Ströme sind nach dem Noether-Theorem

$$j_{\mathrm{L}a}^\mu = \overline{q}_{\mathrm{L}} \gamma^\mu T_a q_{\mathrm{L}} \,, \tag{9.50}$$

$$j_{\mathrm{R}a}^\mu = \overline{q}_{\mathrm{R}} \gamma^\mu T_a q_{\mathrm{R}} \,. \tag{9.51}$$

Mit

$$P_{\mathrm{R}} \gamma^\mu P_{\mathrm{L}} = \gamma^\mu P_{\mathrm{L}}^2 = \gamma^\mu P_{\mathrm{L}} \tag{9.52}$$

können die Ströme in der Form

$$j_{\mathrm{L}a}^\mu = \overline{q} \gamma^\mu T_a \frac{1}{2}(1 - \gamma_5) q \,, \tag{9.53}$$

$$j_{\mathrm{R}a}^\mu = \overline{q} \gamma^\mu T_a \frac{1}{2}(1 + \gamma_5) q \tag{9.54}$$

geschrieben werden.

Beziehung zur Flavoursymmetrie
Betrachtet man den speziellen Fall, dass

$$\omega_{\mathrm{L}}^a = \omega_{\mathrm{R}}^a \equiv \omega^a \,, \tag{9.55}$$

so transformieren sich q_L und q_R in gleicher Weise und es ist

$$q \longrightarrow q' = \exp(-\mathrm{i}\omega^a T_a)\,q \qquad (9.56)$$

eine Transformation aus der Flavoursymmetriegruppe $SU(N_f)$. Die Flavour-Symmetriegruppe wird *diagonale Untergruppe* der chiralen Symmetriegruppe genannt, weil sie aus denjenigen Elementen $U_L \otimes U_R \in SU(N_f)_L \otimes SU(N_f)_R$ besteht, für die $U_L = U_R$ ist. Die zur Flavoursymmetrie gehörigen Ströme

$$j_a^\mu = \overline{q}\gamma^\mu T_a q = j_{La}^\mu + j_{Ra}^\mu \qquad (9.57)$$

sind die Summen der chiralen Ströme. Der Flavour-Strom j_a^μ heißt auch **Vektorstrom**, weil er sich wie ein Lorentz-Vektor transformiert.

Die infinitesimalen axialen Transformationen erhalten wir, indem wir

$$\omega_L^a = -\omega_R^a \equiv -\Omega^a \qquad (9.58)$$

setzen. Dann ist nämlich

$$\begin{aligned}
q' &= (1 - \mathrm{i}\,T_a[\omega_L P_L + \omega_R P_R])q \\
&= (1 - \mathrm{i}\,T_a(-\Omega^a)(P_L - P_R))q \\
&= (1 - \mathrm{i}\,\Omega^a \gamma_5 T_a)q
\end{aligned} \qquad (9.59)$$

wegen $P_L - P_R = -\gamma_5$. Die dazu gehörigen Ströme

$$j_{5,a}^\mu = \overline{q}\gamma^\mu \gamma_5 T_a q = j_{Ra}^\mu - j_{La}^\mu \qquad (9.60)$$

heißen **axiale Ströme** oder **Axialvektorströme**. Sie transformieren sich als Axialvektoren unter Lorentz-Transformationen, d. h. sie bekommen unter Raumspiegelungen ein zusätzliches Minuszeichen im Vergleich zu Vektorströmen.

Spontan gebrochene chirale Symmetrie

Wenn die chirale Symmetrie im Hilbertraum der physikalischen Zustände realisiert wäre, würde das bedeuten, dass sich die Hadronen zu Multipletts der chiralen Symmetriegruppe ordnen würden, deren Mitglieder die gleiche Masse hätten.

Betrachten wir den Fall $N_f = 2$ mit up- und down-Quarks. Wegen der Kleinheit der Quarkmassen ist die Isospin-SU(2) eine approximative Symmetrie. Aus dem gleichen Grund sollte man erwarten, dass die chirale $SU(2)_L \otimes SU(2)_R$ eine approximative Symmetrie des Teilchenspektrums ist. Aufgrund der Tatsache, dass der Paritätsoperator (Raumspiegelung) die Quarkfelder q_L und q_R vertauscht, kann man zeigen, dass es dann zu jedem Isospin-Multiplett mit bestimmter Parität ein weiteres Multiplett mit gleicher Masse aber entgegengesetzter Parität geben müsste. Das ist aber nicht der Fall. Beispielsweise bilden die Pionen ein Triplett pseudoskalarer Teilchen, aber es gibt kein Multiplett skalarer Teilchen mit ähnlicher Masse. Gleiches gilt für die anderen Isospin-Multipletts. Was ist da los?

Das Rätsel wird gelöst durch das Phänomen der spontanen Symmetriebrechung. Im Abschnitt 4.10.2 haben wir diesen Begriff schon kennengelernt. Besitzt die Lagrangefunktion eines Systems eine Symmetrie, ist diese aber im Grundzustand des Systems gebrochen, so liegt eine spontane Symmetriebrechung vor.

Yōichirō Nambu erkannte in den 60er Jahren, dass im Falle der chiralen Symmetrie eine spontane Brechung vorliegt. Für masselose Quarks ist die Symmetriegruppe $SU(N_f)_L \otimes SU(N_f)_R$ spontan gebrochen zur diagonalen Untergruppe $SU(N_f)$ der Flavour-Transformationen. Im physikalischen Teilchenspektrum ist nur die Flavoursymmetrie realisiert.

Bei einer spontan gebrochenen kontinuierlichen Symmetrie kommt das Goldstone-Theorem zum Tragen, das in Abschnitt 4.10.3 erläutert wurde. Zur spontanen Brechung $SU(2)_L \otimes SU(2)_R \rightarrow SU(2)$ gehören demnach drei pseudoskalare Nambu-Goldstone-Bosonen. Wir kennen drei sehr leichte pseudoskalare Mesonen mit Isospin, nämlich die Pionen, diese sind aber nicht masselos. Die Situation ist ein bisschen komplizierter.

In der Tat gibt es ein Zusammenspiel von spontaner und expliziter Symmetriebrechung. Im PCAC-Scenario ("partially conserved axial current") ist die chirale Symmetrie auf zweierlei Weise gebrochen:

(a) einerseits spontan $SU(N_f)_L \otimes SU(N_f)_R \rightarrow SU(N_f)$ für masselose Quarks,

(b) zusätzlich explizit durch die nichtverschwindenden Quarkmassen.

Die kleinen Massenterme der up- und down-Quarks bewirken, dass die Pionen nicht masselos sind, sondern eine im Vergleich zu den anderen Mesonen recht kleine Masse besitzen. Quantitativ wird dies durch die Gell-Mann-Oakes-Renner-Relation

$$m_\pi^2 = B(m_u + m_d), \quad (B = \text{const.}) \tag{9.61}$$

wiedergegeben, die für kleine Quarkmassen approximativ gültig ist. Die Pionen sind dadurch keine Nambu-Goldstone-Bosonen, sondern werden als **Pseudo-Goldstone-Bosonen** bezeichnet. Für die schwereren Quarks ist die explizite Brechung durch die Quarkmassen so stark, dass nicht mehr von einer approximativen chiralen Symmetrie gesprochen werden kann.

9.1.5 Axiale U(1)-Symmetrie

In gleicher Weise wie zu den Flavour-Transformationen korrespondierende axiale Transformationen mit einem zusätzlichen γ_5 existieren, gibt es zur Baryon-U(1)-Gruppe mit $q'(x) = e^{-i\alpha} q(x)$ eine korrespondierende axiale Gruppe $U(1)_A$, die aus den Transformationen

$$q(x) \longrightarrow q'(x) = e^{-i\alpha\gamma_5} q(x) \tag{9.62}$$

gebildet wird. Mit einer Rechnung analog zu Gl. (9.28) bestätigt man leicht, dass die Lagrangedichte der QCD für masselose Quarks invariant unter diesen Transformationen ist. Der Noether-Strom dazu,

$$j_5^\mu(x) = \overline{q}(x)\gamma^\mu\gamma_5 q(x) \,, \tag{9.63}$$

ist ein Axialvektorstrom. In der klassischen Theorie ist er erhalten. Wiederum wird die Symmetrie durch die Quarkmassen gebrochen. Klassisch ist

$$\partial_\mu j_5^\mu = 2\mathrm{i}\,\overline{q}M\gamma_5 q \,. \tag{9.64}$$

Die $U(1)_A$ stellt keine approximative Symmetrie der Natur dar, da sie wie bei der chiralen Symmetrie die Existenz von Paritätspartnern der Hadronen fordern würde, was aber nicht vorliegt. Könnte sie ebenfalls spontan gebrochen sein? Dann würde man ein weiteres leichtes Pseudo-Goldstone-Boson mit Isospin 0 erwarten. Ein solches gibt es jedoch nicht.

Es liegt hier noch eine andere Art der Symmetriebrechung vor, die einen reinen Quanteneffekt darstellt. Durch störungstheoretische Rechnungen hat sich herausgestellt, dass die Erhaltung des Axialvektorstroms in der quantisierten masselosen QCD verletzt ist:

$$\partial_\mu j_5^\mu = -\frac{N_f g^2}{32\pi^2}\epsilon_{\mu\nu\rho\sigma}G^{\mu\nu,a}G^{\rho\sigma,a} \neq 0 \,. \tag{9.65}$$

Ein solches Phänomen wird **Anomalie** genannt. Im hier vorliegenden Fall handelt es sich um die Adler-Bell-Jackiw-Anomalie. 't Hooft hat gezeigt, dass die Verletzung der $U(1)_A$-Symmetrie durch diese Anomalie die Abwesenheit des zusätzlichen Pseudo-Goldstone-Bosons erklärt.

? Fragen zum Nachdenken
Welches sind die Antiteilchen der Gluonen?

---

i Übungen

1. Es sei $q(x) = (q_{\alpha i f}(x))$ das Quarkfeld, wobei $\alpha = 1, \dots, 4$ der Dirac-Index, $i = 1, 2, 3$ der Farb-Index und $f = 1, \dots, N_f$ der Flavour-Index ist. Schreiben Sie die folgenden Ausdrücke explizit in Index-Notation inklusive aller Indices.
   (a) $Uq(x)$, wobei U ein Element der Farb-SU(3) ist,
   (b) $\Omega q(x)$, wobei Ω ein Element der Flavour-SU(N_f) ist,
   (c) $\gamma^\mu \partial_\mu q(x)$,
   (d) $\overline{q}(x)q(x)$,
   (e) $\overline{q}(x)\gamma^\mu q(x)$,
   (f) $\overline{q}(x)\gamma^\mu T_a q(x)$, wobei T_a ein Generator der Flavour-SU(N_f) ist.
2. Berechnen Sie für freie Quarks mit Massen m_f die Divergenzen $\partial_\mu j_a^\mu$ der Flavour-Ströme unter Benutzung der Feldgleichungen.
   Hinweis: wenn alle Quarkmassen gleich sind, sollte null herauskommen.
3. Drücken Sie $\overline{q}\gamma_5 q$ durch q_L und q_R aus.
4. Beweisen Sie
$$e^{-i\alpha\gamma_5} = \cos(\alpha)\,\mathbf{1} - i\sin(\alpha)\gamma_5 = e^{-i\alpha}P_R + e^{i\alpha}P_L \,.$$

5. Wenn eine Symmetrie nicht gebrochen ist, so sind Vakuum-Erwartungswerte $\langle 0|\mathcal{O}|0\rangle$ von Observablen invariant unter den Symmetrie-Transformationen.

   Betrachten Sie die QCD mit $N_f = 2$ Quark-Flavours und gleichen Quarkmassen $m_u = m_d$. Nehmen Sie an, dass die Quark-Kondensate $\langle 0|\bar{u}u|0\rangle$ und $\langle 0|\bar{d}d|0\rangle$ von null verschieden sind.

   (a) Erklären Sie, warum dies die spontane Brechung der chiralen $SU(2)_L \otimes SU(2)_R$-Symmetrie im Fall verschwindender Quarkmassen $m_u = m_d = 0$ impliziert.

   (b) Zeigen Sie, dass $\langle 0|\bar{u}u|0\rangle = \langle 0|\bar{d}d|0\rangle$, wenn die Flavour-SU(2) nicht gebrochen ist.

6. Das lineare σ-Modell von Gell-Mann und Lévy ist eine effektive Feldtheorie für miteinander wechselwirkende Nukleonen und Pionen. Die Nukleonen werden durch das Isospin-Dublett $N = \begin{pmatrix} p \\ n \end{pmatrix}$ beschrieben. Das vierkomponentige reelle Skalarfeld ϕ_r, $r = 0, 1, 2, 3$, enthält die Pionen $\pi_k \equiv \phi_k$, $k = 1, 2, 3$, und ein zusätzliches skalares Feld $\sigma \equiv \phi_0$. Die Lagrangedichte lautet

   $$\mathscr{L} = \overline{N}\left[i\gamma^\mu \partial_\mu + g\left(\sigma + i\pi_k \tau_k \gamma_5\right)\right]N + \frac{1}{2}\partial_\mu \phi_r\, \partial^\mu \phi_r - \frac{m^2}{2}|\phi|^2 - \frac{\lambda}{4}|\phi|^4 \,,$$

   wobei τ_k die Pauli-Matrizen für den Isospin sind.

   (a) Drücken Sie den Nukleon-Pion-Wechselwirkungs-Term $\overline{N}(\sigma + i\pi_k\tau_k\gamma_5)N$ durch die chiralen Komponenten N_L und N_R aus.

   (b) Unter Transformationen mit Elementen $(U_L, U_R) \in SU(2)_L \otimes SU(2)_R$ transformieren sich die Nukleonen gemäß $N_L \to U_L N_L$, $N_R \to U_R N_R$. Wie muss sich

   $$\Phi \doteq \sigma\mathbf{1} + i\pi_k\tau_k$$

   transformieren, damit der Nukleon-Pion-Wechselwirkungs-Term invariant unter chiralen Symmetrie-Transformationen ist?

   (c) Zeigen Sie, dass diese Transformationen als Rotationen von ϕ wirken und daher das Potenzial von ϕ ebenfalls invariant ist.
   Bemerkung: $SU(2) \otimes SU(2)/Z_2$ ist isomorph zu $SO(4)$.

   (d) Wie groß sind die Massen der Nukleonen, der Pionen und des σ-Teilchens im Fall ungebrochener Symmetrie, $m^2 > 0$?

   (e) Betrachten sie den Fall $m^2 < 0$ in der klassischen Näherung. Nehmen Sie an, dass spontane Symmetriebrechung auftritt und dass der Grundzustand durch die Felder $\sigma(x) = v$, $\pi_k(x) = 0$ repräsentiert wird. Entwickeln Sie die Felder um den Grundzustand und berechnen Sie die Massen der Nukleonen, der Pionen und des σ-Teilchens.

   (f) Welche Untergruppe der chiralen Symmetriegruppe $SU(2)_L \otimes SU(2)_R$ bleibt ungebrochen?

   (g) Fügen Sie im Szenario mit spontan gebrochener Symmetrie, $m^2 < 0$, einen expliziten Symmetrie-brechenden Term zur Lagrangedichte:

   $$\mathscr{L}' = \mathscr{L} + c\,\sigma(x) \,,$$

   wobei die Konstante c klein sein soll. Berechnen Sie die Massen der Pseudo-Goldstone-Bosonen π_k und des σ-Teilchens bis zu Termen linear in c.

7. Das nichtlineare σ-Modell beschreibt ein n-komponentiges reelles Skalarfeld $\phi_k(x)$, $k = 1, \ldots, n$, mit fester Länge:

   $$\sum_{k=1}^{n} \phi_k^2 = f_\pi^2 \,.$$

   Seine Lagrangedichte ist

   $$\mathscr{L} = \frac{1}{2}\partial_\mu \phi \cdot \partial^\mu \phi \,.$$

   Nehmen Sie an, dass der Grundzustand durch

   $$\phi_n(x) \equiv \sigma(x) = f_\pi \,, \quad \pi_k(x) \equiv \phi_k(x) = 0 \,, \quad k = 1, \ldots, n-1$$

   beschrieben wird.

(a) Drücken Sie die Lagrangedichte durch die Pion-Felder $\pi_k(x)$ aus. Wie groß ist die Masse der Pionen?

(b) Welche innere Symmetriegruppe besitzt die Lagrangedichte und welches ist die ungebrochene Untergruppe? Vergleichen Sie ihre Dimensionen mit der Anzahl der Nambu-Goldstone-Bosonen.

(c) Schreiben Sie den quartischen Term für die Selbstwechselwirkung der Pionen auf.

9.2 Laufende Kopplung

Für die phänomenologische und experimentelle Anwendung der QCD spielt die laufende Kopplung eine zentral wichtige Rolle. Mit dem Laufen der Kopplung ist die Tatsache gemeint, dass für Prozesse bei einer typischen Energie Q die relevante Kopplungsstärke g_R von Q abhängt. Insbesondere nimmt die Kopplung mit zunehmender Energie ab. Bei sehr hochenergetischen Prozessen ist die Kopplung so klein, dass störungstheoretische Methoden anwendbar werden. Diese Eigenschaft der QCD heißt **asymptotische Freiheit**, weil sich die Quarks bei sehr hohen Energien asymptotisch wie freie Quarks verhalten.

Eine eingehende Diskussion dieser Thematik würde die detaillierte Behandlung der Renormierung der QCD und der Callan-Symanzik-Gleichungen erfordern. Das soll in diesem Buch nicht geleistet werden. Wir werden die laufende Kopplung und die damit zusammenhängende Callan-Symanzik-β-Funktion anhand der Betrachtung einer störungstheoretischen Rechnung auf dem 1-Schleifen-Niveau kennen lernen und einige phänomenologische Aspekte ansprechen.

9.2.1 Quark-Quark-Streuung

Wir betrachten die Streuung von zwei Quarks in der Störungstheorie.

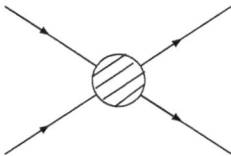

Abb. 9.1: Symbolische Darstellung der Streuung zweier Quarks aneinander

In der niedrigsten Ordnung der Störungstheorie, der Baumgraphen-Ebene, trägt der Ein-Gluon-Austausch zu dieser Streuung bei. Wie bei der Møller-Streuung in der QED gibt es dazu zwei Feynman-Graphen, von denen der erste in Abb. 9.2 gezeigt ist. Der zweite Graph unterscheidet sich davon durch Überkreuzung der auslaufenden Linien.

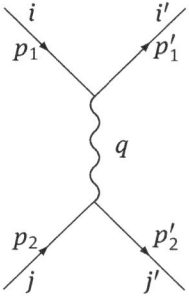

Abb. 9.2: Ein-Gluon-Austausch

Das ausgetauschte Gluon besitzt den Impuls

$$q = p_1' - p_1 = -(p_2' - p_2)\,, \tag{9.66}$$

der raumartig ist, $q^2 < 0$. Der Beitrag des gezeigten Feynman-Graphen zur Streuamplitude enthält den Gluon-Propagator und zwei Quark-Gluon-Vertices. In der Feynman-Eichung lautet er

$$T = -g^2 \overline{u}^{(r_1')}(p_1') \frac{1}{2}(\lambda_a)_{i'i}\, \gamma_\mu\, u^{(r_1)}(p_1)\, \frac{1}{q^2}\, \overline{u}^{(r_2')}(p_2') \frac{1}{2}(\lambda_a)_{j'j}\, \gamma^\mu u^{(r_2)}(p_2)\,, \tag{9.67}$$

wobei die $u^{(r_i)}(p_i)$ Spinoren sind, welche die Polarisationen der beteiligten Quarks beschreiben. Die Summe über den Farbindex a liefert den Faktor $C = 1/3$ bzw. $C = -2/3$, wenn der Zustand des Quark-Paares in der symmetrischen Darstellung **6** bzw. der antisymmetrischen Darstellung **3*** der Farb-SU(3) liegt, und wir erhalten (mit Auslassung der Spinor-Polarisationen)

$$T = -g^2\, C\, \overline{u}(p_1')\, \gamma_\mu u(p_1)\, \frac{1}{q^2}\, \overline{u}(p_2')\, \gamma^\mu u(p_2)\,. \tag{9.68}$$

Der dominante Faktor für das Verhalten der Streuamplitude ist der Gluon-Propagator $1/q^2$. Der gleiche Faktor tritt in der QED z. B. bei der $e^-\mu^-$-Streuung auf und hängt mit dem elektrostatischen Potenzial zusammen. Im nichtrelativistischen Grenzfall kleiner Impulse gilt

$$\overline{u}^{(r')}(p')\, \gamma^\mu u^{(r)}(p) \quad\longrightarrow\quad 2m\delta_{rr'}\delta_{\mu 0} \tag{9.69}$$

und

$$q^2 \quad\longrightarrow\quad -\vec{q}^{\,2}\,, \tag{9.70}$$

und im Schwerpunktsystem mit $k = |\vec{p}_1| = |\vec{p}_2|$ ist

$$T \propto \frac{g^2}{q^2} \approx -\frac{g^2}{4k^2 \sin^2\left(\frac{\theta}{2}\right)}\,. \tag{9.71}$$

Für den differenziellen Streuquerschnitt liefert dies die Rutherford'sche Formel

$$\frac{d\sigma}{d\Omega} \propto |T|^2 \propto \frac{1}{\sin^4\left(\frac{\theta}{2}\right)}\,. \tag{9.72}$$

Die Born'sche Näherung in der Quantenmechanik lehrt uns, dass die Streuamplitude proportional zur Fourier-Transformierten des Potenzials ist. In diesem Fall gibt die Fourier-Transformierte von $1/\vec{q}^{\,2}$ das Coulomb-Potenzial

$$V(r) \propto \frac{g^2}{r} \, . \tag{9.73}$$

Wir sehen, dass das Potenzial zwischen Quarks in der niedrigsten Ordnung der Störungstheorie ein Coulomb-Potenzial ist. Dies ist nicht überraschend, weil die Feynman-Diagramme niedrigster Ordnung bis auf die Farb-Faktoren die gleichen sind wie in der QED.

Höhere Ordnungen der Störungstheorie liefern Korrekturen zu diesem Ergebnis. Die Beiträge der nächsten Ordnung sind durch folgende Feynman-Diagramme gegeben:

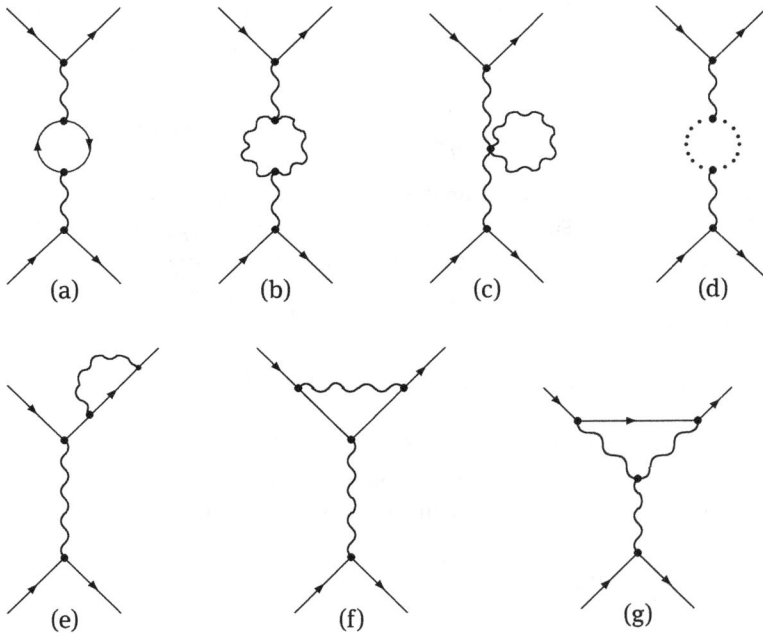

Sie werden bezeichnet als: (a) Quark-Schleife, (b) Gluon-Schleife, (c) Gluon-Tadpole, (d) Geist-Schleife, (e) Quark-Propagator-Korrektur, (f, g) Vertex-Korrekturen. Weitere Graphen, die zu (e)–(g) ähnlich sind, sind nicht separat gezeigt. Die Graphen (a)–(d) stellen Korrekturen zum Gluon-Propagator dar.

Das Ergebnis der Berechnung dieser Feynman-Graphen für sehr große Impulsüberträge

$$Q^2 \doteq -q^2 \tag{9.74}$$

ist im Wesentlichen eine Modifikation des Ausdrucks für den Ein-Gluon-Austausch, bei der die Kopplungskonstante g^2 ersetzt wird durch

$$g^2 \longrightarrow g^2 \left\{ 1 - b_0 \frac{g^2}{16\pi^2} \ln\left(\frac{Q^2}{M^2}\right) \right\} , \tag{9.75}$$

mit

$$b_0 = \frac{1}{3}(11 N_c - 2 N_f) = 11 - \frac{2}{3} N_f > 0 \quad \text{(für } N_c = 3 \text{ Farben)} . \tag{9.76}$$

Weitere Beiträge, die für große Q^2 klein sind gegenüber dem Logarithmus, sind dabei vernachlässigt.

Der Koeffizient b_0 ist positiv, solange die Anzahl die Quark-Flavours die Zahl 16 nicht übersteigt, was in der Natur der Fall ist. Den positiven Beitrag von 11 liefern die Diagramme (b) bis (g), während der negative Beitrag $(-\frac{2}{3} N_f)$ vom Diagramm (a) stammt.

Der obige Ausdruck enthält eine Masse M. Wo kommt sie her und was bedeutet sie? Betrachten wir dazu das Feynman-Diagramm (b) mit der Gluon-Schleife. Die Schleife mit Schleifen-Impuls p enthält zwei Gluon-Propagatoren proportional zu $1/p^2$ und $1/(q-p)^2$. Das Schleifen-Integral ist daher

$$\int \frac{d^4 p}{p^2 (q-p)^2} . \tag{9.77}$$

Offenbar ist es UV-divergent und zwar logarithmisch. Deshalb ist ein Renormierungsverfahren nötig. Wie wir bei der skalaren Feldtheorie gelernt haben, wird zu diesem Zweck zunächst eine Regularisierung eingeführt. In der Praxis rechnet man fast ausschließlich mit dimensioneller Regularisierung, jedoch ist die Erläuterung der Prozedur leichter einsichtig, wenn wir eine Regularisierung mit einem Impuls-Cutoff M wählen. Es ist dieser Cutoff, der in obigem Ergebnis erscheint.

9.2.2 Renormierung

In gleicher Weise wie bei der Diskussion der Renormierung der φ^4-Theorie müssen wir beachten, dass die nackte Kopplungskonstante in der Lagrangedichte, die jetzt mit g_0 bezeichnet wird, nicht messbar ist und keine direkte physikalische Bedeutung hat. Eine messbare, physikalisch relevante Kopplung muss durch einen geeigneten Prozess festgelegt werden. In unserem Beispiel kann das durch den Streuprozess bei einem bestimmten Wert des Impulsübertrages $Q^2 = \mu^2$ geschehen, wobei μ^2 einen festen Wert hat, der als Referenzpunkt dient. Die modifizierte Kopplung an diesem Referenzpunkt dient uns zur Definition der renormierten Kopplung $g_R(\mu)$:

$$g_R^2(\mu) = g_0^2 \left\{ 1 - b_0 \frac{g_0^2}{16\pi^2} \ln\left(\frac{\mu^2}{M^2}\right) + O(g_0^4) \right\} . \tag{9.78}$$

Das Renormierungsverfahren verlangt nun, in den betrachteten Größen alles durch die renormierten Parameter an Stelle der nackten Parameter auszudrücken und anschließend den Cutoff durch den Limes $M \to \infty$ zu entfernen.

Im Fall unserer Streuamplitude erhalten wir nach einer einfachen Substitution

$$T \propto \frac{1}{Q^2}\, g_R^2(\mu) \left\{ 1 - b_0\, \frac{g_R^2(\mu)}{16\pi^2} \ln\left(\frac{Q^2}{\mu^2} \right) + O(g_R^4) \right\} . \tag{9.79}$$

In der Tat enthält T nicht mehr den Cutoff M und ist zu dieser Ordnung endlich. Allerdings hängt es nun vom Referenzpunkt μ ab.

Im vorigen Kapitel über die Yang-Mills-Theorie (ohne Quarks) haben wir im Abschnitt 8.3.5 schon einmal die Renormierung der Kopplung behandelt. Dabei war $g_R = g_0\, Z_g^{-1}$, und Z_g war im MS-Schema angegeben als

$$Z_g^{(\mathrm{MS})} = 1 - N_c \frac{g_0^2}{16\pi^2} \frac{11}{6} \frac{1}{\varepsilon} + O(g_0^4) . \tag{9.80}$$

Nach dem obigen Ausdruck (9.78) mit Cutoff M haben wir nun für $N_f = 0$ Flavours

$$Z_g^{(M)} = 1 - N_c \frac{g_0^2}{16\pi^2} \frac{11}{6} \ln(M^2/\mu^2) + O(g_0^4) . \tag{9.81}$$

Im Vergleich dieser Ausdrücke erkennen wir, dass an die Stelle des Pols $1/\varepsilon$ im MS-Schema der divergente Term $\ln(M^2/\mu^2)$ im Schema mit Cutoff tritt.

Eine Bemerkung ist hier noch am Platze. Renormierte Kopplungen sollten durch physikalische Größen definiert werden. Die Quark-Quark-Streuamplitude ist aber nicht direkt eine physikalische Größe, weil Quarks in der Natur nicht frei vorkommen und nicht als asymptotische Zustände für Streuprozesse zur Verfügung stehen. Es ist allerdings so, dass die obige Streuamplitude ein Baustein für komplexere Streuvorgänge von Hadronen bei sehr hohen Energien ist. Dort tritt die renormierte Kopplung in gleicher Weise auf und rechtfertigt die gemachten Betrachtungen.

9.2.3 Laufende Kopplung

Der renormierte Ausdruck für die Streuamplitude legt die Definition einer **effektiven Kopplung** bei Impulsübertrag Q^2 nahe,

$$g_R^2(Q) \doteq g_R^2(\mu) \left\{ 1 - b_0\, \frac{g_R^2(\mu)}{16\pi^2} \ln\left(\frac{Q^2}{\mu^2} \right) + O(g_R^4) \right\} , \tag{9.82}$$

die anzeigt, dass der Streuvorgang bei Impulsübertrag Q^2 ähnlich zur Rutherford-Streuung mit einer Kopplung $g_R^2(Q)$ ist:

$$T \propto \frac{1}{Q^2}\, g_R^2(Q) . \tag{9.83}$$

Die effektive Kopplung ist nicht konstant. Deshalb wird sie als **laufende Kopplung** bezeichnet.

Problematisch am Ausdruck (9.82) ist die Tatsache, dass die logarithmische Korrektur groß wird bei großen Q^2, und das ist ja gerade der Bereich, den wir betrachten. Deshalb müssen höhere Ordnungen der Störungstheorie in Betracht gezogen werden. Ein Studium der höheren Ordnungen zeigt, dass deren dominante Beiträge, die "leading logs", eine geometrische Reihe bilden, so dass

$$g_R^2(Q) \approx \frac{g_R^2(\mu)}{1 + b_0 \frac{g_R^2(\mu)}{16\pi^2} \ln\left(\frac{Q^2}{\mu^2}\right)} \ . \tag{9.84}$$

Das Verhalten der laufenden Kopplung zeigt die Abb. 9.3.

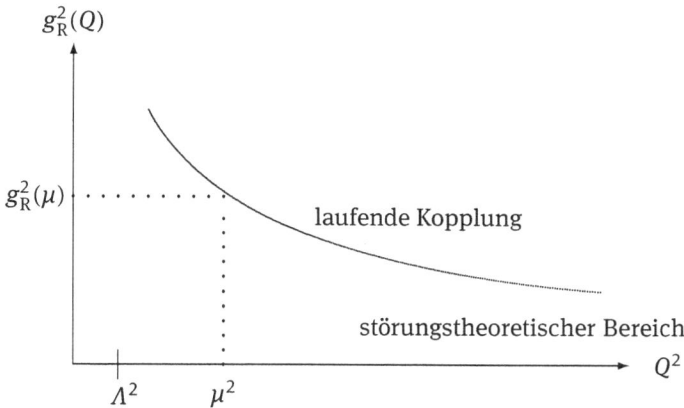

Abb. 9.3: Laufende Kopplung

Die laufende Kopplung wird kleiner mit zunehmendem Impulsübertrag, was die Anwendbarkeit der Störungstheorie bei großen Q anzeigt. Eine solidere Begründung dieses Sachverhaltes liefert die Renormierungsgruppe, speziell in Gestalt der Callan-Symanzik-Gleichungen, die jedoch den Rahmen dieser Einführung sprengen. Wir beschränken uns auf die Angabe der Renormierungsgruppen-Gleichung für die laufende Kopplung $g_R(Q)$,

$$Q\frac{d}{dQ} g_R \equiv \beta(g_R) = -b_0 \frac{g_R^3}{16\pi^2} - b_1 \frac{g_R^5}{(16\pi^2)^2} + \dots \tag{9.85}$$

mit der berühmten β-Funktion der QCD. Der nächste Koeffizient besitzt für die QCD den Wert

$$b_1 = 102 - \frac{38}{3} N_f \ . \tag{9.86}$$

Bemerkenswert ist, dass die rechte Seite der Gleichung nur von g_R abhängt. Die β-Funktion ist negativ, so dass mit wachsendem Q die laufende Kopplung $g_R(Q)$ kleiner wird und die Störungsreihe eine zunehmend bessere Approximation darstellt.

Folgende Bemerkung ist an dieser Stelle angebracht. Die Störungsreihen der QCD und der QED sind nicht konvergent im mathematischen Sinn, sondern sind sogenannte asymptotische Reihen. Dies wurde zuerst von Dyson für die QED festgestellt. Jedoch kann der Fehler, der beim Abbrechen der Reihe nach einer endlichen Ordnung gemacht wird, kontrolliert werden, wenn die Kopplung klein ist. Das erlaubt es, aus einer endlichen Zahl von Termen der Störungsreihe nützliche Ergebnisse zu extrahieren, solange man sich im geeigneten Anwendungsbereich befindet. Bei der QCD ist dies der Bereich hoher Energien.

Für abnehmende Q werden höhere Ordnungen der Störungstheorie zunehmend wichtig, und bei kleinen Q verliert die Approximation ihre Gültigkeit. Dieser Bereich kann charakterisiert werden durch die Skala $Q = \Lambda$, bei welcher der Nenner in Gl. (9.84) verschwindet:

$$b_0 \frac{g_R^2(\mu)}{16\pi^2} \ln\left(\frac{\Lambda^2}{\mu^2}\right) = -1 \,. \tag{9.87}$$

Die laufende Kopplung (9.84) kann damit umgeschrieben werden als

$$\boxed{g_R^2(Q) \approx \frac{16\pi^2}{b_0 \ln \frac{Q^2}{\Lambda^2}}} \quad \text{für } Q^2 \gg \Lambda^2 \,. \tag{9.88}$$

Die hieraus ersichtliche Abnahme der laufenden Kopplung nach null bei zunehmend hohen Impulsen bzw. Energien wird als **asymptotische Freiheit** bezeichnet.

Die Formel (9.88) gilt in der 1-Schleifen-Ordnung. Der anscheinende Pol bei $Q = \Lambda$ ist ein Artefakt dieser Näherung; die Kopplung wird dort nicht unendlich, sondern die Approximation bricht zusammen.

Der genaue Wert des Λ-Parameters hängt vom Renormierungsschema ab. Im populären sogenannten $\overline{\text{MS}}$-Schema ist $\Lambda_{\overline{\text{MS}}} \approx 200$ MeV.

Asymptotische Freiheit wurde erstmals von Kurt Symanzik für die φ^4-Theorie mit negativer Kopplungskonstante beschrieben. Diese Theorie ist allerdings unphysikalisch, weil sie bei negativer Kopplung keinen stabilen Vakuumzustand besitzt, so dass ihr Hochenergieverhalten als Kuriosum betrachtet wurde. Die asymptotische Freiheit von nichtabelschen Eichtheorien wurde von Gerard 't Hooft 1972 im Rahmen seiner Doktorarbeit bei Martin Veltman entdeckt. Er publizierte dieses Ergebnis jedoch nicht, sondern teilte es lediglich als Bemerkung auf einer Konferenz in Marseille mit. Die asymptotische Freiheit der QCD und ihre wichtige Bedeutung für die Physik der Hadronen wurde 1973 von David Gross und Frank Wilczek, und unabhängig von ihnen von David Politzer entdeckt und publiziert, wofür sie 2004 mit dem Nobelpreis für Physik geehrt wurden.

Ergänzungen:

1. Die ersten beiden Koeffizienten b_0 und b_1 der β-Funktion sind universell, d. h. sie hängen nicht von der spezifischen Definition der renormierten Kopplung ab.

   Das sieht man folgendermaßen. Seien g_R und g'_R zwei verschieden definierte renormierte Kopplungen, z. B. in verschiedenen Renormierungsschemata oder durch verschiedene Größen festgelegt. Da beide auf Baumgraphen-Niveau mit der nackten Kopplung übereinstimmen sollen, gilt

$$g'_R = g_R(1 + O(g_R^2)) \,. \tag{9.89}$$

   Die jeweils zugehörigen β-Funktionen

$$\beta(g_R) = -b_0 \frac{g_R^3}{16\pi^2} - b_1 \frac{g_R^5}{(16\pi^2)^2} + \dots \,, \quad \beta'(g'_R) = -b'_0 \frac{g'^{\,3}_R}{16\pi^2} - b'_1 \frac{g'^{\,5}_R}{(16\pi^2)^2} + \dots \tag{9.90}$$

   sind als Konsequenz der Renormierungsgruppen-Gleichung (9.85) durch

$$\beta(g_R) \frac{dg'_R}{dg_R} = \beta'(g'_R) \tag{9.91}$$

   miteinander verknüpft. Setzt hierin man Gl. (9.89) ein, ergibt sich

$$b'_0 = b_0 \,, \quad b'_1 = b_1 \,, \tag{9.92}$$

   während die höheren Koeffizienten unterschiedlich sein können.

2. Durch Gl. (9.88) in der Ein-Schleifen-Näherung ist der Parameter Λ nicht eindeutig festgelegt. Eine Multiplikation von Λ mit einem konstanten Faktor würde erst eine Änderung in der nächsthöheren, dort vernachlässigten Ordnung bewirken.

   Für eine eindeutige Festlegung des Λ-Parameters muss man bis zur 2-Schleifen-Ordnung gehen, d. h. den nächsten Koeffizienten b_1 der β-Funktion berücksichtigen. Das kann folgendermaßen geschehen. Die Gleichung (9.85) wird mittels Trennung der Variablen gelöst zu

$$\ln \frac{Q^2}{\mu^2} = 2 \int_{g_R(\mu)}^{g_R(Q)} \frac{dg'}{\beta(g')} = F(g_R(Q)) - F(g_R(\mu)) \,. \tag{9.93}$$

   Hierin ist

$$F(g) = \int^{g} \frac{dg'}{\beta(g')} = \frac{16\pi^2}{b_0 g^2} + \frac{b_1}{b_0^2} \ln g^2 + O(g^2) \tag{9.94}$$

   diejenige Stammfunktion von $1/\beta(g)$, welche keinen konstanten Term enthält. Der Parameter Λ wird nun definiert durch

$$\ln \frac{Q^2}{\Lambda^2} = F(g_R(Q)) \,. \tag{9.95}$$

   Hierdurch ist er im jeweiligen Schema eindeutig festgelegt.

Durch Auflösung von Gl. (9.95) erhalten wir die Formel für die laufende Kopplung in der 2-Schleifen-Näherung:

$$g_R^2(Q) = \frac{16\pi^2}{b_0 t}\left\{1 - \frac{b_1 \ln t}{b_0^2 t} + O\left(\frac{\ln t}{t^2}\right)\right\} \quad \text{mit } t = \ln \frac{Q^2}{\Lambda^2}. \tag{9.96}$$

9.2.4 Diskussion

(a) Die Entdeckung der asymptotischen Freiheit verhalf der QCD zum Erfolg. Sie erlaubte es, die experimentellen Beobachtungen bei der hochenergetischen Streuung an Hadronen zu erklären. Die asymptotische Freiheit ermöglicht die Anwendbarkeit der Störungstheorie auf Prozesse bei hohen Energien bzw. Impulsen. Im Niederenergiebereich versagt die Störungstheorie. Beispielsweise ist eine störungstheoretische Berechnung der Hadronmassen nicht möglich.

(b) Dimensionelle Transmutation
Die Lagrangedichte der Yang-Mills-Theorie und diejenige der QCD mit masselosen Quarks enthalten keine Massen- oder Längenskala. Die entsprechenden klassischen Theorien sind daher invariant unter Skalierungen der Längen (sie sind sogar konform-invariant). Die quantisierten Theorien hingegen enthalten die Renormierungsgruppen-invariante Skala Λ. Die im Spektrum der Theorien enthaltenen Teilchen besitzen Massen, deren Verhältnisse m/Λ prinzipiell durch die Theorie festgelegt ist.

Das Phänomen, dass eine klassisch masselose Theorie durch die Quantisierung eine Massenskala erhält, wird **dimensionelle Transmutation** genannt.

(c) In der QED ist der Koeffizient b_0 der β-Funktion negativ, $b_0 = -4/3 < 0$. Mit der elektrischen Ladung als Kopplung hat man

$$e_R^2(Q) = \frac{e_R^2}{1 - |b_0|\frac{e_R^2}{16\pi^2}\ln\frac{Q^2}{m_e^2}} \tag{9.97}$$

für große Q. Hier ist

$$\frac{e_R^2}{4\pi} \equiv \frac{e_R^2(0)}{4\pi} \approx \frac{1}{137.0359} \tag{9.98}$$

die Sommerfeld'sche Feinstrukturkonstante. Im Gegensatz zur QCD kann in der QED die Kopplung im Limes $Q \to 0$ (Thomson-Limes) wohldefiniert werden. Die laufende Kopplung $e_R^2(Q)$ zeigt einen sehr kleinen Anstieg mit der Energie (Abb. 9.4).

Messungen haben gezeigt, dass die Kopplung in der Tat leicht ansteigt und $e_R^2(Q)/4\pi$ beispielsweise bei $Q = 91$ GeV den Wert $1/128{,}7$ aufweist.

Der scheinbare Pol im obigen Ausdruck (**Landau-Pol**) ist wiederum ein Artefakt der Approximation. Er liegt bei Energien von 10^{277} GeV weit jenseits jeglicher zugänglicher Skalen.

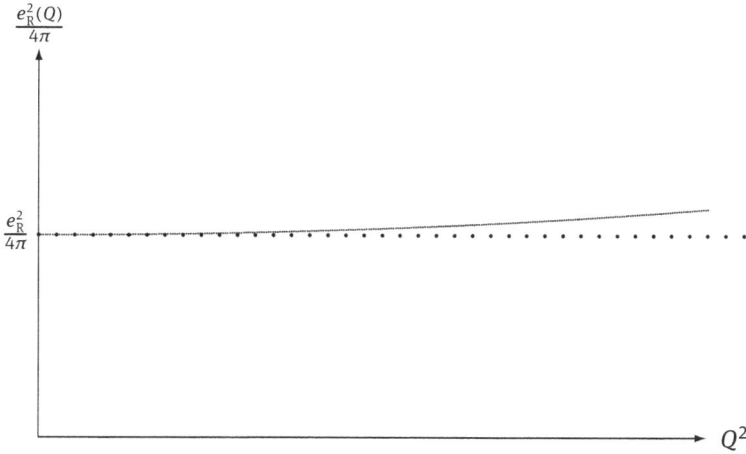

Abb. 9.4: Laufende Kopplung in der QED

(d) Interpretation

Da in der Quantenphysik große Impulse kleinen Abständen entsprechen, kann in der QED die laufende Kopplung auch als effektive Ladung $e_R(1/r)$ bei einem Abstand r vom Zentrum der Ladung interpretiert werden. Wegen $b_0 < 0$ wächst diese effektive Ladung bei kleiner werdendem $r \to 0$. Die anschauliche Deutung dieses Phänomens ist eine Abschirmung der elektrischen Ladung aufgrund der Polarisation des Vakuums. Im Vakuum entstehen virtuelle Elektron-Positron-Paare, die in der Nähe einer Ladung polarisiert werden und dadurch die Ladung abschirmen. Bei wachsenden Abständen r findet im Raum zwischen der Ladung und dem Beobachter mehr Abschirmung statt und die effektive Ladung wird kleiner.

Bei der QCD, für die $b_0 > 0$ ist, ist es umgekehrt. Dort wächst die effektive Farbladung mit zunehmendem Abstand. Dies kann als Anti-Abschirmung gedeutet werden, die in Abb. 9.5 illustriert ist. Aufgrund der Selbstwechselwirkung der Gluonen gibt es auch eine Anziehung zwischen Gluonen gleicher Farbladung, so dass die Polarisation umgekehrt wie in der QED ist.

(e) Experimente

Die **Feinstrukturkonstante** $\alpha_S(Q) = \frac{g_R^2(Q)}{4\pi}$ der starken Wechselwirkungen ist in zahlreichen verschiedene Experimenten gemessen worden, beispielsweise in

- tief-inelastischer e^-p-Streuung,
- τ-Lepton-Zerfall,
- e^+e^--Streuung, zu der virtuelle $q\bar{q}$-Prozesse beitragen,
- Spektroskopie schwerer Ψ und Υ-Quarkonium-Zustände,
- Z^0-Zerfall.

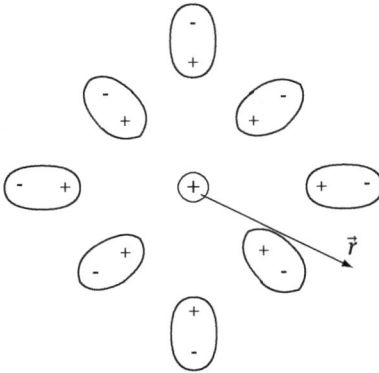

Abb. 9.5: Illustration der Anti-Abschirmung QCD

Die Ergebnisse für die laufende Kopplung sind in sehr guter Übereinstimmung mit den Vorhersagen der asymptotischen Freiheit der QCD, wie die Abb. 9.6 zeigt.

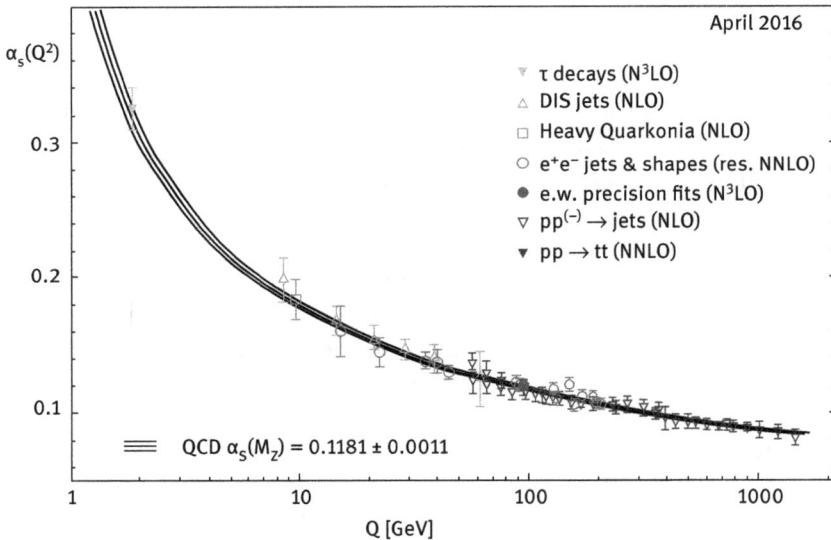

Abb. 9.6: Zusammenstellung von experimentellen Ergebnissen für die laufende Kopplung $\alpha_S(Q)$ der QCD. Quelle: M. Tanabashi et al. (Particle Data Group), Phys. Rev. D 98, 030001 (2018), Fig. 9.3.

Übungen

1. β-Funktion mit einem Fixpunkt.
   Betrachten Sie eine Theorie mit der β-Funktion $\beta(g) = a_1 g - a_2 g^3$, bei der $a_1, a_2 > 0$ ist.
   (a) Zeichnen Sie eine Skizze von $\beta(g)$. Kennzeichnen Sie den Fluss von g für wachsende Impuls-Skala Q.

(b) Bestimmen Sie den Grenzwert g_c von g für $Q \to \infty$. Zeigen Sie

$$g_R(Q) - g_c \propto \left(\frac{Q^2}{\mu^2} \right)^{-\gamma} \quad \text{für } Q \to \infty$$

und berechnen Sie den Exponenten γ.

2. Die Fourier-Transformierte des Quark-Antiquark-Potenzials

$$\tilde{V}(\vec{k}) = \int d^3 r \, e^{-i\vec{k}\cdot\vec{r}} \, V(\vec{r})$$

ist in der führenden Ordnung der Störungstheorie gegeben durch

$$\tilde{V}^{(0)}(\vec{k}) = -\frac{4}{3} g^2 \frac{1}{\vec{k}^2} .$$

(a) Wie lautet $V^{(0)}(\vec{r})$?

(b) In der Ein-Schleifen-Näherung erhält man den hauptsächlichen Teil von $\tilde{V}(\vec{k})$ indem man im Ausdruck aus der führenden Ordnung den Faktor g^2 durch

$$g^2 \left\{ 1 - b_0 \frac{g^2}{16\pi^2} \ln\left(\frac{\vec{k}^2}{\mu^2} \right) \right\}$$

ersetzt. Zeigen Sie, dass das entsprechende Potenzial

$$V(\vec{r}) = V^{(0)}(\vec{r}) \left(1 + b_0 \frac{g^2}{16\pi^2} \ln(a\mu^2 r^2) \right)$$

lautet, wobei a eine Konstante ist. Benutzen Sie für die Rechnung das nachfolgende Integral aus (c).

(c) Begründen Sie mit dimensioneller Analyse, dass

$$\int \frac{d^3 k}{(2\pi)^3} \, e^{i\vec{k}\cdot\vec{r}} (\vec{k}^2)^{-(1+\alpha)} = \frac{C(\alpha)}{4\pi} r^{-1+2\alpha} \quad (\alpha \geq 0) , \quad \text{mit } C(0) = 1 .$$

(d) Wenn Sie sehr ambitioniert sind, zeigen Sie, dass im vorigen Integral

$$C(\alpha) = (\cos(\pi\alpha) \, \Gamma(1 + 2\alpha))^{-1} .$$

9.3 Confinement

Die in der Lagrangedichte der QCD enthaltenen Felder beschreiben Quarks und Gluonen. Quarks und Gluonen existieren jedoch nicht als freie Teilchen. Die experimentell beobachteten physikalischen Teilchen sind die Hadronen, die entweder als Mesonen gebundene Quark-Antiquark-Zustände oder als Baryonen gebundene Zustände von drei Quarks sind. Hadronen sind farbneutral im Gegensatz zu den Quarks und Gluonen, die Farbladungen tragen.

Diese Tatsache hat Anlass gegeben zur

Confinement-Hypothese: Physikalische Zustände sind farbneutral.
Insbesondere treten Quarks und Gluonen nicht als isolierte Teilchen auf.

Das englische Wort "Confinement", das man mit „Einschluss" oder „Einsperrung" übersetzen kann, hat sich auch im deutschen Sprachgebrauch der Physiker eingebürgert.

Im Rahmen der Störungstheorie, die mit Quark- und Gluonfeldern arbeitet, ist es nicht möglich, das Confinement zu beweisen. Confinement ist ein nichtstörungstheoretisches Problem. Trotz zahlreicher Anstrengungen ist es bisher nicht geglückt, einen strengen Beweis der Confinement-Hypothese zu führen.

Es gibt phänomenologische Beschreibungen des Quark-Confinements, die auf Modellen für das QCD-Vakuum beruhen. Eines davon ist das *Bag-Modell*. In ihm werden die Hadronen als kleine Bereiche ("Bags") beschrieben, in denen sich die Quarks frei bewegen. Der Einschluss der Quarks wird durch geeignete Randbedingungen sicher gestellt, die den Randbedingungen der Elektrodynamik an dielektrischen Grenzflächen ähnlich sind. Im Fall der QCD wird das Vakuum außerhalb der Bags allerdings als Medium mit einer Dielektrizität $\epsilon < 1$ angenommen, was der oben erwähnten Anti-Abschirmung entspricht. Das Bag-Modell ist eine recht künstliche Konstruktion. Dennoch können in ihm einige Eigenschaften der Hadronen näherungsweise ganz gut beschrieben werden.

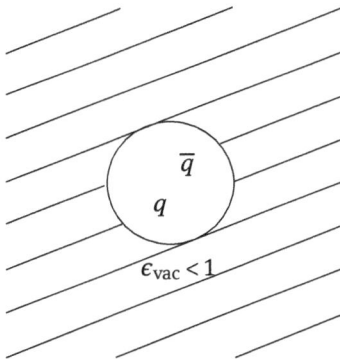

Abb. 9.7: Illustration des Bag-Modells

Das *String-Bild* des Quark-Confinements beinhaltet eine Beschreibung des Farbfeldes zwischen den Quarks. Während in der Elektrodynamik das Coulombfeld zwischen entgegengesetzten Ladungen räumlich ausgebreitet ist, wird angenommen, dass in der QCD das Farbfeld zwischen Quark und Antiquark im Wesentlichen in einer Röhre lokalisiert ist.

Die Energie einer solchen „chromoelektrischen Flussröhre" wächst linear mit dem Abstand zwischen Quark und Antiquark, woraus bei nicht zu kleinen Abständen ein lineares Potenzial

$$V(r) \propto k\,r \qquad (9.99)$$

resultiert. Die Spannung eines solchen Fadens ("String") zwischen den Quarks beträgt ungefähr $k \approx 160\,000\,\mathrm{N} \cong 1\,\mathrm{GeV/fm}$. Die Kraft zwischen Quark und Antiquark ist nä-

Abb. 9.8: Chromoelektrische Flussröhre zwischen Quark und Antiquark

herungsweise konstant. Vergrößert sich der Abstand r zwischen ihnen, beispielsweise nach einem hochenergetischen Streuprozess, so wächst die Energie so weit an, bis sie ausreicht, neue Quark-Antiquark-Paare zu erzeugen, wie es in Abb. 9.9 illustriert wird. Auf diese Weise werden die Quarks daran gehindert, isoliert aufzutreten.

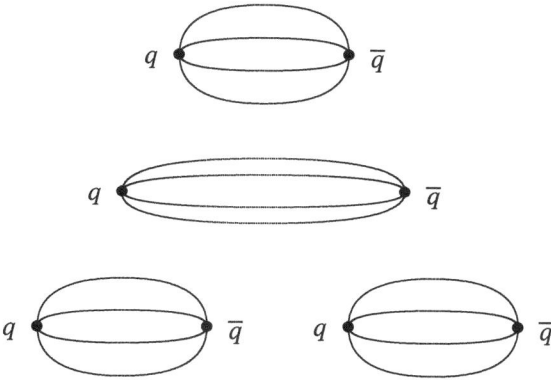

Abb. 9.9: Aufbrechen einer Flussröhre

Die Bildung der Flussröhren kann wiederum heuristisch mit den Eigenschaften des QCD-Vakuums erklärt werden. Dazu dient ein Vergleich mit der Magnetostatik. Diamagneten mit relativer Permeabilität $\mu < 1$ haben die Eigenschaft, magnetische Feldlinien abzustoßen, so dass Magnetfelder im Inneren diamagnetischer Substanzen die Tendenz haben, magnetische Flussröhren zu bilden, wie es bei Supraleitern 2. Art beobachtet wird. Analog dazu wird wie im Bag-Modell postuliert, dass sich das QCD-Vakuum wie ein Medium mit relativer Dielektrizitätskonstante $\epsilon < 1$ für das farb-elektrische Feld verhält. Dies führt zu einer Abstoßung der farb-elektrischen Feldlinien, die zu Flussröhren zusammen gequetscht werden.

Bei sehr kleinen Abständen ist das Potenzial zwischen Farbladungen störungstheoretisch beschreibbar und verhält sich asymptotisch wie ein Coulomb-Potenzial. Kombiniert man es mit dem linear anwachsenden Term, erhält man das **Cornell-Potenzial**

$$V(r) = -\frac{c}{r} + k\,r + \text{const}\,. \tag{9.100}$$

Dieses wurde mit recht gutem Erfolg benutzt, um das Spektrum gebundener Zustände von schweren Quarks (Charmonium, Bottomonium) approximativ zu berechnen.

Zieht man darüber hinaus das Aufbrechen der Flussröhren bei großen Abständen in Betracht, so geht das lineare Potenzial bei sehr großen Abständen in ein konstantes Potenzial über. Das sich daraus ergebende Gesamtbild des Potenzials ist in der Abb. 9.10 skizziert.

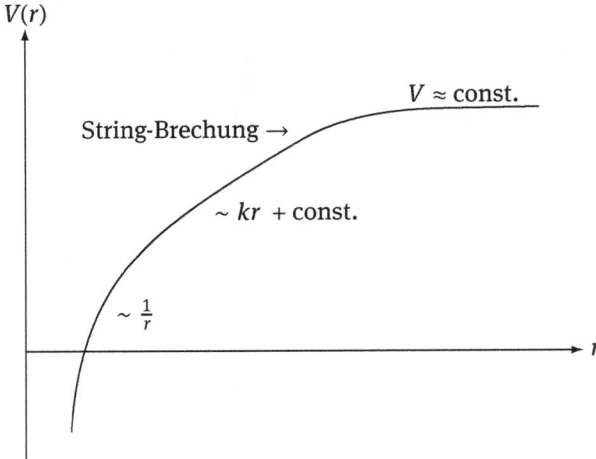

Abb. 9.10: Schematische Darstellung des Quark-Antiquark-Potenzials

Die Confinement-Hypothese und das String-Bild werden unterstützt von Ergebnissen der Gitter-QCD, auf die im nächsten Abschnitt 9.4 eingegangen wird. Numerische Berechnungen des Teilchenspektrums zeigen die Existenz von Hadronen als gebundene Zustände und die Abwesenheit von isolierten Quark- oder Gluon-Zuständen. In der reinen Yang-Mills-Theorie ohne dynamische Quarks lässt sich das Potenzial zwischen statischen Quarks, die als externe Quellen in das System eingebracht werden, berechnen und es zeigt sich, dass es in der Tat linear ansteigt. Darüber hinaus kann die räumliche Verteilung des Farbfeldes bestimmt werden und bestätigt auf eindrucksvolle Weise die Bildung von Flussröhren.

Hadronisierung

Die störungstheoretische Beschreibung von Streuprozessen in der QCD basiert auf der Streuung von Quarks und Gluonen. Andererseits handelt es sich bei den stark wechselwirkenden Teilchen, die an den wirklichen Streuprozessen in den Experimenten teilnehmen, um Hadronen. Die Bildung von Hadronen aus hochenergetischen gestreuten Quarks wird **Hadronisierung** genannt.

Betrachten wir z. B. die Proton-Antiproton-Streuung (Abb. 9.11).

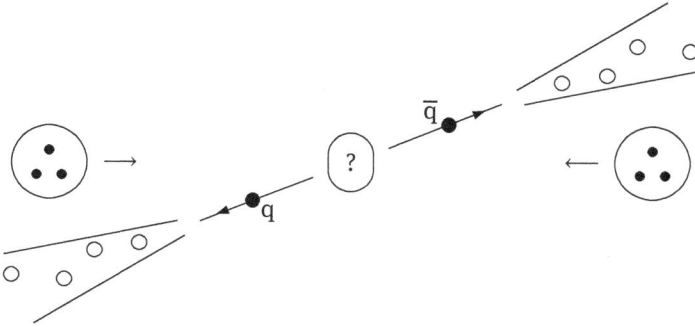

Abb. 9.11: Proton-Antiproton-Streuung und Hadronisierung

Die Störungstheorie liefert einen Streuquerschnitt für die Streuung von zwei der beteiligten Quarks aneinander. Bei einem hochenergetischen Streuprozess kommt es beim Auseinanderlaufen der gestreuten Quarks zur Bildung von weiteren Quarks und Antiquarks, die sich zu Hadronen zusammenfügen. Dies ist die Hadronisierung. Sie ist ein nichtstörungstheoretischer Vorgang, der mittels phänomenologischer Gleichungen beschrieben wird. Wenn die Impulse der primären Quarks sehr groß sind, bilden die entstehenden Hadronen Jets (Strahlen), die hauptsächlich in bestimmten Winkelbereichen konzentriert sind. Jets treten z. B. auch bei der e^+e^--Streuung durch Bildung eines primären Quark-Antiquark-Paares auf.

Übungen
Das statische Quark-Antiquark-Potenzial steigt bei großen Abständen linear an, $V(r) \sim k\, r$, mit einer Fadenspannung, die den Wert $k \approx 160\,000$ N hat. Schätzen Sie den Abstand r_B, bei dem der Faden reißt ("string breaking distance", indem Sie $V(r_B) \approx 2m_\pi$ ansetzen.

9.4 Gitter-QCD

Die asymptotische Freiheit ermöglicht die Anwendung der Störungstheorie auf hochenergetische Prozesse in der QCD. Der Niederenergiebereich, in dem die Kopplung stark wird, liegt jedoch außerhalb des Anwendungsbereichs der Störungstheorie. Dort gibt es eine Reihe wichtiger nichtstörungstheoretischer Eigenschaften der QCD. Dazu gehören insbesondere das Spektrum der Hadronen und ihre Eigenschaften und diverse hadronische Matrixelemente. Ihre Berechnung erfordert nichtstörungstheoretische Methoden.

Die Methode der Wahl, die sich als äußerst erfolgreich für die Berechnung nicht-störungstheoretischer Größen erwiesen hat, ist die numerische Simulation der Gitter-QCD. Die Behandlung von Quantenfeldtheorien mit computergestützten Methoden erfordert, dass die Anzahl der Variablen endlich ist. Um dies zu erreichen, wird das vierdimensionale Kontinuum der Raumzeit durch ein (üblicherweise hyperkubisches) Gitter ersetzt, dessen gesamte Ausdehnung endlich ist.

Die drei Säulen der Feldtheorie auf dem Gitter sind
- Die **Euklidische** Formulierung der Quantenfeldtheorie.

  Durch die analytische Fortsetzung zu imaginären Zeiten $t = -\mathrm{i}\,\tau$, $\tau \in \mathbf{R}$, wird die Wirkung S zur Euklidischen Wirkung S_{E}, welche positiv definit ist. Die Green'schen Funktionen werden zu den Schwinger-Funktionen, die symmetrisch in ihren Argumenten sind.
- Das Feynman'sche Funktionalintegral.

  In der Euklidischen Version ist das Gewicht im Funktionalintegral gegeben durch den Faktor $\exp(-S_{\mathrm{E}})$ an Stelle von $\exp(\mathrm{i}\,S)$. Dieser Gewichtsfaktor ist reell und nach oben beschränkt. Er ist analog zum Boltzmann-Faktor der Statistischen Mechanik.
- Die Diskretisierung der Raumzeit auf einem vierdimensionalen Gitter.

  Der kleinste Abstand zwischen den Gitterpunkten ist die Gitterkonstante a. Das Gitter bringt einen Impuls-Cutoff mit sich; die Impulskomponenten betragen maximal $2\pi/a$.

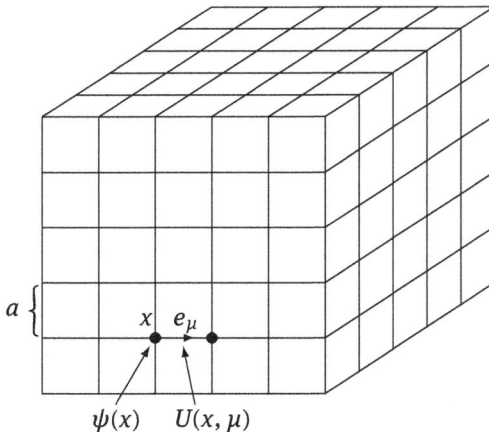

Abb. 9.12: Gitter und Gitter-Variablen

Die Formulierung der QCD auf einem Gitter wurde von K. Wilson 1974 eingeführt und untersucht. Jan Smit schlug in seiner Doktorarbeit 1974 ebenfalls eine Version der Gitter-QCD vor. Wilson zeigte, dass die Gitter-QCD das Phänomen des Confinements auf natürliche Weise hervorbringen kann, allerdings in einem unphysikalischen Parameterbereich. In der Formulierung auf dem Gitter erlaubt die QCD die Anwendung einer Reihe von nichtstörungstheoretischen Methoden, darunter die Stark-Kopplungsentwicklung, die Molekularfeld-Approximation und die Block-Spin-Renormierungsgruppe. Insbesondere wird sie aber der Untersuchung mittels numerischer Simulationen auf Computern zugänglich.

Die in der QCD vorkommenden Felder werden den diskreten Gitterpunkten zugeordnet. Die Fermionfelder $\psi(x)$ sind direkt an den Gitterpunkten definiert. Die nichtabelschen Eichfelder werden durch Paralleltransporter

$$U(x, \mu) = \exp\left(i\, g a A_\mu\left(x + \frac{1}{2} a e_\mu\right)\right) \in \mathrm{SU}(3)\,, \tag{9.101}$$

den sogenannten Link-Variablen, repräsentiert, die den Verbindungsstücken ("Links") zwischen benachbarten Gitterpunkten x und $x + a e_\mu$ zugeordnet werden, wobei e_μ der Einheitsvektor in Richtung der Koordinatenachse μ ist. Auf einem endlichen Gitter hat man es mit einer endlichen Zahl von Variablen zu tun. Typische Gitter haben gegenwärtig eine Ausdehnung von mehreren Dutzend Gitterpunkten in jeder Richtung, z. B. $64^3 \times 128$. Die Euklidische Wirkung der QCD ist von der Form

$$S_\mathrm{E} = S_U + (\overline{\psi}, Q(U)\psi) \tag{9.102}$$

mit einer diskretisierten Version S_U der Yang-Mills-Wirkung, und einem fermionischen Teil, der quadratisch in den Quarkfeldern ist. Da Grassmann-Variable sich nicht gut auf Computern darstellen lassen, wird das Funktionalintegral über die Quarkfelder mittels

$$\int D\psi D\overline{\psi}\, \mathrm{e}^{-(\overline{\psi}, Q\psi)} = \det Q \tag{9.103}$$

analytisch ausgeführt. Für die Erwartungswerte von Observablen $\mathcal{O}$ verbleibt vom Funktionalintegral ein endliches Integral über die Link-Variablen $U(x, \mu)$:

$$\langle \mathcal{O} \rangle = \frac{1}{Z} \int \prod_{x,\mu} dU(x, \mu)\, \mathcal{O}(U)\, \mathrm{e}^{-S_U} \det Q(U)\,. \tag{9.104}$$

Diese Integrale werden stochastisch mit der Monte-Carlo-Methode approximativ berechnet. Der bei weitem größte Aufwand an Computer-Ressourcen geht dabei in die Berechnung der Fermion-Determinanten. Auf diesem Wege ist es möglich, Hadronmassen und physikalisch wichtige Matrixelemente zu bestimmen. Die statistischen Fehler hängen vom numerischen Aufwand ab und liegen zur Zeit typischerweise im Prozentbereich.

Für den Vergleich mit der QCD im Kontinuum gilt es, die Ursachen von drei Arten von systematischen Fehlern unter Kontrolle zu bringen:
-   **Die endliche Ausdehnung des Gitters.**
    Die daraus resultierenden „Volumen-Effekte" sind gut unter Kontrolle und durch hinreichend große Gitter-Ausdehnungen und Extrapolationen genügend klein zu machen.

- **Die kleinen Quarkmassen.**
  Der Aufwand an Computer-Rechenzeit steigt mit kleiner werdenden Quarkmassen drastisch an. Oft wird mit up- und down-Quarkmassen gerechnet, die größer als die physikalischen Werte sind. Die Ergebnisse werden mit Formeln aus der chiralen Störungstheorie zu den kleinen Quarkmassen extrapoliert.
- **Die endliche Gitterkonstante a.**
  Der daraus stammende systematische Fehler ist der gravierendste. Der Rechenaufwand steigt ebenfalls stark mit kleiner werdender Gitterkonstante a, woraus sich die Limitierungen ergeben. In aktuellen Simulationen rechnet man bei Werten von der Größenordnung 0.1 fm. Die Resultate für Observablen müssen dann zum Kontinuumslimes extrapoliert werden.

Für die Bestimmung von Teilchenmassen zieht man geeignete Zwei-Punkt-Funktionen heran. Sei $\mathcal{O}(x)$ ein Operator, der Teilchen mit gewissen Quantenzahlen aus dem Vakuum erzeugt. Für pseudoskalare Mesonen mit Isospin wäre z. B. $\bar{q}(x)\gamma_5\tau_i q(x)$ geeignet. Auf den Impuls $\vec{p} = \vec{0}$ wird durch Bildung des **Zeitscheiben-Operators** $\mathcal{O}(\tau) = \sum_{\vec{x}} \mathcal{O}(\vec{x}, \tau)$ projiziert. Mit dem Euklidischen Zeitentwicklungsoperator $\exp(-H\tau)$ lautet die Euklidische Zwei-Punkt-Korrelationsfunktion

$$\langle 0|\mathcal{O}(\tau)\mathcal{O}(0)|0\rangle = \langle 0|\mathcal{O}(0)\, e^{-H\tau}\mathcal{O}(0)|0\rangle \,. \tag{9.105}$$

Einfügen eines vollständigen Satzes von Energie-Eigenzuständen $|n\rangle$, die ein nichtverschwindendes Matrixelement mit dem betrachteten Operator besitzen, liefert für die zusammenhängende Korrelationsfunktion

$$\langle 0|\mathcal{O}(\tau)\mathcal{O}(0)|0\rangle_c = \sum_{n=1}^{\infty} |\langle 0|\mathcal{O}(0)|n\rangle|^2 \, e^{-E_n\tau} \,, \tag{9.106}$$

worin der Beitrag des Vakuums $n = 0$ sich heraus gehoben hat. Für große Zeiten τ dominiert der Zustand mit der niedrigsten Energie E_1,

$$\langle 0|\mathcal{O}(\tau)\mathcal{O}(0)|0\rangle_c \approx |\langle 0|\mathcal{O}(0)|1\rangle|^2 \, e^{-E_1\tau} \qquad (\text{große } \tau) \,. \tag{9.107}$$

Diese Energie E_1 ist identisch mit der Masse m_1 des leichtesten Teilchens mit den vorgegebenen Quantenzahlen. Aus einem exponentiellen Fit der numerisch berechneten Korrelationsfunktion kann so die Teilchenmasse m_1 ermittelt werden. Mit geeigneten Techniken lassen sich auch die Massen schwererer Teilchen im gleichen Kanal bestimmen.

In der Anfangszeit der Gitter-QCD standen die Grundlagen der Formulierung auf dem Gitter und methodische Fragen im Vordergrund. Eine wichtige Rolle spielt auch die Berechnung physikalischer Größen, deren experimentelle Werte gut bekannt sind, um so nachzuweisen, dass die QCD die adäquate Theorie zur Beschreibung der starken Wechselwirkungen ist.

Die Budapest-Marseille-Wuppertal-Kollaboration hat 2008 die Massen von Hadronen, die aus u-, d- und s-Quarks bestehen, in Simulationen der Gitter-QCD mit recht

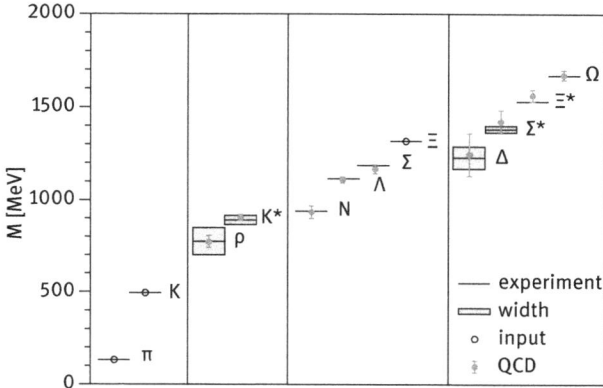

Abb. 9.13: Das leichte Hadronen-Spektrum der QCD. Die horizontalen Linien und Bänder sind die experimentellen Werte mit ihren Zerfallsbreiten. Die Ergebnisse der Gitter-QCD sind mit gefüllten Kreisen dargestellt. Die vertikalen Fehlerbalken beinhalten die kombinierten statistischen und systematischen Fehlerabschätzungen. Die Massen $m_u = m_d$, m_s der beteiligten Quarks und die gesamte Massenskala, die als Input-Parameter benötigt werden, wurden durch Anpassung der Massen von π, K und Ξ bestimmt. Quelle: S. Dürr et al., *Ab Initio Determination of Light Hadron Masses*, Science Vol. 322, 21 Nov 2008, pp. 1224–1227, Fig. 3.

hoher Genauigkeit berechnet. Die resultierenden Mesonen- und Baryonen-Massen, die in Abb. 9.13 gezeigt sind, stimmen innerhalb der Fehlergrenzen mit den experimentellen Werten sehr gut überein.

Heutzutage liegt ein Fokus auf der Berechnung von phänomenologisch wichtigen Parametern, die experimentell nicht leicht zugänglich sind. Dazu zählen u. a. hadronische Matrixelemente und Parton-Verteilungsfunktionen. Als Beispiel sei die sogenannte hadronische Vakuumpolarisation genannt, die in die theoretische Präzisions-Berechnung des anomalen magnetischen Moments $g - 2$ von Myon und Elektron eingeht. Ein weiterer Schwerpunkt ist die Untersuchung der Eigenschaften der QCD bei hohen Temperaturen und Dichten.

9.5 Evidenz für die QCD

Die Quantenchromodynamik hat sich in hervorragender Weise bei der Beschreibung der Physik der Hadronen bewährt. Generell gibt es eine sehr gute Konsistenz theoretischer Rechnungen mit experimentellen Ergebnissen. Im Folgenden werden ein paar Beispiele dafür genannt:

- **Laufende Kopplung** $\alpha_S(Q)$.
  Wie im Abschnitt 9.2 dargestellt wurde, stimmt die experimentell bestimmte Abhängigkeit der Kopplung vom Impulsübertrag sehr gut mit der theoretischen Vorhersage überein.

– **Jet-Verteilung.**
Die statistische Winkel- und Impulsverteilung der Teilchen in den Jets konnte quantitativ im Rahmen der QCD vorhergesagt werden.

– **Evidenz für Gluonen.**
Für die Existenz der Gluonen gibt es direkte experimentelle Evidenz.

(a) Tief-inelastische e^-p^+-Streuung bei HERA: es zeigte sich, dass Quarks nur ca. 50 % zum Impuls der Nukleonen beitragen. Die andere Hälfte muss von Teilchen kommen, die neutral gegenüber elektro-schwachen Wechselwirkungen sind. Dies ist ein Indiz für die Gluonen.

(b) 3-Jet-Ereignisse.
Neben 2-Jet-Ereignissen, die auf hochenergetische Paare von Quarks als primäre Teilchen zurückgehen, sagt die QCD 3-Jet-Ereignisse voraus, bei denen die primären Teilchen zwei Quarks und ein zusätzliches Gluon sind. Solche Ereignisse wurden bei Experimenten am DESY gefunden. Aus der Winkelverteilung der Jets ergibt sich, dass das zusätzliche Teilchen den Spin 1 trägt, wie es für Gluonen der Fall sein sollte. Ein solches Ereignis zeigt die Abb. 9.14.

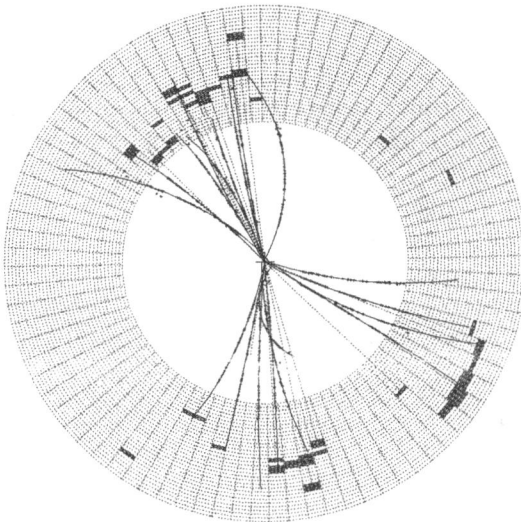

Abb. 9.14: Ein 3-Jet-Ereignis, das von der JADE-Kollaboration 1980 bei DESY gefunden wurde. Quelle: F. Halzen, A. D. Martin: *Quarks and Leptons*, John Wiley & Sons, New York, 1984, Fig. 11.12.

– **Hadron-Spektrum aus der Gitter-QCD.**
Wie im vorigen Abschnitt gezeigt wurde, konnten die Massen von leichten Hadronen, die aus u-, d- und s-Quarks bestehen, im Rahmen der Gitter-QCD mit sehr guter Genauigkeit berechnet werden. Die Ergebnisse stimmen innerhalb der Fehlergrenzen mit den experimentellen Werten überein.

10 Elektroschwache Theorie

10.1 Schwache Wechselwirkungen

Die schwachen Wechselwirkungen der Elementarteilchen unterscheiden sich von anderen Wechselwirkungen durch einige charakteristische Merkmale. Die Kopplungsstärke ist, wie die Bezeichnung schon aussagt, im Vergleich zur starken Wechselwirkung der Hadronen wesentlich schwächer, nämlich um Faktoren von der Größenordnung 10^{13}. Entsprechend sind die Wirkungsquerschnitte sehr viel kleiner. Typische Reaktionszeiten bzw. Lebensdauern von schwach zerfallenden Teilchen sind mit Werten größer als 10^{-13} s viel größer als diejenigen der starken Wechselwirkungen, die typischerweise bei 10^{-23} s liegen. Im Unterschied zur elektromagnetischen Wechselwirkung ist die schwache Wechselwirkung sehr kurzreichweitig und wirkt auf Distanzen unterhalb von 1 fm. Ein besonderes Merkmal der schwachen Wechselwirkung ist die Tatsache, dass sich bei schwachen Prozessen die Flavour-Quantenzahlen ändern können, was bei starken oder elektromagnetischen Prozessen nicht passiert. Beim β-Zerfall ändert sich beispielsweise der Isospin.

Die Prozesse der schwachen Wechselwirkung werden in die folgenden drei Klassen (mit einigen Beispielen) eingeteilt:

(a) Leptonische Prozesse.

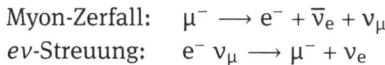

$\quad$ Myon-Zerfall: $\quad \mu^- \longrightarrow e^- + \bar{\nu}_e + \nu_\mu$
$\quad e\nu$-Streuung: $\quad e^- \nu_\mu \longrightarrow \mu^- + \nu_e$

(b) Semileptonische Prozesse; bei ihnen sind Hadronen beteiligt.

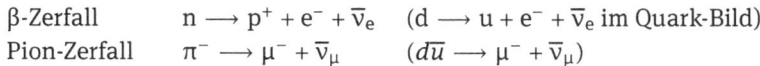

$\quad$ β-Zerfall $\quad\quad$ $n \longrightarrow p^+ + e^- + \bar{\nu}_e \quad$ ($d \longrightarrow u + e^- + \bar{\nu}_e$ im Quark-Bild)
$\quad$ Pion-Zerfall $\quad$ $\pi^- \longrightarrow \mu^- + \bar{\nu}_\mu \quad\quad$ ($d\bar{u} \longrightarrow \mu^- + \bar{\nu}_\mu$)

(c) Nichtleptonische Prozesse.

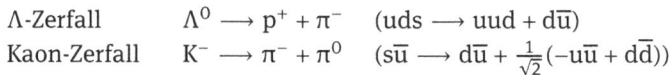

$\quad$ Λ-Zerfall $\quad\quad$ $\Lambda^0 \longrightarrow p^+ + \pi^- \quad$ (uds $\longrightarrow$ uud $+ d\bar{u}$)
$\quad$ Kaon-Zerfall $\quad$ $K^- \longrightarrow \pi^- + \pi^0 \quad$ (s$\bar{u} \longrightarrow d\bar{u} + \frac{1}{\sqrt{2}}(-u\bar{u} + d\bar{d})$)

10.1.1 Fermi-Theorie

Enrico Fermi formulierte 1932 eine Theorie des β-Zerfalls im Rahmen der Quantenfeldtheorie. Die beteiligten Felder gehören zu den teilnehmenden Teilchen n, p, e$^-$ und $\bar{\nu}_e$. Die Lagrangedichte enthält außer den freien Teilen für die vier Felder als Wechselwirkungsterm eine 4-Fermion-Wechselwirkung

$$\mathscr{L}_W = G_F \left(\overline{e}(x)\gamma^\mu \nu_e(x)\right) \left(\overline{p}(x)\gamma_\mu n(x)\right) . \tag{10.1}$$

Der entsprechende Vertex ist in Abb. 10.1 dargestellt.

https://doi.org/10.1515/9783110638547-010

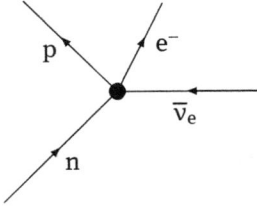

Abb. 10.1: Vertex für den β-Zerfall in der Fermi-Theorie

Bei der Wechselwirkung handelt es sich also um eine Kontakt-Wechselwirkung mit Reichweite null. Die Fermi-Kopplungskonstante G_F kann aus der Lebensdauer des Zerfalls, in der Baumgraphen-Näherung berechnet, ermittelt werden und beträgt

$$G_F = 1,03 \cdot 10^{-15} \, m_p^{-2} = (239 \, \text{GeV})^{-2} = 1,17 \cdot 10^{-5} (\text{GeV})^{-2} = 4,51 \cdot 10^{-37} \text{m}^2 \,. \quad (10.2)$$

$\mathscr{L}_W$ ist invariant unter Raumspiegelungen, so dass in der Fermi-Theorie die Parität erhalten ist. Allerdings wurde im Jahr 1957 von C.-S. Wu experimentell die Verletzung der Parität beim β-Zerfall von ^{60}Co entdeckt. Im Jahr zuvor hatten Lee und Yang aufgrund von Überlegungen zum Kaon-Zerfall bereits die Hypothese der Paritätsverletzung aufgestellt. Zu jener Zeit wurden die Neutrinos als masselos betrachtet. Wie wir im Abschnitt 5.6 gesehen haben, besitzen masselose Fermionen eine feste Helizität bzw. Chiralität und können entweder linkshändig oder rechtshändig sein. Das Experiment mit polarisiertem ^{60}Co zeigte, dass die beim Zerfall emittierten Elektronen überwiegend linkshändig polarisiert sind. Der spiegelverkehrte Zerfall existiert nicht, so dass die Parität verletzt ist. Das Experiment erlaubte allerdings keine eindeutigen Rückschlüsse auf die Helizität des dabei entstehenden Antineutrinos $\bar{\nu}_e$. Im darauf folgenden Jahr konnte Goldhaber die Helizität der Neutrinos direkt experimentell bestimmen und nachweisen, dass Neutrinos linkshändig sind. Antineutrinos sind folglich rechtshändig. Die Fermi-Theorie muss daher abgeändert werden, um diesem Umstand Rechnung zu tragen.

10.1.2 V-A-Theorie

Zur Beschreibung der Chiralität greifen wir auf die im Abschnitt 9.1.4 definierten chiralen Projektoren

$$P_L = \frac{1}{2}(1 - \gamma_5) \,, \quad P_R = \frac{1}{2}(1 + \gamma_5) \quad (10.3)$$

zurück. Links- bzw. rechts-händige masselose Fermionen erfüllen

$$P_L \psi_L = \psi_L \,, \quad P_R \psi_L = 0 \,, \quad P_R \psi_R = \psi_R \,, \quad P_L \psi_R = 0 \,. \quad (10.4)$$

Da Neutrinos linkshändig und Antineutrinos rechtshändig sind, gilt

$$\nu = \nu_L = \frac{1}{2}(1 - \gamma_5)\nu , \tag{10.5}$$

$$\overline{\nu} = \overline{\nu}_R = \frac{1}{2}(1 + \gamma_5)\overline{\nu} . \tag{10.6}$$

(Hier bezeichnet $\overline{\nu}$ das Antineutrino.) Die Nichtexistenz rechtshändiger Neutrinos beinhaltet die Verletzung der Parität.

Um die Händigkeit der masselosen Neutrinos zu berücksichtigen, entwickelten Feynman und Gell-Mann und unabhängig von ihnen Marshak und Sudarshan 1958 die V-A-Theorie der schwachen Wechselwirkung. Im Wechselwirkungsterm der Fermi-Theorie wird der Faktor, der das Neutrino enthält, ersetzt durch

$$\overline{e}(x)\gamma_\mu \nu_e(x) \quad \longrightarrow \quad \overline{e}(x)\gamma_\mu \frac{1}{2}(1 - \gamma_5)\nu_e(x) = \overline{e_L}(x)\gamma_\mu \nu_{e,L}(x) . \tag{10.7}$$

Dieser Ausdruck kann mit

$$\begin{aligned}
\overline{e_L}(x)\gamma_\mu \nu_{e,L}(x) &= \frac{1}{2}\overline{e}(x)\gamma_\mu \nu_e(x) - \frac{1}{2}\overline{e}(x)\gamma_\mu \gamma_5 \nu_e(x) \\
&\doteq \frac{1}{2}\left(V_\mu^{(e)}(x) - A_\mu^{(e)}(x) \right)
\end{aligned} \tag{10.8}$$

in einen Vektorstrom $V_\mu^{(e)}(x)$ und einen Axialvektorstrom $A_\mu^{(e)}(x)$ zerlegt werden, die der Theorie ihren Namen geben.

Nimmt man die schwereren Leptonen μ und τ und ihre zugehörigen Neutrinos mit in die Theorie auf, wird der Strom verallgemeinert zum gesamten schwachen leptonischen Strom

$$J_\mu^{(l)} = 2\,\overline{e_L}(x)\gamma_\mu \nu_{e,L}(x) + 2\,\overline{\mu_L}(x)\gamma_\mu \nu_{\mu,L}(x) + 2\,\overline{\tau_L}(x)\gamma_\mu \nu_{\tau,L}(x) . \tag{10.9}$$

Der zweite Faktor im Wechselwirkungsterm enthält die hadronischen Felder. Im Falle der Nukleonen gehen wie bei den Leptonen ebenfalls nur die linkshändigen Anteile ein in Form des hadronischen Stroms

$$J_\mu^{(h)} = 2\,\overline{p_L}\,\gamma_\mu n_L . \tag{10.10}$$

Wird die V-A-Theorie auf der Ebene der Konstituenten, der Quarks, formuliert, lautet der hadronische Strom

$$J_\mu^{(h)} = 2\,\overline{u_L}(x)\gamma_\mu d_L(x) \tag{10.11}$$

für u- und d-Quarks, und analog für c- und s-Quarks. Der gesamte schwache Strom ist

$$J_\mu(x) = J_\mu^{(l)}(x) + J_\mu^{(h)}(x) . \tag{10.12}$$

Mit ihm wird die Kontakt-Wechselwirkung zu

$$\mathscr{L}_W = \frac{G_F}{\sqrt{2}} J^\mu(x) J_\mu^+(x) \tag{10.13}$$

$$= \frac{G_F}{\sqrt{2}} \left(J^{(l)\mu}(x) J_\mu^{(l)+}(x) \right. \qquad \text{leptonisch}$$

$$+ J^{(l)\mu}(x) J_\mu^{(h)+}(x) + J^{(h)\mu}(x) J_\mu^{(l)+}(x) \qquad \text{semileptonisch}$$

$$+ \left. J^{(h)\mu}(x) J_\mu^{(h)+}(x) \right) \qquad \text{nichtleptonisch} \tag{10.14}$$

und zerfällt in drei Teile, die zu den drei Arten der schwachen Prozesse gehören. Jeder dieser drei Teile hat die gleiche Kopplungskonstante G_F, ein Aspekt der Universalität der schwachen Wechselwirkung.

Modifikationen der V-A-Theorie

(a) Für Nukleonen ist der hadronische Strom zu modifizieren:

$$J_\mu^{(h)} = g_V V^{(h)} - g_A A^{(h)} \,, \tag{10.15}$$

wobei immer $g_V = 1$, aber der Wert von g_A von 1 abweicht. Aus der Winkelverteilung zwischen e^- und $\bar{\nu}_e$ beim β-Zerfall von Kernen kann g_A/g_V bestimmt werden mit dem Ergebnis $g_A = 1,24$.

Für Quarks gilt nach wie vor der Faktor $1 - \gamma_5$, wie sich z. B. aus der Neutrino-Streuung ergibt.

(b) Für die u-, d-, s- und c-Quarks, die man zu Dubletts

$$\begin{pmatrix} u \\ d \end{pmatrix}, \quad \begin{pmatrix} c \\ s \end{pmatrix} \tag{10.16}$$

anordnet, erlaubt die Lagrangedichte der V-A-Theorie nur u $\leftrightarrow$ d-Übergänge und c $\leftrightarrow$ s-Übergänge. Bevor das charm-Quark entdeckt wurde, sind schwache Prozesse beobachtet worden, bei denen sich die Strangeness ändert, beispielsweise beim schwachen Kaon-Zerfall

$$K^+ \longrightarrow \mu^+ + \bar{\nu}_\mu \,. \tag{10.17}$$

Die numerischen Verhältnisse zwischen Strangeness-erhaltenden und Strangeness-ändernden Prozessen motivierten die Einbeziehung der Strangeness-ändernden Prozesse durch die von Cabibbo aufgestellte Hypothese, dass eine Mischung von s- und d-Zuständen gemäß

$$d' = d \cos \theta_C + s \sin \theta_C \tag{10.18}$$

an den schwachen Wechselwirkungen teilnimmt. Der sogenannte **Cabibbo-Winkel** beträgt

$$\theta_C \approx 13° \,. \tag{10.19}$$

Bezieht man die charm-Quarks ein, und fügt

$$s' = s \cos \theta_C - d \sin \theta_C \tag{10.20}$$

hinzu, lautet der hadronische Strom dann

$$J_\mu^{(h)} = 2\,\overline{u_L}\,\gamma_\mu d_L' + 2\,\overline{c_L}\,\gamma_\mu s_L' \ . \tag{10.21}$$

Die V-A-Theorie ist in der Lage, zahlreiche schwache Prozesse bei niedrigen Energien erfolgreich zu beschreiben. Aufgrund der Struktur der Ströme J_μ ist die gesamte elektrische Ladung der darin enthaltenen Felder immer von null verschieden. Man spricht von **geladenen Strömen**. Als Konsequenz daraus sind die von der V-A-Theorie erlaubten Prozesse immer mit Änderungen der elektrischen Ladung im leptonischen Sektor verbunden.

Probleme der V-A-Theorie

– Sie ist nicht renormierbar. Berechnungen von Streuquerschnitten und Lebensdauern sind nur auf Baumgraphen-Niveau möglich.
– Die Theorie weist ein schlechtes Hochenergie-Verhalten auf. Dies hat, ebenso wie die Nichtrenormierbarkeit, seine Ursache in dem Umstand, dass die Kopplungskonstante G_F dimensionsbehaftet ist. Bei sehr hohen Energien, bei denen die Massen der beteiligten Teilchen vernachlässigt werden können, verhalten sich Streuquerschnitte aus Dimensionsgründen wie

$$\sigma \sim G_F^2 \cdot s \ , \quad \text{wobei} \quad s = (p+q)^2 = E_{CMS}^2 \ . \tag{10.22}$$

Dies verletzt die **Unitaritätsschranke**

$$\sigma \leq \frac{4\pi}{s} \ , \tag{10.23}$$

die aus grundlegenden Prinzipien der Quantenfeldtheorie bewiesen werden kann. Die Verletzung tritt bei Energien von ungefähr 1 TeV auf.
– Am CERN wurden 1973 schwache Prozesse mit neutralen Strömen entdeckt, nämlich

$$\overline{\nu}_\mu + e^- \longrightarrow \overline{\nu}_\mu + e^- \ ,$$
$$\nu_\mu + N \longrightarrow \nu_\mu + X \ ,$$
$$\overline{\nu}_\mu + N \longrightarrow \overline{\nu}_\mu + X \ ,$$

wobei X für ein Hadron steht.

Intermediäre Vektorbosonen

Um das Hochenergie-Verhalten der Theorie zu verbessern, liegt die Idee nahe, dass die schwache Wechselwirkung durch Bosonen vermittelt wird, analog zu den Photonen in der QED. Für Prozesse mit geladenen Strömen wurden zwei geladene Teilchen mit Spin 1, die Vektorbosonen $W_\mu^{(+)}$ und $W_\mu^{(-)}$ postuliert. Wären sie masselos wie Photonen, hätte die schwache Wechselwirkung eine unendliche Reichweite. Da die schwache Wechselwirkung aber sehr kurzreichweitig ist, muss die Masse der Vektorbosonen sehr groß sein.

Die Kopplung an die anderen Felder ist gegeben durch

$$\mathcal{L}_W = g_W(J_\mu \, W^{(-)\mu} + J_\mu^+ \, W^{(+)\mu}) \,. \tag{10.24}$$

Beispielsweise würde beim β-Zerfall der 4-Fermionen-Vertex durch ein Diagramm mit zwei Vertices und einem $W^{(+)}$-Propagator ersetzt werden, wie in Abb. 10.2 gezeigt. Die Amplitude enthält den Propagator des Vektorbosons

$$\frac{-i}{q^2 - m_W^2}\left(g_{\mu\nu} - \frac{q_\mu q_\nu}{m_W^2}\right) \tag{10.25}$$

und ist proportional zu

$$\frac{g_W^2}{m_W^2 - q^2}\,, \tag{10.26}$$

wobei q der Impuls des intermediären Bosons ist.

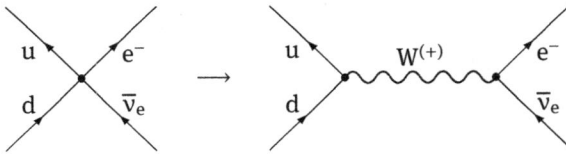

Abb. 10.2: β-Zerfall mit intermediärem Vektorboson

Wenn die Masse des Vektorbosons groß gegenüber den Energien der am Zerfall beteiligten Teilchen ist, kann in seinem Propagator der Nenner $m_W^2 - q^2$ durch m_W^2 ersetzt werden. Dadurch nimmt die Amplitude die Form wie in der V-A-Theorie an. Damit auch der Vorfaktor stimmt und die V-A-Theorie bei niedrigen Energien reproduziert wird, muss

$$\frac{g_W^2}{m_W^2} = \frac{G_F}{\sqrt{2}}\,, \tag{10.27}$$

sein.

Auch neutrale Ströme lassen sich erfassen, indem ein weiteres neutrales massives Vektorboson hinzugefügt wird, welches als $Z^{(0)}$ bezeichnet wird.

Die intermediären W- und Z-Bosonen wurden in der Tat 1983 am CERN in Experimenten mit dem Super-Proton-Synchrotron (SPS) gefunden. Gleichwohl hat die Theorie der massiven Vektorbosonen ein ernsthaftes Problem: sie ist nicht renormierbar. Dieser Umstand hängt mit der Masse der Vektorbosonen zusammen. Für die Renormierbarkeit der QED ist es grundlegend, dass das Photon masselos ist und seine longitudinalen Freiheitsgrade sich deshalb eliminieren lassen. Mit einem massiven Photon wäre das nicht möglich.

Die große Frage lautet daher:

Gibt es eine Theorie mit intermediären Vektorbosonen, die renormierbar ist?

Eine Möglichkeit, eine Antwort zu finden, besteht in dem Versuch, eine Eichtheorie zu konstruieren, deren Eichbosonen die gesuchten Vektorbosonen sind. Das Problem dabei ist, dass in den Lagrangedichten für Eichtheorien keine Massenterme für die Eichbosonen zugelassen sind, wie wir schon diskutiert haben.

Die Lösung dieses Problems wird geliefert durch den **Higgs-Mechanismus**, dem wir uns jetzt zuwenden.

Übungen

1. Lassen Sie uns die Streuung von Leptonen, z. B. $v_\mu e^- \to \mu^- v_e$, im Rahmen der Fermi-Theorie betrachten.
   (a) Frischen Sie Ihre Kenntnisse über die Partialwellen-Entwicklung in der quantenmechanischen Streutheorie auf. Was ist die obere Schranke an den s-Wellen-Beitrag zum totalen Streuquerschnitt?
   (b) Bringen Sie ein Argument dafür vor, dass in der Fermi-Theorie nur s-Wellen-Streuung vorkommt.

2. Die semileptonischen Zerfälle von Hadronen mit Strangeness, wie z. B. $K^- \to \pi^0 e^- \bar{v}_e$ oder $K^+ \to \pi^0 e^+ v_e$ oder $\Sigma^- \to n e^- \bar{v}_e$, erfüllen die Regel $\Delta S = \Delta Q$, wobei ΔS und ΔQ die Änderungen der Strangeness S und der Ladung Q der Hadronen sind. Erklären Sie diese Regel im Rahmen der V-A-Theorie im Quark-Bild.

3. Strangeness-ändernde schwache Zerfälle, wie die zuvor genannten, sind relativ zu Strangeness-erhaltenden, wie z. B. $n \to p e^- \bar{v}_e$ oder $\pi^- \to \pi^0 e^- \bar{v}_e$, um einen Faktor von der Größenordnung 20 unterdrückt. Erklären Sie das.

4. (a) Berechnen Sie den Propagator $\tilde{D}_{F,\mu\nu}(k)$ eines massiven Vektorbosons im Impulsraum.
   (b) Berechnen Sie seinen transversalen und longitudinalen Teil, $\tilde{D}_{F,\mu\nu}^{(T)}(k)$ und $\tilde{D}_{F,\mu\nu}^{(L)}(k)$, und vergleichen Sie deren Verhalten für große k mit demjenigen des Photon-Propagators.

10.2 Higgs-Mechanismus

Beim Higgs-Mechanismus handelt es sich nicht, wie der Name vielleicht suggeriert, um einen physikalischen Vorgang, sondern um eine theoretische Konstruktion, die es erlaubt, Eichtheorien zu formulieren, deren Eichbosonen massiv sind. Nachdem P. W. Anderson 1963 einen analogen Effekt in der Theorie der kondensierten Materie diskutiert hatte, wurde ohne Kenntnis davon die Konstruktion 1964 von den drei Autorengruppen F. Englert und R. Brout; P. W. Higgs; G. S. Guralnik, C. R. Hagen und T. W. B. Kibble gefunden. Allerdings hat sich mittlerweile die kurze Benennung nach Higgs, der auch das zugehörige Higgs-Teilchen postulierte, durchgesetzt.

Zur Erläuterung des Higgs-Mechanismus ist es günstig, zuvor die spontane Brechung einer globalen Symmetrie zu betrachten.

10.2.1 Spontane Brechung einer globalen Symmetrie

Wir werden uns nun mit einem feldtheoretischen Konzept befassen, das auch in anderen Gebieten der Physik, wie z. B. der Theorie der Phasenübergänge, dem Ferromagnetismus, Spin-Wellen oder Laserphysik, eine Rolle spielt. Wir betrachten ein komplexes Skalarfeld mit der Lagrangedichte

$$\mathcal{L} = \partial_\mu \phi^* \partial^\mu \phi - m^2 \phi^* \phi - \lambda (\phi^* \phi)^2 \ . \tag{10.28}$$

Die Kopplung $\lambda > 0$ soll positiv sein. Der Koeffizient m^2 hingegen soll als reeller Parameter betrachtet werden, der sowohl positive als auch negative Werte annehmen kann. Um sich nicht durch die Bezeichnung m^2 irritieren zu lassen, die scheinbar anzeigt, dass dieser Parameter positiv sein sollte, könnte man ihn stattdessen anders bezeichnen, etwa mit τ. Wir wollen aber dem üblichen Gebrauch folgen, und bei m^2 bleiben.

Die Lagrangedichte besitzt eine globale U(1)-Symmetrie

$$\phi(x) \longrightarrow e^{-i\alpha} \phi(x) \ . \tag{10.29}$$

Betrachten wir das in der Lagrangedichte enthaltene Potenzial

$$V(\phi) = m^2 \phi^* \phi + \lambda (\phi^* \phi)^2 \tag{10.30}$$

als Funktion über der komplexen ϕ-Ebene mit

$$\phi = \frac{1}{\sqrt{2}} (\phi_1 + i\phi_2) \ . \tag{10.31}$$

Fall a) $m^2 > 0$, siehe Abb. 10.3.
Das Minimum des Potenzials liegt bei $\phi = 0$. Es ist geeignet als Entwicklungspunkt für die Felder im Funktionalintegral. Die Störungstheorie mit dem Feld ϕ entspricht einer Sattelpunktsentwicklung der Funktionalintegrale.

Die U(1)-Symmetrie ist nicht gebrochen und der Erwartungswert des Feldes ist

$$\langle \phi \rangle = 0 \ . \tag{10.32}$$

Fall b) $m^2 < 0$, siehe Abb. 10.4.
Die Minima des Potenzials liegen jetzt auf einem Kreis mit dem Radius

$$|\phi| = \sqrt{\frac{-m^2}{2\lambda}} \doteq \frac{v}{\sqrt{2}} \ . \tag{10.33}$$

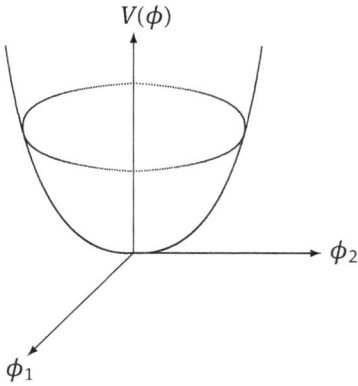

Abb. 10.3: Skalarfeld-Potenzial für $m^2 > 0$

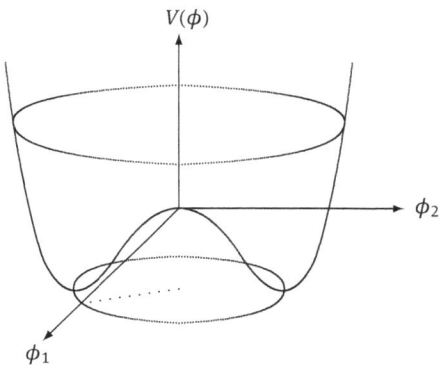

Abb. 10.4: Skalarfeld-Potenzial für $m^2 < 0$

In der klassischen Theorie entspricht dem Grundzustand eine Feldkonfiguration mit minimaler Energie. In unserem Fall ist das ein konstantes Feld ϕ_0 mit einem Wert in einem der Potenzialminima. Ohne Einschränkung der Allgemeinheit wählen wir es reell:

$$\phi_0 = \frac{v}{\sqrt{2}} \, . \tag{10.34}$$

Wir postulieren nun, dass in der Quantentheorie die entsprechende Situation vorliegt und der Grundzustand durch einen nichtverschwindenden Erwartungswert des Feldes charakterisiert ist, nämlich

$$\langle \phi \rangle = \frac{v}{\sqrt{2}} \tag{10.35}$$

in niedrigster Näherung. Die Symmetrie ist dadurch spontan gebrochen. Einen anderen Fall von spontaner Symmetriebrechung haben wir schon im Abschnitt 9.1.4 über die chirale Symmetrie der QCD diskutiert.

In der Quantentheorie kann die Feldkonfiguration ϕ_0 als Entwicklungspunkt für die Funktionalintegrale dienen. Das Feld $\phi(x)$ wird dementsprechend zerlegt in die

Konstante ϕ_0 und eine komplexe Fluktuation,

$$\phi(x) = \frac{1}{\sqrt{2}}(v + \rho(x) + i\varphi(x)) \,. \tag{10.36}$$

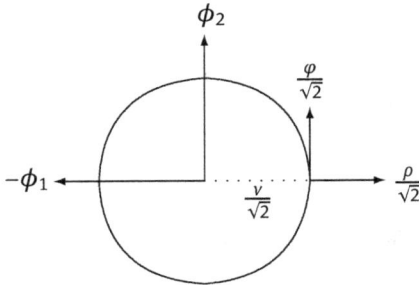

Abb. 10.5: Entwicklung des Skalarfeldes um das Minimum des Potenzials

Ausgedrückt durch die reellen Felder $\rho(x)$ und $\varphi(x)$ lautet die Lagrangedichte bis auf eine Konstante

$$\mathscr{L} = \frac{1}{2}(\partial_\mu \rho)^2 + \frac{1}{2}(\partial_\mu \varphi)^2 - \lambda v^2 \rho^2 - \lambda v(\rho^3 + \rho\, \varphi^2) - \frac{\lambda}{4}(\rho^2 + \varphi^2)^2 \,. \tag{10.37}$$

Wir lesen daraus ab, dass $\rho(x)$ ein massives Skalarfeld ist, während $\varphi(x)$ ein masseloses Feld ist. Beide sind durch Wechselwirkungsterme miteinander gekoppelt. Die Masse des Feldes $\rho(x)$ ist gegeben durch

$$m_\rho^2 = 2\lambda v^2 = 2|m^2| \,. \tag{10.38}$$

$\rho(x)$ beschreibt die radialen Anregungen des ursprünglichen Feldes $\phi(x)$. Das masselose Feld $\varphi(x)$ entspricht den tangentialen Anregungen. Das zugehörige Teilchen ist ein Nambu-Goldstone-Boson. Im obigen Fall hat die Gruppe U(1) einen Generator, und es gibt dazu ein Goldstone-Boson-Feld. Dieses gehört zu der flachen Richtung um das Minimum des Potenzials, wie in der Abb. 10.5 skizziert ist.

Es sei noch angemerkt, dass es in höheren Ordnungen der Störungstheorie Korrekturen zum Vakuum-Erwartungswert (10.35) gibt.

10.2.2 Higgs-Mechanismus

Wir wenden uns jetzt einer Situation zu, die der spontanen Symmetriebrechung sehr ähnlich sieht, sich aber in entscheidenden Merkmalen davon unterscheidet. Die vorliegende Symmetrie ist jetzt keine globale sondern eine lokale Eichsymmetrie. Wird es wieder masselose Nambu-Goldstone-Bosonen geben?

Wir betrachten das abelsche Higgs-Modell, welches ein komplexes Skalarfeld beschreibt, das an ein Eichfeld gekoppelt ist. Die Lagrangedichte und die kovariante

Ableitung sind

$$\mathscr{L} = (D_\mu \phi)^* (D^\mu \phi) - V(\phi) - \frac{1}{4} F_{\mu\nu} F^{\mu\nu} \,, \tag{10.39}$$

$$D_\mu = \partial_\mu + iqA_\mu \,. \tag{10.40}$$

In dieser **skalaren QED** ist $A_\mu(x)$ das Eichfeld und die Eichgruppe ist U(1). Das Potenzial sei wiederum ein quartisches:

$$V(\phi) = m^2 \phi^* \phi + \lambda(\phi^* \phi)^2 \,. \tag{10.41}$$

Lassen Sie uns den Fall $m^2 < 0$ betrachten. Wie im vorigen Abschnitt besitzt das Potenzial einen Kreis von Minima und das Feld $\phi(x)$ wird um das reelle Minimum bei $v/\sqrt{2}$ entwickelt. Diesmal wählen wir jedoch eine andere Parametrisierung, nämlich durch die radiale Variable $\rho(x)$ und eine Winkelvariable $\xi(x)$:

$$\phi(x) = \frac{1}{\sqrt{2}}(v + \rho(x))e^{i\xi(x)/v}$$

$$= \frac{1}{\sqrt{2}}(v + \rho(x) + i\,\xi(x) + \ldots) \,. \tag{10.42}$$

Nach ein paar Zeilen elementarer Rechnung findet man

$$\mathscr{L} = \frac{1}{2}(\partial_\mu \rho)^2 - \lambda v^2 \rho^2$$

$$+ \frac{1}{2}(\partial_\mu \xi)^2 + qvA_\mu \partial^\mu \xi$$

$$+ \frac{1}{2}q^2 v^2 A_\mu A^\mu - \frac{1}{4} F_{\mu\nu} F^{\mu\nu}$$

$$+ \cdots \text{(Wechselwirkungsterme)} \,. \tag{10.43}$$

Wie zuvor ist die Masse der radialen Anregungen

$$m_\rho^2 = 2\lambda v^2 \,. \tag{10.44}$$

Es ist auch ein quadratischer Massenterm für das Eichfeld vorhanden, nämlich $\frac{1}{2}q^2 v^2 A_\mu A^\mu$, von dem wir die Masse des Feldes $A_\mu(x)$ ablesen, welche

$$m_A = qv \tag{10.45}$$

beträgt. Es gibt keinen Massenterm für das Feld $\xi(x)$ und es sieht so aus wie ein masseloses Goldstonefeld. Aber wir müssen aufpassen: es gibt einen quadratischen Mischterm $qvA_\mu \partial^\mu \xi$ und die Situation muss genauer untersucht werden.

Wenn wir die Parametrisierung von $\phi(x)$ ansehen, erkennen wir, dass der Faktor

$$\exp\left(\frac{i}{v}\xi(x)\right) \tag{10.46}$$

genau die Gestalt einer lokalen Eichtransformation hat. Daher kann das Feld $\xi(x)$ durch eine kompensierende Eichtransformation fort transformiert werden:

$$\phi(x) \longrightarrow \phi'(x) = \exp\left(-\frac{\mathrm{i}}{v}\xi(x)\right)\phi(x) = \frac{1}{\sqrt{2}}(v + \rho(x)).$$ (10.47)

Gleichzeitig wird das Eichfeld A_μ folgendermaßen transformiert:

$$A_\mu(x) \longrightarrow A'_\mu(x) = A_\mu(x) + \frac{1}{qv}\partial_\mu\xi(x) \doteq B_\mu(x).$$ (10.48)

Diese Eichung wird in der Literatur **unitäre Eichung** genannt. In diesen Feldern wird die Lagrangedichte zu

$$\begin{aligned}
\mathscr{L} = \ &\frac{1}{2}(\partial_\mu\rho)^2 - \frac{m_\rho^2}{2}\rho^2 - \lambda v\rho^3 - \frac{\lambda}{4}\rho^4 \\
&- \frac{1}{4}F_{\mu\nu}F^{\mu\nu} + \frac{1}{2}q^2v^2 B_\mu B^\mu \\
&+ vq^2\rho B_\mu B^\mu + \frac{1}{2}q^2\rho^2 B_\mu B^\mu,
\end{aligned}$$ (10.49)

wobei $F_{\mu\nu}$ nun aus $B_\mu(x)$ gebildet wird. Der Mischterm ist verschwunden. Die verbleibenden physikalischen Felder sind die folgenden.

- $\rho(x)$ ist ein massives Skalarfeld mit $m_\rho^2 = 2\lambda v^2$. Es wird **Higgs-Feld** und das zugehörige Teilchen **Higgs-Teilchen** genannt.
- $B_\mu(x)$ ist ein **massives** Vektorfeld mit Masse $m_v = qv$. „Das Photon ist massiv geworden."

Die üblichen masselosen Photonen besitzen zwei transversale Freiheitsgrade (Komponenten), während das massive Feld $B_\mu(x)$ drei Freiheitsgrade hat. Sein zusätzlicher „longitudinaler" Freiheitsgrad stammt vom vermeintlichen Goldstonefeld $\xi(x)$. Dies wird gelegentlich durch den Spruch „das Goldstone-Boson wurde vom Vektorboson gegessen" ausgedrückt.

Die beiden letzten Terme in der Lagrangedichte sind Wechselwirkungsterme zwischen den beiden Feldern.

Die obigen Betrachtungen wurden im Rahmen der klassischen Feldtheorie gemacht. Die Lagrangedichte mit den Feldern in der unitären Eichung, also dem massiven Skalarfeld und dem massiven Vektorfeld, bildet den Ausgangspunkt für die Behandlung im Rahmen der Quantenfeldtheorie.

In der unitären Eichung ist die lokale Eichsymmetrie verborgen. In der Literatur findet sich häufig die Formulierung von einer „spontanen Brechung der lokalen Eichsymmetrie". Das ist falsch. Lokale Eichsymmetrien können nicht spontan gebrochen werden, wie sich zeigen lässt (unter der Bezeichnung „Elitzur's Theorem" bekannt). Stattdessen verhält es sich so, dass die Felder $\rho(x)$ und $B_\mu(x)$ eichinvariante Kombinationen der ursprünglichen Felder $\phi(x)$ und $A_\mu(x)$ sind.

Der Higgs-Mechanismus vermag Theorien zu liefern, die aus renormierbaren Eichtheorien stammen und massive Vektorfelder enthalten. Damit ist der Weg zu einer Lösung der Probleme mit den intermediären Vektorbosonen frei.

Fragen zum Nachdenken

Wie kann man die Felder $\rho(x)$ und $B_\mu(x)$ in eichinvarianter Weise durch die Felder $\phi(x)$ und $A_\mu(x)$ ausdrücken?

Übungen

1. Ein 3-komponentiges Skalarfeld $\phi = \begin{pmatrix} \phi_1 \\ \phi_2 \\ \phi_3 \end{pmatrix}$ habe die Lagrangedichte

$$\mathscr{L} = \frac{1}{2}(\partial_\mu \phi^T)(\partial^\mu \phi) - V(\phi)$$

   mit

$$V(\phi) = -\tau \phi^T \phi + \frac{g}{24}(\phi^T \phi)^2 , \quad \tau > 0, \ g > 0 .$$

   (a) Unter welcher inneren Symmetriegruppe ist die Lagrangedichte invariant?

   (b) Untersuchen Sie die spontane Brechung dieser Symmetrie in der klassischen Näherung für das effektive Potenzial. Wählen Sie dazu den Vakuum-Erwartungswert des Feldes in günstiger Weise. Welches ist die verbleibende, ungebrochene Symmetriegruppe? Wie lautet ihr Generator?

   (c) Wieviele Nambu-Goldstone-Bosonen gibt es?

   (d) Entwickeln Sie das Feld um seinen Vakuum-Erwartungswert und drücken Sie die Lagrangedichte durch die Fluktuationen aus. Lesen Sie die Massen der Teilchen ab.

2. Als Alternative zu Gl. (10.36) entwickeln Sie das komplexe Skalarfeld um das klassische Minimum $\phi_0 = v/\sqrt{2}$ des Potenzials mittels der Winkelparametrisierung

$$\phi(x) = \frac{1}{\sqrt{2}}(v + \rho(x))e^{i\xi(x)/v} .$$

   (a) Bestimmen Sie die Massen der ρ- und ξ-Teilchen.

   (b) Vergleichen Sie die Wechselwirkungsvertices mit denen in Gl. (10.37) aus der linearen Parametrisierung.

10.3 Glashow-Weinberg-Salam-Modell

Das Glashow-Weinberg-Salam-Modell ist eine Eichtheorie, welche die elektromagnetischen und schwachen Wechselwirkungen beschreibt. In ihr werden die Wechselwirkungen von den Eichbosonen W^+, W^-, Z^0 und dem Photon A_μ vermittelt. Die Eichgruppe ist

$$SU(2) \otimes U(1)_Y . \tag{10.50}$$

Das Y an der Gruppe U(1) kennzeichnet die sogenannte **schwache Hyperladung**, die unten erläutert wird. Das wesentliche Element der Theorie ist der Higgs-Mechanismus, durch den die W- und Z-Bosonen ihre Massen erhalten.

Die Grundstruktur der Theorie mit dieser Eichgruppe und den vier Vektorbosonen wurde 1961 von S. Glashow formuliert, jedoch war zu diesem Zeitpunkt der Higgs-Mechanismus noch nicht bekannt. Ihre endgültige Form erhielt die Theorie unabhängig voneinander durch S. Weinberg (1967) und A. Salam (1968). Die drei Physiker erhielten dafür 1979 den Nobelpreis für Physik.

10.3.1 Leptonen und Eichfelder

Zunächst werden wir damit beginnen, die Wechselwirkungen der Leptonen zu betrachten. Bei den schwachen Wechselwirkungen sind, wie wir im vorigen Abschnitt besprochen haben, nur die linkshändigen Anteile der Felder involviert. Diese sind an das SU(2)-Eichfeld gekoppelt. Die Eichgruppe wird deshalb auch als SU(2)$_L$ gekennzeichnet. Sie wirkt auf das Dublett

$$\begin{pmatrix} v_e \\ e^- \end{pmatrix}_L = \frac{1}{2}(1 - \gamma_5) \begin{pmatrix} v_e \\ e^- \end{pmatrix} , \qquad (10.51)$$

und die analogen Dubletts der anderen beiden Lepton-Familien

$$\begin{pmatrix} v_\mu \\ \mu^- \end{pmatrix}_L , \quad \begin{pmatrix} v_\tau \\ \tau^- \end{pmatrix}_L . \qquad (10.52)$$

Die SU(2)-Symmetrie wird in Unterscheidung zum Isospin der starken Wechselwirkung **schwacher Isospin** genannt. Die entsprechenden Quantenzahlen der Leptonen-Dubletts sind

$$t = \frac{1}{2} , \quad t_3 = \pm\frac{1}{2} . \qquad (10.53)$$

Die rechtshändigen Anteile der Leptonen, $(e^-)_R$, $(\mu^-)_R$ und $(\tau^-)_R$, sind Singuletts ($t = 0$), d. h. neutral, unter schwachem Isospin. Sie besitzen keine rechtshändigen Neutrino-Partner.

Die Symmetriegruppe U(1)$_Y$ gehört zur **schwachen Hyperladung** y. Diese hängt mit der elektrischen Ladung Q durch

$$Q = t_3 + \frac{y}{2} . \qquad (10.54)$$

zusammen. Die schwachen Quantenzahlen der Leptonen sind in der Tabelle 10.1 zusammengestellt.

Die genannte Symmetrien werden nun durch Einführung zugehöriger Eichfelder zu lokalen Eichsymmetrien erweitert. Die Eichfelder und Feldstärken sind in der Tabelle 10.2 zusammengefasst.

Dabei sind die τ_a die drei Pauli-Matrizen.

Die Dynamik der Eichfelder ist wie üblich gegeben durch die Lagrangedichte

$$\mathscr{L}_g = -\frac{1}{4} W^a_{\mu\nu} W^{a,\mu\nu} - \frac{1}{4} B_{\mu\nu} B^{\mu\nu} . \qquad (10.55)$$

Tab. 10.1: Schwache Quantenzahlen der Leptonen

		ν	e^-_L, μ^-_L, τ^-_L	e^-_R, μ^-_R, τ^-_R
schwacher Isospin	t	$\frac{1}{2}$	$\frac{1}{2}$	0
	t_3	$+\frac{1}{2}$	$-\frac{1}{2}$	0
schwache Hyperladung	y	-1	-1	-2
elektrische Ladung.	Q	0	-1	-1

Tab. 10.2: Eichfelder der GWS-Theorie

Symmetriegruppe	Generatoren	Eichfelder	Feldstärken
SU(2)	$T_a = \frac{1}{2}\tau_a$	$W^a_\mu(x)$	$W^a_{\mu\nu}(x)$
U(1)$_Y$	$\frac{1}{2}y\,\mathbf{1}$	$B_\mu(x)$	$B_{\mu\nu}(x)$

Der fermionische Teil der Lagrangedichte koppelt die Leptonen an die Eichfelder und lautet

$$\mathscr{L}_f = \overline{(v_e, e^-)_L}\, i\gamma^\mu \left(\partial_\mu + i\frac{g'}{2}yB_\mu + i\frac{g}{2}\tau_a W^a_\mu \right) \begin{pmatrix} v_e \\ e^- \end{pmatrix}_L$$

$$+ \overline{e^-_R}\, i\gamma^\mu \left(\partial_\mu + i\frac{g'}{2}yB_\mu \right) e^-_R$$

$$+ \text{gleiche Terme für Myon und Tau}. \tag{10.56}$$

In ihr sind die beiden Kopplungskonstanten g für die SU(2)-Symmetrie und g' für die U(1)$_Y$-Symmetrie enthalten.

10.3.2 Higgs-Mechanismus

Die entscheidende Zutat der Theorie ist das Higgs-Feld. Da das Photon masselos bleiben soll, darf nicht die gesamte Gruppe SU(2) $\otimes$ U(1)$_Y$ dem Higgs-Mechanismus anheimfallen. Daher wird das Higgs-Feld als komplexes SU(2)-Dublett gewählt:

$$\phi(x) = \begin{pmatrix} \phi^+ \\ \phi^0 \end{pmatrix} = \frac{1}{\sqrt{2}} \begin{pmatrix} \phi_1 + i\phi_2 \\ \phi_3 + i\phi_4 \end{pmatrix}. \tag{10.57}$$

Das Higgs-Feld besitzt also den schwachen Isospin $t = 1/2$. Die obere Komponente ϕ^+ hat dann $t_3 = 1/2$, und die untere Komponente ϕ^0 hat $t_3 = -1/2$. Weiterhin wird dem Higgs-Feld die schwache Hyperladung $y = 1$ zugeordnet. Somit ist für ϕ^+ die elektrische Ladung gegeben durch $Q = t_3 + y/2 = +1$, und für ϕ^0 ist sie $Q = 0$, was die hochgestellten Indices an den Komponenten erklärt.

Die kovariante Ableitung des Higgs-Feldes lautet mit diesen Quantenzahlen

$$D_\mu \phi = \left(\partial_\mu + \mathrm{i} \frac{g'}{2} B_\mu + \mathrm{i} \frac{g}{2} \tau_a W_\mu^a \right) \phi \,. \tag{10.58}$$

Die Lagrangedichte für das Higgs-Feld hat die übliche Gestalt

$$\mathscr{L}_\mathrm{h} = (D_\mu \phi)^\dagger (D^\mu \phi) - \mu^2 \phi^\dagger \phi - \lambda(\phi^\dagger \phi)^2 \,, \quad (\mu^2 < 0, \lambda > 0) \,. \tag{10.59}$$

Die Minima des Potenzials $\mu^2 \phi^\dagger \phi + \lambda(\phi^\dagger \phi)^2$ liegen bei

$$\phi^\dagger \phi = \frac{-\mu^2}{2\lambda} \,. \tag{10.60}$$

Man wählt die Feldkonfiguration, die zum Vakuum korrespondiert, als

$$\phi_0 = \frac{1}{\sqrt{2}} \begin{pmatrix} 0 \\ v \end{pmatrix} \,, \quad \text{mit } v^2 \doteq -\frac{\mu^2}{\lambda} \,. \tag{10.61}$$

Die Wahl ist so getroffen, dass die elektrische Ladung Q von ϕ_0 null ist. Dadurch wird gewährleistet, dass die elektromagnetische Eichgruppe U(1), deren Generator Q ist, nicht vom Higgs-Mechanismus betroffen ist. Wir werden das weiter unten noch explizit sehen.

Ohne die Eichfelder hätte man jetzt die Situation einer spontanen Brechung einer globalen SU(2)-Symmetrie, und es gäbe drei masselose Nambu-Goldstone-Bosonen und ein massives Skalarfeld. In Anwesenheit der Eichfelder kommt aber der Higgs-Mechanismus zum Zuge. Wir gehen in die unitäre Eichung wie im Abschnitt 10.2.2 durch

$$\phi(x) \longrightarrow \frac{1}{\sqrt{2}} \begin{pmatrix} 0 \\ v + \rho(x) \end{pmatrix} \tag{10.62}$$

und die entsprechende Transformation der Eichfelder. Die Lagrangedichte $\mathscr{L}_\mathrm{h}$ wird in dieser Eichung zu

$$\begin{aligned} \mathscr{L}_\mathrm{h} = {}& \frac{1}{2}(\partial_\mu \rho)^2 - \frac{1}{2} m_\rho^2 \rho^2 - \lambda v \rho^3 - \frac{\lambda}{4} \rho^4 \\ &+ \frac{1}{2} m_\mathrm{W}^2 (W_\mu^1 W^{\mu 1} + W_\mu^2 W^{\mu 2}) \\ &+ \frac{v^2}{8} (g' B_\mu - g W_\mu^3)(g' B^\mu - g W^{\mu 3}) \\ &+ \text{Wechselwirkungsterme} \end{aligned} \tag{10.63}$$

mit

$$m_\rho^2 = 2\lambda v^2 = -2\mu^2 \,, \quad m_\mathrm{W} = \frac{1}{2} g v \,. \tag{10.64}$$

Wir lesen dem Ergebnis ab, dass wir es mit einem massiven neutralen Higgs-Feld $\rho(x)$ mit Masse m_ρ und massiven Vektorfeldern W_μ^1 und W_μ^2 mit Masse m_W zu tun haben. Die geladenen Bosonen $W_\mu^\pm$ sind definiert durch die komplexen Linearkombinationen

$$W^\pm = \frac{1}{\sqrt{2}} (W_\mu^1 \mp \mathrm{i} W_\mu^2) \,, \tag{10.65}$$

so dass

$$W_\mu^1 W^{\mu 1} + W_\mu^2 W^{\mu 2} = 2\, W_\mu^+ W^{\mu\,-} \tag{10.66}$$

gilt. Die restlichen Vektorfelder B_μ und W_μ^3 erscheinen gemischt in den quadratischen Termen. Diese müssen diagonalisiert werden. Das geschieht mit

$$Z_\mu \doteq \frac{g W_\mu^3 - g' B_\mu}{\sqrt{g^2 + g'^2}} \;, \tag{10.67}$$

$$A_\mu \doteq \frac{g' W_\mu^3 + g B^\mu}{\sqrt{g^2 + g'^2}} \;. \tag{10.68}$$

Damit lautet der quadratische Term

$$\frac{1}{2} m_Z^2 Z_\mu Z^\mu \quad \text{mit} \quad m_Z = \frac{1}{2} v \sqrt{g^2 + g'^2} \;, \tag{10.69}$$

so dass also zu $Z_\mu(x)$ die Masse m_Z gehört, während das Feld $A_\mu(x)$ masselos bleibt, $m_A = 0$. Dies sind offenbar die Felder, die das massive Z^0-Boson und das masselose Photon beschreiben.

Definiert man den Winkel θ_W durch

$$\tan \theta_W = \frac{g'}{g} \;, \quad \text{oder} \quad \frac{m_W}{m_Z} = \cos \theta_W \;, \tag{10.70}$$

so gilt

$$\cos \theta_W = \frac{g}{\sqrt{g^2 + g'^2}} \;, \quad \sin \theta_W = \frac{g'}{\sqrt{g^2 + g'^2}} \;, \tag{10.71}$$

und die beiden Felder können durch

$$\begin{pmatrix} Z_\mu \\ A_\mu \end{pmatrix} = \begin{pmatrix} \cos \theta_W & -\sin \theta_W \\ \sin \theta_W & \cos \theta_W \end{pmatrix} \begin{pmatrix} W_\mu^3 \\ B_\mu \end{pmatrix} \tag{10.72}$$

dargestellt werden. θ_W wird **schwacher Mischungswinkel** oder auch **Weinberg-Winkel** genannt.

Um die Kopplung der Leptonen an die Vektorfelder zu ermitteln und dabei auch die Beziehung zur elektrischen Ladung herzustellen, betrachten wir die kovariante Ableitung

$$D_\mu = \partial_\mu + \mathrm{i}\, \frac{g'}{2} y B_\mu + \mathrm{i}\, g T_a W_\mu^a \;, \tag{10.73}$$

die auf die Leptonen wirkt. Sie soll nun durch die Felder W_μ^+, W_μ^-, Z_μ und A_μ ausgedrückt werden. Mit

$$T_\pm \doteq T_1 \pm \mathrm{i}\, T_2 \tag{10.74}$$

erhalten wir für die geladenen Komponenten

$$T_1 W_\mu^1 + T_2 W_\mu^2 = \frac{1}{\sqrt{2}} (T_+ W_\mu^+ + T_- W_\mu^-) \;. \tag{10.75}$$

Wir rufen uns die Beziehung

$$Q = T_3 + \frac{y}{2} \tag{10.76}$$

in Erinnerung und finden für die Felder W_μ^3 und B_μ

$$gT_3 W_\mu^3 + g' \frac{y}{2} B_\mu$$

$$= \left(g \sin\theta_W T_3 + g' \cos\theta_W \frac{y}{2}\right) A_\mu + \left(g \cos\theta_W T_3 - g' \sin\theta_W \frac{y}{2}\right) Z_\mu$$

$$= \frac{gg'}{\sqrt{g^2 + g'^2}} \left(T_3 + \frac{y}{2}\right) A_\mu + \sqrt{g^2 + g'^2} \left(T_3 - \sin^2\theta_W \left(T_3 + \frac{y}{2}\right)\right) Z_\mu$$

$$= \frac{gg'}{\sqrt{g^2 + g'^2}} Q A_\mu + \sqrt{g^2 + g'^2} \left(T_3 - \sin^2\theta_W Q\right) Z_\mu . \tag{10.77}$$

Das Photonfeld A_μ koppelt an die Ladung Q, wie es sein sollte. Der Vorfaktor erlaubt uns, die Kopplungskonstante des Photons, die Elementarladung e_0, abzulesen, nämlich

$$e_0 = \frac{gg'}{\sqrt{g^2 + g'^2}} = g \sin\theta_W = g' \cos\theta_W . \tag{10.78}$$

Zusammenfassend können wir den Term der kovarianten Ableitung, der die Felder enthält, in der Form

$$\frac{g'}{2} y B_\mu + g T_a W_\mu^a = \frac{e_0}{\sqrt{2}\sin\theta_W} (T_+ W_\mu^+ + T_- W_\mu^-)$$

$$+ e_0 Q A_\mu$$

$$+ \frac{e_0}{\sin\theta_W \cos\theta_W} (T_3 - \sin^2\theta_W \, Q) Z_\mu \tag{10.79}$$

schreiben.

Aus der obigen Diskussion der Lagrangedichte $\mathscr{L}_h$ in der unitären Eichung ist es klar, dass die Massen der W- und Z-Bosonen vom nichtverschwindenden Vakuum-Erwartungswert des Higgs-Feldes stammen. Es ist instruktiv, sich das noch einmal manifest deutlich zu machen. Dazu betrachten wir nochmals den kinetischen Teil für das Higgs-Feld, diesmal ausgedrückt durch W-, Z- und Photon-Feld. Die kovariante Ableitung wirkt auf den konstanten Vakuumwert ϕ_0 des Higgs-Feldes wie

$$D_\mu \phi_0 = \frac{ig}{\sqrt{2}} (W_\mu^+ T_+ + W_\mu^- T_-) \phi_0 + \frac{ig}{\cos\theta_W} Z_\mu T_3 \phi_0$$

$$= \frac{ig}{2} W_\mu^+ \binom{v}{0} - \frac{ig}{2\sqrt{2}\cos\theta_W} Z_\mu \binom{0}{v} . \tag{10.80}$$

Der zugehörige Beitrag zum kinetischen Term ist damit

$$(D_\mu \phi_0)^\dagger (D^\mu \phi_0) = \frac{g^2 v^2}{8} \left(2 W_\mu^+ W^{\mu-} + \frac{1}{\cos^2\theta_W} Z_\mu Z^\mu\right) , \tag{10.81}$$

und wir lesen direkt die Massen der Vektorbosonen ab:

$$m_W = \frac{1}{2}gv = \frac{e_0 v}{2\cos\theta_W} \,, \quad m_Z = \frac{m_W}{\cos\theta_W} \,. \tag{10.82}$$

Reduktion zur V-A-Theorie

Im Abschnitt 10.1.2 haben wir besprochen, dass die Reduktion von Prozessen mit Vektorbosonen bei niedrigen Energien auf Prozesse in der V-A-Theorie dem Schema

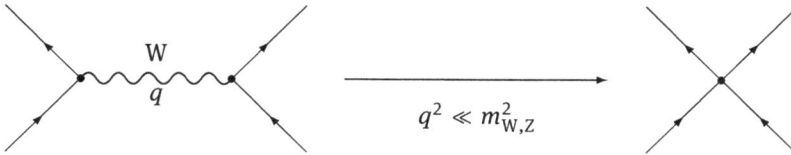

folgt. Dabei wird der Propagator des Vektorbosons durch $ig_{\mu\nu}/m_W^2$ ersetzt. Der resultierende effektive Vier-Fermion-Vertex trägt die Kopplungskonstante

$$\frac{G_F}{\sqrt{2}} = \frac{g^2}{8m_W^2} = \frac{1}{2v^2} \,. \tag{10.83}$$

Aus dem bekannten Wert der Fermi-Kopplung G_F ergibt sich der Vakuum-Erwartungswert des Higgs-Feldes zu

$$v = (\sqrt{2}\,G_F)^{-\frac{1}{2}} = 246\,\text{GeV}\,. \tag{10.84}$$

Die Vektorboson-Massen und der schwache Mischungswinkel sind unabhängig voneinander experimentell bestimmt worden. Die Werte sind

$$m_W = 80{,}38\,\text{GeV}\,, \tag{10.85}$$
$$m_Z = 91{,}19\,\text{GeV}\,, \tag{10.86}$$
$$\sin^2\theta_W = 0{,}231\,, \quad (\overline{\text{MS}}\text{-Schema}) \tag{10.87}$$

und passen gut zu den theoretischen Beziehungen. Dabei ist zu bemerken, dass in höheren Ordnungen der Störungstheorie die Definition des Winkels θ_W vom Renormierungsschema abhängt und dass es Korrekturen zu den oben stehenden Beziehungen gibt.

10.3.3 Fermionmassen

Die rechts- und linkshändigen Elektronfelder e_R und e_L transformieren unterschiedlich unter der lokalen Eichgruppe $SU(2)_L \otimes U(1)_Y$. Daher kann ein Massenterm von der Form

$$m\overline{\psi}\psi = m(\overline{\psi_L}\,\psi_R + \overline{\psi_R}\,\psi_L) \tag{10.88}$$

nicht invariant sein und folglich gibt es keine Massenterme für die Fermionen in der GWS-Theorie. Wo kommen deren Massen her?

Die Lösung kommt wiederum vom Higgs-Feld. Dazu ist es nötig, das Higgs-Feld durch Yukawa-Kopplungen an die Fermionen zu koppeln. Für das Elektron lautet der entsprechende Term in der Lagrangedichte

$$\mathscr{L}_Y = -G_e \, \overline{(v_e, e^-)_L} \begin{pmatrix} \phi^+ \\ \phi^0 \end{pmatrix} e_R^- + \text{hermitesch konjugiert} \,. \tag{10.89}$$

Gleichartige Terme sind für Myon und τ-Lepton zu addieren. Diese Yukawaterme sind invariant unter $SU(2)_L$. Sie sind auch invariant unter $U(1)_Y$, da die schwachen Hyperladungen sich zu null summieren. In der unitären Eichung

$$\begin{pmatrix} \phi^+ \\ \phi^0 \end{pmatrix} = \frac{1}{\sqrt{2}} \begin{pmatrix} 0 \\ v + \rho(x) \end{pmatrix} \tag{10.90}$$

wird die Kopplung zu

$$\mathscr{L}_Y = -\frac{G_e v}{\sqrt{2}} \, \overline{e^-} \, e^- - \frac{G_e}{\sqrt{2}} \rho \, \overline{e^-} \, e^- \,. \tag{10.91}$$

Der erste Summand ist der gesuchte Massenterm für das Elektron. Die Elektronenmasse beträgt demnach

$$m_e = \frac{G_e v}{\sqrt{2}} \,. \tag{10.92}$$

Der zweite Summand beschreibt die Yukawa-Wechselwirkung zwischen Elektron und Higgs-Feld.

Die gleiche Konstruktion gilt für die Quarks, und man kann festhalten, dass alle nackten, d. h. in der Lagrangedichte vorkommenden Massen von W, Z und Fermionen durch den Higgs-Mechanismus erzeugt werden. Die gelegentlich gemachte Äußerung, dass das Higgs-Teilchen allen Teilchen ihre Massen verleiht, ist aber nicht korrekt. Der Beitrag der Quarkmassen zu den Nukleonen-Massen beispielsweise ist sehr gering. Diese kommen hauptsächlich durch die kinetischen Energien der Quarks zustande.

10.3.4 Quarks

Die Kopplung der Quarks an die Eichfelder erfolgt in gleicher Weise wie bei den Leptonen. Die linkshändigen Quarks bilden schwache Isospin-Dubletts ($t = 1/2$):

$$\begin{pmatrix} u \\ d' \end{pmatrix}_L, \quad \begin{pmatrix} c \\ s' \end{pmatrix}_L, \quad \begin{pmatrix} t \\ b' \end{pmatrix}_L \,. \tag{10.93}$$

Deren schwache Hyperladung beträgt $y = 1/3$, damit die korrekte elektrische Ladung resultiert. Die Komponenten d', s' und b' sind mit einem Apostroph versehen, weil es zwischen ihnen Mischungen gibt, welche den Cabibbo-Winkel verallgemeinern. Wir werden darauf weiter unten noch eingehen.

Die rechtshändigen Quarks u_R, d'_R, c_R, s'_R, t_R und b'_R sind Singuletts ($t = 0$) unter $SU(2)_L$. Ihre schwache Hyperladung ist $y = 4/3$ bzw. $y = -2/3$.

Wie bei den Leptonen werden auch die Massen der Quarks durch Yukawa-Kopplungen an das Higgs-Feld erzeugt. (Siehe auch Übung 3 am Ende des Kapitels.)

10.3.5 Eigenschaften der GWS-Theorie

Die Glashow-Weinberg-Salam-Theorie liefert eine konsistente Beschreibung der schwachen und elektromagnetischen Wechselwirkungen. Besonders wichtig ist dabei die Tatsache, dass sie renormierbar ist. Dies wurde von Weinberg und Salam vermutet; der Beweis dafür wurde von G. 't Hooft 1971 geführt. Weitere wichtige Beiträge zur Quantisierung und Renormierung wurden von M. Veltman, J. C. Taylor, A. A. Slavnov, B. W. Lee und J. Zinn-Justin erbracht. Das Problem dabei war, dass die Theorie in der unitären Eichung zwar den physikalischen Gehalt wiedergibt, aber die Renormierung nicht erkennen lässt. 't Hooft konnte zeigen, dass die Renormierbarkeit von Eichtheorien ohne Higgs-Mechanismus, die bekannt war, sich auf die Theorien mit Higgs-Mechanismus übertragen lässt. Für ihre Beiträge zu dieser Thematik erhielten 't Hooft und Veltman 1999 den Nobelpreis für Physik.

Die Theorie beschreibt Wechselwirkungen mit geladenen Strömen analog zur V-A-Theorie. Darüber hinaus sagt sie die neutralen Ströme voraus. Diese koppeln an links- und rechtshändige Fermionen. Der entsprechende Strom hat nach Gl. (10.79) die Form

$$J_\mu^{(\text{neutral})} = J_\mu^3 - \sin^2\theta_W \, J_\mu^{(\text{e.m.})} \; . \tag{10.94}$$

Die Theorie beinhaltet eine vereinigte Beschreibung der elektromagnetischen und schwachen Wechselwirkungen. Allerdings muss man einschränkend hinzufügen, dass die Vereinigung der Wechselwirkungen nicht wirklich komplett ist, da die Eichgruppe ein direktes Produkt von $SU(2)$ und $U(1)$ ist, und es dementsprechend zwei unabhängige Kopplungskonstanten g und g' gibt. Dies motiviert die Suche nach einer einheitlichen Theorie mit einer einfachen Lie-Gruppe, die nicht in Faktoren zerfällt.

Bemerkenswert ist die Freiheit der Theorie von Anomalien. Die sogenannte **Adler-Bell-Jackiw-Anomalie** tritt auf, wenn ein Axialvektorstrom an ein Eichfeld gekoppelt ist. Die Anomalie besteht darin, dass die klassische Erhaltung des Stroms durch Quanteneffekte zerstört wird. Im Allgemeinen wird dadurch die Renormierbarkeit der Theorie zunichte gemacht, es sei denn, die Anomalien verschiedener Ströme heben sich gegeneinander auf. In der GWS-Theorie lautet die Bedingung für die Aufhebung der Anomalien

$$\sum_L Q - \sum_R Q = 0 \; , \tag{10.95}$$

wobei die Summen über die elektrischen Ladungen der linkshändigen bzw. rechtshändigen Fermionen gehen. Erstaunlicherweise ist das in jeder Generation von Leptonen und Quarks erfüllt, wobei die Quarks mit einem Faktor 3 für die Anzahl der Farben in die Summe eingehen. Hier zeigt sich ein wichtiger Zusammenhang zwischen Leptonen und Quarks in den Generationen von Konstituenten.

Experimentelle Evidenz

Die Glashow-Weinberg-Salam-Theorie ist phänomenologisch sehr erfolgreich. Die experimentelle Evidenz dafür, dass sie die elektro-schwachen Wechselwirkungen zutreffend beschreibt, besteht u. a. in folgenden Tatsachen:

- Existenz und Eigenschaften schwacher neutraler Ströme, die z. B. in der Reaktion $\bar{\nu}_\mu + e^- \longrightarrow \bar{\nu}_\mu + e^-$ nachgewiesen wurden.
- Nachweis der Existenz des Higgs-Teilchens.
- Existenz und Eigenschaften der Vektorbosonen W^+, W^- und Z^0.
- Zahlreiche experimentelle Belege für die Universalität der Kopplung der geladenen Leptonen an $W^\pm$ und Z^0 in Form der gleichen Struktur und gleichen Kopplungskonstanten.
- Die Parameter m_W, m_Z, θ_W, v und e_0 sind unabhängig voneinander messbar. In der GWS-Theorie sind nur drei von ihnen unabhängig, z. B. v, θ_W und e_0. Die sich daraus ergebenden Beziehungen zwischen den Parametern werden durch Experimente bestätigt.

10.3.6 Wechselwirkungs-Vertices

Die komplette Lagrangedichte der GWS-Theorie in der unitären Eichung enthält eine Reihe von Termen für die Wechselwirkungen zwischen Leptonen, Quarks, Eichbosonen und Higgs-Teilchen. Die zugehörigen Vertices sind Bausteine der Feynman-Diagramme für mögliche Prozesse. Im Folgenden werden diese Vertices zusammen mit den jeweiligen Kopplungskonstanten aufgelistet. Für die W- und Z-Bosonen werden gestrichelte Linien verwendet, um sie vom Photon zu unterscheiden.

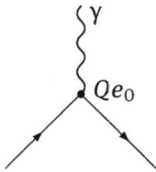

Fermion–Photon   Fermionen–$W^\pm$

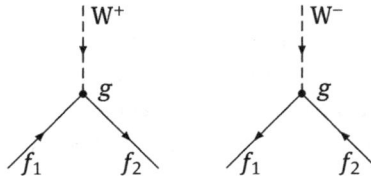

Dabei ist $(f_1, f_2) \in \{(e^-, \nu_e)_L, (\mu^-, \nu_\mu)_L, (\tau^-, \nu_\tau)_L, (d', u)_L, (s', c)_L, (b', t)_L\}$.

ν–Z^0 geladenes Fermion–Z^0

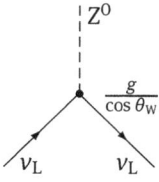 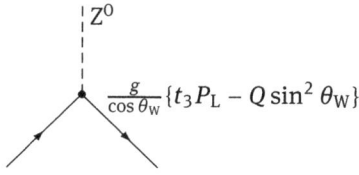

Eichbosonen

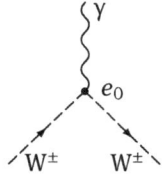 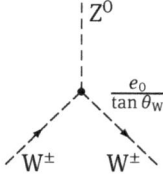 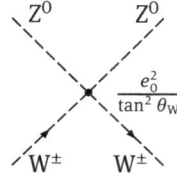

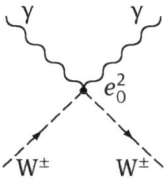 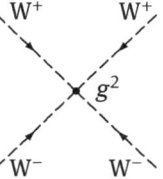 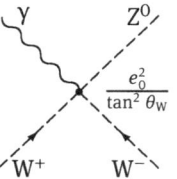

Higgs

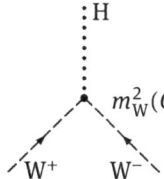 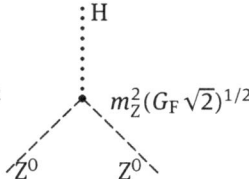 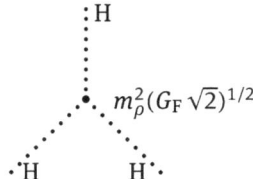

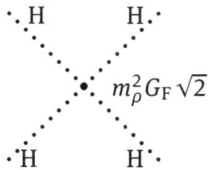 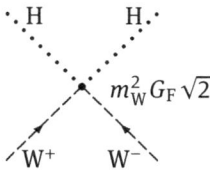 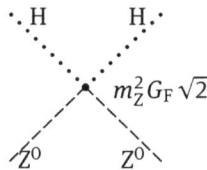

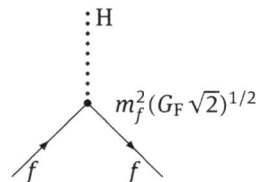

10.3.7 Glashow-Iliopoulos-Maiani (GIM)-Mechanismus

Vor 1974 waren nur die drei Quark-Flavours u, d und s bekannt. Wie im Abschnitt 10.1.2 erwähnt, ist es die Mischung

$$d' = d \cos \theta_C + s \sin \theta_C \tag{10.96}$$

zwischen d- und s-Quark, die an der schwachen Wechselwirkung teilnimmt, wobei θ_C der Cabibbo-Mischungswinkel ist. Eine der Wechselwirkungen mit Beteiligung neutraler Ströme ist durch den folgenden Vertex gegeben (Abb. 10.6).

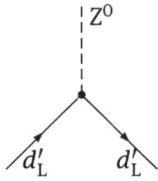

Abb. 10.6: Vertex mit Strangeness-ändernden neutralen Strömen

Der entsprechende Wechselwirkungsterm ist

$$Z^0_\mu \overline{d'_L} \gamma^\mu d'_L = Z^0_\mu \left[\overline{d_L} \gamma^\mu d_L \cos^2 \theta_C + \overline{s_L} \gamma^\mu s_L \sin^2 \theta_C \right.$$
$$\left. + (\overline{d_L} \gamma^\mu s_L + \overline{s_L} \gamma^\mu d_L) \sin \theta_C \cos \theta_C \right] . \tag{10.97}$$

Die ersten beiden Summanden stellen Strangeness-erhaltende ($\Delta S = 0$) Prozesse dar, während der Term proportional zu $\sin \theta_C \cos \theta_C$ Strangeness-ändernde ($\Delta S = 1$) neutrale Ströme beinhaltet. Solche würden beispielsweise zum Zerfall $K^0 \to \mu^+ \mu^-$ beitragen. Abb. 10.7 zeigt den entsprechenden Feynman-Graphen.

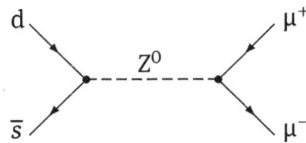

Abb. 10.7: Fiktiver Kaon-Zerfall mit Strangeness-ändernden neutralen Strömen

Experimentell stellt es sich jedoch heraus, dass Prozesse mit Strangeness-ändernden neutralen Strömen, bzw. allgemeiner Flavour-ändernden neutralen Strömen ("flavour changing neutral currents" FCNC), stark unterdrückt sind im Vergleich zu solchen mit geladenen Strömen. Im obigen Beispiel beträgt das Verzweigungsverhältnis des Zerfalls $K^0 \to \mu^+ \mu^-$ zur gesamten Zerfallsbreite ca. $7 \cdot 10^{-9}$. Woran liegt das?

Die Erklärung wurde 1970 durch Glashow, Iliopoulos und Maiani gegeben. Sie postulierten die Existenz eines vierten Quarks, des c-Quarks, und den sogenannten

GIM-Mechanismus. Die linkshändigen Teile von c-Quark und s' bilden gemeinsam ein Dublett unter schwachem Isospin, so dass wir die beiden Dubletts

$$\begin{pmatrix} u \\ d' \end{pmatrix}_{\mathrm{L}}, \quad \begin{pmatrix} c \\ s' \end{pmatrix}_{\mathrm{L}} \tag{10.98}$$

haben. Die Mischung wird erweitert zu

$$d' = d \cos\theta_{\mathrm{C}} + s \sin\theta_{\mathrm{C}} \tag{10.99}$$

$$s' = -d \sin\theta_{\mathrm{C}} + s \cos\theta_{\mathrm{C}} . \tag{10.100}$$

Aus dem Wechselwirkungsterm (10.97) wird nun

$$Z_{\mu}^{0} \left(\overline{d_{\mathrm{L}}'} \gamma^{\mu} d_{\mathrm{L}}' + \overline{s_{\mathrm{L}}'} \gamma^{\mu} s_{\mathrm{L}}' \right) = Z_{\mu}^{0} \left(\overline{d_{\mathrm{L}}} \gamma^{\mu} d_{\mathrm{L}} + \overline{s_{\mathrm{L}}} \gamma^{\mu} s_{\mathrm{L}} \right) . \tag{10.101}$$

Die Terme mit $\Delta S = 1$ haben sich aufgehoben, d. h. die Flavour-ändernden neutralen Ströme sind verschwunden, und es verbleibt ein neutraler Strom mit $\Delta S = 0$. Der Zerfall $K^0 \to \mu^+ \mu^-$ erfolgt durch Prozesse höherer Ordnung in der Störungstheorie, die stark unterdrückt sind.

CKM-Matrix

Die Cabibbo-Mischung wurde von Kobayashi und Maskawa 1973 auf drei Familien von Quarks erweitert, die heute als

$$\begin{pmatrix} u \\ d \end{pmatrix}, \quad \begin{pmatrix} c \\ s \end{pmatrix}, \quad \begin{pmatrix} t \\ b \end{pmatrix} \tag{10.102}$$

bezeichnet werden. In der schwachen Wechselwirkung sind die linkshändigen Teile der Mischungen

$$\begin{pmatrix} d' \\ s' \\ b' \end{pmatrix} = V_{\mathrm{CKM}} \begin{pmatrix} d \\ s \\ b \end{pmatrix} \tag{10.103}$$

beteiligt, wobei V_{CKM} die unitäre Cabibbo-Kobayashi-Maskawa-Matrix, kurz CKM-Matrix, ist. Diese verallgemeinert die Cabibbo-Mischungsmatrix in

$$\begin{pmatrix} d' \\ s' \end{pmatrix} = \begin{pmatrix} \cos\theta_{\mathrm{C}} & \sin\theta_{\mathrm{C}} \\ -\sin\theta_{\mathrm{C}} & \cos\theta_{\mathrm{C}} \end{pmatrix} \begin{pmatrix} d \\ s \end{pmatrix} . \tag{10.104}$$

Die Matrixelemente der CKM-Matrix werden mit

$$\begin{pmatrix} V_{ud} & V_{us} & V_{ub} \\ V_{cd} & V_{cs} & V_{cb} \\ V_{td} & V_{ts} & V_{tb} \end{pmatrix} \tag{10.105}$$

bezeichnet. Nach Abzug nichtbeobachtbarer Phasen verbleiben vier reelle Parameter zur Parametrisierung der Matrix. In der Literatur gibt es mehrere verschiedene Parametrisierungen. Die ursprüngliche von Kobayashi und Maskawa lautet

$$
\begin{pmatrix}
c_1 & -s_1 c_3 & -s_1 s_3 \\
s_1 c_2 & c_1 c_2 c_3 - s_2 s_3\, e^{i\delta} & c_1 c_2 s_3 + s_2 c_3\, e^{i\delta} \\
s_1 s_2 & c_1 s_2 c_3 + c_2 s_3\, e^{i\delta} & c_1 s_2 s_3 - c_2 c_3\, e^{i\delta}
\end{pmatrix}
\tag{10.106}
$$

mit $c_i = \cos\theta_i$ und $s_i = \sin\theta_i$. Hierin kommen drei Winkel θ_i und eine Phase δ vor. Der erste Winkel $\theta_1 \approx \theta_C$ ist ungefähr so groß wie der Cabibbo-Winkel, und der Winkel θ_3 ist sehr klein. Die experimentellen Werte für die Beträge der Matrixelemente sind ungefähr

$$
(|V_{ij}|) =
\begin{pmatrix}
0.974 & 0.225 & 0.004 \\
0.224 & 0.974 & 0.042 \\
0.009 & 0.041 & 0.999
\end{pmatrix}.
\tag{10.107}
$$

Das Besondere an der CKM-Matrix ist das Auftreten der komplexen Phase δ. Der experimentelle Wert liegt bei $\delta \approx 70° \approx 1{,}2$. Das Nichtverschwinden dieser Phase führt zu Verletzungen der diskreten Symmetrie CP im Sektor schwerer Quarks. Hierin bestand die eigentliche Motivation von Kobayashi und Maskawa für die Vorhersage einer dritten Generation von Quarks noch vor der Entdeckung des c-Quarks, denn es war damals bekannt, dass es CP-Verletzungen in den schwachen Wechselwirkungen gibt.

Der Leser mag sich fragen, wieso eigentlich die drei unteren Elemente d, s und b der Quark-Dubletts mischen, die oberen drei aber nicht. Dazu betrachten wir die Form des geladenen hadronischen Stroms

$$
J_\mu^{(h)} = 2\,\overline{u}\gamma_\mu P_L d' + 2\,\overline{c}\gamma_\mu P_L s' + 2\,\overline{t}\gamma_\mu P_L b'
\tag{10.108}
$$

$$
= 2\left(\overline{u},\quad \overline{c},\quad \overline{t}\right)\gamma_\mu P_L V_{CKM}
\begin{pmatrix}
d \\ s \\ b
\end{pmatrix}
\tag{10.109}
$$

mit $P_L = (1 - \gamma_5)/2$. Hätte man mit einer allgemeineren Form begonnen, in der Mischungen

$$
\begin{pmatrix}
u' \\ c' \\ t'
\end{pmatrix}
= W
\begin{pmatrix}
u \\ c \\ t
\end{pmatrix}
\tag{10.110}
$$

eingehen, wäre dies äquivalent dazu, die CKM-Matrix durch

$$
V_{CKM} \longrightarrow V'_{CKM} = W^\dagger V_{CKM}
\tag{10.111}
$$

zu ersetzen, was wieder auf die gewöhnliche Form hinausläuft.

10.3.8 Higgs-Teilchen

In der GWS-Theorie gehört zum Higgs-Feld $\rho(x)$ das Higgs-Teilchen, welches ein neutrales Boson mit Spin 0 ist. Seine Masse hängt mit den anderen Parametern der Theorie durch $m_\rho^2 = 2\lambda v^2$ zusammen. Der Wert von v ist bekannt, aber die skalare Selbstkopplung λ des Higgs-Feldes ist ein freier Parameter, so dass über die Higgs-Masse keine Vorhersagen gemacht werden konnten. Im Jahr 2012 gelang am CERN mit dem Beschleuniger LHC der Nachweis der Existenz des Higgs-Teilchens. Seine Masse ist zu

$$m_\rho \equiv m_H \approx 125\,\text{GeV} \tag{10.112}$$

bestimmt worden. Für die theoretische Grundlage bekamen P. Higgs und F. Englert 2013 den Nobelpreis für Physik.

Die dominanten Prozesse für die Erzeugung des Higgs-Teilchens am LHC sind die folgenden:

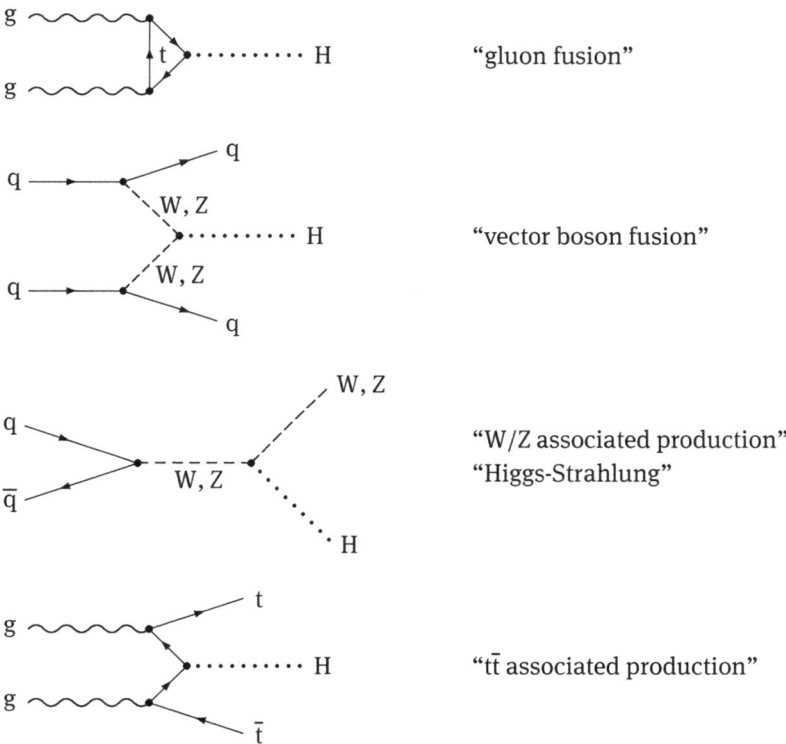

"gluon fusion"

"vector boson fusion"

"W/Z associated production"
"Higgs-Strahlung"

"$t\bar{t}$ associated production"

Die dominanten Zerfälle sind

$$H \to b\bar{b}\,, \quad H \to W^+W^- \to q\bar{q}/l\bar{\nu}\,, \quad H \to \tau^+\tau^-\,. \tag{10.113}$$

Fragen zum Nachdenken

1. Gibt es in der GWS-Theorie außer den elektromagnetischen und schwachen noch weitere Wechselwirkungen?

2. Würden Sie sagen, dass elektromagnetische und schwache Wechselwirkungen in der GWS-Theorie vereinigt worden sind?

Übungen

1. Zeigen Sie, dass ein beliebiger Wert des Higgs-Feldes ϕ mit Länge $|\phi| = v/\sqrt{2}$ durch eine SU(2)-Transformation zu

$$\phi \to \frac{1}{\sqrt{2}} \begin{pmatrix} 0 \\ v \end{pmatrix}$$

    transformiert werden kann.

2. Warum wird die Linearkombination

$$A_\mu = \sin\theta_W \, W_\mu^3 + \cos\theta_W \, B_\mu \,,$$

    die das Photon darstellt, orthogonal zu derjenigen des Z-Boson-Feldes gewählt?

3. Die Yukawa-Kopplungen zwischen u- und d-Quarks und Higgs-Feld sind von der Form

$$\mathscr{L}_q = -y_d \, \overline{(u,d)}_L \, \phi \, d_R - y_u \, \overline{(u,d)}_L \, \overline{\phi} \, u_R + \text{hermitesch konjugiert}$$

    mit

$$\overline{\phi} = S\phi^{\dagger T} = \begin{pmatrix} (\phi^0)^\dagger \\ -(\phi^+)^\dagger \end{pmatrix}, \qquad S = \begin{pmatrix} 0 & 1 \\ -1 & 0 \end{pmatrix},$$

    (Zu S vgl. Übung 10 am Ende von Kapitel 3). Zeigen Sie, dass $\overline{\phi}$ ebenfalls ein SU(2)-Dublett ist und damit die obigen Yukawa-Kopplungen SU(2)-invariant sind.

11 Große Vereinigung der Wechselwirkungen

Das Standardmodell, dem die Eichgruppe $SU(3) \otimes SU(2)_L \otimes U(1)_Y$ zugrunde liegt, hat sich als außerordentlich erfolgreich in der Beschreibung der uns bekannten fundamentalen Bestandteile der Materie und ihrer Wechselwirkungen erwiesen. Dennoch wissen wir, dass es nicht den endgültigen Rahmen für eine Theorie der Elementarteilchen bietet. Einerseits wird im Standardmodell die Gravitation völlig ausgeklammert. Andererseits gibt es klare experimentelle Zeichen für eine Physik jenseits des Standardmodells. Die gewichtigsten Hinweise dafür stellen die Neutrinomassen und die dunkle Materie dar.

In aufwändigen Experimenten, insbesondere am Super-Kamiokande-Detektor in Japan und am Sudbury-Neutrino-Observatorium in Kanada, wurde nachgewiesen, dass es Neutrino-Oszillationen gibt, bei denen Übergänge zwischen den verschiedenen Neutrino-Flavours stattfinden. Solche Oszillationen sind nur möglich, wenn Neutrinos massiv sind. Im Standardmodell werden die Neutrinos jedoch als masselos vorausgesetzt.

Mehrere voneinander unabhängige astrophysikalische Beobachtungen (Dynamik von Galaxienhaufen, Rotationskurven von Galaxien, Gravitationslinsen-Effekte, Strukturbildung im Universum, Verteilung der kosmischen Hintergrundstrahlung) zeigen, dass es im Weltall einen Anteil an sogenannter dunkler Materie gibt, der wesentlich größer als der Anteil an bekannter Materie ist. Ihre Charakteristika deuten darauf hin, dass es sich um eine Teilchensorte handelt, die nicht vom Standardmodell erfasst wird.

Es gibt mehrere Ansätze für die theoretische Beschreibung der Physik jenseits des Standardmodells. Dazu gehören
- vereinigte Theorien der Wechselwirkungen, "Grand unified theories" (GUTs),
- supersymmetrische Theorien,
- Superstring-Theorien.

In diesem Kapitel wollen wir einen Blick über das Standardmodell hinaus auf die vereinigten Theorien der Wechselwirkungen werfen.

Zu den drei Faktoren $SU(3)$, $SU(2)_L$ und $U(1)_Y$ der Eichgruppe des Standardmodells gehören drei voneinander unabhängige Kopplungskonstanten: die starke Kopplung g_s, und die beiden Kopplungen g und g' der GWS-Theorie. Die drei Wechselwirkungen sind im Standardmodell also nicht wirklich vereinigt. Das Ziel der vereinigten Theorien ist es, eine Theorie mit einer einfachen lokalen Eichgruppe G zu formulieren, in der es nur eine fundamentale Kopplungskonstante g_u gibt. Eine Lie-Gruppe heißt **einfach**, wenn sie keinen nichttrivialen zusammenhängenden Normalteiler besitzt. Lax gesprochen bedeutet das, dass sie nicht in Faktoren zerfällt wie beim Standardmodell. Mit einem geeignet eingebauten Higgs-Mechanismus soll G zur Gruppe $SU(3) \otimes SU(2) \otimes U(1)$ heruntergebrochen werden, um den Anschluss an das Standard-

https://doi.org/10.1515/9783110638547-011

modell herzustellen. Der Rang von G (Anzahl gleichzeitig diagonalisierbarer linear unabhängiger Generatoren) muss dazu größer als 4 sein. Populäre Kandidaten sind
- SU(5), Georgi und Glashow (1974);
- SO(10), Fritzsch und Minkowski (1975);
- E_6, Gürsey, Ramond und Sikivie (1976).

Die Versuche, eine vereinigte Theorie der Wechselwirkungen zu finden, sind auch durch folgende Gesichtspunkte motiviert:
- Eine Erklärung für die Werte der elektrischen Ladungen im Standardmodell zu finden.
- Eine Vereinigung der numerischen Werte der laufenden Kopplungen bei einer Skala der Größenordnung $M_{\text{GUT}} \approx 10^{15}$ GeV zu erklären. Hierauf werden wir noch zurück kommen.
- Quarks und Leptonen als Mitglieder gemeinsamer Multipletts zu beschreiben.

Im Folgenden soll das Modell mit der Eichgruppe SU(5) beispielhaft skizziert werden, um einen Eindruck davon zu vermitteln, worum es in den vereinigten Theorien geht.

Die Gruppe SU(5) besteht aus unitären 5×5-Matrizen mit Determinante 1. Ihre Gruppenelemente können durch 24 reelle Parameter parametrisiert werden. Es gibt daher 24 linear unabhängige Generatoren T^a, die mit $a = 0, \ldots, 23$ durchnummeriert werden können. Es gilt $T^{a\dagger} = T^a$, $\text{Sp}(T^a) = 0$, und die übliche Normierung ist

$$\text{Sp}(T^a T^b) = \frac{1}{2} \delta_{ab} \,. \tag{11.1}$$

Die Gruppen SU(3) und SU(2) können als Untergruppen in der Gestalt

$$U = \left(\begin{array}{ccc|cc} & & & 0 & 0 \\ & U^{(3)} & & 0 & 0 \\ & & & 0 & 0 \\ \hline 0 & 0 & 0 & & \\ 0 & 0 & 0 & & U^{(2)} \end{array} \right) \tag{11.2}$$

eingebettet werden, wobei $U^{(3)} \in$ SU(3) zur Farbsymmetrie und $U^{(2)} \in$ SU(2)$_L$ zum schwachen Isospin gehört. Die Gruppe U(1)$_Y$ soll durch Diagonalmatrizen repräsentiert werden, worauf weiter unten noch genauer eingegangen wird.

Die kovariante Ableitung

$$D_\mu = \partial_\mu - i g_5 A_\mu \,, \quad A_\mu = A_\mu^a T^a \,, \tag{11.3}$$

enthält die einzige Kopplungskonstante g_5 der SU(5)-Theorie. Das Lie-Algebra-wertige Eichfeld A_μ kann bezüglich der obigen Einbettung von SU(3) und SU(2) zerlegt werden in der Form

$$(A_\mu) = \left(\begin{array}{c|cc} \widehat{G}_\mu & X_\mu & Y_\mu \\ \hline \overline{X}_\mu & & \\ \overline{Y}_\mu & & \widehat{W}_\mu \end{array}\right). \tag{11.4}$$

Hierin ist $\widehat{G}_\mu$ eine Linearkombination des SU(3)-Farb-Eichfeldes G_μ und des abelschen Eichfeldes B_μ der GWS-Theorie, und $\widehat{W}_\mu$ ist Linearkombination des SU(2)$_\text{L}$-Eichfeldes W_μ und des Eichfeldes B_μ. Die genaue Form der Linearkombinationen werden wir noch spezifizieren.

X_μ und Y_μ sind zwei neue Eichfelder mit jeweils drei Komponenten: $X_{a,\mu}$, $Y_{a,\mu}$, $a = 1, 2, 3$. Gemäß ihrer Stellung in der Matrix tragen sie wie Quarks Farbladungen in der Triplett-Darstellung, die durch den Index a gekennzeichnet werden. Unter schwachem Isospin bilden $X_{a,\mu}$ und $Y_{a,\mu}$ ein Dublett. Sie tragen die elektrischen Ladungen $Q_x = -4/3$ und $Q_y = -1/3$. $\overline{X}_\mu$ und $\overline{Y}_\mu$ beschreiben die zugehörigen Antiteilchen.

Die Einbettung der U(1)$_Y$-Gruppe hängt davon ab, wie der Generator y der schwachen Hyperladung bzw. der Generator Q für die Ladung gewählt wird. Dies wiederum hängt davon ab, wie die Fermionen in Materie-Multipletts eingeordnet werden. Da Q einer der Generatoren der SU(5) sein soll, und daher Sp $Q = 0$ ist, muss die Gesamtladung in einem Materie-Multiplett null sein. Es zeigt sich, dass die Fermionen einer Generation in zwei Darstellungen der SU(5) untergebracht werden können.

Betrachten wir die Fermionen u, d, e und ν der ersten Generation. Wir schreiben alle Fermionen in Gestalt linkshändiger Anteile, d. h. dass zum Beispiel der rechtshändige Anteil des Elektrons durch den linkshändigen Anteil des Positrons repräsentiert wird, also das Elektron durch e$^-$$_\text{L}$ und e$^+$$_\text{L}$. Entsprechend werden die rechtshändigen Quarks durch linkshändige Antiquarks ersetzt.

Zunächst kann man die linkshändigen Teile der Leptonen und der down-Antiquarks d^c in eine fünfdimensionale Darstellung

$$\mathbf{5}^* = \begin{pmatrix} d_1^c \\ d_2^c \\ d_3^c \\ e^- \\ \nu_e \end{pmatrix}_\text{L} \tag{11.5}$$

einordnen. Der Index an den Quarks repräsentiert die Farbladung.

Der Generator Q der Ladung wird konventionell so definiert, dass er die Ladungen in der Darstellung $\mathbf{5}$ mit dem richtigen Vorzeichen gibt. Für die Darstellung $\mathbf{5}^*$ liefert

Q die entgegengesetzten Ladungen, so dass

$$Q = \begin{pmatrix} -\frac{1}{3} & & & & \\ & -\frac{1}{3} & & & \\ & & -\frac{1}{3} & & \\ & & & 1 & \\ & & & & 0 \end{pmatrix}. \tag{11.6}$$

Der Generator der Eichgruppe $U(1)_Y$ hat somit die Gestalt

$$y = 2(Q - t_3) = \begin{pmatrix} -\frac{2}{3} & & & & \\ & -\frac{2}{3} & & & \\ & & -\frac{2}{3} & & \\ & & & 1 & \\ & & & & 1 \end{pmatrix}. \tag{11.7}$$

Er kommutiert mit SU(3) und mit $SU(2)_L$, wie es ja sein sollte.

Wo stecken die u-Quarks? Sie haben Ladung 2/3 und können in der Darstellung **5** ⊗ **5** enthalten sein. Die einfachste Wahl ist der antisymmetrische Teil davon, der die zehndimensionale Darstellung **10** bildet. Dort werden die u-Quarks und die linkshändigen Teile der d-Quarks und des Positrons eingeordnet:

$$\mathbf{10} = \frac{1}{\sqrt{2}} \begin{pmatrix} 0 & u_3^c & -u_2^c & u_1 & d_1 \\ -u_3^c & 0 & u_1^c & u_2 & d_2 \\ u_2^c & -u_1^c & 0 & u_3 & d_3 \\ -u_1 & -u_2 & -u_3 & 0 & e^+ \\ -d_1 & -d_2 & -d_3 & -e^+ & 0 \end{pmatrix}_L. \tag{11.8}$$

Die beiden betrachteten Darstellungen enthalten genau eine Generation von Fermionen. Beide Darstellungen enthalten sowohl Leptonen als auch Quarks und realisieren eine gewisse Vereinigung der Fermionen. Interessant ist, dass die gesamte elektrische Ladung in einer Generation notwendig null ist. Weiterhin verlangt die Anomalie-Freiheit in der SU(5)-Theorie, dass die Summe der Kuben Q^3 aller Fermionen verschwindet. In der Tat ist diese Summe über beide Darstellungen genommen gleich null. Die SU(5)-Symmetrie erklärt auch die Gleichheit der elektrischen Ladungen von Elektron und Proton, $Q_{Proton} = -Q_{Elektron}$. Überhaupt ist die Quantisierung der elektrischen Ladung in einfachen Eichgruppen automatisch garantiert, während dies mit der Eichgruppe U(1) nicht notwendig der Fall sein muss.

Kehren wir jetzt zu den Eichfeldern und den Kopplungskonstanten zurück. Mit Kenntnis des Generators y können wir die Generatoren der Eichgruppe identifizieren. Es sei T^0 der Generator, der proportional zu y ist,

$$y = c_y T^0. \tag{11.9}$$

Aufgrund der Normierung (11.1) ist $\mathrm{Sp}(T^0)^2 = \frac{1}{2}$ und

$$\mathrm{Sp}(y^2) = 3 \cdot \left(\frac{2}{3}\right)^2 + 2 = \frac{10}{3} = c_y^2 \cdot \frac{1}{2}, \tag{11.10}$$

so dass

$$c_y = \sqrt{\frac{20}{3}} \, . \tag{11.11}$$

Vergleichen wir die kovariante Ableitung in $SU(3) \otimes SU(2)_L \otimes U(1)_Y$,

$$\partial_\mu - i\, g_s \sum_{a=1}^{8} G_\mu^a\, T^a - i\, g \sum_{r=1}^{3} W_\mu^r\, t^r - i\, g' B_\mu \frac{1}{2} y \, , \tag{11.12}$$

mit derjenigen in $SU(5)$,

$$\partial_\mu - i\, g_5 \sum_{a=0}^{23} A_\mu^a\, T^a \, , \tag{11.13}$$

und beachten

$$g' B_\mu \frac{1}{2} y \doteq g_0 B_\mu T^0 \, , \tag{11.14}$$

so finden wir für die Kopplungskonstanten

$$g_5 = g_s = g = g_0 \, , \quad \text{und} \quad g_0 = \sqrt{\frac{5}{3}}\, g' \, . \tag{11.15}$$

Für den schwachen Mischungswinkel ergibt das

$$\sin^2 \theta_W = \frac{g'^2}{g^2 + g'^2} = \frac{3}{8} = 0{,}375 \, , \tag{11.16}$$

verglichen mit dem experimentellen Wert von 0,23. Diese Beziehungen zwischen den Kopplungen berücksichtigen allerdings nicht die Tatsache, dass wir es in der quantisierten Theorie mit laufenden Kopplungen $g_i(\mu)$ zu tun haben, deren Werte von der Energieskala abhängen. Man geht daher davon aus, dass die obigen Beziehungen zwischen den Kopplungen bei großen Energieskalen gültig sind, die oberhalb der Massen liegt, welche durch den GUT-Higgs-Mechanismus generiert werden. Oberhalb dieser GUT-Skala M_{GUT} wird das Laufen der Kopplungen durch die Renormierungsgruppen-Gleichung für die Kopplung g_5 geregelt. Unterhalb der GUT-Skala sind die Energien klein gegenüber den Massen, die durch den GUT-Higgs-Mechanismus erzeugt werden. Es lässt sich zeigen, dass dort diese Massen entkoppeln und die Renormierungsgruppen-Gleichungen

$$\mu \frac{dg_i}{d\mu} = \beta^{(i)}(g_i) \tag{11.17}$$

für die drei einzelnen laufenden Kopplungen g_s, g und g_0 anzuwenden sind. Im Übergangsbereich müssen die drei Kopplungen in die GUT-Kopplung g_5 übergehen. Bei genauerer Betrachtung sind noch Schwelleneffekte zu berücksichtigen.

Für eine näherungsweise Betrachtung ziehen wir die Ein-Schleifen-Näherung

$$\beta^{(i)}(g_i) = -\beta_0^{(i)} g_i^3 \tag{11.18}$$

heran, in der

$$\frac{1}{g_i^2(\mu)} = \frac{1}{g_i^2(M_{\mathrm{GUT}})} + 2\,\beta_0^{(i)} \ln \frac{\mu}{M_{\mathrm{GUT}}} \tag{11.19}$$

gilt, und setzen $g_i(M_{\mathrm{GUT}}) = g_5$. Startet man das Laufen der Kopplungen bei niedrigen Energien, so lässt sich prüfen, ob die Kopplungen bei hohen Energien tatsächlich ungefähr gleich werden, und bei welcher Skala das passiert. Mit den experimentellen Werten der Kopplungen bei $\mu \approx 100\,\mathrm{GeV}$ als Startwerten zeigt sich, dass die laufenden Kopplungen in einem Bereich in der Nähe von

$$M_{\mathrm{GUT}} \approx 4 \cdot 10^{14}\,\mathrm{GeV} \tag{11.20}$$

ungefähr gleich groß werden. Das Laufen der Kopplungen ist in Abb. 11.1 skizziert.

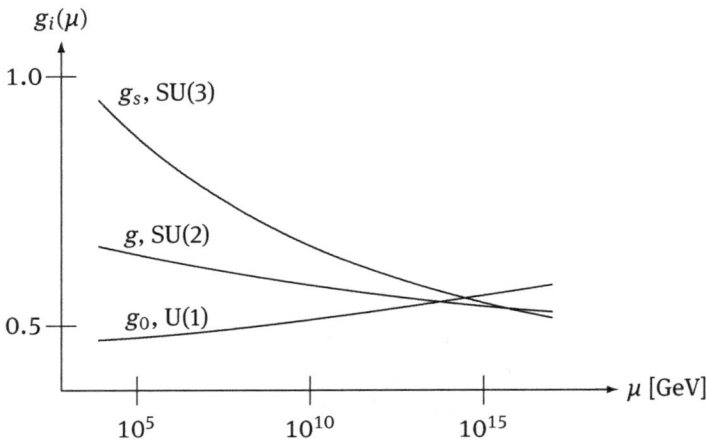

Abb. 11.1: Laufende Kopplungen

In der Literatur findet man genauere Rechnungen mit Berücksichtigung von höheren Ordnungen der Störungstheorie, Schwelleneffekten und weiteren Feinheiten. Die Kopplungen treffen sich nicht bei der gleichen Energie, aber in der Nähe von

$$M_{\mathrm{GUT}} \approx (1-2) \cdot 10^{15}\,\mathrm{GeV}\,. \tag{11.21}$$

Für den schwachen Mischungswinkel ergibt sich ein Wert von

$$\sin^2 \theta_W \approx 0{,}21 \tag{11.22}$$

nahe beim experimentellen Wert.

In der vereinigten Theorie gibt es zwei Higgs-Mechanismen. Der GUT-Higgs-Mechanismus „bricht" die Eichgruppe SU(5) herunter zur Eichgruppe des Standardmodells. Der zweite Higgs-Mechanismus ist der im vorigen Kapitel besprochene der

GWS-Theorie. Für den GUT-Higgs-Mechanismus wird ein Higgs-Feld $\Phi(x)$ postuliert, das sich unter der 24-dimensionalen adjungierten Darstellung der SU(5) transformiert. Sein Vakuum-Erwartungswert soll invariant unter $SU(3) \otimes SU(2)_L \otimes U(1)_Y$ sein. Dies wird geleistet durch

$$\langle 0|\Phi|0\rangle = \left(\begin{array}{ccc|cc} 1 & 0 & 0 & 0 & 0 \\ 0 & 1 & 0 & 0 & 0 \\ 0 & 0 & 1 & 0 & 0 \\ \hline 0 & 0 & 0 & -\frac{3}{2} & 0 \\ 0 & 0 & 0 & 0 & -\frac{3}{2} \end{array}\right) \cdot v_{GUT} . \tag{11.23}$$

Der GUT-Higgs-Mechanismus mit diesem Feld bewirkt die Reduktion

$$SU(5) \longrightarrow SU(3) \otimes SU(2)_L \otimes U(1)_Y . \tag{11.24}$$

Die Eichbosonen X_μ und Y_μ erhalten durch ihn Massen von der Größenordnung

$$M_X = M_Y \approx v_{GUT} . \tag{11.25}$$

Der Wert von v_{GUT} muss dementsprechend in der Größenordnung der GUT-Skala $v_{GUT} \approx M_{GUT}$ liegen.

Das Higgs-Feld $\phi(x)$ des GWS-Higgs-Mechanismus ist neutral unter SU(3), bildet ein Dublett unter SU(2), und kann in eine **5**-Darstellung von SU(5) eingeordnet werden. Es besitzt den Vakuum-Erwartungswert

$$\langle 0|\phi|0\rangle = \begin{pmatrix} 0 \\ 0 \\ 0 \\ 0 \\ 1 \end{pmatrix} \cdot \frac{v}{\sqrt{2}} . \tag{11.26}$$

Der damit verbundene Higgs-Mechanismus ist der aus der GWS-Theorie bekannte, der den W- und Z-Bosonen ihre Masse verleiht.

Eine Vorhersage der SU(5)-Theorie von besonderer Wichtigkeit ist der Zerfall des Protons, der durch Prozesse mit intermediären X- und Y-Bosonen bewirkt wird. Dabei findet ein Übergang zwischen Quarks und Leptonen statt, bei dem die Baryonenzahl natürlich verletzt wird. Lediglich die Differenz $B - L$ zwischen Baryonen- und Leptonenzahl ist in der SU(5)-Theorie erhalten. Die zugehörigen Diagramme auf dem Baumgraphen-Niveau sind in der Abb. 11.2 dargestellt.

Die daraus berechnete Lebensdauer des Protons wäre proportional zu M_X^4 und würde

$$\tau_{Proton} \approx 3 \cdot 10^{29\pm1,3} \text{ Jahre} \tag{11.27}$$

betragen. Die experimentelle untere Schranke liegt aber bei $5 \cdot 10^{33}$ Jahren, so dass die oben skizzierte einfache Version der SU(5)-Theorie ausgeschlossen werden kann.

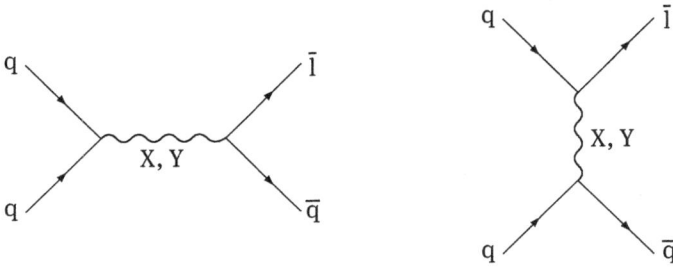

Abb. 11.2: Prozesse mit Übergängen von Quarks zu Leptonen, die zum Zerfall des Protons beitragen

Probleme und unbefriedigende Züge der SU(5)-GUT-Theorie sind
- Sie sagt eine zu kurze Lebensdauer des Protons voraus.
- Die laufenden Kopplungen treffen nicht gut genug zusammen auf der GUT-Skala.
- Sie sagt magnetische Monopole vorher, die jedoch bisher nicht gefunden wurden.
- Sie liefert Abschätzungen für die Massenverhältnisse zwischen Leptonen und Quarks, die nicht mit den experimentellen Werten übereinstimmen.
- Die Fermionen einer Generation befinden sich in verschiedenen Darstellungen der Eichgruppe.

Einige dieser Punkte kommen in anderen Theorien besser heraus. Beispielsweise besitzt die Theorie mit Eichgruppe SO(10) ein paar attraktivere Eigenschaften. In ihr liegt die GUT-Skala höher bei $M_{\mathrm{GUT}} \approx 10^{16} - 10^{17}$ GeV, was mit einer längeren Lebensdauer des Protons verbunden ist. Alle Fermionen liegen in einer gemeinsamen Darstellung **16** der SO(10), und diese enthält auch noch rechtshändige Neutrinos, so dass die Neutrinomassen sich problemlos einfügen. Auch die Verhältnisse zwischen den Fermionenmassen und der schwache Mischungswinkel θ_{W} werden gut reproduziert.

Was das Zusammentreffen der laufenden Kopplungen bei hohen Energien betrifft, hat sich gezeigt, dass supersymmetrische Theorien diesen Aspekt deutlich besser realisieren können. In Theorien mit Supersymmetrie besitzt jedes Teilchen einen Partner mit entgegengesetzter Statistik; also Bosonen haben fermionische, und Fermionen bosonische Partner. Im sogenannten minimal supersymmetrisch erweiterten Standardmodell treffen die laufenden Kopplungen bei einer hohen Skala tatsächlich ziemlich genau in einem Punkt zusammen. Eine vereinigte Theorie der Wechselwirkungen mit Supersymmetrie, die aktuell als interessant gilt, ist die supersymmetrische SO(10)-Theorie. Sie weist eine Reihe von Eigenschaften auf, die gut mit den experimentellen Daten zusammen passt.

Zu diesem Themenbereich ist noch lange nicht das letzte Wort gesprochen. Vielleicht werden die nächsten Jahrzehnte zeigen, ob es überhaupt einheitliche Theorien gibt, welche die fundamentalen Bausteine und Wechselwirkungen zutreffend beschreiben, und falls ja, welche Theorien es sind.

Literatur

Für den Leser, der weiter und tiefer in die Thematik eindringen möchte, nenne ich hier eine Reihe von Lehrbüchern über Quantenfeldtheorie, Eichtheorien und das Standardmodell, und füge kurze Bemerkungen an. Es gibt noch viel mehr Bücher zu diesen Themen, aber ich möchte nur solche aufführen, die mir einigermaßen gut bekannt sind.

Beliebte Lehrbücher

M. E. Peskin, D. V. Schroeder: *An Introduction to Quantum Field Theory*, Addison-Wesley, Reading, USA, 1995.
Sehr ausführliches und tiefgehendes Lehrbuch zu Quantenfeldtheorie, Eichtheorien und Standardmodell mit vielen phänomenologischen Anwendungen und Beispielen.

T.-P. Cheng, L.-F. Li: *Gauge Theory of Elementary Particle Physics*, Clarendon Press, Oxford, 2000.
War eine Zeit lang Standard-Lehrbuch in den USA, stark feldtheoretisch orientiert, hat auch spezielle Kapitel zu GUTs, Monopolen und Instantonen.

L. H. Ryder: *Quantum Field Theory*, 2nd edn., Cambridge University Press, Cambridge, 1996.
Quantenfeldtheorie steht im Mittelpunkt, Eichtheorien und Anwendungen etwas knapper.

M. D. Schwartz: *Quantum Field Theory and the Standard Model*, Cambridge University Press, Cambridge, 2014.
Ein ausführliches und modernes Lehrbuch mit vielen Details.

M. Maggiore: *A Modern Introduction to Quantum Field Theory*, Oxford University Press, Oxford, 2005.
Ausführliche Einführung in die theoretischen Konzepte, Eichtheorien und spezielle Themen.

M. Guidry: *Gauge Field Theories*, John Wiley & Sons, New York, 1991.
Einführung in die Quantenfeldtheorie, gute Darstellung der Eichtheorien, behandelt auch GUTs, phänomenologische Modelle, nicht-störungstheoretische Methoden, Hadron-Thermodynamik, Kosmologie.

D. Bailin, A. Love: *Introduction to Gauge Field Theories*, Taylor & Francis, New York, 1993.
War lange Zeit Standard-Lehrbuch, Einführung in die Quantenfeldtheorie, Details zur Störungstheorie, QCD, Standardmodell, GUTs.

Große Werke

S. Weinberg: *The Quantum Theory of Fields*, Vol. 1–3, Cambridge University Press, Cambridge, 2005.
Ein monumentales Werk des Großmeisters der Quantenfeldtheorie, theoretisch anspruchsvoll, sehr ausführlich und detailliert von den theoretischen Grundlagen zu QCD und GWS-Theorie und zahlreichen speziellen Themen.

C. Itzykson, J.-B. Zuber: *Quantum Field Theory*, Dover Publ., New York, 2006.
Ausführlicher Klassiker zur Quantenfeldtheorie, viele Details und explizite Rechnungen, behandelt Eichtheorien, QCD, GWS-Theorie, spezielle Themen und Anwendungen.

J. Zinn-Justin: *Quantum Field Theory and Critical Phenomena*, 4th edn., Clarendon Press, Oxford, 2002.
Sehr umfangreiches Werk über Quantenfeldtheorie und Statistische Feldtheorie, theoretisch orientiert, viele spezielle Themen, Schwerpunkt auf Renormierung und Renormierungsgruppe.

https://doi.org/10.1515/9783110638547-012

Klassiker

A. S. Streater, R. F. Wightman: *Die Prinzipien der Quantenfeldtheorie*, Bibliographisches Institut, Mannheim, 1969.
Mathematische Grundlagen und Axiome der Quantenfeldtheorie, PCT-Theorem, Spin-Statistik-Theorem.

J. D. Bjorken, S. D. Drell: *Relativistische Quantenfeldtheorie*, BI-Wissenschaftsverlag, Mannheim, 1993.
Ein früher Klassiker, Grundlagen der Feldquantisierung im Operatorformalismus, genaue Diskussion von S-Matrix und LSZ-Formalismus, Anwendungen auf QED und Pion-Nukleon-Wechselwirkung.

S. Coleman: *Aspects of Symmetry*, Cambridge University Press, Cambridge, 1985.
Colemans legendäre Erice-Lectures, didaktisch originelle Darstellung wichtiger Themen der Quantenfeldtheorie und Eichtheorien und einiger spezieller Themen wie Instantonen und Solitonen.

Weitere Lehrbücher

G. Münster: *Quantentheorie*, 2. Aufl., de Gruyter, Berlin, 2010.
Enthält eine Einführung in die relativistische Quantenmechanik und eine ausführliche Darstellung der Pfadintegrale in der Quantenmechanik.

K. Huang: *Quarks, Leptons and Gauge Fields*, 2nd edn., World Scientific, Singapur, 1992.
Gute Einführung, Symmetrien, Quark-Modell, Elemente der Quantenfeldtheorie incl. Funktionalintegrale, Renormierung, Anomalien, Solitonen, QCD, Standardmodell.

T. Kugo: *Eichtheorie*, Springer, Berlin, 1997.
Ausführliches, anspruchsvolles Lehrbuch, theoretisch orientiert, viele Details und spezielle Themen der Quantenfeldtheorie.

P. Becher, M. Böhm, H. Joos: *Eichtheorien der starken und elektroschwachen Wechselwirkung*, 2. Aufl., Teubner, Stuttgart, 1983.
Diverse interessante Aspekte der Quantenfeldtheorie, Funktionalintegrale, QCD, GWS-Theorie, phänomenologische Aspekte.

F. Halzen, A. Martin: *Quarks and Leptons*, John Wiley & Sons, New York, 1984.
Einführung in die Quantenfeldtheorie, Renormierung, QCD, Standardmodell, phänomenologische Aspekte, viele teilchenphysikalische Details, Partonen, Streuung.

I. J. R. Aitchison, A. J. Hey: *Gauge Theories in Particle Physics*, 4th edn., Taylor & Francis, New York, 2012.
Ausführliche Details, wenig QCD, mehr über QED und GWS-Theorie.

M. Le Bellac: *Quantum and Statistical Field Theory*, Clarendon Press, Oxford, 1992.
Sehr ausführliches und detailliertes Lehrbuch über Quantenfeldtheorie und deren Anwendung auf kritische Phänomene (statistische Feldtheorie) und Eichtheorien, viele explizite Rechnungen.

S. Pokorski: *Gauge Field Theories*, 2nd edn., Cambridge University Press, Cambridge, 2000.
Theoretisch orientiert, Funktionalintegrale, Renormierung, Renormierungsgruppe, QED, QCD, chirale Symmetrie, Symmetriebrechung, Anomalien, Supersymmetrie.

O. Nachtmann: *Phänomene und Konzepte der Elementarteilchenphysik*, Springer Fachmedien, Wiesbaden, 1986.

Gründlich und detailliert, Grundlagen der Quantenfeldtheorie, phänomenologische Anwendungen und Beispiele.

P. Schmüser: *Feynman-Graphen und Eichtheorien für Experimentalphysiker*, 2. Aufl., Springer, Berlin, 1995.
Feynman-Regeln, Struktur von QCD und Standardmodell, zahlreiche Anwendungen und phänomenologische Aspekte.

G. Sterman: *An Introduction to Quantum Field Theory*, Cambridge University Press, Cambridge, 1993.
Grundlagen der Quantenfeldtheorie, Funktionalintegrale, Renormierung, Anwendungen auf QCD.

C. Quigg: *Gauge Theories of the Strong, Weak, and Electromagnetic Interactions*, 2nd edn., Princeton University Press, Princeton, 2013.
Darstellung des Standardmodells, wenig Quantenfeldtheorie, Feynman-Regeln, Ausblick auf SU(5).

W. Rolnick: *The Fundamental Particles and Their Interactions*, Addison-Wesley, Reading, USA, 1994.
Gute Einführung, experimentelle Aspekte, Themen jenseits des Standardmodells.

T. Muta: *Foundations of Quantum Chromodynamics*, 3rd edn., World Scientific, Singapur, 2008.
Quantenfeldtheoretische Behandlung der QCD, Renormierungsgruppe, Operatorprodukt-Entwicklung, physikalische Anwendungen.

K. Bethge, U. Schröder: *Elementarteilchen und ihre Wechselwirkungen*, 3. Aufl., Wiley-VCH, Weinheim, 2006.
Einführung in die Teilchenphysik, Symmetrien, Phänomenologie, experimentelle Details.

Stichwortverzeichnis

https://doi.org/10.1515/9783110638547-013

www.ingramcontent.com/pod-product-compliance
Lightning Source LLC
Chambersburg PA
CBHW080928220326
41598CB00034B/5715